U0186664

國家社科基金重大項目"中國歷史上的災害與國家治理能力建設研究"階段性成果

全國高等院校古籍整理研究工作委員會直接資助項目資助成果

国家出版基金项目
NATIONAL PUBLICATION FOUNDATION

明代氣象史料編年

第四册

展龍 ◎ 編

社會科學文獻出版社
SOCIAL SCIENCES ACADEMIC PRESS (CHINA)

嘉靖八年（己丑，一五二九）

正月

戊戌朔，上御奉天殿，百官行慶賀禮。是日，風霾晝晦。（《明世宗實錄》卷九七，第2261頁）

己亥，以山西旱災，詔發太倉銀七萬兩給賑。（《明世宗實錄》卷九七，第2261頁）

丙辰，時災異數見。立春日，長星出，白氣亘天。元旦，大風晝晦。（《明世宗實錄》卷九七，第2267頁）

戊午，上以災異勅諭羣臣曰："去歲季冬，長星見而數丈。今年元旦，陰霾作而竟日，且連年之變異，數省之旱潦，自来所未有者，是皆朕躬愆咎。"（《明世宗實錄》卷九七，第2273頁）

庚申，先是上諭禮部：悼靈皇后靈柩在山，隆冬冱寒，久未克葬。今天氣漸和，土脉已融，欽天監其擇日舉行。（《明世宗實錄》卷九七，第2276頁）

壬戌，今長星變曜，元旦風霾，陛下申勅文武，上下交修……（《明世宗實錄》卷九七，第2278頁）

至夏六月，旱。（康熙《鹽山縣志》卷九《災祥》）

不雨，至六月方雨。（嘉慶《青縣志》卷六《祥異》）

朔，大風，晝暝。（民國《新城縣志》卷二二《災禍》）

朔，大風，晝晦。（順治《易水志》卷上《災異》）

朔，大風，晝冥。（康熙《定興縣志》卷一《機祥》）

朔，風霾。（康熙《成安縣志》卷四《災異》）

朔，太平雨黄沙，歲大祲。（萬曆《平陽府志》卷一〇《災祥》）

朔，右衛大風霾，晝晦如夜。（雍正《朔平府志》卷一一《祥異》）

大雷雨。（康熙《寧鄉縣志》卷一《災異》；雍正《石樓縣志》卷三《祥異》）

二月

癸酉，夜，月犯井宿西扇北第二星。（《明世宗實録》卷九八，第 2295 頁）

丁丑，以經春久旱，命順天府官祈禱雨澤，仍行欽天監擇日祭告天地、社稷、山川。（《明世宗實録》卷九八，第 2303 頁）

戊寅，上諭禮部：“朕念去年各處，俱奏報災傷變異頻仍，人饑至有相食者。況一冬少雪，今當東作之時，雨澤不降。若二麥不登，則今秋荐（抱本作‘洊’）飢又有甚於前歲者。朕甚憂懼，已有旨祭告南郊社稷、山川。”（《明世宗實録》卷九八，第 2303～2304 頁）

癸未，上以出郊祈雨，親告于太廟、世廟。（《明世宗實録》卷九八，第 2312 頁）

甲申，上親禱雨於南郊，及山川壇。（《明世宗實録》卷九八，第 2313 頁）

庚寅，夜，金星犯天街上星。（《明世宗實録》卷九八，第 2318 頁）

大雨，哇〔蛙〕鳴。（康熙《博野縣志》卷四《祥異》）

三月

甲辰，禮部恭奉《御製禱雨不應自咎說》，請刊布中外，從之。（《明世宗實録》卷九九，第 2337 頁）

辛亥，月有食之。（《明世宗實録》卷九九，第 2345 頁）

壬戌，巡撫河南都御史潘塤有罪，勒令致仕。初，河南連歲旱，荒民多饑死。凡郡邑請賑濟者，塤牽制文移徃返駁勘，不以時允發。（《明世宗實録》卷九九，第 2351 頁）

大風颺沙，晝晦。（嘉靖《南宮縣志》卷四《祥異》）

四月

大風。（民國《昌黎縣志》卷一二《故事》）

大風，晝晦二日。（民國《新河縣志》第一册《災異》）

蝗蝻生。（萬曆《靈壽縣志》卷九《災祥》）

大水，雹損稼。（萬曆《樂亭志》卷一一《祥異》）

五月

癸卯，以旱蝗免北直隸興營、保河等各衛所屯糧有差。（《明世宗實錄》卷一〇一，第 2390 頁）

乙卯，以旱蝗免直隸順天、河間、真定、順德、廣平各府屬州縣稅糧有差。（《明世宗實錄》卷一〇一，第 2395 頁）

辛酉，以蝗蝻免山東沂州費縣嘉靖七年分未徵折色，馬一百九十八匹，并宥太僕寺丞朱昭（抱本作"韶"）追徵不如數之罪。（《明世宗實錄》卷一〇一，第 2396 頁）

大水，漂民廬舍，物畜蔽江而下。（光緒《撫州府志》卷八四《祥異》）

天苦雨，溪水氾入城，高丈餘，歲大祲。（同治《玉山縣志》卷一〇《祥異》）

大水。（萬曆《龍游縣志》卷一《通紀》；同治《江山縣志》卷一二《祥異》；光緒《金華縣志》卷一六《五行》）

雨黑水。（萬曆《錢塘縣志·灾祥》）

大水，壞民田廬。（嘉靖《衢州府志》卷一五《災異》；康熙《衢州府志》卷三〇《五行》；康熙《東鄉縣志》卷四《灾祥》；乾隆《金谿縣志》卷三《祥異》；民國《衢縣志》卷一《五行》）

雨黑水，衣服污染。（乾隆《杭州府志》卷五六《祥異》）

蝗。（康熙《永平府志》卷三《災祥》）

捕蝗。（光緒《灤州志》卷九《紀事》）

隕霜。（康熙《文安縣志》卷八《事異》；光緒《大城縣志》卷一〇《五行》）

自春至五月，先雨後旱。六月十七日蝗飛入境，傷稼，高鄉豆竹無存，生蝻遍野。七月十九日大風雨，三日夕皆死。（崇禎《吳縣志》卷一一《祥異》）

雨黑水于杭州，杭城內外衣服被其污染者而後知。（康熙《仁和縣志》

卷二五《祥異》）

平地水深丈餘。（康熙《續修武義縣志》卷一〇《庶徵》）

天苦雨，溪水泛入城，高丈餘。歲大祲。（同治《玉山縣志》卷一〇《祥異》）

大水，平地深丈餘，漂没廬舍。（同治《南城縣志》卷一〇《祥異》）

大水，漂利涉橋，溺死百人。（乾隆《泰寧縣志》卷一〇《祥異》）

六月

戊寅，以旱蝗減免山西代州、陽城等州縣，直隸鳳陽、淮安、揚州府屬各州縣夏稅。（《明世宗實錄》卷一〇二，第2410頁）

辛巳，以旱蝗減免山東濟南、兗州、東昌、青州、萊州府各州縣，及平山等衛夏稅有差。（《明世宗實錄》卷一〇二，第2411頁）

初三日，儋州大雨。初四日巳時，水漲城没七尺，軍民房屋財畜盡為漂流，死者無算。（道光《瓊州府志》卷四二《事紀》）

積雨二十日，漂民居舍，傷禾稼。（光緒《臨高縣志》卷三《災祥》）

旱，至六月方雨。（民國《青縣志》卷一三《祥異》）

蝗飛入境，傷稼。（萬曆《嘉定縣志》卷一七《祥異》）

蝗，自西北來，蔽天，禾田無水者，與豆俱盡。（康熙《靖江縣志》卷五《祲祥》）

飛蝗蔽天，食竹草葉盡。（道光《江陰縣志》卷八《祥異》）

蝗蝻，歲饑。（光緒《壽陽縣志》卷一三《祥異》；道光《安定縣志》卷一《災祥》）

大蝗。（光緒《石門縣志》卷一一《祥異》）

始雨，八月隕霜。（民國《景縣志》卷一四《故實》）

深州、寧晉、井陘等縣大旱，蝗蝻食盡禾稼，民饑相食，詔作粥賑恤之。時深州、井陘、臨城、隆平、靈壽、平山、贊皇、無極等處斗米百十錢，采草木皮葉而食之。後人自相食，父食子、夫食妻者不可勝計，殍布四野。（嘉靖《真定府志》卷九《事紀》）

蝗，民饑。（乾隆《無極縣志》卷三《災祥》）

蝗蝻食盡禾稼，民飢相食。詔作粥賑恤之。（萬曆《臨城縣志》卷七《事紀》）

大水，公廨民居淹没殆盡。（嘉靖《威縣志》卷一《祥異》）

太原、榆次、壽陽、祁縣、汾陽、長治、黎城、潞城、屯留、洪洞、臨汾、曲沃、河津、垣曲、榮河螟蝗食稼。（雍正《山西通志》卷一六三《祥異》）

螟蝗食稼。（乾隆《汾州府志》卷二五《事考》）

河西蝗飛蔽天，害禾稼。（嘉靖《遼東志》卷八《祥異》）

蝗，大飢。（雍正《安定縣志・災祥》）

麥豆登，民始蘇。秋有年。（嘉靖《平涼府志》卷三《祥異》）

初三，夜雨，至初四日巳時，洪水泛漲，淹城七尺，凡軍民房屋田地財畜禾粟盡為漂流，死者百餘人，而黄村二十餘家盡死。（康熙《儋州志》卷二《祥異》）

初九日，蝗飛蔽天，積地寸許，有司令民撲捕，東山之民五日内得二百餘石。（康熙《具區志》卷一四《災異》）

飛蝗蔽天。（乾隆《崑山新陽合志》卷三七《祥異》）

蝗。秋，大水。（光緒《武進陽湖縣志》卷二九《祥異》）

飛蝗積者厚數寸，長數十里，食草木殆盡。數日，飛渡江，食蘆荻亦盡。八月，蝗復自北來，羣飛蔽天，其積者綿亘百里，厚尺許，山行者衣履皆黄，禾稼不登。（嘉慶《揚州府志》卷七〇《事略》）

蝗，積者厚尺餘，長數十里，食草樹殆盡。數日，飛渡江，食蘆荻亦盡。秋八月蝗，復自北來，積者綿亘百里，厚尺許，翔集竹樹盡折。（隆慶《儀真縣志》卷一三《祥異》）

蝗來，時田中水，蝗不集。（光緒《海鹽縣志》卷一三《祥異考》）

大蝗，十七日蝗自西北來，蔽天，止于蘆竹，食葉殆盡。（道光《石門縣志》卷二三《祥異》）

蝗飛蔽天，渡江而來，遂入桐川、吴興之境。江南無蝗，此為創見。（嘉靖《建平縣志》卷八《禎異》）

飛蝗蔽日，不害稼。（光緒《廣德州志》卷五八《祥異》）

蝗。是月，河自北南徙。（嘉靖《儀封縣志》卷下《災祥》）

蝗飛蔽天。（嘉靖《臨潁志》卷八《祥異》）

飛蝗蔽野，大傷禾稼，民多餓死。（康熙《孟津縣志》卷三《祥異》；嘉慶《孟津縣志》卷四《祥異》）

大水，彭縣、崇寧、新都、金堂漂溺民舍。（天啟《成都府志》卷二《成都紀》）

寧晉大旱，蝗蝻食盡禾稼，民飢相食，詔作粥賑恤之。（隆慶《趙州志》卷九《災祥》）

蝗。（光緒《寶山縣志》卷一四《祥異》）

立秋日，蝗飛入境。（嘉靖《蕭山縣志》卷六《祥異》；康熙《蕭山縣志》卷九《災祥》）

七月

丙申，以旱災免陝西臨洮、鞏昌二府所屬州縣，及蘭河等衛所稅粮有差。（《明世宗實錄》卷一〇三，第2421頁）

癸卯，以旱災免山西行都司所屬衛所，并大同府所屬州縣夏稅有差。（《明世宗實錄》卷一〇三，第2425頁）

蝗。（嘉靖《淄川縣志》卷二《灾祥》；康熙《海寧縣志》卷一二上《祥異》）

大水。（崇禎《長沙府志》卷七《祥異》；光緒《邵武府志》卷三〇《祥異》）

水。七月，飛蝗蔽空，積地厚數寸，蝻滿民廬。（嘉慶《如皋縣志》卷二三《祥祲》）

飛蝗蔽天，颶風大作，驅蝗入海，遺種化為蝛，食稻。（乾隆《婁縣志》卷一五《祥異》；同治《上海縣志》卷三〇《祥異》）

初三日，長甯鄉淇水江突漲七丈許，拔木走石，壞屋千楹，男婦漂溺死者百餘人，田衝洗三百餘畝。三日水始退。（民國《汝城縣志》卷三三

《祥異》）

初三日，長寧鄉二都洪水突起七丈許，拔樹走石，壞屋千楹，民居男婦漂溺死者百餘人，膏腴之田衝洗三百餘畝，三日水始退。是年八月上旬，螟蟲害稼，一縣禾苗，食心五晝夜幾徧，而長寧鄉二都尤甚，飛集山澤，草木皆盡。（乾隆《桂陽縣志》卷一三《紀異》）

十九日，大風雨三日，夕皆死。（民國《吳縣志》卷五五《祥異考》）

旱，飛蝗蔽天，積地厚數寸，禾稼不登。（嘉慶《高郵州志》卷一二《雜類》）

通州等處雨黃沙，禾稼不登。如皋蝗。（光緒《通州直隸州志》卷末《祥異》）

飛蝗蔽天，適颶風作，驅蝗入海，遺種化蟹，食稻。（民國《南匯縣續志》卷二二《祥異》）

飛蝗蔽空，兼雨黃丹。（萬曆《興化縣新志》卷一〇《外紀》）

飛蝗蔽天，捕之，彌月而止。（嘉慶《長山縣志》卷四《災祥》）

飛蝗翳日。（天啟《太原縣志》卷三《祥異》；道光《太原縣志》卷一五《祥異》；光緒《盂縣志》卷五《災異》）

蝗，食禾無遺，人食蓬子。（乾隆《臨潼縣志》卷九《祥異》）

大水，城中可通舟楫。（康熙《永康縣志》卷一五《祥異》）

蝗飛蔽天，蝻生，食稼殆盡，民饑相食，採食草木皮葉，奏聞賑恤。（康熙《平山縣志》卷一《事紀》）

潞州、屯留諸縣蝗至，食禾稼殆盡。歲大饑。（萬曆《山西通志》卷二六《雜志》）

石樓隕霜。（乾隆《汾州府志》卷二五《事考》）

蝻生，平地深數尺。（嘉靖《遼東志》卷八《祥異》）

月中經潼關，蝗食晚禾無遺，流民載道。（乾隆《同州府志》卷一九《祥異》）

秦安縣白晝有星隕於北郊。（民國《甘肅通志稿》卷一二六《變異》）

飛蝗蔽天，捕之彌月而止。（康熙《長山縣志》卷七《災祥》）

吾郡蝗飛蔽天，颶風大作，驅蝗入海。遺種在地，得水即化為蟹，食稻，有司奏為蟹灾。（崇禎《松江府志》卷五八《志餘》）

大水，溪漲。（嘉靖《邵武府志》卷一《應候》）

七月内，吾〔五〕谷將熟，禾稼盈野。不意飛蝗自東南來，飛騰蔽日，止棲瀾長四十里，五谷穎粟苗草盡為食毁。後虫蛹復生，地皮盡赤。小民流移，父子兄弟各相離散。（嘉靖《鞏縣志》卷六《灾祥》）

淇境大蝗，秋禾食盡。民大饑，人相食。九月、十月俱霖雨，衛河、淇水俱泛濫，山水亦橫流，漰没民禾，淤東南之境。（嘉靖《淇縣志》卷四《祥異》）

蝗，八月蛹，冬大饑。（康熙《鹿邑縣志》卷八《灾祥》）

蝗飛蔽天。（乾隆《新蔡縣志》卷一〇《雜述》）

（天門縣）漢溢。（康熙《景陵縣志》卷二《灾祥》）

蝗飛蔽天，墜塞蹊澗。（嘉靖《應山縣志》卷上《祥異》）

大水没城郭，民載舟入縣治，田廬蕩壞。（順治《攸縣志》卷三《灾祥》）

石樓隕霜。平陽、洪洞、榮河、垣曲大蝗，蔽天匝地，食民田將盡，自相食。民大饑。翼城、平陸大雨四十餘日，傷稼。（萬曆《平陽府志》卷一〇《灾祥》）

大蝗。明年饑，賑。（萬曆《樂亭志》卷一一《祥異》）

七、八月間，蝗飛蔽天，苗稼食盡，鳥亦不來。（萬曆《靈壽縣志》卷九《灾祥》）

飛蝗蔽空，興化兼雨黃丹。至十七年，每歲皆蝗。（嘉靖《興化縣志》卷四《五行》）

八月

宣城諸山蛟發，漂没民舍圩岸，水泛溢入城，軍儲倉浸數尺，人畜多溺死。（嘉慶《寧國府志》卷一《祥異附》）

十一日，雨雪。（萬曆《龍游縣志》卷一〇《灾祥》；同治《江山縣

志》卷一二《祥異》）

十四日，夜，大雨山崩，西浦溪水溢入西街，傾城壞屋，損稼。（隆慶《雲南通志》卷一七《災祥》）

十六日，大水，郡西城陷下尺餘，漂壞田廬，死者甚眾。（光緒《台州府志》卷二九《大事》）

縉雲大水，松陽蜃，遂昌大水，二蛟並出，壞橋堰民居，溺者甚眾。宣平大水。（雍正《處州府志》卷一六《雜事》）

十九日夜，大雨，平地水五尺。（光緒《靖江縣志》卷八《祲祥》）

二十三日，大風，江涸，西風走沙石，江中涸。（光緒《靖江縣志》卷八《祲祥》）

大水。（萬曆《金華府志》卷二五《祥異》；乾隆《崑山新陽合志》卷三七《祥異》；光緒《崑新兩縣續修合志》卷五一《祥異》）

大風雨，海溢，仙口塘圮。（民國《平陽縣志》卷五八《祥異》）

隕霜殺穀，民大饑，人相食。詔煮粥賑恤。（道光《深州直隸州志》卷末《祲祥》）

大風雨，海溢。（光緒《永嘉縣志》卷三六《祥異》）

雨雪。（康熙《衢州府志》卷三〇《五行》）

隕霜，大饑。（雍正《阜城縣志》卷二一《祥異》）

隕霜殺稼，民大饑，斗米百錢，民間有父食子、夫食妻者，詔煮粥賑恤。（道光《重修武强縣志》卷一〇《祲祥》）

隕霜。（嘉靖《河間府志》卷七《祥異》；嘉靖《昌樂縣志》卷一《祥異》；萬曆《寧津縣志》卷四《祥異》）

雨雹。（光緒《棲霞縣續志》卷八《祥異》）

經旬大雨，平地水深尋丈，民居衝漂，通衢以竹筏濟渡。（康熙《天台縣志》卷一五《災祥》）

大風，隕木。（康熙《泰順縣志·祥異》）

蝗飛遮天，人馬不能行，一經所過，食禾稼大盡，連年不息。（嘉靖《柘城縣志》卷一〇《災祥》）

三淇蟲食禾，五日盡，山澤艸木皆無。歲大饑。（康熙《郴州總志》卷一一《祥異》）

颶風傷稼，晚禾不獲。（乾隆《香山縣志》卷八《祥異》）

大水，城湮山崩。（嘉靖《貴州通志》卷一〇《祥異》）

隕霜殺禾。（康熙《鹽山縣志》卷九《災祥》）

隕霜。大無麥禾，餓死者甚眾。（嘉慶《青縣志》卷三《祥異》）

二十一日，大水驟至，城外高五尺。（光緒《金華縣志》卷一六《五行》）

二十四，霜降。（康熙《景州志》卷四《災變》）

霜。是年大饑。（康熙《重修阜志》卷下《祥異》）

霜殺禾。（民國《滄縣志》卷一六《大事年表》）

飛蝗蔽天，稻田、竹葉凡草木可食者，遭之頃刻皆盡，如火焚去其杪，老稚莫不駭懼。蓋前此未之見也。（嘉靖《光山縣志》卷九《災異》）

九月

河決張家口。（嘉靖《夏邑縣志》卷五《災異》）

秋，大水。（道光《石門縣志》卷二三《祥異》）

十月

癸亥朔，日有食之。（《明世宗實錄》卷一〇六，第2499頁）

甲戌，以水災詔免蘇、松二鎮（抱本、閣本作“府”）秋糧，仍聽折徵兌軍正米有差。（《明世宗實錄》卷一〇六，第2509頁）

甲申，以旱蝗免順天、永平二府夏稅，及山東秋糧有差。（《明世宗實錄》卷一〇六，第2517頁）

己丑，以旱災免陝西臨、鞏二府夏稅有差。（《明世宗實錄》卷一〇六，第2519頁）

旱，餘牛家文園中桃樹花開。（康熙《香河縣志》卷一〇《災祥》）

河決曹縣。（乾隆《曹州府志》卷一〇《災祥》）

十一月

丙申，以河南蝗災免開封等府所屬州縣，并宣武等衛秋糧有差。（《明世宗實録》卷一〇七，第 2524 頁）

辛丑，以真定等府旱災，減免今年存留稅糧有差。（《明世宗實録》卷一〇七，第 2533 頁）

甲辰，以浙江杭州等府水災，免今歲存留稅糧及改折有差，仍令守巡等官開倉賑濟。（《明世宗實録》卷一〇七，第 2534 頁）

戊申，上躬禱雪於南郊。明日，禱于社稷壇。是日，雨雪。（《明世宗實録》卷一〇七，第 2534 ~ 2535 頁）

壬子，以江西南昌等府水災，詔以叚疋、弓張等項暫行停免。（《明世宗實録》卷一〇七，第 2536 頁）

十二月

辛未，以水災暫免兩浙竈户歲辦塩課，仍發倉庫及餘塩銀賑之。（《明世宗實録》卷一〇八，第 2546 頁）

黃洞冰堅，人馬行其上。（嘉慶《孟津縣志》卷四《祥異》）

是年

春，蝗。（康熙《博野縣志》卷四《祥異》；民國《淮陽縣志》卷八《災異》）

春夏，旱，至六月四日雨，佈種。（雍正《阜城縣志》卷二一《祥異》）

自春徂夏，不雨，蝗蝻食禾稼。（道光《重修武强縣志》卷一〇《機祥》）

夏，蝗。秋，蜺。安吉大水入城。（同治《湖州府志》卷四四《祥異》）

夏，蝗。秋，蜺。（崇禎《烏程縣志》卷四《災異》；道光《武康縣

志》卷一《邑紀》；光緒《桐鄉縣志》卷二〇《祥異》；光緒《歸安縣志》卷二七《祥異》）

夏，大旱，秋復潦，米貴。時竹有實，民採食之。（咸豐《興甯縣志》卷一二《災祥》）

夏，飛蝗蔽天。秋，大雨，田禾皆没。（光緒《無錫金匱縣志》卷三一《祥異》）

夏，六合蝗。（光緒《金陵通紀》卷一〇中）

夏，旱蝗。（道光《重修寶應縣志》卷九《災祥》）

夏，大旱。（光緒《永年縣志》卷一九《祥異》）

宣城飛蝗食稼。（嘉慶《寧國府志》卷一《祥異附》）

大水，以災奏免粮三分。（康熙《太平府志》卷三《祥異》）

水。（萬曆《新昌縣志》卷一三《災異》；乾隆《諸暨縣志》卷七《祥異》；乾隆《鄱陽縣志》卷二一《災祥》）

旱，饑。（乾隆《潮州府志》卷一一《災祥》）

大旱，蝗蝻食盡田苗，民饑相食，詔作粥以賑之。（乾隆《隆平縣志》卷九《災祥》）

大霖雨傷稼，壞民廬舍。（民國《廣宗縣志》卷一《大事紀》）

河決朱家墳。（乾隆《滄州志》卷一二《紀事》）

大風揚沙，晝晦。（民國《南宮縣志》卷二五《雜志》）

蝗，民饑。（民國《項城縣志》卷三一《祥異》）

旱，蝗。（嘉靖《商城縣志》卷八《祥異》；萬曆《汝南志》卷二四《災祥》；順治《曲周縣志》卷二《災祥》；順治《汝陽縣志》卷一〇《機祥》；康熙《上蔡縣志》卷一二《編年》；咸豐《金鄉縣志略》卷一一《事紀》；民國《萊陽縣志》卷首《大事記》；民國《濰縣志稿》卷二《通紀》）

徐州饑。沛大水，舟行入市，平地沙淤數尺；豐亦大水。又六七年，沛、豐俱大水。（同治《徐州府志》卷五下《祥異》）

上饒大水入城，湮没豫備倉及公私廬舍。（同治《廣信府志》卷一《星野》）

大水。（順治《新修豐縣志》卷九《災祥》；康熙《臨海縣志》卷一一《災變》；康熙《高淳縣志》卷二〇《祥異》；同治《餘干縣志》卷二〇《祥異》；民國《湯溪縣志》卷一《編年》）

泰山蝗。（康熙《泰安州志》卷一《災祥》）

御河決，漂没館陶居民田廬。（雍正《館陶縣志》卷一二《災祥》）

蝗。巡撫王堯封命官，以粟易蝗，民捕之，不旬日，足千石。（民國《續修范縣縣志》卷六《災異》）

飛蝗蔽天。（嘉靖《清河縣志》卷三《災祥》；乾隆《永壽縣新志》卷九《紀異》；道光《觀城縣志》卷一〇《祥異》；光緒《永壽縣志》卷一〇《述異》）

蝗。（嘉靖《尉氏縣志》卷四《祥異》；乾隆《濟陽縣志》卷一四《祥異》；乾隆《重修直隸陝州志》卷一九《災祥》；嘉慶《中部縣志》卷二《祥異》；光緒《鉅鹿縣志》卷七《災異》）

食蝗。（乾隆《南和縣志》卷一《災祥》）

秋，飛蝗蔽日，祭蜡乃息。（民國《洪洞縣志》卷一八《祥異》）

大霖雨四十日，秋無禾。（民國《翼城縣志》卷一四《祥異》）

秋無禾，大霖雨四十日。（嘉靖《翼城縣志》卷一《災祥》）

麥大熟，秋霖雨四旬，傷稼。（乾隆《平陸縣志》卷一一《祥異》）

大旱，無麥禾。（嘉靖《蒲州志》卷三《祥異》；民國《平民縣志》卷四《災祥》）

蝗自東來，群飛蔽天。（乾隆《鳳翔府志》卷一二《祥異》）

蝗自東來，羣飛蔽天。（乾隆《鳳翔縣志》卷八《祥異》）

大旱，蝗，民饑。（乾隆《白水縣志》卷一《祥異》）

隴州蝗飛蔽天。（乾隆《隴州續志》卷一《災祥》）

大水，二蛟並出，壞橋堰民居，溺者甚眾。（乾隆《遂昌縣志》卷一二《祥異》）

諸暨、新昌水。餘姚、蕭山蝗。（乾隆《紹興府志》卷八〇《祥異》）

秋，蝗，不傷禾，大水傷稼。（萬曆《秀水縣志》卷一〇《祥異》；光

緒《嘉興府志》卷三五《祥異》）

蝗不傷禾，大水傷稼。（光緒《嘉善縣志》卷三四《祥眚》）

秋，大水傷稼。（光緒《平湖縣志》卷二五《祥異》）

春，大饑，斗粟百錢。秋霜早降，殺稼。（民國《晉縣志》卷六《災祥》）

春，麥旱。（民國《滄縣志》卷一六《大事年表》）

（泊頭）春旱。（萬曆《交河縣志》卷七《災祥》）

春，大旱。秋，大蝗，野無遺禾。餓殍枕藉于道路，人相食。（崇禎《內邱縣志》卷六《變紀》）

春，寒，麥苗盡枯。六月，飛蝗滿空，早禾俱傷；復生蝻，平地盈尺，晚禾亦損。（乾隆《陳州府志》卷三〇《災異》）

春夏，雨。秋，大旱，蝗。（嘉慶《直隸太倉州志》卷五八《祥異》）

蘇屬長洲等地方春夏不雨。七、八、九三越（疑當作"閱"）月颶風霪雨，禾稼淹爛。巡撫都御史王恕具題，蠲本年稅粮布匹有差。趙同魯上王侍御書：自成化辛丑大祲之後，二三年來雖獲小康，迨今傷者未起，病者未復。奈何今年自夏徂秋，亢陽為虐，田疇龜坼，除有水車戽可救外，其田傍山高阜，人力不及，禾苗槁死者，損其三之一，秋成失望。又上李侍御書：吾蘇今年春三月不雨，自四月以終五月霪雨連綿，洪水泛濫，田疇淹没殆盡，人民墊溺無算，以長洲一縣計之，僅存者十無二三，其間插蒔未周，已蒔而全白者又過半焉。（康熙《長洲縣志》卷一〇《稅粮》）

蝗，春夏，雨。秋，旱。（萬曆《常熟縣私志》卷四《敘産》）

保寧、順慶、潼川春夏旱，民大饑。（嘉靖《四川總志》卷一六《災祥》）

夏，蝗起山東、河南，至潞州亦傷禾稼。（乾隆《長治縣志》卷二一《祥異》）

夏，大蝗，是歲蝗飛蔽日，自東南入縣境，食民禾稼，萬井騷然。（嘉靖《澄城縣志》卷一《災祥》）

夏，旱，蝗蝻大發。知縣黃軌率人夫捕打，不至為災。（嘉靖《昌樂縣

志》卷一《祥異》)

夏，飛蝗蔽天。秋，大雨，田禾皆没。(嘉慶《無錫金匱縣志》卷三一
《祥異》)

夏，大旱，蝗飛蔽日。(民國《霍邱縣志》卷一六《祥異》)

夏，大旱，蝗，歲大饑。米價騰貴，每斗米千餘錢，餓殍滿路。(光緒
《獲鹿縣志》卷五《事紀》)

夏，颶風作，毁折文廟欞星門及牌坊。(康熙《新會縣志》卷三《事
紀》；道光《新會縣志》卷一四《祥異》)

夏，旱。秋，澇。米價騰湧。竹有實，民採食之。(嘉靖《興寧縣志》
卷一《災祥》)

夏，旱。秋，復澇，大饑。時潮郡荒甚，米斗錢二百，龍因多運而竭，
價浮于潮，民有賴竹實以活者。(乾隆《龍川縣志》卷一《災祥附》)

大蝗，食禾稼殆盡。(乾隆《新樂縣志》卷一九《災祥》)

蝗災。(崇禎《元氏縣志》卷三《官師》)

旱。蝗飛蔽天。(嘉靖《固始縣志》卷九《菑異》)

大蝗。(嘉靖《武安縣志》卷三《灾祥》；萬曆《林縣志》卷八《災
祥》；康熙《朝城縣志》卷一〇《災祥》；雍正《直隸定州志》卷一
〇《祥異》)

蝗飛蔽日。(萬曆《新修館陶縣志》卷三《災祥》；康熙《臨清州志》
卷三《祥異》)

大蝗，作粥賑恤。(康熙《柏鄉縣志》卷一《災祥》)

大旱，蝗蝻食盡田禾。民饑相食，詔作粥賑之。(崇禎《隆平縣志》卷
八《災異》)

大霖雨傷稼，壞民廬舍。(萬曆《廣宗縣志》卷八《雜志》)

大霖雨。(康熙《平鄉縣志》卷三《前朝》)

蝗自東北來，飛蔽天日。是年大饑，死者無虛日。(康熙《黎城縣志》
卷二《紀事》)

旱特甚，知縣王密禱，復有應。(康熙《長子縣志》卷三《廟祠》)

飛蝗蔽天，食田既盡，蝗自相食。民大饑。（康熙《垣曲縣志》卷一二《災荒》）

關中蝗飛蔽天，自河南來。（嘉靖《陝西通志》卷四〇《災祥》）

蝗飛蔽天，自河南來。（乾隆《咸陽縣志》卷二一《祥異》）

關中蝗飛蔽天。（崇禎《乾州志》卷上《祥異》）

蝗飛蔽天，大饑。（萬曆《渭南縣志》卷一六《災祥》；天啟《同州志》卷一六《祥祲》；光緒《新續渭南縣志》卷一一《祲祥》）

蝗飛蔽日，大饑，人相食。（嘉慶《延安府志》卷五《大事表》）

飛蝗蔽天，臨洮、隆德、莊浪、固原、秦州、秦安、清水、禮縣俱大旱，饑。（光緒《甘肅新通志》卷二《祥異》）

飛蝗蔽天，莊浪大饑。（乾隆《平涼府志》卷二一《祥異》）

大旱，饑。（嘉靖《歸州志》卷四《災異》；道光《鎮原縣志》卷七《祥眚》）

蝗，大饑。（乾隆《平原縣志》卷九《災祥》）

飛蝗蔽天，秦州、清水、秦安、禮縣俱大饑，人食草茹木。（乾隆《直隸秦州新志》卷六《災祥》）

（固原縣）飛蝗蔽天，臨洮、莊浪、固原、秦州、清水、秦安、禮縣俱大饑。（乾隆《甘肅通志》卷二四《祥異》）

濟南郡縣蝗。（康熙《山東通志》卷六三《災祥》）

大旱，蝗。（康熙《平度州志》卷六《災祥》）

旱，蝗。河決飛雲橋。（道光《濟甯直隸州志》卷一《五行》）

濁河北決，而黃陵之工役至今未盡歇。（嘉靖《鄆城志》卷下《文移》）

河溢魚臺，由趙皮寨出桃源，於是桃源始告病矣。（民國《泗陽縣志》卷九《河渠》）

（辰溪縣）水。（萬曆《辰州府志》卷一《災祥》）

（沅陵縣）水。（乾隆《辰州府志》卷六《機祥》）

蝗不為災。（康熙《合肥縣志》卷二《祥異》）

蝗飛蔽天。（天啟《鳳陽新書》卷四《星土》；康熙《咸寧縣志》卷六《灾祥》）

蝗甚，禾稼草木食盡，所至蔽天，人馬不能行。（康熙《滁州志》卷三《祥異》）

大水。知府林鉞初任，奏免災糧三分。（嘉靖《太平府志》卷一二《灾祥》）

大水，平地丈餘。（民國《南豐縣志》卷一二《祥異》）

蝗蝻生。（嘉靖《懷慶府志》卷一《祥異》；萬曆《重修磁州志》卷八《雜述》；乾隆《濟源縣志》卷一《祥異》）

濮州、觀城等處飛蝗蔽天。（康熙《濮州志》卷一《年紀》）

大蝗，食木。巡撫王堯封命官以粟易蝗，民捕之，不旬日足千石。（嘉靖《范縣志》卷五《灾祥》）

飛蝗蔽日，田禾殆盡。（康熙《濬縣志》卷一《祥異》）

飛蝗。（嘉靖《沈丘縣志》卷一《災祥》）

蝗蝻遍四境，厚尺許。官令民捕之，斗給斗粟，禾不盡傷，民賴以安。（乾隆《禹州志》卷一三《災祥》）

旱，八月蝗。（乾隆《確山縣志》卷四《禨祥》）

飛蝗蓋天。（光緒《宜陽縣志》卷二《祥異》）

飛蝗蔽天，復生蝻遍地，入民屋，上延瓦簷。（康熙《新安縣志》卷一七《災異》）

大旱。（嘉慶《和平縣志》卷二《事紀》）

大饑。竹有實。夏五六月，斗米銀二錢，山無遺蕨，民采竹實。秋旱，盜賊四起。（嘉靖《大埔縣志》卷九《災異》）

旱，斗米價至二錢，山無遺蕨，民多饑殍。（嘉靖《潮州府志》卷八《災祥》）

旱，饑民多采草木根食之。（嘉慶《潮陽縣志》卷一二《紀事》）

大旱，民食草根。（乾隆《潮州府志》卷一一《災祥》）

高要水旱大災，有司奏聞，蠲租之半。（嘉靖《廣東通志初稿》卷三七

《祥異》）

大旱，自春歷夏田禾枯焦。秋淫雨，有蝗。（道光《萬州志》卷七《前事畧》）

洪水，又邑山崩，白面山崩。（康熙《陽朔縣志》卷二《災祥》）

秋，漢水溢，漢川水。（同治《漢川縣志》卷一四《祥祲》）

秋，颶風大作，壞官民居。（嘉靖《新寧縣志·年表》）

濟南蝗。秋，大水。（崇禎《歷城縣志》卷一六《災祥》）

蝗，秋，大水，饑。（乾隆《歷城縣志》卷二《總紀》）

秋，大蝗。（康熙《長垣縣志》卷二《災異》）

秋，蝗。（光緒《萊蕪縣志》卷二《災祥》；民國《東明縣新志》卷二二《大事記》）

秋，飛蝗蔽日，縣民祭蜡，東飛而息。（萬曆《洪洞縣志》卷八《祥異》）

秋，大蝗蔽空。（嘉靖《六合縣志》卷二《災祥》）

秋，大水入城。（嘉靖《安吉州志》卷一《災異》）

秋霆彌月。（嘉靖《鄢陵志》卷八《文章》）

秋，旱，蝗。歲饑。（順治《息縣志》卷一〇《災異》）

秋，蝗蝻生。（萬曆《濟陽縣志》卷一〇《災祥》）

大蝗。秋，雨殺稼。（乾隆《任邱縣志》卷一〇《五行》）

秋，飛蝗蔽日，食禾殆盡。是歲大饑。（康熙《河津縣志》卷八《祥異》）

秋，蝗飛蔽天，歲大饑。（嘉靖《武城縣志》卷九《祥異》）

大饑，六月不雨，歲荒歉，瘟疾傳染，死者山積。（同治《欒城縣志》卷三《祥異》）

至於十二年，比歲旱蝗，民多逃。（乾隆《靈璧縣志略》卷四《災異》）

至十二年，連歲蝗旱，民多逃亡。（嘉靖《宿州志》卷八《災祥》）

嘉靖九年（庚寅，一五三〇）

正月

甲寅，以陝西、寧夏旱災，免本鎮各衛田（東本作"屯"）糧，仍給靈州塩課等銀賑濟。（《明世宗實錄》卷一〇九，第 2573 頁）

元日，風霾，連陰者數十日。秋無禾。（嘉靖《翼城縣志》卷一《災祥》）

二月

乙亥，先是，畿輔旱荒，饑民流入都城求食，道殣相望。（《明世宗實錄》卷一一〇，第 2603 頁）

不雨，至冬十月乃雨。（嘉慶《三水縣志》卷一三《災祥》）

三月

大雨雹。（民國《崇善縣志》第六編《前事》）

蝗，捕蝗，遺種甚多。（光緒《靖江縣志》卷八《祲祥》）

捕蝗，遺種甚多。（嘉靖《靖江縣志》卷四《編年》）

（崇左縣）大雨雹。（萬曆《廣西太平府志》卷二《祥異》）

（容縣）大雨雹。（康熙《廣西通志》卷四〇《祥異》）

四月

丙戌（閣本、東本無此二字），以京師風霾，遣禮部尚書李時祭天壽山之神。（《明世宗實錄》卷一一二，第 2675～2676 頁）

初五日，大雨，雹如雞子，林木皆摧折，牛馬傷死。秋旱，歲大饑。（嘉靖《衢州府志》卷一五《災異》；民國《衢縣志》卷一《五行》）

初五日，雨雹。大如雞卵，林木皆禿，牛馬有死者。秋旱，歲大饑。

（同治《江山縣志》卷一二《祥異》）

五日，大雨雹。（民國《龍游縣志》卷一《通紀》）

初五日，大雹，如雞卵，林木皆禿，牛馬有死者。秋旱。歲大饑。（天啟《江山縣志》卷八《災祥》）

大水，山崩川沸，漂田廬人畜無算。（民國《建寧縣志》卷二七《災異》）

大雨雹。（光緒《容縣志》卷二《禨祥》）

十七日，大水。（康熙《天柱縣志》卷下《災異》）

大雨雹，林木皆摧折，擊斃人畜甚眾。秋旱，大饑。（嘉慶《西安縣志》卷二二《祥異》）

大雨雹。秋旱，歲大饑。（康熙《衢州府志》卷三〇《五行》）

蝗，不爲災。（康熙《鹽山縣志》卷九《災祥》）

大水，舟入城市。（萬曆《寧都縣志》卷八《雜志》）

大水，山崩川沸，漂田廬人畜無筭。五月，大饑。（康熙《建寧縣志》卷一二《災異》）

大水，漂朝京橋。（乾隆《泰寧縣志》卷一〇《祥異》）

潦漲十餘丈，壞民居田塘甚多。（嘉靖《韶州府志》卷一〇《祥異》）

容縣大雨雹。（崇禎《梧州府志》卷四《郡事》）

五月

朔，雨雹。（乾隆《杞縣志》卷二《祥異》）

朔日，大雨雹。（嘉靖《杞縣志》卷八《祥異》）

大旱，蝗蟲為災。（嘉靖《真定府志》卷九《事紀》）

河西大雨雹，傷人畜甚眾，禾盡損。（嘉靖《遼東志》卷八《祥異》）

孫家渡河堤成。逾月，河決曹縣。（《明史·河渠志》，第 2031 頁）

蝗蝻自兗郡來，羣隊如雲，所過無遺稼，北至莘。知縣陳棟齋沐，率邑人禱於八蜡神，倏黑蜂滿野，嚙蝗盡死，既而雷雨交作，蝗盡化為泥，田禾不至損傷。咸以為陳侯精誠所感云。（光緒《莘縣志》卷四《禨異》）

浚白河決。（嘉靖《夏邑縣志》卷五《災異》）

大雨雹，傷人畜甚眾，禾盡損。（道光《雲南通志稿》卷三《祥異》）

大水十五日，大雨，至十九日止，平地水高一丈五尺，傷人畜無算，留槎洲漂蕩俱盡。（光緒《處州府志》卷二五《祥異》）

英德大水，壞民田廬舍數百區，及城牆學舍。（嘉靖《廣東通志初稿》卷三七《祥異》）

六月

壬申，真定府等處大旱。上命太常寺官持香帛禱於北嶽之神。是日雨，遠近霑足，守臣以聞。（《明世宗實錄》卷一一四，第 2706～2707 頁）

慶元大霜殺禾。（雍正《處州府志》卷一六《雜事》）

鞏昌府雨雹，大如雞子，傷禾稼。（嘉靖《陝西通志》卷四〇《災祥》）

河決曹縣胡村寺，分道入運。（乾隆《曹州府志》卷五《河防》）

蛟壞田舍。（康熙《貴池縣志略》卷二《祥異》）

七月

大水。（光緒《邵武府志》卷三〇《祥異》）

十二日，河水決東北大堤。（光緒《虞城縣志》卷一〇《災祥》）

十二日，洺、滏河溢，潰城隄，傷禾稼千餘頃。（光緒《永年縣志》卷一九《祥異》）

十三日，水，滹、漳並溢，潏倒城垣數十處，四關居民一空，舟行樹梢，境內無尺土。知縣張籍奏之。（道光《重修武強縣志》卷一〇《機祥》）

蝗。冬，雷。（萬曆《揚州府志》卷二二《異攷》；嘉慶《東臺縣志》卷七《祥異》）

湖決。（嘉靖《寶應縣志略》卷一《災祥》）

蝗。（嘉靖《重修如皋縣志》卷六《災祥》）

大水，平地深三尺。（嘉靖《遼東志》卷八《祥異》）

水，滹、漳並溢，潏倒城垣數十處。（道光《重修武強縣志》卷一〇《機祥》）

閏七月

三日，海嘯，風從東北起，漂沒人民數萬。（同治《上海縣志》卷三
〇《祥異》）

八月

甲子，以水災詔減應天、太平、安慶、池州各府稅糧有差。（《明世宗
實錄》卷一一六，第 2746~2747 頁）

甲戌，以水災停免湖廣武漢等八府所派內府巾帽局物料。（《明世宗實
錄》卷一一六，第 2752 頁）

壬午，以水災減免江西南昌等府及九江等衛稅糧有差。（《明世宗實錄》
卷一一六，第 2757 頁）

大水。（嘉靖《夏津縣志》卷四《災異》；嘉靖《高唐州志》卷七《祥
異》；乾隆《黃岡縣志》卷一九《災祥》；民國《宣平縣志》卷一一《紀異》）

大水，運河決。（民國《夏津县志新编》卷九《灾祥》）

大霜嚴凝，禾苗盡枯。（崇禎《慶元縣志》卷七《紀變》）

十二日，北流縣都隴里沙唐村大風，傾摧民舍。（崇禎《梧州府志》卷
四《郡事》）

十九日，颶起，壞禾。十月，桃花盛開。（嘉靖《寧德縣志》卷四《祥異》）

旱，大饑。（民國《龍游縣志》卷一《通紀》）

九月

乙未，以旱災詔（東本无"詔"字）免應天、蘇州、松江等府秋糧有
差。（《明世宗實錄》卷一一七，第 2769 頁）

隕霜，殺禾稼。（康熙《武平縣志》卷九《祲祥》；乾隆《汀州府志》
卷四五《祥異》）

初二，隕霜，殺禾稼。（光緒《長汀縣志》卷三二《祥異》）

初二日，隕霜，殺禾。是年飢。（康熙《寧化縣志》卷七《灾異》）

初二日，隕霜殺禾，樹葉盡脱。是年，大饑。（乾隆《射洪縣志》卷八《雜記》；乾隆《蓬溪縣志》卷六《襍記》）

賈霜殺草，晚禾無收。（民國《湯溪縣志》卷一《編年》）

大霜傷稼，晚禾俱不實。（萬曆《金華府志》卷二五《祥異》）

大霜，晚禾不實。（光緒《金華府志》卷一六《五行》）

九日，大雨雹，雷震死民王虎。（萬曆《寧津縣志》卷四《祥異》）

朔，霜隕殺禾，樹葉盡脱。大饑。（民國《潼南縣志》卷六《祥異》）

十月

甲子，以水災免滄州、青州所屬利民等塩場本年分塩課，仍發貯庫贖罪米紙銀一千一百兩有奇，賑濟貧丁（廣本、閣本、東本"丁"下有"從御史傅炯請也"七字）。（《明世宗實錄》卷一一八，第2800頁）

九日，大雷。（萬曆《沂州府志》卷一《災祥》）

初五日午時，天東南方有五色慶雲見，頃刻即散。（嘉靖《重修邳州志》卷三《物異》）

雷。（道光《重修儀徵縣志》卷四六《祥異》）

十一月

又雷。（道光《重修儀徵縣志》卷四六《祥異》）

十二月

丁巳，朔，上諭太常寺官："雨雪愆期，朕念民事深用憂惕，已卜日竭誠露告太常寺與順天府官，分詣應祀神祇，齋心精禱，務求休〔体〕應。"（《明世宗實錄》卷一二〇，第2857頁）

丁巳，以水災免湖廣武昌等府并各衛所秋糧有差。（《明世宗實錄》卷一二〇，第2857頁）

壬午，以水災免南京府軍左等衛屯所稅糧有差。（《明世宗實錄》卷一二〇，第2873頁）

雨，大冰。（嘉靖《重修如皋縣志》卷六《災祥》）

以水災免湖廣各府并衛所秋糧有差。（康熙《瀏陽縣志》卷九《賑恤》）

是年

春，海決，水逼海寧城。（乾隆《寧志餘聞》卷八《災祥》）

旱，大饑。（乾隆《潮州府志》卷一一《災祥》）

春，旱，蝗蟲殺稼，歲大饑。（康熙《順德縣志》卷一三《紀異》；咸豐《順德縣志》卷三一《前事畧》）

夏，久雨，傷禾。（光緒《德安府志》卷二〇《祥異》）

夏，旱。（同治《上海縣志》卷三〇《祥異》；光緒《川沙廳志》卷一四《祥異》；民國《南匯縣續志》卷二二《災異補遺》）

夏，大水。（康熙《彭澤縣志》卷二《郵政》；雍正《瑞昌縣志》卷一《祥異》；民國《榮經縣志》卷一三《五行》）

夏，旱。秋，大水。（民國《霸縣新志》卷六《灾異》）

夏，雷電，雲雨大作。（民國《洪洞縣志》卷一八《祥異》）

大風害稼。（乾隆《福寧府志》卷四三《祥異》；民國《霞浦縣志》卷三《大事》）

海潰及于隄。（康熙《海寧縣志》卷一二《祥異》）

大旱。（隆慶《雲南通志》卷一七《災祥》；康熙《平彝縣志》卷一〇《藝文》；道光《宣威州志》卷五《祥異》；咸豐《興甯縣志》卷一二《災祥》；光緒《霑益州志》卷四《祥異》）

御河自白廟口突開，泛清河，復天雨大注，合境瀰漫，運河舟楫可通於城門之外，漂民廬舍，至有繫嬰兒於樹上者。（光緒《清河縣志》卷三《災異》）

大水，詔免田租十之七，發粟賑邮。（光緒《南樂縣志》卷七《祥異》）

河水泛漲，城西田禾盡没。（民國《中牟縣志·祥異》）

旱。（乾隆《蘇州府志》卷七七《祥異》；光緒《蘇州府志》卷一四三

《祥異》；光緒《青浦縣志》卷二九《祥異》）

大水，平地丈餘，人多溺死。（民國《德縣志》卷二《紀事》）

霪雨傷禾。（康熙《長清縣志》卷一四《災祥》；道光《長清縣志》卷一六《祥異》）

雨。如蕎麥化爲虫，食禾稼。（康熙《城固縣志》卷二《災異》）

天雨，蕎化蟲食禾。（光緒《洋縣志》卷一《紀事沿革表》）

秋，騰越大水。（光緒《永昌府志》卷三《祥異》）

秋，大水。（嘉靖《沔陽志》卷一《郡紀》；康熙《獻縣志》卷八《祥異》；康熙《景陵縣志》卷二《災祥》；乾隆《鍾祥縣志》卷一○《祥異》；光緒《騰越廳志稿》卷一《祥異》）

霜害稼。（崇禎《義烏縣志》卷一八《災祥》；嘉慶《義烏縣志》卷一九《祥異》）

秋，大水決湖隄。（道光《重修寶應縣志》卷九《災祥》）

秋，大水，詔免田租十之七。（乾隆《東明縣志》卷七《災祥》；乾隆《東明縣志》卷七《災祥》）

秋，河水決。（康熙《景州志》卷四《災變》；民國《景縣志》卷一四《故實》）

秋，大水，大名縣城不没者五版，免田租十之七，發粟賑邺。（民國《大名縣志》卷二六《祥異》）

秋，蝗。冬，雷，雨冰。（嘉慶《如皋縣志》卷二三《祥祲》）

冬，泰興雷。（光緒《通州直隸州志》卷末《祥異》）

飛蝗食稼，民饑。（民國《淮陽縣志》卷八《災異》）

夏，應天大旱。（光緒《金陵通紀》卷一○中）

蝗，大疫。（乾隆《隆平縣志》卷九《災祥》）

春，旱，大饑。（乾隆《潮州府志》卷一一《災祥》）

春，旱，大饑，斗米價貳錢。山無遺蕨，時竹結實如大麥，民採為粮。秋又旱，盜據道路不通。（光緒《饒平縣志》卷一三《災祥》）

春，不雨。夏雨不止，螻蟈徧生。（萬曆《代州志書》卷二《災祥》）

春夏秋，蝗。（萬曆《廣東通志》卷七二《録下》）

（當塗縣）舊水不退，春雨連綿，田疇成湖，麥禾無收，以災奏免田租之半。（康熙《太平府志》卷三《星野》）

春夏，雨，（城垣）圯過半。（光緒《龍南縣志》卷四《城池》）

夏，旱，秋，潦。（嘉靖《商城縣志》卷八《祥異》）

夏，大雨。（同治《應山縣志》卷一三《學校》）

夏，久雨，傷禾稼。（雍正《應城縣志》卷七《祥異》）

夏，甚雨，應山孔子廟隳。（嘉靖《隨志》卷上）

夏，大水，自西門入城，居民災傷過甚。詔免田租之半。（民國《晉縣志》卷五《災祥》）

夏秋，水潦。（嘉靖《霸州志》卷九《災異》）

夏，旱。秋，潦。（萬曆《任丘志集》卷八《祥異》）

夏，雨下如蕎子，化為虫，食禾。（嘉靖《漢中府志》卷九《災祥》）

夏，天雨蕎子，化為蟲，食禾。（康熙《洋縣志》卷一《災祥》）

夏，蝗生，隨滅，不害稼。（康熙《吳縣志》卷二一《祥異》）

邑大旱，知縣陳一善禱雨輒應。（乾隆《海豐縣志》卷一《輿図》）

大水。（嘉靖《漢陽府志》卷二《方域》；萬曆《保定縣志》卷九《附災異》；崇禎《固安縣志》卷八《災異》；順治《新修望江縣志》卷九《災異》；康熙《良鄉縣志》卷七《灾異》；道光《衡山縣志》卷一四《公署》）

南城為河水所壞。（雍正《井陘縣志》卷二《城池》）

完縣下叔村雷擊不孝男婦二人。（萬曆《保定府志》卷一五《祥異》）

大水，陸地行舟。（康熙《衡水縣志》卷六《事紀》）

衛水大決，傷民田廬。（萬曆《新修館陶縣志》卷三《災祥》）

蝗，疫，民多死。（乾隆《平鄉縣志》卷一《災祥》）

（曲沃縣）旱。（萬曆《沃史》卷二《今總紀》）

大雨，山水圮城南面。（康熙《垣曲縣志》卷一二《災荒》）

雨如蕎子，化為蟲，食禾稼。（乾隆《南鄭縣志》卷一二《紀事》；光緒《鳳縣志》卷九《祥異》）

雨如蕎麥，化為蟲，食禾稼。（康熙《城固縣志》卷二《災異》）

大水，平地丈餘，人民疫死者無數。（萬曆《德州志》卷一〇《災祥》）

泰山蝗。（康熙《泰安州志》卷一《災祥》）

（兗州府）霪雨，月餘不止。（康熙《滋陽縣志》卷二《災異》）

河決，塌場口，衝穀亭。（乾隆《濟寧直隸州志》卷一《紀年》）

大水傷廬舍，運河決。（乾隆《東昌府志》卷三《總紀》）

衛河決，清河大水，漂民廬舍。（嘉靖《清河縣志》卷一《祥異》）

蝗入境，不害稼。（康熙《昌化縣志》卷九《災祥》；乾隆《昌化縣志》卷一〇《祥異》）

蝗。（嘉靖《杞縣志》卷七《義行》；康熙《合肥縣志》卷二《祥異》）

黃河水入城。（嘉靖《壽州志》卷八《災祥》）

黃河水入城，壞民舍。（康熙《蒙城縣志》卷二《祥異》）

連歲蝗旱，民多逃亡。（嘉靖《宿州志》卷八《災祥》）

比歲旱蝗，民多逃亡。（康熙《靈璧縣志略》卷一《祥異》）

蝗自西北來，蔽天日，丘陵墳衍，麻沸所至，禾黍輒盡，民男婦奔號蔽野。（萬曆《滁陽志》卷八《災祥》）

蝗災相仍，民甚苦之。（天啟《新修來安縣志》卷九《祥異》）

大風害稼。（萬曆《福寧州志》卷一六《時事》）

蝗蝻食禾。（乾隆《滎澤縣志》卷七《災祥》）

蝗，入秋復生蝻。（嘉靖《尉氏縣志》卷四《祥異》）

河水泛，城西沒田。（天啟《中牟縣志》卷二《物異》）

諸州縣大水，免田租十之七。（康熙《南樂縣志》卷九《紀年》）

蝗蟲蔽天，為禾之害。（嘉靖《黃陂縣志》卷中《災祥》）

以水災免所派內府巾帽局物料。（光緒《孝感縣志》卷七《賑邮》）

土城覆於水患。（嘉靖《羅田縣志》卷一《地理》）

天雨，色綠。（乾隆《番禺縣志》卷一八《事紀》）

潮水至峽。（乾隆《清遠縣志》卷四《紀事》）

興甯、和平旱。和平甚。（萬曆《惠州府志》卷二《郡事紀》）

大旱。時連年發蟲，毛黑，食松葉盡而立枯；冬月作繭枝上，冬末乃化盡，故頻年米貴。（乾隆《龍川縣志》卷一《災祥》）

大旱，民茹芋葉、蕨粉。（崇禎《興寧縣志》卷六《災異》）

又旱。（道光《萬州志》卷七《前事畧》）

大旱，自八年至本年秋不雨，民不得耕種。且蝗大發，西北與南赤地不毛。（康熙《儋州志》卷二《祥異》）

水。（嘉靖《普安州志》卷一〇《祥異》）

烈風雷雹擊人。（嘉靖《貴州通志》卷一〇《祥異》）

秋，蝗。（道光《重修儀徵縣志》卷四六《祥異》）

秋，河決没禾，平地水深丈餘，濤聲若雷，溺者數百十人。（嘉靖《武城縣志》卷九《祥異》）

秋，趙城有年；垣曲大雨，山水圮城南西。（萬曆《平陽府志》卷一〇《災祥》）

秋，大水，免租十之七，大賑。（同治《清豐縣志》卷二《編年》）

秋，霜隕稼。冬，旱。（萬曆《將樂縣志》卷一二《災祥》）

秋，飛蝗蔽天。（民國《新河縣志》第一冊《災異》）

冬，雷。（萬曆《泰興縣志》卷八《祥異》）

至十七年，每歲皆蝗。（嘉靖《興化縣志》卷四《五行》）

嘉靖十年（辛卯，一五三一）

正月

望日，大雪，四晝夜不息，平地深三四尺，樹枝多有壓折者，二麥無收。（民國《翼城縣志》卷一四《祥異》）

望日，大雨雪，四晝夜不息，平地深三四尺，壕池皆盈，樹枝多有壓折者，二麥無收。（民國《洪洞縣志》卷一八《祥異》）

二月

戊午，去年皇后出郊，偶有風霾，故欲罷行。（《明世宗實錄》卷一二二，第2913頁）

甲戌，以水災免直隸鳳陽、淮安、揚州、盧州四府所屬州縣，並留守等衛所秋粮有差。（《明世宗實錄》卷一二二，第2923頁）

丙子，兵部尚書李承勛以風霾示異，奉詔條陳備邊五事。一，北虜自去冬黃河凍後，大半入套，其餘尚在河東，則今歲邊患，陝西最急，宣大次之……（《明世宗實錄》卷一二二，第2924頁）

春大旱，麥枯死。二月風，嚴霜二次，菜果花木皆萎。（乾隆《陳州府志》卷三〇《雜志》）

三月

大雨雹，震電。（民國《石城縣志》卷一〇《事略》）

二日，大雨雹，震電。（雍正《吳川縣志》卷一〇《事略》）

清明，雨雪傷果花。（萬曆《寧津縣志》卷九《事蹟紀年》）

不雨，六月乃雨。（光緒《開州志》卷一《祥異》）

四月

大水。（雍正《靈川縣志》卷四《祥異》；乾隆《興安縣志》卷一〇《祥異》；嘉慶《龍川縣志》第五冊《祥異》）

大風。（康熙《永平府志》卷三《災祥》；嘉慶《灤州志》卷一《祥異》；民國《盧龍縣志》卷二三《史事》）

湘鄉、湘陰、攸縣大水，壞民田舍，溺死男女無筭。（康熙《長沙府志》卷八《祥異》）

湘鄉、湘陰、攸縣大水，壞民田舍，溺死男女無算。（乾隆《長沙府志》卷三七《災祥》）

旱。八月，蝗。（民國《夏津縣志續編》卷一〇《災祥》）

旱。（乾隆《夏津縣志》卷九《災祥》）

大水，壞民田舍，溺死男女無算。（同治《攸縣志》卷五三《祥異》）

大水突起，漂蕩民居，人民溺死不可勝計。（康熙《湘鄉縣志》卷一〇《兵災附》）

五月

乙未，上以水（廣本、閣本作"火"）災降勅（廣本、閣本作"諭"），責兵部官縱吏為姦，而武遷（廣本、閣本、抱本作"選"）尤甚。問者考察在京武職司官，與吏通賄，變亂是非，令堂上官核實。（《明世宗實錄》卷一二五，第 2995 頁）

壬寅，順天府以春夏不雨，疏請祈禱。上曰："天時亢旱，咎在朕躬，該府其竭誠致禱，朕亦齋心默致，脩省三日。"（《明世宗實錄》卷一二五，第 3000 頁）

丙午，上親禱雨于殿。（《明世宗實錄》卷一二五，第 3002 頁）

旱。（萬曆《杞乘》卷二《今總紀》；乾隆《杞縣志》卷二《祥異》）

夜潮至，有光如炬，時沿海人皆驚疑盜至，移時乃息。（乾隆《瑞安縣志》卷一〇《災變》）

蝗至。（嘉慶《績溪縣志》卷一二《祥異》）

雨，大水，民居多被漂毀，禾稼淹沒。（嘉靖《大埔縣志》卷九《災異》）

興寧、和平水，雹。興寧尤甚，至壞民居。（嘉靖《惠州府志》卷一《郡事紀》）

六月

丁巳，是日申刻，雷震德勝門，破民屋柱，死者四人。（《明世宗實錄》卷一二六，第 3008 頁）

癸亥，是日辰刻，雷擊午門角楼垂脊，并西華門城楼西北角柱。（《明世宗實錄》卷一二六，第 3011 頁）

丙寅，禮部尚書李時等言："午門乃人君懸象布政之所，邇者有雷擊之變，皇上遇災祇懼，勅同修省。"（《明世宗實錄》卷一二六，第 3012 頁）

水，大饑，免田租之半。（光緒《蠡縣志》卷八《災祥》）

大水壞護民堤。（康熙《孟津縣志》卷三《祥異》）

丁巳，雷擊德勝門，破民屋柱，斃者四人。（《明史·五行志》，第 435 頁）

水，免田租之半。大饑。（嘉靖《雄乘》卷下《祥異》；天啟《高陽縣志》卷四《賑政》）

蝗，適有鸜鵒食之，飛去。（嘉慶《沅江縣志》卷二二《祥異》）

初十日，大風，拔木撤屋，大雨雹。（道光《博平縣志》卷一《機祥》）

十八日，夜暴雨，水漲，頃刻丈許，淹民居害稼。（康熙《嘉興府志》卷二《祥異》）

閏六月

丙申，陝西西安等六府大旱，螟食苗盡。（《明世宗實錄》卷一二七，第 3029 頁）

乙巳，彗星見于東井，光芒長尺餘，指西南。（《明世宗實錄》卷一二七，第 3035 頁）

庚戌，夜，彗星行掃軒轅北第一星，光芒漸長。（《明世宗實錄》卷一二七，第 3040 頁）

鎮城、懷來、隆慶大水傷禾。（嘉靖《宣府鎮志》卷六《災祥考》）

大水傷禾。（光緒《延慶州志》卷一二《祥異》）

大旱，蝗。（萬曆《帝鄉紀略》卷四《災患》）

不雨，余禱於城隍，越三日甘雨果沛，稿苗回綠。（康熙《杏花村志》卷三《建置》）

七月

癸丑，時陝西大旱，各路守臣俱請賑濟。（《明世宗實錄》卷一二八，

第 3046 頁）

乙卯，彗星行翼度，光芒七尺餘，尾東北指，掃天尊星。（《明世宗實錄》卷一二八，第 3047 頁）

戊午，入太微垣，掃郎位星。（《明世宗實錄》卷一二八，第 3047 頁）

戊午，以順天府水災，詔蠲稅有差。（《明世宗實錄》卷一二八，第 3047 頁）

甲戌，以保定府安州等處水災，命官賑濟。（《明世宗實錄》卷一二八，第 3058 頁）

丙子，彗星行角度，尾東南指，掃亢北第二星，芒漸斂，越三日而没。（《明世宗實錄》卷一二八，第 3059 頁）

大雨，水。（萬曆《錢塘縣志·灾祥》）

飛蝗蔽天，食禾稼。（光緒《南宮縣志》卷八《事異》）

蝗。（康熙《長子縣志》卷一《災祥》；道光《重修儀徵縣志》卷四六《祥異》）

大旱，螟。蠲賑有差。（雍正《陝西通志》卷四七《祥異》）

大蝗。（嘉慶《洛川縣志》卷一《祥異》）

江溢，没江浦南境田。（光緒《江浦埤乘》卷三九《祥異》）

蝗，華災。（嘉靖《靖江縣志》卷四《編年》）

大雨水，浹旬不止，西湖諸山水溢平隄。（萬曆《錢塘縣志·灾祥》）

二日寅刻，風雨交作，翼日寅刻止。木大數圍者皆拔，瀕水房屋多漂流，塘田推陷過半。（嘉靖《福寧州志》卷一二《祥異》）

八月

己丑，以旱災詔免陝西臨、鞏二府所屬州縣及（廣本、抱本、閣本、東本"及"下有"各宇"二字，"宇"疑當作"府"）衛所田粮有差。（《明世宗實錄》卷一二九，第 3066 頁）

庚寅，工部右侍郎黎奭以雷變自陳乞罷，不允。（《明世宗實錄》卷一二九，第 3066 頁）

丁酉，以旱蝗免揚州、淮安二府各屬州縣田粮有差。（《明世宗實錄》卷一二九，第 3068~3069 頁）

甲辰，陝西總制尚書王瓊、鎮守都督劉文疏稱："甘露降於固原，採取以獻。因言今陝西邊患，雖若少（閣本作'稍'）寧，而西安等府天旱民饑，流徙者眾。臣願陛下以甘露降祥而感上天，以旱乾為災而恤下民。"（《明世宗實錄》卷一二九，第 3076 頁）

乙巳，以旱災免山西振武等衛所，并太原等府所屬州縣稅粮有差。（《明世宗實錄》卷一二九，第 3079 頁）

大水。（光緒《餘姚縣志》卷七《祥異》）

蝗。（乾隆《博羅縣志》卷二《編年》；乾隆《夏津縣志》卷九《災祥》）

霪雨害稼。（雍正《景東府志》卷三《災祥》）

九月

辛酉，以廬、鳳、淮、揚四府，及徐、滁、和三州水旱虫蝗，詔以兌運粮三萬石，折銀各伍錢，改兌米三萬石，暫於臨清、廣運（廣本、閣本、抱本作"積"，東本作"濟"）二倉支運。（《明世宗實錄》卷一三〇，第 3089 頁）

初九日，隕霜，害稼。（同治《分疆錄》卷一〇《災異》）

初九日，隕霜，害稼。民大饑。（雍正《泰順縣志》卷九《祥異》）

初旬，連隕霜，稻穗多損，山田無獲。（嘉靖《福寧州志》卷一二《祥異》）

四門立，時久旱饑，而始有年。（乾隆《雲南通志》卷二九《藝文》）

十一月

戊辰，以旱災免陝西西安府秋粮有差。（《明世宗實錄》卷一三二，第 3130 頁）

是年

夏，大雨雹。（康熙《堂邑縣志》卷七《災祥》）

夏，溧水大水，没民居，江溢，潀江浦、六合田。（光緒《金陵通紀》卷一〇中）

夏，城圮三十餘丈，雷震文廟柱。（民國《連城縣志》卷三《大事》）

夏，大水，羅岡大雹。（咸豐《興寧縣志》卷一二《災祥》）

自夏至秋，旱，無麥禾。（乾隆《白水縣志》卷一《祥異》）

飛蝗食稼。（嘉慶《南陵縣志》卷一六《祥異》；民國《南陵縣志》卷四八《祥異》）

春，雨雹如弹，自辰至巳。（康熙《全州志》卷一《灾祥》）

麗水旱。（雍正《處州府志》卷一六《雜事》）

大旱。（乾隆《蒲縣志》卷九《祥異》；同治《麗水縣志》卷一四《災祥附》；同治《南安府志》卷二九《祥異》；民國《大名縣志》卷二六《祥異》）

江溢。（萬曆《泰興縣志》卷八《祥異》；光緒《通州直隸州志》卷末《祥異》）

蝗。（乾隆《平原縣志》卷九《災祥》；嘉慶《長山縣志》卷四《災祥》；光緒《靖江縣志》卷八《祲祥》）

南康大旱。（同治《南安府志》卷二九《祥異》）

復生蝗。（萬曆《濟陽縣志》卷一〇《災祥》；乾隆《濟陽縣志》卷一四《祥異》）

大旱，螟。（乾隆《重修盩厔縣志》卷一三《祥異》；民國《盩厔縣志》卷八《祥異》）

旱。（民國《平民縣志》卷四《災祥》）

秋，大水。（康熙《安肅縣志》卷三《災異》；民國《徐水縣新志》卷一〇《大事記》）

大旱，知府趙允步行躬禱（潜靈寺）祠下，汲井泉以還，中途雨驟，

霑漑三日。是年有秋。（萬曆《常州府志》卷二《疆域》）

自春徂夏旱甚，麥盡枯死。迄冬，發内帑銀以賑。（順治《澄城縣志》卷一《災祥》）

夏，雷公潭龍起，壞民居。（嘉靖《新寧縣志·年表》）

夏秋，大旱。（康熙《四川敍州府志·富順縣》卷四《災祥》）

（澂江縣）夏，河陽山多虎，旱潦相仍，米價騰貴。（康熙《澂江府志》卷一六《災祥》）

夏，岢嵐雨雹，大如碌軸，毀民居，斃牲畜，樹無遺枝，赤地千里。（雍正《山西通志》卷一六三《祥異》）

夏，蝗。（光緒《萊蕪縣志》卷二《災祥》）

夏，大雨雹。（康熙《堂邑縣志》卷七《災祥》）

夏，蝗蝻生。（萬曆《揚州府志》卷二二《異玫》；嘉慶《東臺縣志》卷七《祥異》）

夏，揚州屬縣奏水災。（康熙《揚州府志》卷二二《災異》）

夏，蝗又生，田無秋。（崇禎《吳縣志》卷一一《祥異》）

雨雹，大如碌軸，房屋倒壞，牛羊俱斃，樹無遺枝。（雍正《重修嵐縣志》卷一六《災異》）

大水。（康熙《寶坻縣志》卷八《藝文》）

大水，衝溢城壕，拔堤木，幾壞城垣。（嘉靖《霸州志》卷九《災異》）

荒旱成災，欽奉上諭，蠲免本年錢糧十分之四。（光緒《翼城縣志》卷九《田賦》）

旱甚。（萬曆《咸陽縣新志》後卷《記事》）

大旱，饑。明年益甚，死者枕藉。詔發帑銀以賑。（天啟《同州志》卷一六《祥祲》）

復大旱。（光緒《郃陽縣鄉土志·政績》）

大旱，虸，霜，饑。（嘉靖《平涼府志》卷三《祥異》）

旱，大饑，斗米銀三錢。（乾隆《正寧縣志》卷一三《祥眚》）

旱。大饑，米斗三錢。（康熙《寧州志》卷五《紀異》）

江溢没田。（萬曆《六合縣志》卷二《災祥》）

大水，没民居。（康熙《高淳縣志》卷二〇《祥異》）

雨，不害田。無秋。（乾隆《吳江縣志》卷四〇《災變》）

蝗飛蔽天，田苗多傷。（隆慶《豐縣志》卷下《祥異》）

雨，不害田。（萬曆《嘉善縣志》卷一二《災異》；光緒《嘉善縣志》卷三四《祥眚》）

大風。（光緒《諸暨縣志》卷一八《災異》）

比歲旱蝗，民多逃亡。（康熙《靈璧縣志略》卷一《祥異》）

雷震文廟柱。（康熙《連城縣志》卷一《歷年紀》）

蝗害人，田稼殆盡。其年六月十三日，大雨，訛傳地欲陷，市民驚奔，四潰而出。（嘉靖《尉氏縣志》卷四《祥異》）

大蝗。（嘉靖《永城縣志》卷四《災祥》）

水決汪家坡，去鄢陵縣僅三里。（民國《鄢陵縣志》卷四《河渠》）

蝗蝻。（嘉靖《裕州志》卷一《災祥》）

大水，免湖廣各府及衛所秋糧。（雍正《湖廣通志》卷一《祥異》）

蝗自商城來，其飛蔽日，食稻粟立盡。（光緒《麻城縣志》卷一《大事》）

水邊溢，漂民居，鏟苗禾，溺死者無數。（康熙《長沙府志》卷八《祥異》）

大水，南城崩十餘丈。（康熙《廣東通志》卷五《城池》）

秋，大水，壞民廬舍。大饑，人相食。（嘉慶《寶豐縣志》卷二四《大事記》）

秋，大水，免田租之半。（嘉靖《真陽縣志》卷九《祥異》；康熙《文安縣志》卷八《事異》）

秋，飛蝗蔽天，食稼殆盡。（萬曆《襄陽府志》卷三三《災祥》）

秋，風雨，潮漲。（民國《莆田縣志》卷三《通紀》）

秋，大水，大蝗。（萬曆《任丘志集》卷八《祥異》）

十年、十一年，蝗。（嘉靖《徐州志》卷三《災祥》）

嘉靖十一年（壬辰，一五三二）

正月

福安大雪。（乾隆《福寧府志》卷四三《祥異》）

不雨，至于夏四月。五月蝗。（隆慶《儀真縣志》卷一三《祥異》）

至于五月，境内不雨。秋，淫雨彌月。蟲食禾稼。（嘉靖《荊州府志》卷二〇《災異》）

蝗生。正月不雨，至夏六月始雨。（道光《長清縣志》卷一六《祥異》）

二月

壬午，夜五更，有星見東（抱本無"東"字）南方，蒼白色，微芒，至十九日始滅。（《明世宗實錄》卷一三五，第3189頁）

戊戌，以旱災免湖廣武昌、漢陽、黄州、德安、荊州、岳州、襄陽、承天、永州、長沙、寶慶、辰州等府稅糧有差。（《明世宗實錄》卷一三五，第3198頁）

大旱。（萬曆《延綏鎮志》卷三《災異》）

三月

戊辰，以旱荒詔京衛，并順天所屬官軍月糧預支一月。（《明世宗實錄》卷一三六，第3212頁）

大風雷，雨雹。（道光《重修儀徵縣志》卷四六《祥異》）

不雨，至六月淫雨。（嘉靖《武城縣志》卷九《祥異》）

不雨，至六月。大蝗。（光緒《堂邑縣志》卷七《災祥》）

不雨，至於六月。蝗起。（康熙《堂邑縣志》卷七《災祥》）

四月

辛巳，連歲順天、河間、真定、保定各處滹沱河溢為患。（《明世宗實

録》卷一三七，第 3221 頁）

癸巳，金星晝見。（《明世宗實録》卷一三七，第 3228 頁）

甲午，以天氣暄熱，詔（廣本"詔"下有"敕"字，閣本"詔"作
"敕"）審兩法司及錦衣衛獄囚釋放、減等、枷號如例，仍命南京法司一體
行。（《明世宗實録》卷一三七，第 3229 頁）

乙巳，自二月至是月不雨，命順天府官率屬祈禱。（《明世宗實録》卷
一三七，第 3234 頁）

大蝗。（康熙《安義縣志》卷一〇《災異》；同治《安義縣志》卷一六
《祥異》）

天黃三日，蝗蟲蔽天，人取食之。（道光《榆林府志》卷一〇《祥
異》）

大旱。四月，天黃三日，蝗蟲蔽天，人取食之。（嘉慶《延安府志》卷
五《大事表》）

不雨。六月，蝗，禾盡傷。（康熙《朝城縣志》卷一〇《災祥》）

不雨，有蝨。（順治《新修望江縣志》卷九《災異》）

大蝗蔽日。（同治《建昌縣志》卷一二《祥異》）

八日，張莊雹大如斗，外黑色，内有花草，殺麥不實。（嘉靖《固始縣
志》卷九《災異》）

五月

癸亥，陝西西安府同州地震，有聲如雷。（《明世宗實録》卷一三八，
第 3246 頁）

癸亥，工部侍郎黎奭（廣本誤作"爽"，閣本誤作"賞"）言："以四
月二十二日，奉安獻皇帝神床于顯陵香殿暖閣祭告。禮成，祥虹西見，且時
方旱虐，次日，天乃大雨。"（《明世宗實録》卷一三八，第 3246 頁）

己巳，直隸淮安府大風雷雨，徹屋、覆舟、傷人。（《明世宗實録》卷
一三八，第 3247 頁）

太僕寺卿何棟言："奉旨相勘河患，歷真定、河間、保定、順天等府地

方，勘湯河患大端有二……"（《明世宗實錄》卷一三八，第 3247～3248 頁）

丙子，上諭之曰："卿昨赴召，以連日陰雨，未與（抱本作'克'）朝見，故今日朕命入閣辦事，庶副召用之意。"（《明世宗實錄》卷一三八，第 3250 頁）

雨雹，大風拔木。（雍正《邱縣志》卷七《災祥》）

雨雹，大風拔木發屋。（康熙《臨清州志》卷三《祥異》；乾隆《夏津縣志》卷六《災祥》）

蝗。蝗遍四野，食禾遺蛹。百姓愁苦，知縣茅宰令鄉民捕蝗，有負蝗至者，抵斗給之穀。自是民皆爭捕，積蝗盈縣堳，民賴以不饑，公復為文告廟驅蝗。（嘉靖《六合縣志》卷二《災祥》）

蝗飛自西北，蔽天，林竹岸草皆殘食。（嘉靖《江陰縣志》卷二《災祥》）

蝗來自西北，蔽天，竹樹豆草俱空，苗亦空。三日去，苗長，數日復初。秋潮。（嘉靖《靖江縣志》卷四《編年》）

婺源、績溪蝗。（道光《徽州府志》卷一六《祥異》）

十八日，晝，黑氣圍日，旁有白氣如環繞之外，西南復有彩虹。（嘉靖《杞縣志》卷八《祥異》）

大水，六月又大水。（光緒《應城志》卷二《津梁》）

旱，雩而雨。夏旱三月，六月，以內艱去之。（嘉靖《随志》卷上）

六月

壬辰，以旱災免直隸鳳陽等府、河南開封等府、山西平陽等府存留錢粮及明年夏稅，併折徵起運錢粮減價各有差。（《明世宗實錄》卷一三九，第 3257～3258 頁）

旱。（民國《項城縣志》卷三一《祥異》；民國《淮陽縣志》卷八《災異》）

阿魯司泥山中雷雨拔木。（光緒《順甯府志》卷二《祥異》）

大風雨，龍見。（光緒《石門縣志》卷一一《祥異》）

蝗來，忽大風，蝗盡，入海死，漁網多得之。（光緒《海鹽縣志》卷一

三《祥異考》）

雨冰雹。（光緒《鳳縣志》卷九《祥異》）

大潦，祈祀北嶽。（順治《渾源州志》附《恒岳志》卷上）

大水。（嘉靖《淄川縣志》卷二《灾祥》）

飛蝗蔽天。（《海昌叢載》卷四《祥異》）

大風雷，龍見，風自西南來，發屋拔木，晝晦，大雨如注，壞縣治前民舍，壓死二十餘人。（道光《石門縣志》卷二三《祥異》）

蝗害稼。（同治《太湖縣志》卷四六《祥異》）

大雨雹。（康熙《新建縣志》卷二《災祥》；康熙《南昌郡乘》卷五四《祥異》）

大雷雹。（嘉靖《豐乘》卷一《邑紀》）

大旱，蝗。（同治《峽江縣志》卷一〇《祥異》）

旱。（康熙《續修陳州志》卷四《災異》）

大水溢，孟津縣城圯。（雍正《河南通志》卷一四《河防》）

蝗至，適有鸛鴿食之，飛去。（嘉靖《常德府志》卷一《祥異》）

（順寧府）阿魯使泥阿城舊山中夜雷雨大作，衆木拔起，本末倒植。（隆慶《雲南通志》卷一七《災祥》）

七月

戊辰，以旱災蠲免應天、太平等府夏稅有差。（《明世宗實錄》卷一四〇，第3276頁）

辛未，户部郎中徐元（廣本、閣本作"光"）祉受命賑濟保、河二府，以地方災害，由水患未消，遂極言："順天、真定、保定、河間四府河患，謂以大分言順天利害相半，真定利多害少，保定利少害多，河間則全受其害，蓋水之害有二……"（《明世宗實錄》卷一四〇，第3279頁）

大水。（民國《鄆城縣記》第五《大事篇》）

二十八日，大雨，溪水暴漲十餘丈，漂流數百家。（雍正《處州府志》卷一六《雜事》；同治《麗水縣志》卷一四《災祥附》）

大水。七月二十八日，大雨，溪水暴溢十餘丈，漂流數百家。（光緒《青田縣志》卷一七《災祥》）

二十四日，雨雹，大如拳。二十七日，大風雨。（同治《分疆録》卷一○《災異》）

廿四日，雨雹如拳。二十七日大風雨，揚沙折木，壞欞星右門。（雍正《泰順縣志》卷九《祥異》）

大水漂没田禾。（道光《長清縣志》卷一六《祥異》）

井陘雨雹。時冰雹如石堆積，壞民廬舍，潀没禾稼，民甚苦之。（嘉靖《真定府志》卷九《事紀》）

飛蝗蔽天，食禾稼。（光緒《南宫縣志》卷八《事異》）

河決魚臺。（乾隆《魚臺縣志》卷三《災祥》）

大風……摧毁相望，村落尤甚，至有壓死者。（乾隆《瑞安縣志》卷一○《雜志》）

颶風大作，壞官民牆屋。（乾隆《吳川縣志》卷九《事蹟紀年》）

蝗。（嘉靖《豐乘》卷一《邑紀》；康熙《南昌郡乘》卷五四《祥異》；康熙《新建縣志》卷二《災祥》）

八月

己卯，是夜彗星見於東井，芒長尺餘，後東北行，歷天津星宿，芒漸長至丈餘，掃太微垣諸星，及角宿天門，至十二月甲戌，凡一百十有五日而滅。（《明世宗實録》卷一四一，第 3286 頁）

總理（閣本作“督”）河道都御史戴時宗言：“黄河水溢魚臺”。（《明世宗實録》卷一四一，第 3287 頁）

潦。（康熙《堂邑縣志》卷七《災祥》）

大霖雨，二十五日損傷田禾，公私房屋盡壞。（乾隆《定安縣志》卷一《災異》）

霖潦。（光緒《堂邑縣志》卷七《災祥》）

十一日未時，地震。（嘉慶《長山縣志》卷四《災祥》）

十九日，大隕霜，禾未成粒而盡槁。次年，斗米需銀三四錢，大饑。（康熙《郴州志》卷七《災祥》）

彗星見於東井，芒長丈餘，掃太微垣及角宿天門，凡一百十有五日乃滅。（道光《遵義府志》卷二一《祥異》）

九月

己酉，以久雨，令漕運京、通二倉粳米，每石自耗米七升，外再加三升。（《明世宗實錄》卷一四二，第 3300 頁）

丁巳，以陝西大旱，發太倉餘鹽（廣本无"鹽"字）銀十八萬兩糴米賑之。（《明世宗實錄》卷一四二，第 3305 頁）

丁卯，以旱蝗，詔改折廬、鳳、淮、揚四府，徐、滁、和三州正兌米八萬石、改兌米（閣本無"八萬石改兌米"六字）三萬石，仍免租有差。（《明世宗實錄》卷一四二，第 3312 頁）

壬申，月犯進賢星。（《明世宗實錄》卷一四二，第 3319 頁）

八日，大霜殺稻，西鄉乏食，餘都薄收。（嘉靖《寧德縣志》卷四《祥異》）

初九日，隕霜殺稼。（康熙《泰寧縣志》卷三《祥異》）

二十七日，夜四鼓，隕星如雨，旱蝗，民疫。（民國《安次縣志》卷一《五行》）

甯德大霜。（乾隆《福寧府志》卷四三《祥異》）

隕霜殺稼。（嘉靖《邵武府志》卷一《應候》）

西北蝗飛蔽天。（乾隆《漢陽縣志》卷四《祥異》）

西北蝗来蔽天。（嘉靖《漢陽縣志》卷二《方域》；同治《漢川縣志》卷一四《祥祲》）

十月

辛巳，金星晝見于辰位。（《明世宗實錄》卷一四三，第 3325 頁）

戊子，金星復晝見。（《明世宗實錄》卷一四三，第 3332 頁）

辛丑，以水災免順天府二十七州縣、通州神武等六十衛租糧有差。（《明世宗實錄》卷一四三，第3346頁）

癸卯，以旱荒發太倉銀六千兩，賑陝西山丹、莊浪軍民，其屯田災傷者減免稅糧有差。（《明世宗實錄》卷一四三，第3347頁）

隕霜殺草。（乾隆《潮州府志》卷一一《災祥》）

三日巳時，無雲而雨。（嘉慶《長山縣志》卷四《災祥》）

二十一日，大雪，竹木皆枯死。（道光《安岳縣志》卷一五《祥異》）

十一月

壬子，以水災免應天府高淳、溧陽、江浦，寧國府宣城四縣存留稅粮有差。（《明世宗實錄》卷一四四，第3350頁）

大霜三日。（乾隆《歸善縣志》卷一八《雜記》）

是年，太饑。（咸豐《瓊山縣志》卷二九《雜志》）

是年，大饑。（道光《廣東通志》卷一八八《前事略》）

隕霜為災，草木皆枯，昆魚凍死。（乾隆《揭陽縣正續志》卷七《事紀》）

雷震。（嘉靖《福寧州志》卷一二《祥異》）

龍巖、平和雨雪尺餘。自是年歲大熟。（萬曆《漳州府志》卷三二《災祥》）

雪凍，長溪魚不能泳。（康熙《泰寧縣志》卷三《祥異》）

歸善大霜三日。（萬曆《惠州府志》卷二《郡事紀》）

揭陽隕霜為災，草木皆枯。（嘉靖《潮州府志》卷八《災祥》）

隕霜，草木枯落。（嘉慶《潮陽縣志》卷一二《紀事》）

大寒，魚多浮死。（乾隆《定安縣志》卷一《災異》）

天星散落如雪，其光燭地。（嘉慶《長山縣志》卷四《災祥》）

十二月

乙亥，以水澇、蝗蝻免河間、真定、保定、順德所屬州縣，河間、天津

左右、瀋陽中屯、大同中屯等衛，滄州守禦千户所税糧各有差。（《明世宗實録》卷一四五，第3368頁）

庚辰，以旱災免順天府昌平州、遵化、豐潤、平谷、良鄉、房山、文安、三河、懷遠（疑當作“懷柔”）、順義、密雲等縣夏税，遼東都司定遼左等二十五衛所屯糧各有差。（《明世宗實録》卷一四五，第3370頁）

己亥，以旱災命停徵山西蒲、解二州秋糧，仍以河東鹽銀一萬兩及諸庫貯事。（《明世宗實録》卷一四五，第3376頁）

庚辰，以旱災免遼東都司定遼左等二十五衛所屯粮各有差。（民國《奉天通志》卷一七《大事》）

雪。（天啟《封川縣志》卷四《事紀》；光緒《江西通志》卷九八《祥異》）

雪。德慶古粵地，氣煖少雪，至是降徧四鄉，人皆以為瑞。次年大熟。（乾隆《德慶州志》卷二《紀事》）

是年

春，湖廣大旱。（道光《永州府志》卷一七《事紀畧》）

春，福州大雨雪，里巷羣犬吠。是歲，閩果不實。（乾隆《福州府志》卷七四《祥異》）

夏，大雨，又大風三日，拔木飄屋，復大疫。（光緒《洋縣志》卷一《紀事沿革表》）

夏，大水。（嘉慶《巴陵縣志》卷二九《事紀》）

夏，大水，大風拔木。（嘉慶《白河縣志》卷一四《祥異》；光緒《洵陽縣志》卷一四《祥異》）

夏，水，大風拔木，民大疫。（光緒《鳳縣志》卷九《祥異》）

夏，旱，無麥。（民國《翼城縣志》卷一四《祥異》）

水至寶積橋。（光緒《盱眙縣志稿》卷一四《祥祲》）

大旱，螽害稼。（道光《桐城續修縣志》卷二三《祥異》）

羅源大水，沙壓田，長樂饑，大疫。（乾隆《福州府志》卷七四

《祥異》)

麗水、青田大水。（雍正《處州府志》卷一六《雜事》）

雨雪，犬皆吠。（乾隆《永福縣志》卷一〇《災祥》；民國《永泰縣志》卷二《大事》）

大雪。（乾隆《僊遊縣志》卷五二《祥異》）

旱，自正月不雨，至於五月。秋，淫雨彌月，蟲害稼。公安、江池湖決。（光緒《荊州府志》卷七六《災異》）

江池湖決。（同治《公安縣志》卷三《祥異》）

大水。（康熙《獻縣志》卷八《祥異》；康熙《興安州志》卷三《災異》；康熙《德安安陸郡縣志》卷八《災異》；康熙《咸寧縣志》卷六《災祥》；康熙《當陽縣志》卷五《祥異》；乾隆《辰州府志》卷六《機祥》；乾隆《丹陽縣志》卷六《祥異》；乾隆《瀘溪縣志》卷二二《祥異》；道光《辰溪縣志》卷三八《祥異》；道光《安陸縣志》卷一四《祥異》；光緒《咸甯縣志》卷八《災祥》；光緒《丹徒縣志》卷五八《祥異》；光緒《丹陽縣志》卷三〇《祥異》；光緒《荊州府志》卷七六《災異》）

水。（萬曆《如皋縣志》卷二《五行》；嘉慶《如皋縣志》卷二三《祥祲》）

大水，無麥禾。（嘉慶《高郵州志》卷一二《雜類》）

蝗。（順治《新修豐縣志》卷九《災祥》；乾隆《環縣志》卷一〇《紀事》；乾隆《正寧縣志》卷一三《祥眚》；光緒《豐縣志》卷一六《災祥》）

蝗，來自西北，蔽天，所集竹樹豆草禾苗立盡，數日苗長如初。秋，潮。（光緒《靖江縣志》卷八《祲祥》）

建昌縣大蝗蔽日。（同治《南康府志》卷二三《祥異》）

蝗生，正月不雨，至夏六月始雨。（道光《長清縣志》卷一六《祥異》）

飛蝗蔽日，大傷禾稼。（同治《即墨縣志》卷一一《災祥》）

大旱。七月乃雨，大饑。（同治《陽城縣志》卷一八《兵祥》）

大旱，民饑。（雍正《定襄縣志》卷七《灾異》）

大旱，荐饑。（康熙《臨晉縣志》卷六《災祥》；民國《臨晉縣志》卷一四《舊聞記》）

復大旱，餓殍枕籍。（乾隆《解州安邑縣運城志》卷一一《祥異》）

旱甚，疫。（民國《平民縣志》卷四《災祥》）

大旱。（乾隆《桂陽州志》卷二八《祥異》；嘉慶《臨武縣志》卷四五《祥異》；嘉慶《延安府志》卷五《大事表》；民國《祁陽縣志》卷二《事略》）

秋，大風拔木。（光緒《定興縣志》卷一九《災祥》）

冬，雷。（民國《霞浦縣志》卷三《大事》）

冬，泉州雨雪，次年，大熟。（乾隆《晉江縣志》卷一五《祥異》；道光《晉江縣志》卷七四《祥異》）

冬，大雪，冰厚一尺，山木、河魚凍死幾盡。（嘉靖《韶州府志》卷一〇《祥異》；同治《韶州府志》卷一一《祥異》；光緒《曲江縣志》卷三《祥異》）

冬，大雪，冰堅尺許，來年大有。（同治《樂昌縣志》卷一二《灾祥》）

夏，大旱，居民強合祈雨，凡八日不食，至五月十二日雨，乃食，十三日又雨，人益異之。（同治《畿輔通志》卷二九九《識餘》）

大雪，十一月二十二日竹木皆折，父老有八九十歲者曾未之見。（萬曆《營山縣志》卷八《災祥》）

春，大旱。夏，飛蝗，遮天蔽日。秋，徧地生蝻，食禾無遺。民大荒，相食者甚多，餓莩枕藉於道。至十二年大熟。（嘉靖《魯山縣志》卷一〇《災祥》）

春，旱。（萬曆《澧紀》卷一《災祥》）

春，雨雪。同安地溫無雪，故老皆以爲瑞，次年癸巳大熟，惟荔枝、龍眼枝葉憔悴，乃知此果宜溫。（民國《同安縣志》卷三《災祥》）

春，雨雹。（雍正《澤州府志》卷五〇《祥異》；乾隆《鳳臺縣志》卷一二《紀事》）

夏，陽城大旱，七月乃雨。歲大饑。（雍正《澤州府志》卷五〇《祥異》）

夏，大水，大風拔木，三日而止。民大疫。（嘉靖《漢中府志》卷九《災祥》）

夏，大蝗，蔽天映日，田禾一空。（萬曆《安邱縣志》卷一下《總紀》）

夏，大蝗。（民國《濰縣志稿》卷二《通紀》）

夏，旱，無麥。秋，桃李花。（民國《翼城縣志》卷一四《祥異》）

夏，大旱，餓殍枕藉，骨肉不保。（萬曆《安邑縣志》卷八《祥異》）

夏，無麥。（萬曆《稷山縣志》卷七《祥異》）

夏，蝗。（萬曆《襄陽府志》卷三三《災祥》）

夏，旱。（嘉靖《南康縣志》卷九《祥異》）

夏，建昌蝗。（乾隆《建昌府志》卷二《機祥》）

夏，旱，素縞徒步禱于龍山之巔，雨輒有應。秋蝗，祈而捕之。（康熙《安慶府志》卷九《名宦》）

州縣大旱。（萬曆《平陽府志》卷一〇《災祥》）

大旱，民多流亡。（雍正《臨汾縣志》卷五《祥異》）

山水暴漲，崩入黃河，積衝大溝，深幾百尺，不惟亢燥七里民田，而北山通濟道路亦因以絕。（康熙《河津縣志》卷一《山川》）

蝗，旱。民疫。（民國《安次縣志》卷一《五行》）

蝗，水。民饑。（萬曆《任丘志集》卷八《祥異》）

大蝗。（崇禎《内邱縣志》卷六《變紀》）

旱，疫。（光緒《永濟縣志》卷二三《事紀》）

渭大水，潀没民田廬。（康熙《陝西通志》卷三〇《祥異》）

旱又甚。（萬曆《咸陽縣新志》後卷《記事》）

（旱）益甚。（萬曆《續朝邑縣志》卷八《紀事》）

慶陽大旱，天黃三日，蝗飛蔽天。（康熙《陝西通志》卷三〇《祥異》）

寧海、文登蝗。（嘉靖《寧海州志》卷上《灾祥》）

雹大如碗。（乾隆《東昌府志》卷三《總紀》）

武進縣蝗，食稻及樹葉、蘆俱盡。（萬曆《常州府志》卷七《賑貸》）

蝗害稼。（嘉靖《安慶府志》卷一五《祥異》）

大旱，螽害稼。（道光《桐城續修縣志》卷二三《祥異》）

大旱，螽。（康熙《安慶府潛山縣志》卷一《祥異》）

比歲旱蝗，民多逃亡。（乾隆《靈璧縣志略》卷四《災異》）

又水，西壩一帶崩圮。（康熙《臨淮縣志》卷二《城池》）

蝗災相仍，民甚苦之。（天啟《新修來安縣志》卷九《祥異》）

蝗蝻。（萬曆《彭澤縣志》卷七《災異》）

旱，八分災。巡撫都御史高公韶、巡按御史秦武會議，奏准免粮五分。（嘉靖《臨江府志》卷四《歲眚》）

旱。巡撫都御史高公韶、巡按御史秦武會奏，免税糧十分之五。（道光《新淦縣志》卷一〇《祥異》）

大雪，恒寒。（康熙《瀲水志林》卷一五《祥異》）

大雨雪，里巷中群犬驚吠。是歲閩果不實。（萬曆《福州府志》卷三四《時事》）

風雪，犬皆驚吠。（萬曆《永福縣志》卷一《時事》）

大蝗，知縣游鳳儀以粟召民撲之，升斗相易，不數日積滿諸倉，隙地與檐齊。（嘉靖《尉氏縣志》卷四《祥異》）

飛蝗蔽天。（順治《溫縣志》卷下《災祥》）

河決古城。（乾隆《重修懷慶府志》卷三〇《記》）

飛蝗徧野。（道光《修武縣志》卷四《祥異》）

郡東南境六月初雨。（嘉靖《開州志》卷八《祥異》）

我白河決，民田多渰没。（嘉靖《夏邑縣志》卷五《災異》）

河潴魚臺縣，後疏本河殺水，後為平地，水溢濫。（嘉靖《柘城縣志》卷一《黄河》）

蝗蝻，知州安如山親率捕打三萬餘石。蝗遂息。（乾隆《裕州志》卷一

《祥異》）

以旱災免武昌、漢陽、黃州、德安、荊州、岳州、襄陽、承天、永州、長沙、寶慶、辰州等府稅糧有差。（康熙《鼎修德安府全志》卷八《賑貸》）

旱，免秋粮有差。（乾隆《黃州府志》卷五《蠲賑》）

以旱災免稅粮有差。（康熙《黃安縣志》卷四《蠲賑》）

蝗飛蔽天，逾月乃止。（同治《崇陽縣志》卷一二《災祥》）

決萬城堤，水遶城西，決沙市之上堤。（萬曆《湖廣總志》卷三三《水利》）

蝗入石門縣境。（隆慶《岳州府志》卷八《機祥》）

安鄉縣大水，鱔害田畦甚衆。（隆慶《岳州府志》卷八《機祥》）

秋，蝗自北蔽天而來，食禾且盡。（道光《英山縣志》卷二六《祥異》）

秋，霜隕稼。（萬曆《將樂縣志》卷一二《災祥》）

秋，溧水蝗。（萬曆《溧水縣志》卷一《邑紀》）

秋，大風拔木。（康熙《定興縣志》卷一《機祥》；民國《新城縣志》卷二二《災禍》）

秋，霜殺稼。三月初，旱，六月終方雨。（康熙《鄏州志》卷七《災祥》）

冬，雨雪。同安次年大熟。（萬曆《閩書》卷一四八《祥異》）

冬，大雪。（乾隆《莆田縣志》卷三四《祥異》）

冬，大雪，冰豎尺許。明年大有。（康熙《樂昌縣志》卷一〇《災異》）

冬，大雨雪，冰厚一尺，畜則凍死。（康熙《翁源縣志》卷一《祥異》）

冬，大雪。次年大熟。（康熙《陽春縣志》卷一五《祥異》）

冬，有雪。（嘉靖《南寧府志》卷一一《祥異》）

壬辰、癸巳連旱，大饑。（萬曆《廣西太平府志》卷二《祥異》）

十一年、二十二年、二十八年、三十一年、三十七年、三十九年，均大

水。四十年尤甚，低鄉民居，水至半壁，自後連大水者六年。（民國《金壇縣志》卷一二《祥異》）

嘉靖十二年（癸巳，一五三三）

正月

甲寅，萬全都司懷來等衛地震，有聲如雷。（《明世宗實錄》卷一四六，第3380～3381頁）

庚午，以水旱災免浙江杭、台、溫、處四府，河南開封等府八十六州縣，陳州等十三衛所軍民田糧有差。（《明世宗實錄》卷一四六，第3391頁）

辛酉，山東青州府地震，聲如風吼。（《明世宗實錄》卷一四六，第3391頁）

不雨，至於夏六月。蝗，落地尺厚，蟓生。（嘉慶《灤州志》卷一《祥異》）

十三日，大雪，積深尺許，復加以霜，交凝冱寒，宛若深冬。（嘉靖《福寧州志》卷一二《祥異》）

二十八日，鎮大雨，色純黑，一日，又乃止。（崇禎《橫谿錄》卷五《紀異》）

以旱免杭、紹、溫、處四府田糧有差。（雍正《浙江通志》卷七五《蠲恤》）

二月

德安甘露降於學宮柏樹，三月又降於吉陽山。（道光《安陸縣志》卷一四《祥異》）

至五月，霪雨。（萬曆《建昌縣志》卷一〇《災異》）

三月

雨雪，草木結冰，樹果不實，二麥盡傷。（康熙《孟津縣志》卷三《祥異》）

癸丑，雨雹，空倉嶺有大如轆軸者。（順治《高平縣志》卷九《祥異》）

三月，大雪，花木盡枯。（乾隆《雒南縣志》卷一〇《災祥》；乾隆《直隸商州志》卷一四《災祥》）

大雪，花木凍死。（乾隆《商南縣志》卷一一《祥異》）

大雪，竹木皆凍枯。（嘉慶《續修興業縣志》卷一〇《雜記》）

四月

大雨雹。（嘉慶《宿遷縣志》卷六《祥異》；同治《宿遷縣志》卷三《紀事沿革表》）

大水。（乾隆《豐城縣志》卷一六《祥異》；乾隆《建昌府志》卷二《機祥》；乾隆《南昌府志》卷二八《祥異》；嘉慶《番郡璨録》卷二《祥異》；道光《高安縣志》卷二二《祥異》；同治《南康府志》卷二三《祥異》；同治《樂平縣志》卷一〇《祥異》；同治《都昌縣志》卷一六《祥異》）

大雨雪，百卉盡死。（咸豐《太谷縣志》卷二《年紀》）

淫雨傷麥，霾沙。飛蝗，蝻遍田野。（嘉慶《東臺縣志》卷七《祥異》）

十三府大水。（光緒《江西通志》卷九八《祥異》）

大水高丈餘，壞民廬。（同治《萍鄉縣志》卷一《祥異》）

郡大水，頃刻深丈餘，壞民廬舍，漂禾麥，民多溺死。有司賑貸。（同治《宜春縣志》卷一〇《祥異》）

久雨，民困。是歲四月連旬陰雨，谿壑漲溢，衝破橋梁廬舍，漂没禾麥，澶溺民庶不可勝算，民甚饑困，有司發倉賑貸。（康熙《萬載縣志》卷一二《災祥》）

五月

丁未，太原府祁縣天鼓鳴，火流墜地為石。（《明世宗實錄》卷一五〇，第3436頁）

大雷電，有龍起鹽池中。（乾隆《解州安邑縣運城志》卷一一《祥異》）

德安大水，舟行市。本年復旱。（康熙《九江府志》卷一《祥異》）

大雨，連日大水，淤田疇，壞橋梁。（嘉靖《福寧州志》卷一二《祥異》）

十三日，大雨，龍巖東橋、西橋壞。（道光《龍巖州志》卷二〇《災祥》）

六月

辛巳，彗星見於五車，芒長五尺餘，尾指西南。（《明世宗實錄》卷一五一，第3447頁）

壬午，大學士張孚敬等言："彗星復出（廣本、閣本'出'下有'于'）畢昴之間，光芒稍見。"（《明世宗實錄》卷一五一，第3447頁）

己亥，夜，彗星掃大陵及天大將軍，芒長丈餘。（《明世宗實錄》卷一五一，第3453頁）

大水。（康熙《長清縣志》卷一四《災祥》；道光《長清縣志》卷一六《祥異》）

衡水大旱。（嘉靖《真定府志》卷九《事紀》）

月内，蝗食粟谷。至九月蝗生蛹，仍食安種麥苗。（萬曆《白水縣志》卷四《災祥》）

飛蝗入貴池、銅陵、石埭境。（乾隆《池州府志》卷二〇《祥異》）

大水，視正德又盛五尺，城市行舟，旬餘方退，民舍禾苗漂没殆盡。是歲免民田租之半。（嘉靖《思南府志》卷七《拾遺》）

淫雨不止。霜殺禾。斗粂三錢，民死大半。（康熙《米脂縣志》卷一《災祥》）

（盧龍縣）雹。（康熙《永平府志》卷三《災祥》）

至八月，亢旱。民大饑，府縣出粟賑。（同治《建昌縣志》卷一二《祥異》）

七月

壬子，以旱蝗免順天、永平二府所屬夏稅有差。（《明世宗實錄》卷一五二，第 3458 頁）

甲寅，彗星掃閣（閣本作“各”）道，行犯滕（廣本、閣本、抱本作“螣”）蛇，至八月二十八日而滅。（《明世宗實錄》卷一五二，第 3460 頁）

大風傷稼。（萬曆《湯谿縣志》卷八《機祥》；光緒《金華縣志》卷一六《五行》）

壬子，免永平旱蝗夏租。（民國《盧龍縣志》卷二三《史事》）

大旱。八月，霪雨不止，及晴，霜落如雪，禾盡殺。饑民流移相食。（康熙《永寧州志》卷八《災祥》）

八月

辛未朔，日有食之。（《明世宗實錄》卷一五三，第 3465 頁）

十二，夜，大風折木。十三，夜，颶風大作。（乾隆《福寧府志》卷四三《祥異》）

（霞浦縣）十二夜，颶風大發，折樹飄瓦，四顧昏黑，蔬菜皆損。（萬曆《福寧州志》卷一〇《祥異》）

（寧德縣）十二夜，颶大發，折樹木，飄屋瓦，尊經閣傾斜幾倒。（嘉靖《福寧州志》卷一二《祥異》）

（福安縣）十三日，颶風大發，自酉至戌乃止，拔木揚沙，屋瓦皆飛，四顧昏黑，田禾蔬菓皆損。（嘉靖《福寧州志》卷一二《祥異》）

十三日，大風，自酉至戌，拔木揚沙。（光緒《福安縣志》卷三七《祥異》）

隕霜殺稼。（咸豐《太谷縣志》卷二《年紀》；民國《太谷縣志》卷一《年紀》）

上猶大雨。（萬曆《南安府志》卷八《天文》；同治《南安府志》卷二

九《祥異》）

隕霜殺菽。（康熙《長清縣志》卷一四《災祥》；道光《長清縣志》卷一六《祥異》）

大雨雹。（嘉靖《雄乘》下卷《祥異》；崇禎《蠡縣志》卷八《祥異》；順治《易水志》卷上《災異》；康熙《保定縣志》卷二六《祥異》；康熙《清苑縣志》卷一《災祥》；康熙《安州志》卷八《祥異》；乾隆《滿城縣志》卷八《災祥》）

石樓隕霜害稼。寧鄉、汾州、石州大饑，道殣相望。（乾隆《汾州府志》卷二五《事考》）

黃河水溢。（康熙《鹿邑縣志》卷八《災祥》）

石樓、永和霜殺稼。（萬曆《平陽府志》卷一〇《災祥》）

九月

壬子，以河南開封（廣本、閣本"封"下有"等"字）府旱蝗，許折徵起運錢糧有差。（《明世宗實錄》卷一五四，第3489頁）

丁卯，是歲，北直隸、山東地方旱蝗，民飢，人心洶洶，訛言盜至，或云起武城，或云起南宮，各郡邑城門有畫閉者。（《明世宗實錄》卷一五四，第3495頁）

乙〔己〕巳，陝西延寧府等旱災，蠲免存留錢糧有差。（《明世宗實錄》卷一五四，第3497頁）

蝗食麥苗。（乾隆《白水縣志》卷一《祥異》）

至十二月，霪雨，米價湧。（康熙《泰寧縣志》卷三《祥異》）

十月

丙子，是夜流星如盞大，赤色，光明照地，起自中（閣本作"東"）台，東北行至近濁，尾跡化為白氣而散。四更至五更，四方（閣本無"四方"二字）大小流星縱橫交行，不計其數，至曉乃息。（《明世宗實錄》卷一五五，第3505頁）

己卯，以陝西延安（廣本、閣本"安"下有"等"字）府旱災，蠲免存（廣本、抱本、閣本"存"下有"留錢"二字）粮有差。（《明世宗實錄》卷一五五，第3506頁）

甲申，以江西瑞州等府旱災，蠲免存留錢粮有差。（《明世宗實錄》卷一五五，第3508頁）

夜，星隕如雨。（康熙《文水縣志》卷一《祥異》）

星隕如雨。（光緒《潮陽縣志》卷一三《灾祥》）

丙子，夜，星隕如雨。（隆慶《高郵州志》卷一二《災祥》）

初七日夜，星散落如雨。（民國《新城縣志》卷二二《災禍》）

九日夜，星隕如雨。（民國《無棣縣志》卷一六《祥異》）

星隕散落如雪。（乾隆《隆平縣志》卷九《災祥》）

冬，地震，有聲如雷。（嘉慶《白河縣志》卷一四《志異》；光緒《洵陽縣志》卷一四《祥異》）

地震如雷。（光緒《鳳縣志》卷九《祥異》）

十一月

己亥，以遼東旱災，發太倉銀三萬兩濟（閣本作"賑"）之。（《明世宗實錄》卷一五六，第3515頁）

甲寅，金星畫見於未位。（《明世宗實錄》卷一五六，第3521頁）

夜，月明而大雨雹。（嘉慶《臨桂縣志》卷一《機祥》）

十二月

大雷電。（民國《湯溪縣志》卷一《編年》）

雪。（乾隆《德慶州志》卷二《紀事》）

夜，雷電。（光緒《金華縣志》卷一六《五行》）

是年

春，雨雹。夏，飛蝗翳空。（嘉靖《興濟縣志書》卷上《祥異》；民國

《青縣志》卷一三《祥異》）

春，不雨，至夏六月始雨。（宣統《恩縣志》卷一〇《災祥》）

春，旱。夏，蝗。（光緒《臨朐縣志》卷一〇《大事表》）

夏，霪雨，米大貴。（乾隆《建寧縣志》卷一〇《灾異》；民國《建寧縣志》卷二七《災異》）

夏，蝗。秋，潮災。（光緒《靖江縣志》卷八《祲祥》）

大風傷稼。（萬曆《金華府志》卷二五《祥異》）

大水。（嘉靖《興寧縣志》卷一《災祥》；康熙《餘干縣志》卷三《災祥》；同治《餘干縣志》卷二〇《祥異》）

蝗。（嘉靖《徐州志》卷三《災祥》；崇禎《碭山縣志》卷下《祥異》）

旱，蝗。（康熙《長清縣志》卷一四《災祥》；道光《長清縣志》卷一六《祥異》）

飛蝗為災，食禾稼殆盡。（康熙《濰縣志》卷五《祥異》；乾隆《濰縣志》卷六《祥異》）

旱。（光緒《吉縣志》卷七《祥異》）

秋，霖雨，四旬乃止。（康熙《南樂縣志》卷九《紀年》；光緒《南樂縣志》卷七《祥異》；民國《大名縣志》卷二六《祥異》）

秋，霖雨，四旬方止。（乾隆《東明縣志》卷七《灾祥》）

旱。秋，淫雨，霜殺禾，饑。（光緒《綏德直隸州志》卷三《祥異》）

春，雨雹。（嘉靖《霸州志》卷九《災異》；嘉靖《河間府志》卷七《祥異》；萬曆《任丘志集》卷八《祥異》；萬曆《寧津縣志》卷四《祥異》）

春夏，大旱。（康熙《米脂縣志》卷一《災祥》）

春旦，三月不雨，土膏不潤，終風揚埃，麰麥偃仆方疾……禱雨於南郊，不雨；復禱於北壇，乃雨，越十日，雨乃霑足。（崇禎《歷城縣志》卷一三《藝文》）

陽穀春夏，不雨。至秋七月，飛蝗遍野。（乾隆《兖州府志》卷三〇《災祥》）

春，揚州霆雨傷麥，霾沙屢作，蝗蝻遍起。上命寬賦稅以恤之。（萬曆《揚州府志》卷二二《異攷》）

春，霆雨傷麥，霾沙屢作，蝗蝻遍起。（嘉靖《重修如皋縣志》卷六《災祥》）

春，雷震廣州府儒學大成殿。（嘉靖《廣東通志初稿》卷三七《祥異》）

春，旱。夏，蝗，知縣褚寶禱於沂山，天乃大雨，蝗盡飛去。（光緒《臨朐縣志》卷一〇《大事表》）

夏，邵武淫雨。九月至十月米價大踴。（嘉靖《邵武府志》卷一《應候》）

夏，會大霆雨，水暴至，流殺人民，漂没廬舍無筭。（乾隆《西華縣志》卷一二《藝文》）

夏，蝗，秋潮，民困益甚。（嘉靖《靖江縣志》卷四《編年》）

孟夏初，天久不雨。（光緒《敘州府志》卷一一《壇廟》）

大雨水。（雍正《高陽縣志》卷六《機祥》）

飛蝗蔽天，食禾稼。（嘉靖《南宫縣志》卷四《祥異》）

吉州、翼城、猗氏旱。（萬曆《平陽府志》卷一〇《災祥》）

亢旱，不雨至六月。蝗，落地尺厚。（康熙《昌黎縣志》卷一《祥異》）

蝗飛蔽天。（宣統《南金鄉土志・祥異》）

大旱。秋，淫雨，霜殺禾。民死大半。（順治《綏德州志》卷一《災祥》）

蝗為災，禾稼殆盡。（嘉靖《青州府志》卷五《災祥》）

蝗為災。（民國《壽光縣志》卷一五《編年》）

蝗災，禾稼殆盡。（康熙《萊陽縣志》卷九《災祥》；乾隆《海陽縣志》卷三《災祥》）

飛蝗蔽空。（乾隆《銅陵縣志》卷一三《祥異》）

潁、亳各處大蝗，獨不入縣境。（萬曆《太和縣志》卷一《災異》）

連歲蝗旱，民多逃亡。（嘉靖《宿州志》卷八《災祥》）

蝗旱相仍，民甚苦之。（天啟《新修來安縣志》卷九《祥異》）

水，八分災。巡撫都御史王誕、巡按御史李循義會議，奏准免粮五分。（嘉靖《臨江府志》卷四《歲眚》）

水，巡撫都御史王延、巡按御史李循義會奏，免稅粮十分之五。（康熙《新喻縣志》卷六《農政》；同治《新淦縣志》卷一〇《祥異》）

蝗大至。院道臨縣募捕，令炒死一石者，給米一石。（康熙《奉新縣志》卷一四《祥異》）

蝗虫滿野，禾苗盡災。（乾隆《泰和縣志》卷二八《祥異》）

蝗，禾苗盡災。（同治《萬安縣志》卷二〇《祥異》）

大水，移山溪大石，漂蕩民居。（萬曆《寧都縣志》卷八《雜志》）

水災，免田租之半。（乾隆《南安府大庾縣志》卷九《恩卹》）

大旱之後，鄉民多困。（康熙《甯化縣志》卷四《鄉行》）

接縣蝗蝻各復生，獨州免害，是歲大有。（嘉靖《裕州志》卷一《災祥》）

大水入城。（乾隆《河南府志》卷三三《職官》）

大水。冬大冷，樹皮俱墮。（嘉靖《興國州志》卷七《祥異》）

決水入郡西城，不没者三版。（康熙《荊州府志》卷八《隄防》）

河水溢，城西北一帶衝決八十餘丈。（嘉慶《鄖陽志》卷二《城池》）

霪雨，自四月至于六月，江水泛漲，幾破城，瀕江之民遭滙没者無籌，各山磎蛟出，衝没田禾尤多。（嘉靖《常德府志》卷一《祥異》）

霪雨，自四月至六月，江水泛漲，時瀕江之民遭淹没者無籌，各山溪蛟出，衝没田禾。（康熙《龍陽縣志》卷一《祥異》）

水。（乾隆《直隸澧州志林》卷一九《祥異》）

霪雨，二至六月。（萬曆《桃源縣志》卷上《祥異》）

霪雨，不害禾。（嘉慶《沅江縣志》卷二二《祥異》）

蛟出，大水。（嘉靖《安化縣志》卷五《祥異》）

連旱，大饑。（萬曆《廣西太平府志》卷二《祥異》）

秋，蝗蟲滿野。（乾隆《吉安府志》卷一《機祥》）

秋，霖雨，四旬方止。（康熙《大名縣志》卷一六《災祥》；乾隆《東明縣志》卷七《灾祥》）

秋，雷雨，石氏室龍昇。（康熙《博野縣志》卷四《祥異》）

秋，漳水災。（雍正《肥鄉縣志》卷二《災祥》）

冬，堅冰，間有雹，大如匏，樹木摧折，鳥獸搏死。（乾隆《龍川縣志》卷一《災祥》）

冬，大雪。後連年有秋。（嘉靖《南寧府志》卷一一《祥異》）

冬，大雨嚴雪，魚鳥僵死。（萬曆《將樂縣志》卷一二《災祥》）

至十四年，蝗，禾稼食盡。（民國《福山縣志稿》卷八《災祥》）

嘉靖十三年（甲午，一五三四）

正月

雨雪，藥麥。（崇禎《武定州志》卷一一《災祥》）

雪片中一孔，外五瓣，皆梅花狀，尺許。是歲大稔。（萬曆《新寧縣志》卷二《祥異》）

大風。十八日，邑中各渡被復〔覆〕，溺死商民五十餘人。（康熙《順德縣志》卷一三《紀異》）

二月

壬辰，日生暈及左右珥，俱黃白色鮮明，并左右戟氣，青赤色鮮明，是（廣本、閣本作“自”）巳至申始散。是日，白虹亘天。（《明世宗實錄》卷一五九，第3571頁）

戊子，湖廣安仁縣雨，黑水如墨。（《國榷》卷五六，第3497頁）

己未，雨微土。（《明史·五行志》，第512頁）

雷震萬歲寺浮屠，火光如炬，照耀城中。（乾隆《福州府志》卷七四《祥異》）

十六日，雨紅沙，晝晦。（光緒《續修睢州志》卷一二《災異》）

二十一日，夜將向晨，忽雨黑雨，溪港田塘水色通如墨。（嘉慶《安仁縣志》卷一三《災異》）

至八月，不雨，民大饑。（嘉靖《寧州志》卷六《氣候》）

閏二月

己未，昏刻，天雨微土。（《明世宗實錄》卷一六〇，第3577頁）

庚申，金星晝見。自去歲十一月十六日至于是日，光耀與日爭明。（《明世宗實錄》卷一六〇，第3577頁）

癸亥，寧夏衛地震。（《明世宗實錄》卷一六〇，第3578頁）

甲子，雲南臨安府地震有聲。（《明世宗實錄》卷一六〇，第3579頁）

三月

初二日，太湖雨雹，大如拳石，草木廬舍被損。（康熙《具區志》卷一四《災異》）

四月

辛丑，直隸鳳陽府鳳陽縣夜星隕如斗大，光燭地，天鼓鳴如雷。（《明世宗實錄》卷一六二，第3598頁）

辛丑，河南彰德府雨雹方數十里，傷麥禾，損人畜。（《明世宗實錄》卷一六二，第3598頁）

大水，至南惠政橋沒嶺。（康熙《松溪縣志》卷一《災祥》）

晦，大雨。一夜，水高十餘尺，山崩地陷，人畜漂死，不可勝計。（同治《衡陽縣志》卷二《事紀》）

十三日，大水。（萬曆《建陽縣志》卷八《祥異》）

二十九日，夜雨如傾，平地水高忽丈餘，山崩地陷，廬舍傾沒，人畜漂溺者不可勝計。（康熙《衡州府志》卷二二《祥異》）

二十九日，夜雨如注，平地水高丈餘，山崩田壞，廬舍傾沒，人畜漂沒

者不可勝計。（嘉慶《安仁縣志》卷一三《災異》）

大雨彌月，河溢。至五月、六月大旱，早晚田禾俱無收穫，民多餓死。（嘉靖《常德府志》卷一《祥異》）

靈山旱。（崇禎《廉州府志》卷一《歷年紀》）

五月

丁卯朔，夜四更，客星見於螣蛇，歷天厩，入閣道，至二十四日而滅。（《明世宗實錄》卷一六三，第 3607 頁）

己巳，湖廣隕西縣暴風、雷、雨雹，損禾稼。（《明世宗實錄》卷一六三，第 3607 頁）

辛巳，大同府朔、應二州天鼓鳴。（《明世宗實錄》卷一六三，第3609 頁）

丁亥，陝西同州及華陰、朝邑等縣各地震，聲如雷。（《明世宗實錄》卷一六三，第 3610 頁）

庚寅，巡撫保定都御史周金言："藺家圈決口，塞之則東流暴漲，而河間之民不堪，不塞則東流漸淤，而保定之患不息宜。"（《明世宗實錄》卷一六三，第 3612 頁）

癸巳，月與金星晝見。（《明世宗實錄》卷一六三，第 3614 頁）

夜，雨電，雷擊死北城樓一男子。（嘉靖《徽郡志》卷八《附祥異》）

陝西慶陽、寧、邠、涇陽等州縣大水，潀没漂流涇、渭兩岸居民畜產無數。（嘉靖《陝西通志》卷四〇《災祥》）

二十二日，水自西來，深一丈，北至明沙，南至柳子，漂流人民，淤泥深淺不可勝記。（康熙《續華州志》卷二《補省鑒志遺》）

水，民舍漂没殆盡。（乾隆《正寧縣志》卷一三《祥眚》）

廣、肇、南、韶四郡大水，殺稼。民饑，斗穀百錢，百年所未見。（萬曆《廣東通志》卷六《事紀》）

翁源上鄉蛟見。（康熙《韶州府志》卷一《災異》）

甚雨，大水入州城北門。（崇禎《武定州志》卷一一《災祥》）

六月

丁未，萬全右衛陽門堡雨雹，厚七寸，傷人畜。（《明世宗實錄》卷一六四，第 3626 頁）

漢中雨冰雹。（嘉靖《陝西通志》卷四〇《災祥》）

旱，秋八月始雨。颶風大作，拔仆溫州衛開元寺佛殿及民房喬木甚多。（嘉靖《永嘉縣志》卷九《雜志》）

飛蝗從東北入境，延蔓不絕，至七月始西去，秋稼無收。（嘉靖《宿州志》卷八《災祥》）

大水，蛟壞橋梁。（嘉靖《池州府志》卷九《祥異》）

大水。（康熙《建德縣志》卷七《祥異》）

朔，迅雷雨雹，雹不至甚。（嘉靖《開州志》卷八《祥異》）

七月

癸未，以雹災免慶陽、臨洮、鞏昌、西安、漢中、平涼等府屬，肅州等衛所稅粮（閣本作"課"），及議賑恤有差。（《明世宗實錄》卷一六五，第 3639 頁）

大水，溪流入城，平地丈餘。（同治《嵊縣志》卷二六《祥異》）

海潮入靈橋門。（雍正《寧波府志》卷三六《祥異》）

奉化大疫，大風拔木，水涌壞民田地廬舍，男女漂溺者衆。（嘉靖《寧波府志》卷一四《機祥》）

旱。（光緒《永嘉縣志》卷三六《祥異》）

上虞颶風淫雨。（萬曆《紹興府志》卷一三《災祥》）

諸暨、新昌、嵊溪流漲入城中，平地水深一丈，新昌決東堤，民死者衆。（萬曆《紹興府志》卷一三《災祥》）

颶風淫雨。（萬曆《會稽縣志》卷八《災異》）

大風雨。（嘉靖《溫州府志》卷六《災變》）

八月

颶風大作，仆溫州衛治及佛寺民居。（光緒《永嘉縣志》卷三六《祥異》）

大雨連月，禾秕，民饑，熊出傷人。（乾隆《定安縣志》卷一《災異》）

朔，颶發，海潮暴漲，聲如雷，湧入州城，河海塘田推陷，禾稼多損。（嘉靖《福寧州志》卷一二《祥異》）

九月

丙寅，巡撫湖廣都御史林大輅以地方水災自劾，乞罷。（《明世宗實錄》卷一六七，第 3658 頁）

己丑，以應天、杭州等府旱災，准支運改兌米十二萬石，於臨清廣積二倉八萬石，於德州倉石徵脚銀一錢伍分，仍免存留錢粮有差。（《明世宗實錄》卷一六七，第 3673 頁）

辛卯，陝西寧夏地震。（《明世宗實錄》卷一六七，第 3676 頁）

十一月

雨紅沙，晝晦。（康熙《臨清州志》卷三《祥異》）

十二月

戊申，夜望，月食。（《明世宗實錄》卷一七〇，第 3714 頁）

震雷，雨雹。（光緒《樂清縣志》卷一三《災祥》）

壬寅，大風晝晦。（康熙《長垣縣志》卷二《災異》）

壬寅，大風晝晦，紅沙漲天，如黑夜，移時乃稍正常。（乾隆《東明縣志》卷七《灾祥》）

陽穀颶風，飛沙如雨。（乾隆《兗州府志》卷三〇《災祥》）

是年

春，大旱，剝榆掘草根以食。（康熙《堂邑縣志》卷七《災祥》）

夏，旱。秋，大水傷稼。（萬曆《嘉善縣志》卷一二《災祥》；萬曆《秀水縣志》卷一〇《祥異》；光緒《嘉興府志》卷三五《祥異》；光緒《嘉善縣志》卷三四《祥眚》）

夏，雨雹大者如升斗，小者亦過雞卵，壞民屋，傷禾稼。（乾隆《平原縣志》卷九《災祥》）

夏，黟大水，秋復大旱。（道光《徽州府志》卷一六《祥異》）

大旱。（嘉靖《羅田縣志》卷八《災異》；萬曆《桃源縣志》卷上《祥異》；萬曆《銅陵縣志》卷一〇《祥異》；康熙《武昌縣志》卷七《災異》；乾隆《銅陵縣志》卷一三《祥異》；乾隆《黃岡縣志》卷一九《祥異》；嘉慶《湖口縣志》卷一七《祥異》；同治《益陽縣志》卷二五《祥異》；道光《東陽縣志》卷一二《禨祥》；光緒《武昌縣志》卷一〇《祥異》；光緒《桐鄉縣志》卷二〇《祥異》）

大水。（光緒《桐鄉縣志》卷二〇《祥異》；民國《阜寧縣新志》卷首《大事記》）

水災。（同治《贛縣志》卷五三《祥異》；光緒《歸安縣志》卷二七《祥異》）

旱。（隆慶《岳州府志》卷八《禨祥》；萬曆《常山縣志》卷一《災祥》；康熙《通城縣志》卷九《災異》；康熙《衢州府志》卷三〇《五行》；康熙《臨湘縣志》卷一《祥異》；康熙《德安縣志》卷八《災異》）

大風拔木。（嘉靖《象山縣志》卷一三《雜志》；乾隆《象山縣志》卷一二《禨祥》）

大水，壞居民廬舍。（乾隆《淳安縣志》卷一六《祥異》；光緒《淳安縣志》卷一六《祥異》）

水。（道光《武康縣志》卷一《邑紀》；同治《贛州府志》卷二二《祥異》）

湖州水災。（同治《長興縣志》卷九《災祥》）

大水，信都梵安寺浸壞佛像，賀縣水東產五色芝。（民國《信都縣志》卷五《災異》）

上猶水。（同治《南安府志》卷二九《祥異》）

蝗。（民國《萊陽縣志》卷首《大事記》）

大雪旬日。（光緒《霑益州志》卷四《祥異》）

水災。（同治《湖州府志》卷四四《祥異》）

湣安大水，壞民居廬舍。（光緒《嚴州府志》卷二二《祥異》）

秋，大水。（乾隆《連江縣志》卷一三《災異》；民國《連江縣志》卷三《大事記》）

秋，大水，雷震死七人。（民國《徐水縣新志》卷一〇《大事記》）

大水，渭溢，没民廬舍。（萬曆《渭南縣志》卷一六《災祥》；光緒《新續渭南縣志》卷一一《祲祥》）

春，不雨，至夏六月。（嘉靖《恩縣志》卷九《災祥》）

夏，雨雹，大者如升鬥，小者亦過雞卵。（萬曆《商河縣志》卷九《災祥》）

夏，旱。秋，潦，稼半收。（崇禎《吳縣志》卷一一《祥異》）

夏，旱。（萬曆《常熟縣私志》卷四《敍產》；同治《峽江縣志》卷一〇《祥異》；光緒《興國州志》卷三一《祥異》）

夏，旱，秋，潦，田半收。（乾隆《吳江縣志》卷四〇《災變》）

夏，大水。（康熙《霍邱縣志》卷一〇《災祥》）

夏，大水。秋，旱。（嘉慶《黟縣志》卷一一《祥異蠲賑》）

夏，水災。（康熙《贛縣志》卷一《祥異》）

夏，穀城蝗蝻生，害稼。民多疫。（康熙《湖廣武昌府志》卷三《祥異》）

夏，蝗蝻入境。大疫。（萬曆《襄陽府志》卷三三《災祥》）

夏，旱，苗盡槁。知州謝廷舉拜禱於道，即大雨，歲有收。（嘉靖《福寧州志》卷一二《祥異》）

水，民大饑。（康熙《玉田縣志》卷八《祥眚》）

大雨，河水泛溢。（康熙《清苑縣志》卷一《災祥》；乾隆《滿城縣志》卷八《災祥》；光緒《蠡縣志》卷八《災祥》）

大雨，河水溢。（乾隆《直隸易州志》卷一《祥異》）

大雨，河水泛溢。有年。（雍正《高陽縣志》卷六《機祥》）

大風。（乾隆《沙河縣志》卷一《祥異》）

河衝城。（康熙《重修平遙縣志》卷二《城池》）

垣曲龍見。未幾，黃河盛漲三日，淹入城門，衝没人畜田産，不可勝紀。（萬曆《平陽府志》卷一〇《災祥》）

（邠縣）自嘉靖甲午以後，水旱頻仍，民逋賦累，四郊一望，桑柘蕩然，十室九空，機杼供爨。向之千石之家，菜色相因。枕藉待哺，敝裘補綴，百結鶉懸，四盡三空，正此時之謂也。（順治《邠州志》卷一《土産》）

大荒，渭大水，潏没民田廬，有司請賑。（萬曆《華陰縣志》卷七《祥異》）

大水入城，東門至大什字街，水深三尺許。是年冬，州城南洛水冰凝，南北數十丈，下有樓閣俎豆之狀。時頻歲凶荒，餓莩載路。次年秋大稔。（康熙《鄜州志》卷七《災祥》）

亢旱，河水將竭。（乾隆《狄道州志》卷八《人物》）

蝗，自嘉峪關西至肅州蔽日。是歲免田粮四分。（萬曆《肅鎮華夷志》卷四《災祥》）

雨雹如卵，壞民舍，傷禾稼。（康熙《陵縣志》卷三《災祥》）

大蝗，禾稼食盡。（康熙《黃縣志》卷七《災異》）

蝗，禾稼食盡。（民國《福山縣志稿》卷八《災祥》）

蝗災，禾稼殆盡。（康熙《萊陽縣志》卷九《災祥》；乾隆《海陽縣志》卷三《災祥》）

大霆雨，大雹，震，大風拔木。（天啟《新泰縣志》卷八《祥異》）

河南徙，運河淤。（乾隆《濟甯直隸州志》卷一《紀年》）

河西大旱，蝗飛蔽天。（嘉靖《遼東志》卷八《祥異》）

河決曹、單，洪濤直趨魚臺，城幾没。（光緒《魚臺縣志》卷一《城池》）

大水，陽山蛟冲巨窟二百餘丈，淹没田禾人畜無算。（民國《無錫富安鄉志》卷二七《祥異》）

沛縣北廟道口淤，河忽由趙皮寨向亳、渦奔河口，冬復決。（康熙《宿遷縣志》卷六《河防》）

澗河馬邏港及海口諸套俱湮塞，河、淮不能速洩，廟灣時成澤國。（民國《阜寧縣新志》卷九《水工》）

水為災。（康熙《歸安縣志》卷六《災祥》）

大水決東堤，民死者眾。（萬曆《新昌縣志》卷一三《災異》）

亢旱，民倉無備。（乾隆《開化縣志》卷六《官績》）

大旱，民饑，多食草木。（萬曆《合肥縣志·祥異》）

旱，蝗自北來，飛蔽天日，食禾稼有方。（順治《廬江縣志》卷一〇《祥異》）

大蝗，蝗蝻塞路，人不得行，食草木殆盡。（順治《太和縣志》卷一《祥異》）

十三府旱，大饑。（乾隆《南昌縣志》卷一三《祥異》）

大旱，多餓死者。（嘉靖《武寧縣志》卷六《雜異》）

旱，八分災。巡撫都御史王世、巡按御史李循義會議，奏准免糧五分。（嘉靖《臨江府志》卷四《歲眚》）

旱，巡撫都御史王誕、巡按御史李循義會奏，免稅糧十分之五。（乾隆《新喻縣志》卷五《機祥》）

大水，衝壞（城垣）。（萬曆《瑞金縣志》卷四《城池》）

以水免田租之半。（嘉靖《南安府志》卷一《世歷紀》）

通都橋在平政門外，十三年西畔為水衝塌三座，遂中折。（嘉靖《建寧府志》卷九《津梁》）

洪水。（道光《晉江縣志》卷八《水利》）

大霖雨。（道光《永定縣志》卷四《沿革表》）

大水，（隄）又圮。（康熙《龍陽縣志》卷一《隄障》）

大旱，五月不雨。（民國《澧縣縣志》卷三《災賑》）

大水起蛟，田禾衝没。（嘉慶《沅江縣志》卷二二《祥異》）

大旱，民苦饑。毛蟲集屋椽，無空隙。（同治《續修寧鄉縣志》卷二《祥異》）

和平螟。（萬曆《惠州府志》卷二《郡事紀》）

螟，禾自僵死。（乾隆《龍川縣志》卷一《災祥》）

嘉靖中，興寧連年旱潦。十三年，禾自僵死，時非旱蝗，明年復然。（嘉靖《廣東通志初稿》卷六九《雜事》）

大水，信都梵安寺浸壞佛像。（民國《信都縣志》卷五《災異》）

（黃平縣）大水山崩，橋圮，蕩析民居。（嘉靖《貴州通志》卷一〇《祥異》）

秋，河徙，一出魚臺塌場口入運。十月，又決趙皮寨，南向亳、泗、歸、宿之流日甚；東向梁、清之流漸微，自濟寧南至徐、沛數百里間，運河悉淤。（民國《沛縣志》卷四《河防》）

秋，大水，雷震擊死者七人。（康熙《安肅縣志》卷三《災異》）

霑益州大雪七日。（隆慶《雲南通志》卷一七《災祥》）

星隕如雨。（乾隆《莊浪志略》卷一九《災祥》）

冬，地震，有聲如雷。（民國《恩平縣志》卷一三《紀事》）

五色雲見永昌。（光緒《永昌府志》卷三《祥異》）

十三、十四年，大水，人畜溺死甚眾，田禾皆被湮没。（光緒《上猶縣志》卷一《災祥》）

（阜陽）十三年、十四年俱蝗，田無遺穗。（順治《潁州志》卷一《郡紀》）

十三年、十四年連旱，有司不聞，賦役如常，民不堪命。（康熙《蘄州志》卷一二《災異》）

至十五年，俱蝗飛盈野，禾稼不登。（康熙《五河縣志》卷一《祥異》）

至十五年，連歲旱蝗，禾稼不登。（光緒《五河縣志》卷一九《祥異》）

嘉靖十四年（乙未，一五三五）

正月

乙酉，廣東肇慶府陽江縣地震，有聲如雷。（《明世宗實錄》卷一七一，第 3727 頁）

霪雨。夏又雨，至秋白露不止。（宣統《南海縣志》卷二《前事補》；宣統《高要縣志》卷二五《紀事》）

大雷。（光緒《麻城縣志》卷一《大事》）

朔，大雪五日。（光緒《松陽縣志》卷一二《祥異》）

朔，松陽大雪五日。（光緒《處州府志》卷二五《祥異》）

朔，遂昌大雪，凡四晝夜。（雍正《處州府志》卷一六《雜事》）

朔，大雪凡四晝夜。（康熙《遂昌縣志》卷一〇《災眚》）

霪雨。夏又雨，至白露不止。殺稼民饑，斗米百錢，巡按御史戴璟賑活甚眾，奏蠲民租。（乾隆《番禺縣志》卷一八《事紀》）

霪雨，正月至五月上鄉溪水溢，壞民田廬。（康熙《翁源縣志》卷一《祥異》）

二月

壬子，廣寧衛地震，聲如雷。（《明世宗實錄》卷一七二，第 3745 頁）

二日，雷振白鳩巖，今名望嶽巖。（民國《懷集縣志》卷一〇《雜事》）

辛酉，雨雹，大如卵。夏，淫雨，灤水溢，害稼。（民國《盧龍縣志》卷二三《史事》）

辛酉，雨雹，大如卵。夏，霪雨，灤水溢，害稼。（民國《遷安縣志》卷五《記事篇》）

大雨，菽、粟、菝蔓生原野，不實。（光緒《德安府志》卷二〇《祥異》）

大雨，粟、菽、蕎蔓生原野，不實。夏，大水。（雍正《應城縣志》卷七《祥異》）

三月

己卯，先是，以湖廣旱災，從撫臣議，發太和山香錢充賑。（《明世宗實録》卷一七三，第 3767 頁）

辛巳，陝西漢中府雷電（廣本、閣本作"電"），隕霜殺麥。（《明世宗實録》卷一七三，第 3768 頁）

癸未，遼東鎮静堡地震，聲如雷。（《明世宗實録》卷一七三，第 3769 頁）

辛酉，遷安雹大如卵。夏霖雨，灤河溢。（康熙《永平府志》卷三《災祥》）

□□雨，水冲圮乳源城樓數十間。五月，復大水，壞民田廬不可勝計。（嘉靖《韶州府志》卷一〇《祥異》）

容縣雨雹，大者如梅，小者如豆。四月，容縣地震者二次。是歲饑。（乾隆《梧州府志》卷二四《禨祥》）

四月

庚子，河南開封、彰德二府雨雹殺麥。（《明世宗實録》卷一七四，第 3782 頁）

雹殺麥。（民國《淮陽縣志》卷八《災異》）

大水。（嘉靖《廣東通志初稿》卷六九《雜事》；萬曆《順德縣志》卷一〇《雜志》；康熙《弋陽縣志》卷一《祥異》；乾隆《玉山縣志》卷一《祥異》；乾隆《香山縣志》卷八《祥異》；同治《玉山縣志》卷一〇《祥異》；同治《廣豐縣志》卷一〇《祥異》；同治《廣信府志》卷一《星野》）

十二日，大雨雹傷麥。（順治《曲周縣志》卷二《災祥》）

雨雹，自西北來，大如雞卵，麥盡傷。（道光《冠縣志》卷一〇《祲祥》）

十三日，雨雹，大如拳，二麥死。（天啟《中牟縣志》卷二《物異》）

大雹。（嘉靖《興化縣志》卷四《五行》）

庚子，開封、彰德雨雹殺麥。（《明史·五行志》，第431頁）

雨雹。（乾隆《杞縣志》卷二《祥異》；道光《尉氏縣志》卷一《祥異附》）

雨殺麥。（康熙《續修陳州志》卷四《災異》）

至六月，淫雨恒陰，大水傷禾稼。（嘉靖《南雄府志》卷一《郡紀》；乾隆《始興縣志》卷一四《災祥》）

夏，大雨連月，自四月至六月不止，河水泛漲，平地深丈餘，禾盡没。是歲大饑。（嘉靖《全遼志》卷四《祥異》）

五月

癸酉，夏至，上大祭地於方澤。先是，陰雨連日，及駕出，忽開霽，天爽氣清。禮成。（《明世宗實錄》卷一七五，第3799頁）

復大水，壞民田廬舍，不可勝計。翁源下鄉，虎暴上鄉，溪水溢。（同治《韶州府志》卷一一《祥異》）

大水。平地水踰丈，壞民居禾稼，御史戴璟奏蠲田租，振活甚眾。（光緒《德慶州志》卷一五《紀事》）

大水，饑，斗米萬錢，百年所無也，蠲民租。（咸豐《順德縣志》卷三一《前事畧》）

烈風雨雹。（道光《商河縣志》卷三《祥異》；民國《無棣縣志》卷一六《祥異》）

諸州邑烈風雨雹。秋，蝗。（民國《霑化縣志》卷七《大事記》）

雷擊不孝子栗逵。（嘉靖《河間府志》卷七《祥異》）

大風雨雹，木皮剝蝕，大損麥。其秋，大蝗為害。（萬曆《武定州志》卷八《災祥》）

不雨，至于秋八月。粟踊貴，民饑。（隆慶《儀真縣志》卷一三《祥異》）

大雷電擊牛畜，毀廬舍。（嘉慶《東臺縣志》卷七《祥異》）

旱。（乾隆《望江縣志》卷三《災異》）

不雨。至十月，旱，蝗。（萬曆《帝鄉紀略》卷六《災患》）

大水。六月，旱一月方雨。（同治《南城縣志》卷一〇《祥異》）

十四日，夜，西溪大水逆流，東溪水浸至八角樓板，不沒者三尺，壞民廬甚眾。（康熙《南平縣志》卷四《祥異》）

十五日，文江城頭水高十丈。（乾隆《吉水縣志》卷四〇《災異》）

大水，城鄉均受害。（同治《萬安縣志》卷二〇《祥異》）

大水。（道光《新會縣志》卷一四《祥異》；道光《開平縣志》卷八《事紀》；同治《廣昌縣志》卷一《祥異》）

水漲。（嘉慶《順昌縣志》卷九《祥異》）

洪水。（萬曆《將樂縣志》卷一二《災祥》）

雹傷禾稼，民不堪憂。（嘉靖《柘城縣志》卷一〇《災祥》）

大水，山崩川溢，多壞民舍。斗米價七分。（道光《佛岡直隸軍民廳志》卷三《庶徵》）

大水，山崩川溢，多壞民舍。斗米七分。（乾隆《清遠縣志》卷一四《紀事》）

大水殺稼。民饑，斗穀百錢，百年所未見云。御史戴璟賑活甚眾，奏蠲民租。（康熙《南海縣志》卷三《災祥》）

大水殺稼。民饑，巡按御史戴璟大賑，奏蠲田租。廣、肇與南韶皆饑，斗穀百錢。（康熙《三水縣志》卷一《事紀》）

大水殺稼。民饑，巡按御史戴璟大賑，奏蠲田租。廣、肇與南韶饑，斗穀百錢。（嘉慶《三水縣志》卷一三《災祥》）

大水，決堤傷稼，民苦饑饉。（康熙《高明縣志》卷一七《紀事》）

大水，諸堤決。（光緒《四會縣志》編一〇《災祥》）

大雨殺稼。斗穀百錢，御史戴璟賑活甚眾，奏蠲民租。（康熙《陽春縣志》卷一五《祥異》）

大水。歲饑。（康熙《陽江縣志》卷三《縣事紀》）

大水殺稼，民饑。都御史戴璟賑活甚眾，奏蠲田租。（康熙《高要縣志》卷一《事紀》）

大水没城郭，民乘舟筏至岡隴，田廬蕩壞。（乾隆《懷集縣志》卷一〇《編年》）

大水殺稼。民饑。（乾隆《新興縣志》卷六《編年》）

大水，平地高丈餘，民居禾稻俱壞。（嘉靖《德慶州志》卷二《事紀》）

大水。六月，又大水，水勢橫溢，害稼，民饑，斗米百錢，百年所未見。（天啟《封川縣志》卷四《事紀》）

又雹。（乾隆《杞縣志》卷二《祥異》）

六月

甲辰，夜望，月食。（《明世宗實錄》卷一七六，第 3807 頁）

大水。城內水深一丈三尺餘，民饑，知州陸舜臣開倉振之。（光緒《德慶州志》卷一五《紀事》）

大雨，洪水河溢十餘丈，自西抵東六十里，没溺房屋田苗數千家，人口數百，畜類無筭。（嘉靖《河州志》卷一《災異》）

十六夜，大雨雹，所傷甚眾，積地尺餘。（康熙《臨清州志》卷三《祥異》）

飛蝗蔽天。賑。（崇禎《泰州志》卷七《災祥》）

江淮大旱，飛蝗蔽天。（嘉慶《東臺縣志》卷七《祥異》）

七月

甲戌，以江西吉安等府水災，詔蠲稅議賑，仍聽存留缺官銀賑濟。（《明世宗實錄》卷一七七，第 3815 頁）

丁亥，山西太原府交城縣天鼓鳴。（《明世宗實錄》卷一七七，第 3826 頁）

大旱，歲饑。（光緒《淮安府志》卷二〇《祥異》）

隕雪。歲饑。（乾隆《莊浪志略》卷一九《災祥》）

大旱，蝗災。（次）冬閏十二月，雷電，大雪。（康熙《巢縣志》卷四《祥異》）

旱。秋糧減免，都御史發粟賑之，計二千四百九十八石。（乾隆《蘄水縣志》卷末《祥異》）

雨雹。（嘉靖《思南府志》卷七《拾遺》）

蝗，大旱。歲饑。（雍正《應城縣志》卷七《祥異》）

蝗。（康熙《續修陳州志》卷四《災異》；民國《淮陽縣志》卷八《災異》）

八月

諸州縣大雨雹，桃李重花。（萬曆《臨洮府志》卷二二《祥異》）

霖雨。（道光《石門縣志》卷二三《祥異》）

颶風。（嘉靖《廣東通志初稿》卷六九《雜事》；萬曆《順德縣志》卷一〇《雜志》）

九月

甲申，以水災免山西大同等府、渾源等州各稅粮有差。（《明世宗實錄》卷一七九，第3845頁）

戊子，河南開封府白晝天鼓鳴，有星如盌（廣本作“盆”）大，東南流，眾小星從之如珠。（《明世宗實錄》卷一七九，第3847頁）

甲申，夜，安仁縣忽雷雹。（《國榷》卷五六，第3520頁）

蝗蝻大作。（嘉靖《廣德州志》卷九《祥異》）

星隕臨城，大如斗。（隆慶《趙州志》卷九《災祥》）

地裂成河。（康熙《壽寧縣志》卷八《雜志》）

十月

壬子，戶部以應天、蘇、松等府旱災，免存留稅粮有差，仍議折徵南京各衛倉粮一十六萬（廣本、閣本“萬”下有“餘”字）石，每石徵粮（廣本、抱本、閣本作"銀"）六錢，解赴南京户部，兼放官軍月粮。仍留漷墅關粮銀一年，賑濟河南開封等府灾傷。議改兑米臨清倉五萬石，德州倉六萬石，每石各折銀六錢。 （《明世宗實録》卷一八〇，第3860頁）

八日，大雷，風雹。（光緒《石門縣志》卷一一《祥異》）

瘧痢變作，死者千數，道殣相望，數月乃止。冬十月丙午夜，雷震。（嘉靖《福寧州志》卷一二《祥異》）

十八日，大雷風雹。（道光《石門縣志》卷二三《祥異》）

十一月

壬申，夜望，月食。（《明世宗實録》卷一八一，第3869頁）

辛巳，以旱災免四川達、涪等州存留粮有差。（《明世宗實録》卷一八一，第3871頁）

十二月

乙未，以冬深無雪，命順天府官祈禱，仍遣禮部尚書夏言，侍郎黄宗明、謝丕，掌太常寺尚書陳道瀛偏〔徧〕祭群神，諭曰："冬月且盡，時雪愆期，朕心甚憂，朕自宫中脩省祈天，諸臣供事者皆當竭誠以禱。"命百官齋三日。（《明世宗實録》卷一八二，第3877頁）

戊申，以旱災免鳳陽等衛所屯粮有差。（《明世宗實録》卷一八二，第3880頁）

癸丑，以水災免廣東肇慶等府、廣西梧州等府税粮有差。（《明世宗實録》卷一八二，第3885頁）

雷。（隆慶《豐潤縣志》卷二《事紀》；康熙《撫寧縣志》卷一《災祥》；民國《盧龍縣志》卷二三《史事》）

是年

夏，旱。秋，大水。（康熙《平和縣志》卷一二《災祥》；乾隆《潮州

府志》卷一一《災祥》；光緒《潮陽縣志》卷一三《灾祥》）

夏，蝗，大饑。（民國《新城縣志》卷二二《災禍》）

江浦、六合蝗，振之。（光緒《金陵通紀》卷一〇中）

霪雨。夏蝗。（康熙《大城縣志》卷八《災祥》；光緒《大城縣志》卷一〇《五行》）

春夏，旱，飛蝗蔽天。九月，壬申，夜，眾星交動。（嘉慶《高郵州志》卷一二《雜類》）

夏，旱。秋，大潮，民艱食，餓殍載道。（光緒《靖江縣志》卷八《祲祥》）

夏，水潦。冬，地震，有聲如雷。（乾隆《東安縣志》卷九《機祥》）

旱，蝗。（光緒《盱眙縣志稿》卷一四《祥祲》）

大旱，蝗飛蔽天。（康熙《太平府志》卷三《祥異》）

霪雨，水衝壞乳源城樓數十間。（同治《韶州府志》卷一一《祥異》）

大水。（隆慶《任縣志》卷七《祥異》；康熙《平鄉縣志》卷三《前朝》；康熙《平樂縣志》卷六《災祥》；乾隆《邢臺縣志》卷八《災祥》；乾隆《泰和縣志》卷二八《祥異》；民國《新昌縣志》卷一八《災異》；民國《恩平縣志》卷一三《紀事》；民國《任縣志》卷七《紀事》）

夏，德安雨豆麥。（道光《安陸縣志》卷一四《祥異》）

夏，雨經月，溪水四溢，壞田廬無筭。（同治《宜昌府志》卷一《祥異》）

大旱。（康熙《大冶縣志》卷四《災異》；乾隆《湖州府志》卷三八《祥異》；同治《湖州府志》卷四四《祥異》；同治《長興縣志》卷九《災祥》；光緒《武昌縣志》卷一〇《祥異》；光緒《歸安縣志》卷二七《祥異》）

大蝗。（民國《高密縣志》卷一《總紀》）

雨豆麥。（康熙《孝感縣志》卷一四《祥異》；光緒《孝感縣志》卷七《災祥》）

大旱，蝗。（乾隆《直隸通州志》卷二二《祥祲》；嘉慶《如皋縣志》

卷二三《祥祲》；光緒《通州直隸州志》卷末《祥異》）

睢河竭。（同治《宿遷縣志》卷三《紀事沿革表》）

旱蝗蔽野。（嘉慶《溧陽縣志》卷一六《雜類》）

上猶水。（同治《南安府志》卷二九《祥異》）

蝗，食禾稼盡。（民國《萊陽縣志》卷首《大事記》）

大蝗，禾稼殆盡。（康熙《壽陽縣志》卷八《災異》；光緒《壽陽縣志》卷一三《祥異》）

大水，人畜溺死甚眾，田禾皆被湮没。（光緒《上猶縣志》卷一《災祥》）

秋，大水。（康熙《龍溪縣志》卷一二《災祥》；乾隆《龍溪縣志》卷二〇《祥異》）

蝗傷稼，歲大饑。（康熙《利津縣新志》卷九《祥異》）

春，大風，紅霾四塞。（康熙《晉州志》卷一〇《事紀》）

春，旱。夏，蝗，出内帑賑之。（康熙《安州志》卷八《祥異》）

自春及秋恒雨。（康熙《仁和縣志》卷二五《祥異》）

夏，蝗，出内帑賑之。（順治《蠡縣志》卷八《祥異》）

夏，蝗，大饑。（順治《易水志》卷上《災異》；康熙《定興縣志》卷一《禨祥》）

夏，蝗，出内帑銀賑之。（康熙《清苑縣志》卷一《災祥》）

夏，雨雹。（雍正《邱縣志》卷七《災祥》）

夏，大蝗，盈於鄆、鉅、濟、兗道路之間。鄆之捕者三千七百石，以粟易之，民賴以活者眾矣。（嘉靖《鄆城志》卷下《災祥》）

夏，旱。秋，潮。歲大歉，斗米百錢，飢莩載道。（嘉靖《靖江縣志》卷四《編年》）

夏，雹。（康熙《霍邱縣志》卷一〇《災祥》）

夏秋旱，蝗蔽天，民駭見焉。（嘉靖《太平府志》卷一二《灾祥》）

自夏徂秋，不雨。（嘉靖《廣德州志》卷九《祥異》）

夏，大水。（嘉靖《興國州志》卷七《祥異》）

夏，雨，經月，溪水四溢，壞田廬無算。（同治《續修東湖縣志》卷二《天文》）

夏，雨，經月，谿水四溢。（同治《長陽縣志》卷七《災祥》）

夏，雨，經月，溪水四溢，山澗水田冲崩無算。（嘉靖《歸州志》卷四《災異》）

夏，大雨水。巡按御史戴璟疏曰："臣看得前項州縣霖雨交瀉，橫陸地而湧三旬，河澗暴盈，衝城垣而浸數板，由學舍衙宇以及倉廠房店多至傾頹。"（嘉靖《廣東通志初稿》卷三七《祥異》）

夏，大水，民饑。春月亢旱，農播種，即以救旱為事。至六月，洪水驟發，城幾没，民舍蕩覆幾盡。由是四山猺起，英德騷動數年，民皆不樂其生。（康熙《英德縣志》卷三《災異》）

夏，旱。秋，大水，山谷崩裂，城圍傾頹，水溢襄陵，民家臨流者皆没焉。（嘉靖《潮州府志》卷八《災祥》）

夏，旱。秋，大水。（隆慶《潮陽縣志》卷二《縣事紀》）

（騰衝縣）夏，大雨連月，自四月至六月不止，河水泛漲，平地深丈餘，禾盡没。是歲人（疑當作"大"）饑。（道光《雲南通志稿》卷三《祥異》）

夏，大水，決城崩岸，民大流殍。（嘉靖《南寧府志》卷一一《祥異》）

夏，水澇。秋冬，地震，有聲如雷。（民國《安次縣志》卷一《五行》）

霪雨為災。（康熙《文安縣志》卷一《災祥》）

河決。（嘉慶《青縣志》卷六《祥異》）

漳決，平地數尺，溺死者無算。（乾隆《大名縣志》卷八《圖説》）

蝗。（康熙《開州志》卷四《災祥》；嘉慶《無爲州志》卷二《災祥》；咸豐《大名府志》卷四《年紀》；光緒《南樂縣志》卷七《祥異》）

夏，沙河、南和、任大水。（嘉靖《順德直隸志》卷一七《災祥》）

大雨連月，自四月至六月不止，河水泛漲，平地深丈餘。是年大饑。（康熙《鐵嶺縣志》卷上《祥異》）

大雨，自四月至六月不止，平地水深丈餘。大饑。（宣統《南金鄉土志·祥異》）

蝗飛蔽日。（道光《清澗縣志》卷一《災祥》）

水災。（雍正《崇明縣志》卷一六《耆行》）

旱，蝗，遣官賑恤。（萬曆《江浦縣志》卷一《縣紀》）

旱災，存留項下遞免四分，併撥贍耗米馬草鹽鈔，共免米二千六百餘石。（道光《武進陽湖縣合志》卷一一《食貨》）

大蝗。（嘉靖《含山邑乘》卷中《祥異》；萬曆《泰興縣志》卷八《祥異》；萬曆《和州志》卷八《祥異》）

大旱，飛蝗蔽天。（嘉靖《重修如皋縣志》卷六《災祥》）

大水氾濫入城。（光緒《嚴州府志》卷一二《遺愛》）

海溢，塘圮。（光緒《嘉興府志》卷三〇《海塘》）

旱，饑。（嘉慶《廬州府志》卷四九《祥異》）

大旱，饑。是年林麓之竹結實數萬斛，民采以食。（道光《貴池縣志》卷四三《災異》）

春，地震有聲如雷，山谷震響，江水盡沸。其年大旱，饑。青陽九華山竹生米，民採食之。（乾隆《池州府志》卷二〇《祥異》）

大水，七分災，平地水高十餘丈，四郊如壑，壞民廬舍共四百一十四間，淤塞田地共一百六十三頃四十七畝七分，渰死人口三十六名口。巡撫都御史秦鉞、巡按御史王鎬會議，奏准免粮四分。（嘉靖《臨江府志》卷四《歲眚》）

臨江府大旱，次年又旱。（光緒《江西通志》卷九八《祥異》）

大水，平地水高丈餘，四郊如壑。巡撫都御史秦鉞、巡按御史王□會奏，免稅糧十分之四。（康熙《新喻縣志》卷六《農政》）

大水，平地水高丈餘，田野為壑，壞民廬舍，淤塞田畝，渰死人民甚眾。巡撫都御史秦鉞、巡按御史王□會奏，免稅粮十分之二。（道光《新淦縣志》卷一〇《祥異》）

恒雨。（嘉靖《南安府志》卷一《世歷紀》；康熙《瀏陽縣志》卷九

《災異》）

大水，人畜溺死者甚眾，禾皆淹没，田土俱為沙石所塞。（康熙《上猶縣志》卷二《氣候》）

大旱，稻無穗。來年丙申春無麥，民大饑。（康熙《安海志》卷八《祥異》）

蝗，田無遺穗。（順治《潁州志》卷一《郡紀》）

河溢。（乾隆《陽武縣志》卷三《建置》）

飛蝗蔽天。（同治《清豐縣志》卷二《編年》）

雨雹大如卵。（康熙《睢州志》卷七《祥異》）

旱。（嘉靖《漢陽府志》卷二《方域》）

高明有雪，小如珍珠，盛之少頃盈掬。次年雖有水，而禾大稔。（嘉靖《廣東通志初稿》卷七〇《雜事》）

（梧州）大水，漂廬舍千餘間，没城郭，人多乘舟筏至岡壟，田廬蕩壞。（嘉靖《廣西通志》卷四〇《祥異》）

平樂、富川大水入城。（嘉慶《平樂府志》卷三二《祥異》）

秋，蝗飛蔽天。（嘉靖《内黃縣志》卷八《祥異》）

大水，秋，大有年。（乾隆《峽江縣志》卷一〇《祥異》）

秋，飛蝗蔽日，未幾投汾水死，百穀用登。（光緒《清源鄉志》卷一六《祥異》）

秋，蝗，三冬未衰，至春始滅。（康熙《博野縣志》卷四《祥異》）

冬深，無雪，遣官遍祭諸神。（《明史·五行志》，第 460 頁）

嘉靖十五年（丙申，一五三六）

正月

庚午，以水災詔改折江西應解南粮倉米，每石（東本“石”下有“折”字）銀七錢。（《明世宗實錄》卷一八三，第 3889 頁）

大雪擁户，人不能行。（萬曆《杞乘》卷二《今總紀》）

淫雨浹旬，溪流驟漲，守者偶失防禦，（澄清渡浮橋）一夕盡圮。（同治《平江縣志》卷五二《藝文》）

不雨，至於夏四月。（光緒《德慶州志》卷一五《紀事》）

二月

丁未，夜，衡州安仁縣大雨雹，大饑。（《國榷》卷五六，第 3525 頁）

丙戌，雷火燬金山衛城樓。（乾隆《金山縣志》卷一八《祥異》）

二十七日，有大風起自西北，雨雹隨至，拔樹破屋，須臾溝澮皆盈。是歲大饑。（嘉靖《衡州府志》卷七《祥異》）

順德桂洲、容奇二堡風雨暴作，雨雹大如斗，或如籮，隕于水中，沉復浮上，破屋殺畜。是歲大饑，盜作。（嘉靖《廣東通志初稿》卷六九《雜事》）

大雨雹。（道光《高要縣志》卷一〇《前事畧》）

三月

戊午，是夜，客星見于天棓星傍……今紫薇垣有客星。（《明世宗實錄》卷一八五，第 3911 頁）

大水，發倉糧及事例銀兩賑饑。（光緒《武昌縣志》卷一〇《祥異》）

大雨雪。秋，大蝗，食禾且盡。（民國《大名縣志》卷二六《祥異》）

大雨雪，賑。十五年，夏秋，大蝗。（嘉靖《內黃縣志》卷八《祥異》）

蝗忽南翔。（乾隆《郾城縣志》卷七《藝文》）

四月

辛卯，以水災免壩大（東本作"太"）等馬房草場子粒有差。（《明世宗實錄》卷一八六，第 3928 頁）

壬辰，初，客星見於天棓傍，漸東行，歷天厨西，入天漢，至始（各本作"是"）日始沒。（《明世宗實錄》卷一八六，第 3929 頁）

大雨雹，平地積寸餘，二麥死。（道光《江陰縣志》卷八《祥異》）

蝗。（嘉靖《濼州志》卷二《世編》；順治《重修句容縣志》卷末《祥異》；光緒《樂亭縣志》卷三《記事》）

旱。（嘉靖《夏津縣志》卷四《災異》；嘉靖《高唐州志》卷七《祥異》）

十六日，雨雹壞廬舍。秋旱，高鄉有蝗。（崇禎《吳縣志》卷一一《祥異》）

壬寅，雨雹，平地積寸餘，二麥死。（嘉靖《江陰縣志》卷二《災祥》）

蛹生。縣令楊孫仲諭民掘取其子，每升償以斗米；成蛹者，穀半之，積數百斛，會連雨盡滅，不傷稼。（隆慶《儀真縣志》卷一三《祥異》）

壬寅，雨雹積寸許，桑、麻、麥皆空。（嘉靖《靖江縣志》卷四《編年》）

十九日，大雨雹。（萬曆《鹽城縣志》卷一《祥異》）

十六日長興晝晦，暴風，雨雹交發，壞民廬無算。（同治《長興縣志》卷九《災祥》）

饑，知縣劉曉賑濟。秋有年，立春日雨雹。（嘉靖《新寧縣志·年表》）

不雨。（嘉靖《德慶州志》卷二《事紀》）

雨雹積寸許，桑、麻、麥俱死。（康熙《靖江縣志》卷五《祲祥》）

淫雨，自四月至六月。（光緒《寶山縣志》卷一四《祥異》）

五月

西江大水，殺稼，斗穀百錢。秋大旱。（嘉慶《三水縣志》卷一三《災祥》）

大雨雹，暴風拔木壞屋，飄大舟，起三四丈。（同治《衡陽縣志》卷二《事紀》）

大水。（天啟《封川縣志》卷四《事紀》；民國《沙縣志》卷三《大事》）

大水，潦浸田苗。（萬曆《太和縣志》卷一《災異》）

大水傷稼，斗穀百錢。（崇禎《肇慶府志》卷二《郡紀》）

既望庚午雨，至六月甲申朔皆不雨，四郊幾無秋。（嘉靖《衡州府志》卷八《藝文》）

暴風，自市江起，經城西石塘，過鴈峯南渡，有大龍舟掀入空三四丈高，擲下皆碎，所至拔木，壞垣破屋，向酃湖路大雨雹。是歲饑。（嘉靖《衡州府志》卷七《祥異》）

西江大水，殺稼，斗穀百錢。秋大旱。（康熙《三水縣志》卷一《事紀》）

大水山崩，城中饑疫。（嘉靖《貴州通志》卷一〇《祥異》）

六月

甲申，雷擊南京西上門獸吻，震死男婦十餘人。（《明世宗實錄》卷一八八，第3965頁）

丁卯，固原州冰雹，大如斗，小如雞卵，毀屋傷稼。（《國榷》卷五六，第3547頁）

大水。（萬曆《杞乘》卷二《今總紀》；光緒《樂亭縣志》卷三《記事》；民國《臨晉縣志》卷一四《舊聞記》）

旱，蝗蔽天。（萬曆《新修館陶縣志》卷三《災祥》；民國《館陶縣志》卷五《災祥》）

蝗蝻生。知縣王冕令民捕蝻，民災差減。（崇禎《隆平縣志》卷八《災異》）

二十一日，蝗飛蔽天，自北而南食民禾稼。（嘉靖《內黃縣志》卷三《祠祀》）

二十八日，水災，自寅時雷電大作，猛雨傾盆；黎明大水橫流，深丈餘，淹沒城郭官民廟宇房屋千七百所，田野禾黍盡淹沒者二十七里。（嘉靖《蒲州志》卷三《祥異》）

二十九日，有龍見堡頭村，頃之徐入澗水。至七月七日大雨如注，平地水深數尺，兩河溢漲，城圮，至公寓淹沒。（康熙《垣曲縣志》卷一二《災荒》）

蝗。（嘉靖《淄川縣志》卷二《災祥》）

利津、濱州蝗。（咸豐《武定府志》卷一四《祥異》）

旱，螟。（康熙《臨清州志》卷三《祥異》）

數震電，人及牛畜屢有斃者。（道光《重修儀徵縣志》卷四六《祥異》）

六月、七月霪雨不止。十二月至次年二月，雨雪交作不止，束薪十錢，六畜損傷甚眾，二麥萎死者半。連歲飛蝗徧野。（嘉靖《宿州志》卷八《災祥》）

六月，恒雨，至秋七月。冬大雨雪，至明年春二月。（康熙《靈璧縣志略》卷一《祥異》）

旱，減免秋糧。（光緒《黃州府志》卷八《蠲賑》）

澧州大水，城垛不入者僅尺許。霪雨浹旬，諸水突溢，舟艤女牆，男女漂溺。（知州）公立城上，督州人救之，城且崩，屹不為動，全活者甚多。（萬曆《澧紀》卷一《災祥》；卷二《宦跡》）

雨。（嘉靖《德慶州志》卷一《事紀》）

隆平蝗蝻生。（隆慶《趙州志》卷九《災祥》）

蝗蝻生。冬十月，地震有聲。（乾隆《隆平縣志》卷九《災祥》）

七月

乙丑，以鳳陽等處旱蝗，免漕運都御史周金赴京議事。（《明世宗實錄》卷一八九，第3989頁）

丙子，廣西梧州府地震。（《明世宗實錄》卷一八九，第3995頁）

己卯，以旱蝗免山西大同等府稅糧有差。（《明世宗實錄》卷一八九，第3996頁）

蝗。（嘉靖《宣府鎮志》卷六《災祥考》；康熙《西寧縣志》卷一《災祥》；康熙《龍門縣志》卷二《災祥》；雍正《陽高縣志》卷五《祥異》；乾隆《宣化縣志》卷五《災祥》；乾隆《蔚縣志》卷二九《祥異》；乾隆《懷安縣志》卷二二《灾祥》；乾隆《萬全縣志》卷一《災祥》；道光《保安州志》卷一《祥異》；光緒《懷來縣志》卷四《災祥》；民國《陽原縣志》卷一六《前事》）

飛蝗蔽天，食稼殆盡。（乾隆《廣靈縣志》卷一《災祥》）

霪雨損稼。（光緒《邵武府志》卷三〇《祥異》）

大同、陽高、靈邱、廣靈蝗飛蔽天，傷稼。榆次、崞縣、汾西、霍州大稔。（雍正《山西通志》卷一六三《祥異》）

大風雨雹，折損禾太半。（嘉靖《遼東志》卷八《祥異》）

大風雨雹，損禾大半。（康熙《鐵嶺縣志》卷上《祥異》）

蝻。（嘉靖《淄川縣志》卷二《災祥》；萬曆《杞乘》卷二《今總紀》）

霪雨損稼。（萬曆《邵武府志》卷六二《祥異》）

因天雨連綿，沁河水勢洶湧，致將大樊口隄岸衝決一次，沿路懷慶及本府所屬俱遭淊沒之患。（萬曆《衛輝府志·河防》）

蒼龍見空中，爪尾儼然，已而大雷雨，人皆以爲罕見。（嘉靖《鄢陵志》卷七《祥異》）

八月

癸巳，萬壽聖節先有旨，暫免陞殿。禮部尚書夏言奏："聖節非尋常朝賀可比，茲奉旨暫免，諒因天氣陰雨，恐妨行禮之故。"（《明世宗實錄》卷一九〇，第 4003~4004 頁）

蝗。（嘉靖《夏津縣志》卷四《災異》；嘉靖《高唐州志》卷七《祥異》）

晝陰晦雨，如棕櫚子，皮色紅鮮，瓦淅淅有聲如霰。（康熙《婺源縣志》卷一二《機祥》）

十月

乙酉，以旱蝗免山東濟南等府稅粮有差。（《明世宗實錄》卷一九二，第 4045 頁）

庚寅，是夜，京師及順天、永平、保定諸府所屬州縣，萬全都司各衛所俱地震，有聲如雷。（《明世宗實錄》卷一九二，第 4048 頁）

辛卯，上以地震諭部禮〔禮部〕："朕懼上天，宜即行脩省。"（《明世宗實錄》卷一九二第 4049 頁）

隆平地震有聲。（隆慶《趙州志》卷九《災祥》）

十一月

直隸太湖縣地震有聲。（《明世宗實錄》卷一九三，第 4071 頁）

大雪，從以雷電，燒劈府治大槐。（萬曆《襄陽府志》卷三三《災祥》）

十二月

丙申，山西交城縣地震有聲。（《明世宗實錄》卷一九四，第 4097 頁）

大雷電。（光緒《松陽縣志》卷一二《祥異》；光緒《處州府志》卷二五《祥異》；光緒《麻城縣志》卷一《大事》）

雨雪。（嘉靖《廣東通志初稿》卷六九《雜事》；乾隆《歸善縣志》卷一八《雜記》）

癸巳日夜分，颶風大作，漂木大小百六十餘株，來自巨洋。次日黎明，已入乾體海口，人皆驚駭。（道光《廉州府志》卷二四《藝文》）

初五日，夜，大雷雹，雖盛夏以為異。（康熙《滁州志》卷三《祥異》）

閏十二月

庚申，四川威、茂二州地震。（《明世宗實錄》卷一九五，第 4122 ～ 4123 頁）

壬戌，以旱蝗免山西大同等衛所屯粮有差。（《明世宗實錄》卷一九五，第 4123 頁）

大雷雹，陰霾十餘日。（雍正《處州府志》卷一六《雜事》；康熙《遂昌縣志》卷一〇《災眚》）

震，雷電，大雨數日。（道光《重修儀徵縣志》卷四六《祥異》）

雪，小如珠璣，俄頃盈掬，明年雖患水，而禾大稔。（光緒《德慶州志》卷一五《紀事》）

是年

春，大饑，復大旱。（道光《新會縣志》卷一四《祥異》）

春，不雨，至冬乃雨。（咸豐《興甯縣志》卷一二《災祥》）

夏，雨雹大如斗，牛馬多擊死。（嘉慶《溧陽縣志》卷一六《雜類》）

夏，大雨，壞廬舍，傷禾稼。（乾隆《雞澤縣志》卷一八《災祥》；光緒《永年縣志》卷一九《祥異》）

夏，蝗。秋，大水。（順治《易水志》卷上《災異》；雍正《高陽縣志》卷六《機祥》；乾隆《滿城縣志》卷八《災祥》；光緒《定興縣志》卷一九《災祥》；光緒《蠡縣志》卷八《災祥》）

夏，蝗不為災。（天啟《文水縣志》卷一〇《災祥》；康熙《文水縣志》卷一《祥異》）

夏，漢水漲泛。（光緒《洋縣志》卷一《紀事沿革表》）

夏，霪雨。（乾隆《建寧縣志》卷一〇《灾異》；民國《建寧縣志》卷二七《災異》）

夏，雨雹盈尺，麥盡傷，民饑。（同治《陽城縣志》卷一八《兵祥》）

大旱，米價翔湧。（同治《韶州府志》卷一一《祥異》）

大旱。（康熙《武進縣志》卷三《災祥》；康熙《滁州志》卷三《祥異》；道光《直隸南雄州志》卷三四《編年》；民國《始興縣志》卷一六《編年》）

旱。（嘉靖《南雄府志》上卷《郡紀》；萬曆《福寧州志》卷一六《時事》；康熙《平樂縣志》卷六《災祥》；乾隆《福寧府志》卷四三《祥異》；民國《任縣志》卷七《紀事》；民國《霞浦縣志》卷三《大事》）

旱蝗，不為災。（嘉慶《高郵州志》卷一二《雜類》）

南康旱，自夏四月至秋月乃雨。（同治《南安府志》卷二九《祥異》）

水災。（光緒《歸安縣志》卷二七《祥異》）

大水入城。（乾隆《富川縣志》卷一二《災祥》；光緒《富川縣志》卷一二《雜記》）

大水。（康熙《昌黎縣志》卷一《祥異》；雍正《湖廣通志》卷一《祥異》；民國《昌黎縣志》卷一二《故事》）

大旱，農家掘井以灌禾。（乾隆《無錫縣志》卷四〇《祥異》；光緒《無錫金匱縣志》卷三一《祥異》）

儀真縣蝻生，知縣楊孫仲諭民掘取其子，每升償以斗米，成蝻者半之，積數百斛。會連雨，遂盡滅。高郵旱蝗，不為災。（雍正《揚州府志》卷三《祥異》）

旱，蝗生。（乾隆《夏津縣志》卷九《災祥》；民國《夏津縣志續編》卷一〇《災祥》）

蝗蝻徧生，知縣劉素驅民捕之。（光緒《陽穀縣志》卷九《災異》）

蝗傷稼，歲大饑。（咸豐《濱州志》卷五《祥異》）

安定布政司行署雷震，槐拔，火龍起。（道光《安定縣志》卷一《災祥》）

布政司公署雷震，槐樹拔，火龍起。（乾隆《延長縣志》卷一《災祥》）

安定布政司行署雷震，槐樹拔，火龍起。（嘉慶《延安府志》卷五《大事表》）

海溢。（道光《乍浦備志》卷一〇《祥異》；光緒《平湖縣志》卷二五《祥異》）

滛雨，常山縣十九都地陷爲淵。（康熙《衢州府志》卷三〇《五行》）

蝗蝻害稼。（民國《淮陽縣志》卷八《災異》）

海溢，堤潰，漂没田廬。（天啟《海鹽縣圖經》卷一六《雜識》；光緒《海鹽縣志》卷一三《祥異考》）

淫雨十九都，程氏廳陷為淵。（雍正《常山縣志》卷一二《拾遺》；光緒《常山縣志》卷八《祥異》）

淫雨。（雍正《常山縣志》卷一二《拾遺》）

旱饑，民多流殍。（乾隆《晉江縣志》卷一五《祥異》）

大旱，米價騰湧。（光緒《曲江縣志》卷三《祥異》）

秋，旱，巡按御史李元陽奏免稅糧三分。（乾隆《僊遊縣志》卷五二《祥異》）

秋，旱。（光緒《福安縣志》卷三七《祥異》）

冬，雪深四尺。（民國《湯溪縣志》卷一《編年》）

冬，大雪深四尺。（萬曆《金華府志》卷二五《祥異》）

春，大雹，大旱。（乾隆《番禺縣志》卷一八《事紀》）

春，不雨，至秋復不雨。（崇禎《興寧縣志》卷六《災異》）

春，大饑。是歲復大旱……水災，饑甚，民不耕作者益窮迫，外海遊民嘯聚數百艘，欲出海行劫，居民洶洶。（康熙《新會縣志》卷三《事紀》）

春夏，旱。秋霪雨不止，水沒田禾。免稅。（崇禎《泰州志》卷七《災祥》）

春夏，旱。秋霪雨不止，水沒田禾。（乾隆《小海場新志》卷一〇《災異》）

春夏，雨。秋蝗。（萬曆《常熟縣私志》卷四《敘產》）

夏，漢水泛漲，獲人魚數十，有近丈者。又城西紙坊街石洞有青、黃二龍鬪斗於水中，漂民舍，溺死者甚眾。秋，南方大星落，有聲。（康熙《洋縣志》卷一《災祥》）

夏，洋縣黑龍江漲，獲人魚數十，有近丈者。（康熙《陝西通志》卷三〇《祥異》）

夏，蝗。（萬曆《安邱縣志》卷一下《總紀》；嘉慶《昌樂縣志》卷一《總紀》）

夏，大旱。秋滛雨不止，水沒田禾。命免稅糧恤之。（康熙《興化縣志》卷一《祥異》）

夏，大雨，城西南隅圮。（光緒《京山縣志》卷二《建置》）

夏，旱。秋，七月乃雨。（嘉靖《南安府志》卷一《世歷紀》）

夏，蝗，民捕蝗入官二千石餘。秋，大水。（康熙《清苑縣志》卷一《災祥》）

夏，蝗。秋，水。（嘉靖《雄乘》下卷《祥異》）

夏，蝗不為災。秋，水。（萬曆《任丘志集》卷八《祥異》）

夏，大雨如注，自辰至申止，壞廬舍，傷禾稼，平地如波，往來乘桴以濟。（嘉靖《廣平縣志》卷一五《災祥》）

夏，天降霆雨，水驟泛溢，決城敗堤，沒田漂舍。（民國《芮城縣志》卷一五《藝文》）

運河決，命水部大夫築之。（康熙《薊州志》卷八《藝文》）

蝗蝻生，知縣郝銘令民捕之，納倉給穀，日得數十石，遂不為災。（乾隆《衡水縣志》卷一一《事紀》）

旱，螟。（雍正《邱縣志》卷七《災祥》）

大蝗。（嘉靖《武安縣志》卷三《灾祥》）

蝗。（康熙《陽武縣志》卷八《災祥》；光緒《綏德州志》卷三《祥異》；光緒《鉅鹿縣志》卷七《災異》）

蝗飛蔽日。知縣高自卑設法打捕，秋禾無害。（嘉靖《威縣志》卷一《祥異》）

蝗自境外至，群飛蔽天，食稼殆盡。邊土舊無蝗，見者大駭。（雍正《陽高縣志》卷五《祥異》）

飛蝗蔽天，食稼殆盡。（康熙《廣靈縣志》卷一《災祥》）

大風雨雹，禾損傷大半。（宣統《南金鄉土志·祥異》）

蝗蔽日。（順治《綏德州志》卷一《災祥》）

蝗飛蔽日。（康熙《米脂縣志》卷一《災祥》）

大風拔木。（萬曆《商河縣志》卷九《災祥》）

旱蝗存災，吾墨獨甚。（萬曆《即墨志》卷一〇《藝文》）

大水湧至，漂塌學宮。（康熙《滋陽縣志》卷二《災異》）

蝗蝻徧生，知縣劉素驅民捕之。（康熙《陽穀縣志》卷四《災異》）

水為災。（崇禎《烏程縣志》卷四《災異》）

霪雨，十九都程氏廳陷為淵。（萬曆《常山縣志》卷一《災祥》）

蝗飛盈野，禾稼不登。（康熙《五河縣志》卷一《祥異》）

洪水泛漲，衝散浮橋。（乾隆《瑞金縣志》卷一《祥異》）

旱，自夏四月，至秋乃雨。（同治《南安府志》卷二九《祥異》）

免稅粮三分。秋旱，巡按李元陽奏聞。（乾隆《僊遊縣志》卷二〇《賦役》）

大旱，蝗起。（乾隆《南靖縣志》卷八《祥異》）

復蝗，禾且盡。（同治《清豐縣志》卷二《編年》；光緒《南樂縣志》卷七《祥異》）

蝗，禾且食盡。（康熙《開州志》卷四《災祥》）

河決大潰，蕩我郭廬，幾墊我城。（康熙《商丘縣志》卷一五《藝文》）

水大至，隄盡決，仍出古城南流，患較前尤甚。（道光《鄢陵縣志》卷五《河渠》）

蝗飛蔽天。（乾隆《新野縣志》卷八《祥異》）

大旱，周諒徒步拜禱，雨隨以澍。（康熙《寧遠縣志》卷二《循良》）

石門大水漂屋。（乾隆《直隸澧州志林》卷一九《祥異》）

廣州、肇慶、韶州大旱。是年春，大饑，復大旱，民不耕作者益窮迫，新會外海遊民嘯聚數百艘，欲出海行劫。（光緒《廣州府志》卷七八《前事》）

大旱，米價騰貴。（康熙《翁源縣志》卷一《祥異》）

大旱，復饑，民食草實，餓死甚眾。（康熙《陽春縣志》卷一五《祥異》）

大水，（城隍廟）六曹像水浸壞。（雍正《靈川縣志》卷二《公署》）

府城霪雨傾圮。（康熙《廉州府志》卷三《建置》）

夏秋，大水。冬大雪。（天啟《鳳陽新書》卷四《星土》）

秋，旱，有蝗。（道光《璜涇志稿》卷七《災祥》）

秋，大水。（嘉靖《霸州志》卷九《災異》；乾隆《郯城縣志》卷三《編年》）

秋，蝗。（康熙《平鄉縣志》卷三《前朝》）

秋，大旱。（嘉慶《三水縣志》卷一三《災祥》）

秋冬，旱，田禾槁。（嘉靖《福寧州志》卷一二《祥異》）

冬，高明大雪，復雨雹。（嘉靖《廣東通志初稿》卷七〇《雜事》）

十五年丙申、十六年丁酉，久旱，大饑，民多流殍。（民國《同安縣志》卷三《災祥》）

十五年、十六年連旱，民饑死甚多。（嘉慶《惠安縣志》卷三五《祥異》）

十五年丙申、十六年丁酉，旱，饑，民多流殍。（道光《晉江縣志》卷七四《祥異》）

十五、十六、十七年俱大水。（萬曆《帝鄉紀略》卷六《災患》）

饒平大旱。丙申、丁酉，連年大旱，米價騰貴，貧民飢死者眾。陳白坡潭水竭，見大石刻云：丙申、丁酉，大旱，人甚異之。（民國《潮州志》卷八《大事》）

嘉靖十六年（丁酉，一五三七）

正月

三日，地震。（康熙《文水縣志》卷一《祥異》）

大水。祁縣地震，太谷岢嵐蝗。（乾隆《太原府志》卷四九《祥異》）

大雨雷電。自正月至四月恒雨。（康熙《儀徵縣志》卷一八《祥祲》）

初四日夜，大雷，雹。（萬曆《鹽城縣志》卷一《祥異》）

雨，木冰。（嘉靖《豐乘》卷一《邑紀》）

二月

癸亥，禮部以天雨，請暫罷親耕耤田禮，許之。（《明世宗實錄》卷一九七，第4158頁）

雨傷麥。（光緒《蠡縣志》卷八《災祥》）

雨傷麥。大賑。（嘉靖《雄乘》卷下《祥異》；雍正《高陽縣志》卷六

《機祥》）

十四日，大風晝晦，對面不能識。（嘉靖《延津志·祥異》）

雨至八月，禾稼一空。大疫。（乾隆《東明縣志》卷七《灾祥》）

雨至八月，禾稼一空。（康熙《長垣縣志》卷二《災異》）

大雨雹。（嘉靖《德慶州志》卷二《事紀》；天啟《封川縣志》卷四《事紀》）

大霖雨，自二月至八月乃止。（光緒《南樂縣志》卷七《祥異》）

大霖雨，自二月至八月乃止。疫。（民國《大名縣志》卷二六《祥異》）

雨雹如雞卵，周圍二十餘里。（嘉靖《蒲州志》卷三《祥異》）

三月

十三日，尉氏縣中當午忽暗如夜，一餉乃始復明。其年五月十三日，中夜大雨達旦，居民徬徨，喧呼"天漏"。九月，黃河水溢，縣城郊野之不浸者僅五六里耳，大無麥禾。（嘉靖《尉氏縣志》卷四《祥異》）

雨雹。（萬曆《順德縣志》卷一〇《雜志》）

至六月不雨，冬至後一夜，天雨雷電。（民國《霞浦縣志》卷三《大事》）

至六月不雨，田塘荒者過半。（嘉靖《福寧州志》卷一二《祥異》）

四月

癸亥，夜，月食。（《明世宗實錄》卷一九九，第 4185 頁）

蝗。（嘉慶《灤州志》卷一《祥異》）

三十日，陰雨，見龍。（宣統《恩縣志》卷一〇《災祥》）

既望，大雨。災與成化二十一年同。（嘉靖《清流縣志》卷四《祥異》）

雨水，城圮者半，大傷田稼。（康熙《全州志》卷一《災祥》）

開建大雨水，壞城西門倉庫、居民。（嘉靖《德慶州志》卷二《事紀》）

不雨至七月，禾絕收。（乾隆《長樂縣志》卷一〇《祥異》）

五月

戊戌，雷震謹身殿鴟吻，大臣各上疏奉慰。（《明世宗實錄》卷二〇〇，第 4204 頁）

水潦傷稼。（道光《永州府志》卷一七《事紀畧》）

潦傷稼。（光緒《零陵縣志》卷一二《祥異》）

大水，漂沒臨河居民房舍，禾稼盡淹。（康熙《費縣志》卷五《災異》）

大水。（嘉靖《六合縣志》卷二《災祥》；萬曆《杞乘》卷二《今總紀》；康熙《連州志》卷七《變異》）

旱，蝗飛蔽天，人馬不能行，落處溝壑皆平。（嘉慶《舒城縣志》卷三《祥異》）

大水，決馬湖堤五十丈。（嘉靖《豐乘》卷一《邑紀》）

大水，視十四年高一尺五寸。（嘉慶《三水縣志》卷一三《災祥》）

大水，地震。（康熙《高要縣志》卷一《事紀》）

恭城水溢入城，田稼浸沒。民大饑。（康熙《廣西通志》卷四〇《祥異》）

大水，屋上乘舟，民皆避于城壘，流離殊甚；自初四至十三日乃退，視十四年水，加尺五寸云。（嘉靖《德慶州志》卷二《事紀》）

大水，與乙未年漲同。（天啟《封川縣志》卷四《事紀》）

淫雨彌旬，水大發，湖決南北。（嘉靖《寶應縣志略》卷一《災祥》）

五月、六月大霖雨，田盡潦沒。五月，有白龍見雲。（康熙《儀徵縣志》卷一八《祥祲》）

至于明年四月不雨。（民國《漳浦縣志》卷四《災祥》）

大旱，自五月至于明年四月不雨，歲大饑。（康熙《漳浦縣志》卷四《災祥》）

大旱，自五月至明年四月不雨，歲大饑。（嘉慶《雲霄廳志》卷一九《災祥》）

六月

六日，大雨，水暴漲，城外水高三四尺，浸數日。（康熙《金華縣志》卷三《祥異》）

河決，氾濫於城下，至十九年冬始涸。（康熙《商丘縣志》卷三《災祥》）

泰山水，漂溺數百人。（康熙《泰安州志》卷一《災祥》）

甲申，大雨雹，禾稼禽鳥多傷死者。（嘉靖《徽郡志》卷八《附祥異》）

鎮城、懷來、隆慶大水，傷禾。（康熙《懷來縣志》卷二《災異》）

丙辰，大風，雷擊縣新堂。（民國《遷安縣志》卷五《記事》）

衛河大決。（萬曆《新修館陶縣志》卷三《災祥》）

有蝗，自平陽歷澤州、高平、陵川諸處，廣五六里，長八九里，所過食禾無遺。（嘉靖《山西通志》卷三一《災祥》）

大雨，汧、暉二河水漲，城陷民災，死者無算。詳報請賑，遷建城垣，即為今縣。（道光《重修汧陽縣志》卷一二《祥異》）

泰山水，漂弱數百人。（康熙《泰安州志》卷一《災祥》）

黃河溢，害禾稼。（康熙《鹿邑縣志》卷八《災祥》）

旱，後大水，秋粮減免四分。（嘉靖《蘄水縣志》卷二《災祥》）

大水，東壩坊室廬飄蕩，溺者幾百人。相傳水之大，前此未有也。（乾隆《龍川縣志》卷一《災祥》）

大雨雹。（崇禎《廉州府志》卷一《歷年紀》；雍正《欽州志》卷一《歷年紀》）

水。（嘉慶《灤州志》卷一《祥異》）

七月

丙戌，以水災免湖廣德安府随州，及沔陽、漢陽二州縣税粮有差，仍命撫臣賑恤。（《明世宗實錄》卷二〇二，第4229頁）

戊戌，以水災免淮安、鳳陽各府屬州縣，大河、邳州等衛所税粮有差。

（《明世宗實錄》卷二〇二，第4231頁）

辛丑，以水災免湖廣承天、武昌、黃州、衡州、荊州、岳州各府属州縣及蘄州、沔陽等衛稅粮有差。（《明世宗實錄》卷二〇二，第4232頁）

癸卯，命遷河南開封府歸德州夏邑縣城，以避水患。（《明世宗實錄》卷二〇二，第4232～4233頁）

辛丑，以水災免湖廣承天等府、興國等州、江夏等縣及蘄州、沔陽等衛所各稅粮有差，仍令巡撫官設法賑濟。（《明世宗實錄》卷二〇二，第4245～4246頁）

蝗，人捕而食之。（嘉靖《宣府鎮志》卷六《災祥考》；乾隆《蔚縣志》卷二九《祥異》）

蝗。（道光《保安州志》卷一《祥異》；民國《陽原縣志》卷一六《前事》）

滛雨，濰水潰溢，突入城，壞民廬舍無算。（乾隆《昌邑縣志》卷七《祥異》）

海潮，入靈橋門。（嘉靖《寧波府志》卷一四《機祥》）

蝗，人捕食之。（康熙《西寧縣志》卷一《災祥》；乾隆《懷安縣志》卷二二《灾祥》；光緒《懷來縣志》卷四《災祥》）

（西安）大雨雹，傷稼。（雍正《陝西通志》卷四七《祥異》）

（略陽縣）大雨雹，傷稼。（康熙《陝西通志》卷三〇《祥異》）

霪雨，濰水潰溢，突入城，壞民廬舍無算。（乾隆《昌邑縣志》卷七《祥異》）

淋漲驟至，入縣堂，居民漂溺無數，城圮十有六七，近河廬室蕩拆，存不一二。（康熙《信豐縣志》卷一一《祥異》）

八月

壬子，上在太先殿諭太學士夏言："方丘以夏多雨，□神御位俱設有幕架，獨圜丘未有，恐方冬雨雪，其傳諭所司製造。"（《明世宗實錄》卷二〇三，第4248頁）

　　壬戌，掌詹事府禮部尚書顧鼎臣言：“今歲夏秋多雨，京城內外，房舍傾圮〔圮〕，軍民多壓死者。又聞南北直隸、山東、河南、陝西、江浙各被水災，而湖廣尤甚，衝沒城邑，人多漂溺，幸而存者，家產蕩盡，勢必聚而為盜。請勅順天府及五城御史量行優恤，湖廣災沴重大，神人震驚。”（《明世宗實錄》卷二〇三，第 4253 頁）

　　甲子，以水災免順天府（廣本、閣本中本無“府”字）、永平、保定、河間四府所屬田糧有差，順天府仍命有司賑濟。（《明世宗實錄》卷二〇三，第 4254 頁）

　　丁卯，以湖廣承天府水災，遣成國公朱希忠祭告顯陵。（《明世宗實錄》卷二〇三，第 4256 頁）

　　滛雨害稼。（民國《景東縣志稿》卷一《災異》）

　　甲子，免永平水災田租。（光緒《永平府志》卷三〇《紀事》）

　　忽有蝗自洛河川來，其勢遮天，其聲若雷，大食田穗，平川尤甚。插尾地中，生子如螽斯。次年春，徧地生子，食豆苗。有司捕治不能止，忽大雨，蝗子盡死。（康熙《鄜州志》卷七《災祥》）

　　景東縣霪雨害稼。（隆慶《雲南通志》卷一七《災祥》）

九月

　　己丑，以水災免江西進賢等處稅糧有差。（《明世宗實錄》卷二〇四，第 4266 頁）

　　二十三日戌時，永淳縣天開，光明奪目，頃響三聲，如雷。（乾隆《南寧府志》卷三九《禨祥》）

　　至冬盡，不雨雪。（萬曆《襄陽府志》卷三三《災祥》）

十月

　　庚戌，以鳳陽等處水災，詔蠲免稅糧，仍以倉庫見儲銀米賑濟。（《明世宗實錄》卷二〇五，第 4276 頁）

　　乙酉，以水災詔免淮、揚、廬、鳳等府，徐、滁、和等州所屬稅粮有

差。（《明世宗實錄》卷二〇五，第4288頁）

乙卯，以水災免山東濟南、兗州府、萊州等府，沂州等衛及遼東、海州、三萬等衛民屯稅糧有差。（《明世宗實錄》卷二〇五，第4290頁）

十一月

上猶大雨，震雷電。（光緒《南安府志補正》卷一〇《祥異》）

冬至後一夜，大雨雷電。（乾隆《福寧府志》卷四三《祥異》）

是年

春，大雨雹。（光緒《四會縣志》編一〇《災祥》）

春，地震。夏，旱。秋，霖傷稼。（光緒《洵陽縣志》卷一四《祥異》；嘉慶《白河縣志》卷一四《祥異》）

夏，雨溺店頭鎮。（乾隆《平陸縣志》卷一一《祥異》）

夏，大水決湖隄。（道光《重修寶應縣志》卷九《災祥》）

夏，溧水、句容、六合大水。（光緒《金陵通紀》卷一〇中）

夏，大水，城內深丈餘，廬舍多漂没。（同治《永新縣志》卷二六《祥異》）

夏，大水，民多饑死。（光緒《嘉興府志》卷三五《祥異》）

夏，大水。（嘉靖《太平府志》卷一二《災祥》；光緒《嘉善縣志》卷三四《祥眚》）

夏，大水，決圩堤，田盡没，民多溺死。（民國《全椒縣志》卷一六《祥異》）

水，至都憲坊。（光緒《盱眙縣志稿》卷一四《祥祲》）

大水。（萬曆《保定府志》卷一五《祥異》；萬曆《惠州府志》卷二《郡事紀》；順治《高淳縣志》卷一《邑紀》；康熙《太平府志》卷三《祥異》；康熙《玉田縣志》卷八《祥眚》；康熙《陽春縣志》卷一五《祥異》；康熙《蘇州府志》卷二《祥異》；乾隆《德安縣志》卷一四《祥祲》；乾隆《平原縣志》卷九《災祥》；乾隆《益陽縣志》卷一《祥異》）

甘露降，知府孫裕作甘露亭。（乾隆《龍溪縣志》卷二〇《祥異》）

大水，漂室廬，害稼。（康熙《平樂縣志》卷六《災祥》；光緒《恭城縣志》卷四《祥異》）

大水傷稼。（萬曆《秀水縣志》卷一〇《祥異》；乾隆《東安縣志》卷九《禨祥》）

滄州霖雨為災，秋雨連綿，滄州禾稼熟者，芽發粒壞。（乾隆《滄州志》卷一二《紀事》）

大雨傷禾。（民國《淮陽縣志》卷八《災異》）

風潮，霪雨。（光緒《靖江縣志》卷八《禨祥》）

浙江水灾。（同治《湖州府志》卷四四《祥異》）

雨雹如雞卵。（民國《臨晉縣志》卷一四《舊聞記》）

大旱。（萬曆《太和縣志》卷一《災異》；民國《太和縣志》卷一二《災祥》）

旱，饑，民多流殍。（乾隆《晉江縣志》卷一五《祥異》；道光《晉江縣志》卷七四《祥異》）

霪雨成災。（民國《成安縣志》卷一五《故事》）

寧鄉大水。（乾隆《長沙府志》卷三七《災祥》）

飛蝗蔽天。禾傷，民飢甚。（康熙《保德州志》卷三《風土》）

夏秋，旱，詔免稅糧四分。（乾隆《僊遊縣志》卷五二《祥異》）

秋，久雨，桃葉成白木耳，人採食。（乾隆《雞澤縣志》卷一八《災祥》）

秋，南畿水。（同治《上江兩縣志》卷二下《大事下》）

春，地震。夏，旱。秋，雨雹傷稼。（嘉靖《漢中府志》卷九《災祥》）

春，旱。（嘉靖《寶應縣志略》卷一《災祥》）

春雨彌日，春水滔天。（光緒《富陽縣志》卷二二《藝文》）

春，大雪。夏，大雨，四月不止，大水。（順治《新修望江縣志》卷九《災異》）

春，大雪。夏，大雨，四月不止，水害稼。（康熙《宿松縣志》卷三《祥異》）

春夏，大暵，赤地如爍。（康熙《遵化州志》卷一《災異》）

夏，頃起大水數丈，居民為漂。秋復旱。（嘉靖《上高縣志》卷二《機祥》）

夏，雷擊郡廳左棟，旋繞於庭，有見其狀者。（同治《南城縣志》卷一〇《祥異》）

夏，大水，域內浸深丈餘，廬舍多漂没。（同治《永新縣志》卷六二《祥異》）

夏，大雨傷禾。（康熙《續修陳州志》卷四《災異》）

夏，旱。禱，獲雨。（同治《峽江縣志》卷一〇《祥異》）

夏，旱。秋，雨雹傷稼。（乾隆《南鄭縣志》卷一二《紀事》）

夏，大水，壞廬舍，人畜溺死，禾稼淹没。（康熙《鐵嶺縣志》卷上《祥異》）

夏，大水，開原、寧遠等處壞廬舍，人畜溺死，禾稼渰没。是歲饑。（嘉靖《遼東志》卷八《祥異》）

夏，蒼梧大水，東南民舍盡没。（乾隆《梧州府志》卷二四《機祥》）

大水傷禾。（民國《安次縣志》卷一《五行》）

饒不雨，自春徂夏，禾盡槁。公為齋沐，步禱于方臺龍祠，禱畢，雨大至，槁者起。歲以有年。（萬曆《饒陽縣志》卷三）

霪雨成災。久雨，桃葉成白木耳，人採食。（康熙《成安縣志》卷四《災祥》）

雲中黑眚，遠視瑰然黑氣，不可彷彿，近人，形若氈席，過之者輒病死，不利於小兒。傳言畏馬，人多以馬逐之。（雍正《陽高縣志》卷五《祥異》）

飛蝗蔽天，禾傷。民飢甚。（康熙《保德州志》卷三《風土》）

蝗。（乾隆《鳳臺縣志》卷一二《紀事》；光緒《岢嵐州志》卷一〇《祥異》）

蝗虫自四方遠來，飛空蔽日。（順治《太谷縣志》卷八《災異》）

大水，人畜溺死，禾稼淹没。（宣統《南金鄉土志·祥異》）

飛蝗蔽天，民饑餓塞路。（乾隆《府谷縣志》卷四《祥異》）

大雹，禾傷盡。（天啟《新泰縣志》卷八《祥異》）

水。（嘉靖《鄆城志》卷下《災祥》）

河决曹縣，東衝穀亭，運道大淤。（民國《清平縣志》第二册《河渠》）

武進縣蒙恩例免米六萬一千五百一十六石八升零，續因水災，每石免米六合，共免一千八百四十五石五斗零。（萬曆《常州府志》卷七《賑貸》）

風潮，久雨。（嘉靖《靖江縣志》卷四《編年》）

水至都憲坊。（乾隆《盱眙縣志》卷一四《蓄祥》）

大祲，水湧。浮樂之民相角，聚眾殺掠。（道光《浮梁縣志》卷二《風俗》）

大水，山石崩裂，禾稼盡没。（同治《安遠縣志》卷一〇《祥異》）

連旱，民饑死甚多。（嘉慶《惠安縣志》卷三五《祥異》）

旱，大饑，民多流殍。施粥發賑救死者。（康熙《南安縣志》卷二〇《雜志》）

漳州旱。漳浦大饑。（道光《重纂福建通志》卷二七一《祥異》）

霪雨一百五十日，溝澮水漲，東衝城門，并樓俱覆。（道光《尉氏縣志》卷四《城郭》）

沁河泛漲。（萬曆《河内縣志》卷一《災祥》）

大霖雨，自二月至八月乃止。（光緒《南樂縣志》卷七《祥異》）

（陽新縣）夏旱。大水。（光緒《興國州志》卷三一《祥異》）

雷火災。（同治《重修嘉魚縣志》卷五《人物》）

淲溢，壞民廬舍，溺死人畜甚眾。（康熙《京山縣志》卷一《祥異》）

平和大水，田廬盡没，溺死男婦無算。（乾隆《宜章縣志》卷一三《災祥》）

大水，潦，傷稼。（民國《祁陽縣志》卷二《事畧》）

雹。（嘉靖《馬湖府志》卷七《雜志》）

洪潦，壞堤。（康熙《高明縣志》卷一〇《水利》）

夏秋，大水。（嘉靖《内黄縣志》卷八《祥異》；同治《清豐縣志》卷二《編年》）

詔免税粮四分。秋，旱。（乾隆《偃遊縣志》卷二〇《賦役》）

秋，水。（康熙《清苑縣志》卷一《災祥》）

秋，大水，淫雨不止，民居傾壞。（萬曆《任丘志集》卷八《祥異》）

秋，大水。（乾隆《曲阜縣志》卷二九《通編》）

冬，雷。時冬至已過，一夜忽大雨雷電。（康熙《上猶縣志》卷二《祥異》）

冬，旱，井泉枯竭。（嘉靖《福寧州志》卷一二《祥異》）

冬至後一夜，大雨雷電。（嘉靖《寧德縣志》卷四《祥異》）

冬，大雪。（康熙《番禺縣志》卷一四《事紀》；康熙《高明縣志》卷一七《紀事》；宣統《南海縣志》卷二《前事補》）

十六年、十七年多大水。（嘉靖《許州志》卷八《祥異》）

十六、七、八三年，大旱相仍，米貴，知縣李雲龍發倉賑濟。（康熙《瀲水志林》卷一五《祥異》）

丁酉、庚子歲薦旱蝗，人相食。（康熙《西平縣志》卷九《藝文》）

嘉靖十七年（戊戌，一五三八）

正月

辛丑，廣東潮州府大浦等縣地震，轂（廣本、閣本、抱本作"聲"）如雷。（《明世宗實録》卷二〇八，第4321頁）

半〔大〕雨，至於四月九日。壬子，雨，穀種不入。（光緒《福安縣志》卷三七《祥異》）

中旬一雨，至四月九日。壬子，雨。首種不入，土田拋荒者千餘頃。

（嘉靖《福寧州志》卷一二《祥異》）

二十有六日申時，地震。蝗，不傷稼。（嘉靖《興寧縣志》卷一《災祥》）

至四月不雨，雨微子如五穀狀。（萬曆《襄陽府志》卷三三《災祥》）

不雨，至五月。民不移苗者半。（康熙《臨湘縣志》卷一《祥異》）

不雨，至六月。（乾隆《直隸澧州志林》卷一九《祥異》）

十月（疑當作"正月"）不雨，至于三月。五月、六月大雨。七月，旱。（嘉靖《隨志》卷上）

大旱，自正月至七月不雨。升米百錢，民多餓死。（嘉慶《廬州府志》卷四九《祥異》）

二月

丁未，四川成都府地震有聲。（《明世宗實錄》卷二〇九，第4326頁）

癸丑，以水災詔免順天府（廣本、閣本"府"下有"所"字）屬州縣稅糧及羽林等衛所屯糧，并各壯（抱本、廣本、閣本作"莊"）田子粒有差。（《明世宗實錄》卷二〇九，第4329頁）

丁卯，以水災免羽林前等衛所、寬佃谷等關屯糧有差。（《明世宗實錄》卷二〇九，第4332頁）

初十日，天雨黑豆，較種者稍圓。（民國《泰寧縣志》卷三《祥異》）

地震。（隆慶《潮陽縣志》卷二《縣事紀》；乾隆《潮州縣志》卷一一《災祥》；光緒《潮陽縣志》卷一三《灾祥》）

三月

戊寅，蘇州府地震有聲。（《明世宗實錄》卷二一〇，第4335頁）

至五月，不雨，泉源盡竭，田膏腴者亦廢種。（嘉靖《福寧州志》卷一二《祥異》）

不雨，至六月雨。（乾隆《寧鄉縣志》卷八《災祥》）

四月

庚申，自正月至於是月，不雨，命有司竭誠祈禱，賑卹郊外流民。是夕，上諭輔臣曰：“近少（疑‘少’字衍）旱，朕方以為憂。禮部已請所司致禱矣，又聞近郊小民踣斃，必加憂之。”（《明世宗實錄》卷二一一，第4354頁）

丁卯，上諭輔臣曰：“天未降時雨，再及旬餘，恐禾不能成，茲于宮中再默致誠，以三夕禱神，暫罷視事。”（《明世宗實錄》卷二一一，第4358頁）

戊辰，山西太原府地震有聲。（《明世宗實錄》卷二一一，第4358頁）

甲子，禱雨於郊壇。戊辰，雨。九月戊寅，免畿內被災稅糧。（《明史·世宗紀》，第228頁）

蝗。（康熙《昌黎縣志》卷一《祥異》；嘉慶《灤州志》卷一《祥異》）

旱。秋，大水。（咸豐《大名府志》卷四《年紀》）

黑風蔽日，三日夜止。（雍正《邱縣志》卷七《災祥》）

八日，風雷暴作，冰雹大如李，中空一眼，圍有文，菜麥傷。陽山一境，冰雹如斗大，行人傷頂，多死。（康熙《蘇州府志》卷二《祥異》）

雪雹，秧麥壞。（康熙《巢縣志》卷四《祥異》）

雨，六月止，平地水深數尺。（康熙《陽武縣志》卷八《災祥》）

大雨如注，沙河湧異物如黿，人多漂溺。（萬曆《襄陽府志》卷三三《災祥》）

五月

癸巳，保定府束鹿縣地震五日。（《明世宗實錄》卷二一二，第4367頁）

丙申，雲南永昌軍民府地震。（《明世宗實錄》卷二一二，第4368頁）

雨至七月，禾稼傷。（萬曆《襄陽府志》卷三三《災祥》）

大雨雹。（嘉靖《蒲州志》卷三《祥異》；民國《建寧縣志》卷二七《災異》；民國《平民縣志》卷四《災祥》）

雹。（乾隆《泰寧縣志》卷一〇《祥異》）

未刻，自東北起黑氣，彌漫滿空，雨沙，白晝如夜，行路多迷，飛鳥墮地。六月二十七日，大雨雹，大者如斗。（順治《太谷縣志》卷八《災祥》）

大雨，連綿七十餘日，平地水深二三尺，麥皆腐爛，秋禾盡死。連歲底下之地不可耕種，蘆葦荒田一望極目，民間牛隻變賣死傷殆盡，至今五六年，地尚荒蕪。（嘉靖《通許縣志》卷上《祥異》）

十八日，大水，平地深丈餘。（光緒《麻城縣志》卷一《大事》）

大雨彌月，自新街波浪洶湧如山摧，泛居民百餘家。（嘉靖《羅田縣志》卷七《災異》）

黑氣蔽空，如夜。（雍正《山西通志》卷一六三《祥異》）

五、六月，霖雨，平地水深數尺，秋禾盡没。（嘉靖《杞縣志》卷八《祥異》）

六月

大水，民饑相食。（乾隆《杞縣志》卷二《祥異》）

大旱，知縣成世遠禱於城隍，翌日大雨。（民國《靈川縣志》卷一四《前事》）

雨雹大如鵝卵，折木損禾，禽鳥壓傷大半。（光緒《五河縣志》卷一九《祥異》）

大水，河決如前。（嘉靖《武城縣志》卷九《祥異》）

（鄒平縣）星隕如雨，蝗自東入境，越城渡河而西，所過田禾一空。（康熙《長山縣志》卷七《災祥》）

洪水。（乾隆《句容縣志》卷末《祥異》）

大旱。（同治《峽江縣志》卷一〇《祥異》）

建寧、泰寧大雨雹。（嘉靖《邵武府志》卷一《應候》）

大水，平地行舟。（嘉靖《延津志·祥異》）

大水，羣蛟一日並起，居民田廬皆壞。（康熙《廣濟縣志》卷二《灾祥》）

十六日，靈山縣大雨水漲，（平安）橋壞。（嘉靖《欽州志》卷七《津梁》）

太谷雨雹，大如斗。（雍正《山西通志》卷一六三《祥異》）

六、七月，青、登、萊皆大雨彌旬，妨農，耕稼失時。是歲大無禾，冬大饑，民多死。（康熙《諸城縣志》卷九《祥異》）

七月

戊寅，以旱災免山東兗州、濟南（廣本"兗州、濟南"作"濟南、兗州"）、東昌府所屬州縣夏稅有差。（《明世宗實錄》卷二一四，第4392頁）

大雨，水災。（乾隆《隆平縣志》卷九《災祥》）

滹沱水溢，真定一路大水，惟冀州、衡水、隆平水災為甚，民多流移。（嘉靖《真定府志》卷九《事紀》）

大雨，水災。滹沱水溢，民多流移，知縣鄭英發倉賑之。（崇禎《隆平縣志》卷八《災異》）

大水，禾盡沒。（乾隆《直隸商州志》卷一四《災祥》；乾隆《商南縣志》卷一一《祥異》）

大水，禾盡沒。（乾隆《雒南縣志》卷一〇《災祥》）

霪雨。歲祲。（光緒《菏澤縣志》卷一八《雜記》）

雨。歲祲。（康熙《兗州府曹縣志》卷一八《災祥》）

十五日，大雷雨，水驟起數丈，沒民田禾，蕩民廬舍，人畜溺死不可數計。（乾隆《禹州志》卷一三《災祥》）

（瓊海縣）朔日，會同裏洞村前忽見田中風號，木噴烟騰，聲旋轉轟烈，疾如飛電，上有飛蜓萬千，鄉中老幼過客觀者以萬計。初疑為鬼風，俄而過山嘴，田禾草禾林葉如故，復下田溪，聲勢愈烈，飛草颺泥，散亂滿空。少頃雷聲微吼，與勢交振，陰雲西下，霾霴下際，未幾而化，田中寂然。仰目視之，徵見半身及尾數丈，翱翔於空中，始知其為龍起雲，因改裏洞村為起龍村。（萬曆《廣東通志》卷七二《雜錄》）

大水，升米銀一錢五分。（道光《晉寧州志》卷一一《祥異》）

八月

（翁源）大風，拔樹傷稼。（康熙《韶州府志》卷一《災異》；同治《韶州府志》卷一一《祥異》）

九月

癸酉，雲南地震。（《明世宗實錄》卷二一六，第4410頁）

戊寅，以水災免順天、保定、河澗（廣本、閣本、抱本作"間"）、真定、廣平、順德、大名、永平等府屬州縣秋糧有差。（《明世宗實錄》卷二一六，第4422頁）

戊子，日傍有五色雲見。（《明世宗實錄》卷二一六，第4430頁）

壬辰，命（廣本、閣本作"金"）星晝見。（《明世宗實錄》卷二一六，第4433頁）

有彗星見西方。（民國《衢縣志》卷一《五行》）

十月

丙午，山西蒲縣地震。（《明世宗實錄》卷二一七，第4439頁）

乙卯，夜，月食。（《明世宗實錄》卷二一七，第4441頁）

十一月

癸未，時陝西甘州等衛旱災，詔蠲免稅粮有差，復發太倉銀二萬兩賑貸。（《明世宗實錄》卷二一八，第4467頁）

乙未，以旱災免江西所屬府州縣及各衛所稅粮有差。（《明世宗實錄》卷二一八，第4492~4493頁）

丙申，夜，月掩房宿北第二星。（《明世宗實錄》卷二一八，第4493頁）

十二月

戊午，以旱災免寧夏等衛秋粮有差，仍發太倉銀一萬兩給賑。（《明世

宗實録》卷二一九，第 4517 頁）

己未，夜，月犯土星。（《明世宗實録》卷二一九，第 4519 頁）

是年

新隄頑城霪雨，百日不止。（民國《台州府志》卷一三四《大事略》）

星隕如雨。（道光《長清縣志》卷一六《祥異》）

春夏，饑。（光緒《鳳縣志》卷九《祥異》）

夏，霪雨浹五旬。（乾隆《儀封縣志》卷一《祥異》）

夏，淫雨浹五旬。（萬曆《儀封縣志》卷四《災異》）

夏，霪雨七十餘日，麥腐，秋禾盡死，連歲，下隰之地不可耕。（乾隆《通許縣舊志》卷一《祥異》）

夏，南京大旱。（同治《上江兩縣志》卷二下《大事下》；光緒《金陵通紀》卷一〇中）

夏，永新水，入城内丈餘，廬舍漂没。（光緒《吉安府志》卷五三《祥異》）

夏，大庾旱。（同治《南安府志》卷二九《祥異》）

夏，旱。秋，水。（嘉靖《鄆城志》卷下《災祥》；民國《大名縣志》卷二六《祥異》）

夏，旱。秋，大水。（康熙《南樂縣志》卷九《紀年》；光緒《南樂縣志》卷七《祥異》）

夏，大旱，蝗蝻食禾殆盡。（乾隆《平原縣志》卷九《災祥》）

大水，民饑，疫死甚眾。（民國《淮陽縣志》卷八《災異》）

德安雨，黍粟蕎麥，有白兔見於望城岡。（道光《安陸縣志》卷一四《祥異》）

霪雨害稼，大饑。（民國《高密縣志》卷一《總紀》）

婺源多虎，傷男婦二百餘口，捕獵無策。民皆焚山逐虎，延燒苗木，不啻億萬。又久不雨，麥無收。城東西俱失火，燒民居六百餘家。（道光《徽州府志》卷一六《祥異》）

湖廣大旱。(道光《永州府志》卷一七《事紀畧》)

大旱。(嘉靖《漢陽府志》卷二《方域》;乾隆《歷城縣志》卷二《總紀》;乾隆《瑞金縣志》卷一《祥異》;嘉慶《洛川縣志》卷一《祥異》;光緒《續修故城縣志》卷一《紀事》;民國《故城縣志》卷一《紀事》;民國《德縣志》卷二《紀事》)

大水,大饑。(乾隆《新蔡縣志》卷一〇《雜述》)

大水。(嘉靖《商城縣志》卷八《祥異》;同治《即墨縣志》卷一一《災祥》)

上曷地方巨石無雷裂,騰數十片。(康熙《長泰縣志》卷一〇《災祥》)

秋,大水。(萬曆《安邱縣志》卷一下《總紀》;萬曆《保定府志》卷一五《祥異》;康熙《杞紀》卷五《繫年》;嘉慶《昌樂縣志》卷一《總紀》;嘉慶《束鹿縣志》卷九《祥異》)

春,雨黍、粟、蕎麥。(乾隆《鍾祥縣志》卷一《祥異》)

春夏,大旱,民不蒔。(嘉慶《沅江縣志》卷二二《祥異》)

春,旱。(天啟《新修來安縣志》卷九《災異》;崇禎《長樂縣志》卷九《灾祥》)

春,大旱。(萬曆《滁陽志》卷八《災祥》)

春,霪雨百日。(康熙《太平縣志》卷八《祥異》)

春夏,旱。(康熙《儀徵縣志》卷一八《祥禩》)

夏,霪雨,無麥禾。(民國《臨沂縣志》卷一《通紀》)

夏,大旱。(乾隆《曲阜縣志》卷二九《通編》)

夏,陽穀淫雨百日,民食草實。(乾隆《兗州府志》卷三〇《災祥》)

夏,大雨傷稼。(崇禎《吳縣志》卷一一《祥異》)

夏,大雨害稼。(萬曆《常熟縣私志》卷四《敘產》)

夏,旱。(康熙《贛州府志》卷六一《祥異》;同治《南安府志》卷二九《祥異》)

大旱,歲入僅二分。(康熙《信豐縣志》卷一一《祥異》)

夏，大水，饑。（順治《沈丘縣志》卷一三《災祥》）

夏，大水傷田疇，蛟起，山石崩壓，死者七家。（乾隆《英山縣志》卷二六《祥異》）

旱，秋復大水。（康熙《開州志》卷四《災祥》）

大水，民多流移。（乾隆《衡水縣志》卷一一《事紀》）

滹沱河溢，大水。（嘉靖《冀州志》卷七《災異》）

河決。（康熙《館陶縣志》卷三《隄防》）

大雨潦，民饑。（順治《鉅鹿縣志》卷八《災異》）

衛河決，泛清河。（民國《清河縣志》卷一七《祥異》）

頻年水旱相仍，民咸告飢。（民國《續修南鄭縣志》卷七《藝文》）

孝婦河竭，自晨至午。（嘉靖《淄川縣志》卷二《灾祥》）

霪雨，大饑。（康熙《高密縣志》卷九《祥異》）

潦。（萬曆《即墨志》卷九《祥異》）

自去年冬至春二月不雨，大無麥。夏，霪雨百日，大無禾，民皆食蒿。（康熙《費縣志》卷五《災異》）

大蝗，大水。（天啟《新泰縣志》卷八《祥異》）

飛蝗蔽天，害稼。（康熙《泗水縣志》卷一一《災祥》；康熙《滕縣志》卷三《灾異》）

旱。（康熙《濟寧州志》卷二《灾祥》；乾隆《益陽縣志》卷一《祥異》）

溧水、廬山、馬鞍等山蛟出，蕩邑城，溺人畜無筭。（萬曆《溧水縣志》卷一《邑紀》）

海又溢。（天啟《海鹽縣圖經》卷八《隄海》）

大水，黃河溢，趨渦河，田廬盡没。（嘉靖《亳州志》卷一《郡代紀》）

久不雨，麥半收，稻價昂。（康熙《婺源縣志》卷一二《機祥》）

蝗飛蔽天，樹葉亦噬。（嘉靖《上高縣志》卷二《機祥》）

（清江縣）旱，巡撫都御史胡奏免税糧十分之五。（隆慶《臨江府志》

卷六《農政》)

旱，巡撫都御史胡奏免税糧十分之五。（康熙《新喻縣志》卷六《農政》；同治《新淦縣志》卷一〇《祥異》)

水衝西城。（光緒《上猶縣志》卷三《城池》)

蝗，人相食。（康熙《登封縣志》卷九《災祥》)

大蝗。（萬曆《衛輝府志·災祥》；萬曆《輝縣志·災祥》；順治《淇縣志》卷一〇《灾祥》)

河決，境内淹没禾稼，民逃外境。（嘉靖《柘城縣志》卷一〇《災祥》)

大水。民饑，瘟疫死者甚眾。（康熙《續修陳州志》卷四《災異》)

蝗食稼。（光緒《鎮平縣志》卷一《災異》)

大水，闔郡饑，人相食。（道光《汝州全志》卷九《災祥》)

旱，秋粮減免三分。（嘉靖《蕲水縣志》卷二《災祥》)

歲大旱。（嘉慶《洪雅縣志》卷二〇《藝文》)

大雨雹，風雷交作，飛瓦折木。（乾隆《遂寧縣志》卷一二《雜記》)

夏秋宜章旱，蝗。大饑。（乾隆《郴州總志》卷二九《事紀》)

夏秋，淫雨連月，四望一堅，漂廬舍，潰禾稼，不及城者數里。知縣杜緯極力疏排，稽（疑當作“耆”）老策士懇諸當道，民不罹於昏墊，皆其功也。（嘉靖《長垣縣志》卷八《災祥》)

秋，大水，漂流民舍，紫竹委積如山，經月取之不盡。（嘉靖《南寧府志》卷一一《祥異》)

秋，大水，北門危甚，壞民廬舍不可數記。（道光《寶豐縣志》卷一六《災異》)

（辛集）秋，大水。（康熙《保定府祁州束鹿縣志》卷九《災祥》)

冬，大雪異常。次歲民歌大有。（道光《靖遠縣志》卷一《祥異》)

十七年至十八年，相繼大水淹麥，歲大饑，人相食。（民國《西華縣續志》卷一《大事記》)

十七年、十八年大水，相繼潰麥。歲大饑，人相食。（乾隆《西華縣志》卷一〇《五行》)

嘉靖十八年（己亥，一五三九）

正月

大雨雹。是年，大饑。（萬曆《襄陽府志》卷三三《災祥》）

二月

庚子，是日當午，日下有五色雲見，長徑二丈餘，形如龍鳳，是曰"卿雲"。（《明世宗實錄》卷二二一，第4565頁）

初三日，黑風，自朔地起，晝晦。（民國《中牟縣志·祥異》）

不雨，至於夏六月，井泉皆竭。（康熙《仁和縣志》卷二五《祥異》）

三月

辛巳，禮科給事中戴嘉猷以雲南地震異常，京師黃塵蔽天，白晝如夜，請敕在京諸司痛加修省，以回天意。令旨下所司知之。（《明世宗實錄》卷二二二，第4614頁）

不雨，至於六月，井泉皆竭。（乾隆《杭州府志》卷五六《祥異》）

雨雹。（萬曆《將樂縣志》卷一二《災祥》）

雨膏，是年五色雲見。（乾隆《富順縣志》卷一七《祥異》；嘉慶《內江縣志》卷五二《祥異》；道光《龍安府志》卷一〇《祥異》）

四月

己酉，山西聞喜、安邑、平陸、猗氏、夏縣各地震，有聲如雷，越二日復震。（《明世宗實錄》卷二二三，第4629頁）

庚戌，夜，彗星見，芒長三尺許，光指東南，掃軒轅北第八星，旬日始滅。（《明世宗實錄》卷二二三，第4630頁）

癸亥，金星晝見。（《明世宗實錄》卷二二三，第4639頁）

颶風大作，屋瓦皆飛。（乾隆《永福縣志》卷一〇《災祥》；民國《永泰縣志》卷二《大事》）

有魚涸于海際，數十餘民採其肉啖之，獲異物如鼉狀。不閱月，大水，衢婺巖暴流，與江濤合，決堤灌于河，倏入府城高丈餘，並海居民淹沒，伏屍蔽野。蕭山西江塘壞，縣市可駕巨舟，大饑，會稽、諸暨、上虞俱大水。（萬曆《紹興府志》卷一三《災祥》）

雨，至六月初五日大水，壞民田廬，漂溺人畜甚眾。本年自夏六月至秋八月大旱，竹木皆枯，歲無粒收，民疫疬。（天啟《衢州府志》卷六《消禳》）

至六月雨。六月初五日大水異常。自六月至秋八月雨。是年疫。（康熙《龍游縣志》卷一二《雜識》）

雨，至六月初五辰時洪水汎濫，山崩石裂，龍出斷橋，浮屍壞廬衝城，平地水深丈餘。秋復大旱。（崇禎《開化縣志》卷六《雜志》）

霪雨，至六月，大水壞田舍，漂溺人畜甚眾。自六月至八月，旱，竹木皆枯，人多疫死。（同治《江山縣志》卷一二《祥異》）

雨，木冰。（康熙《南昌郡乘》卷五四《祥異》）

雨，大水。（康熙《新建縣志》卷二《災祥》）

大水，六月又大水，漂民居七十餘家，壞民田為沙磧。（嘉靖《寧州志》卷六《氣候》）

恆雨，五月暴雨，大風折木發屋。（同治《崇陽縣志》卷一二《災祥》）

大水。（嘉靖《欽州志》卷七《津梁》）

十二日夜，天地冥晦，風吼如雷，雨雹，坊牌、林木至于傾倒拔折。（嘉靖《貴州通志》卷一〇《祥異》）

雨雹。（民國《臨沂縣志》卷一《通紀》）

雨雹害麥。（光緒《費縣志》卷一六《祥異》）

閏四月

颶風大作，屋瓦皆飛，烏石山有亭，飛暨田中。（乾隆《福州府志》卷

七四《祥異》）

五月

己卯，禮部以前月庚戌星變，迄今旬日尚未銷滅……（《明世宗實錄》卷二二四，第 4671 頁）

壬辰，慶都、安肅、河間三縣雨，冰雹大如拳，平地厚五寸，人畜有死傷者。（《明世宗實錄》卷二二四，第 4677 頁）

辛未，固原州隕霜殺禾。（《國榷》卷五七，第 3577 頁）

惠州颶風大作。（乾隆《歸善縣志》卷一八《雜記》）

霖雨，大水。（民國《滎經縣志》卷一三《五行》）

大雨浹旬，城中水漲丈餘，居民皆乘屋泛舟，湮溺者甚眾，尋大疫多死。（光緒《蘭谿縣志》卷八《祥異》）

大水，衢、婺、嚴三府暴流，與江濤合，入府城高丈餘，沿海居民溺無筭，蕭山西江塘壞，縣市可駕巨舟，大饑。會稽、諸暨、上虞俱大水，餘姚旱。（乾隆《紹興府志》卷八〇《祥異》）

四日，隕霜殺禾，腐臭盈野。（嘉靖《平涼府志》卷九《固原州》）

（當塗縣）大水漂舍，歷九月乃退。（嘉靖《太平府志》卷一二《灾祥》）

溪水暴漲，兩岸土崩，民居傾圮，人畜溺死者眾。至嘉靖庚申、萬曆癸巳亦如之。（萬曆《新寧縣志》卷二《祥異》）

颶風大作，伐屋摧垣。（嘉靖《惠州府志》卷六《建置》）

惠州颶風。邑文廟、公署、民居以颶風摧頹甚。（崇禎《博羅縣志》卷一《年表》）

大水，漂溺廬舍，人言洒溪二龍戰焉。（嘉靖《貴州通志》卷一〇《祥異》）

六月

丁酉朔，酉刻雷震。（《明世宗實錄》卷二二五，第 4681 頁）

戊戌，上以奉先殿雷震，召大學士夏言、顧鼎臣往視，時晷已移辰矣（閣本、東本作“時”），而言等尚未入政府。（《明世宗實錄》卷二二五，第頁4681）

丁未，河南湯陰縣大雨雹。（《明世宗實錄》卷二二五，第4685頁）

大雨浹旬，水漲四溢。（康熙《金華縣志》卷三《祥異》）

五日，大水異常。（民國《龍游縣志》卷一《通紀》）

初五日，大水，浸城丈餘，廬舍、器皿、牛豕等類蔽江而下，男女暴屍死水面不計其數。秋，大饑，疫。（萬曆《常山縣志》卷一《災祥》）

六日，金華八縣大雨浹旬，水暴漲四溢。（萬曆《金華府志》卷二五《祥異》）

六日，西江塘壞，縣市可駕巨舟。大饑。（嘉靖《蕭山縣志》卷六《祥異》）

六日，金華八縣大雨浹旬，北山屻出，田碣塘堰蕩盡。東、義、永、武四縣皆發洪水，蘭谿特甚，水高丈餘，民無樓居者樓於屋脊。（光緒《蘭谿縣志》卷八《祥異》）

九日，大水壞廬舍。（同治《崇陽縣志》卷一二《災祥》）

婺源大水，山崩，水高三丈餘，死男婦三百餘人，漂民廬舍二千餘所。是歲，休寧亦大水。（道光《徽州府志》卷一六《祥異》）

十八日，大風□禾黍，海潮漲溢，高二三丈餘。（萬曆《興化縣新志》卷一〇《外紀》）

大雨雹，凡十八日。（民國《翼城縣志》卷一四《祥異》）

大雨浹旬。（嘉慶《蘭谿縣志》卷一八《祥異》）

至八月，不雨，禾苗盡枯，民饑，病疫。（嘉慶《西安縣志》卷二二《祥異》）

至秋八月，大旱，竹木皆枯，歲無粒收，民疫。是歲，彗見西方。（民國《衢縣志》卷一《五行》）

十三日，大雨雹，北鄉尤甚。至十八日，覆釜山下。鄉民賈文進與眾鋤禾，避雨介之，推廟中。須臾，雷電交作，文進為龍所擊。雨後，於潦水池

邊得其屍身，有爪痕數孔。（嘉靖《翼城縣志》卷一《災祥》）

（建德縣）大水，山水泛溢，邑人溺死者二百餘，鄉市房屋傾圮者不可勝計，時郡治亦為此水瀰没城堞。（嘉靖《壽昌縣志》卷九《雜志》）

霪雨，壞民廬舍甚衆，市郭平地水高二丈餘。（康熙《桐廬縣志》卷四《災異》）

大雨浹旬，洪水漲溢。（康熙《義烏縣志》卷一六《災祥》）

大水。（嘉靖《池州府志》卷九《祥異》）

大水，山崩，水高三丈餘，淹死男婦三百餘人，漂民廬舍二千餘所。（康熙《婺源縣志》卷一二《磯祥》）

日午，驟雨大作，轟雷閃電，六都前山火起，石灘上數處並起，烟熖甚烈，雨盛而火益熾。（乾隆《長樂縣志》卷一〇《祥異》）

蝗飛，彌障天日。（康熙《德安安陸郡縣志》卷八《災異》；光緒《咸甯縣志》卷八《災祥》）

縣大水，壞民田廬。六月十六日，水發，衝壞田廬無算。（乾隆《平江縣志》卷二四《事紀》）

大水，甯州尤甚。（康熙《南昌郡乘》卷五四《祥異》）

七月

丙子，水、火、木、金四星聚于東井。（《明世宗實錄》卷二二六，第4695頁）

庚寅，雲南楚雄、臨安、廣西三府地震。（《明世宗實錄》卷二二六，第4702頁）

壬辰，命再修沙河浮橋，時橋以綿雨水漲衝塌。（《明世宗實錄》卷二二六，第4703頁）

鎮城大風拔木。（嘉靖《宣府鎮志》卷六《災祥考》）

二日，大風，晝晦。（光緒《清河縣志》卷二六《祥祲》）

初三日，風潮大作，廬舍飄溺幾盡，渰死男婦數百口。（康熙《崇明縣志》卷七《祲祥》）

三日，東北起大風，天地晝晦一二日。海潮大漲。（萬曆《淮安府志》卷八《祥異》）

初三日，東北大風，晝晦數日。（乾隆《重修桃源縣志》卷一《祥異》）

初三日，東北風大起，天地昏暗三日。海大溢，至縣治，民畜溺死者以萬計，廬舍漂蕩無筭。（萬曆《鹽城縣志》卷一《祥異》）

八日，震雷，民有震死於野者。（同治《崇陽縣志》卷一二《災祥》）

十日，雷雨，雹大如桃李實。（康熙《秀水縣志》卷七《祥異》）

十日，雷雨雹，末旬，有星晝見日旁。（光緒《嘉興府志》卷三五《祥異》）

初十日，雷雨雹……十五日，大霧，日高丈許，黑日食之。（光緒《嘉善縣志》卷三四《祥眚》）

象山縣海溢壞田。（嘉靖《寧波府志》卷一四《機祥》）

雨雹傷稼。（光緒《鳳縣志》卷九《祥異》）

颶風發。（乾隆《揭陽縣正續志》卷七《事紀》）

大旱。（萬曆《襄陽府志》卷三三《災祥》；康熙《湖廣武昌府志》卷三《祥異》；光緒《光化縣志》卷八《祥異》）

大風晝晦，海潮大漲。（嘉慶《海州直隸州志》卷三一《祥異》）

雨雹傷禾。冬，桃李花。（康熙《平山縣志》卷一《事紀》）

風雨暴作，新安六里村民舍悉傾，人畜壓死無算。（萬曆《保定府志》卷一五《祥異》）

漢水漲溢，漂壞民居。（康熙《城固縣志》卷二《災異》）

辛卯夜，大風雨，海水溢岸五里，漂沒禾稼。（康熙《日照縣志》卷一《紀異》）

海溢，高二丈餘。（光緒《常昭合志稿》卷四七《祥異》）

大水漂沒揚州鹽場數十，人民死者無筭。其日，揚子江水下數十丈，金山露其腳，如香爐鼎足之狀。過日，聞揚州水害，正前日江涸之時，始知隨風湧之而去揚也。《唐史》記：開元十四年，潤州大風，擁江濤過金山，遂

没瓜步，數日江水復平。豈虛語哉。（《稗史彙編》卷一七一《灾祲》）

通州海門各鹽場海溢，高二丈餘，溺死民竈男婦二萬九千餘口，漂没官民廬舍畜産不可勝計。（萬曆《通州志》卷二《幾祥》）

大水。（嘉靖《宣平縣志》卷二《災眚》）

福州颶風大作。（萬曆《閩大記》卷二《閩記》）

飛蝗蔽天。（順治《固始縣志》卷九《菑異》）

颶風，殿堂祠宇門齋住廨坍散。（嘉靖《廣東通志初稿》卷三七《學校》）

颶風發。（雍正《揭陽縣志》卷四《祥異》）

旱。（民國《臨沂縣志》卷一《通紀》）

旱，穀不實。（光緒《費縣志》卷一六《祥異》）

閏七月

丙午，以水災免浙江杭州、嚴（疑脱"州"字）、紹興、金華、衢州、處州等府所屬縣税糧有差。（《明世宗實錄》卷二二七，第4709～4710頁）

庚戌，火星入鬼宿，犯積尸氣。（《明世宗實錄》卷二二七，第4711頁）

海水驟溢，高二丈餘，溺死民竈男婦二萬九千餘口，漂没官民廬舍畜産，不可勝計。（光緒《通州直隸州志》卷末《祥異》）

海水大溢，平地湧波三丈，瀕海田多坍没，損糧至三千八百餘石。是歲，大侵〔祲〕。（萬曆《嘉定縣志》卷一七《祥異》）

上海海嘯，風從東北起，漂没人民數萬。旱，蝗食禾幾盡。（嘉慶《松江府志》卷八〇《祥異》）

海溢，溺死萬餘人。（民國《阜寧縣新志》卷首《大事記》）

三日，海嘯，風從東北起，漂没人民數萬。（光緒《川沙廳志》卷一四《祥異》）

初三日，海嘯，風從東北起，漂没人民數萬。（同治《上海縣志》卷三〇《祥異》）

三日，颶風海溢，平地水三丈，人廬漂沒無算。十月，大疫。歲祲。（光緒《江東志》卷一《祥異》）

初三日，海潮漲溢，高二丈餘，溺死民竈男婦二萬九千餘人。上命留餘鹽銀五萬兩及免稅糧九萬七千石有奇，發倉貯稻三萬七千四十四石賑恤之。（萬曆《揚州府志》卷二二《異攷》）

初三日，興化海潮漲溢，高二丈餘，漂沒廬舍畜産不可勝紀。傷稼，十餘年不宜稻。（嘉靖《興化縣志》卷四《五行》）

海潮暴至，溺死數千人。（道光《泰州志》卷一《祥異》）

初三日，海潮漲溢，高二丈餘，溺死民灶男婦數千，漂沒廬舍不可勝紀。（嘉靖《重修如皋縣志》卷六《災祥》）

三日，海潮暴至，陸地水深至丈餘，漂廬舍，沒亭場，損盤鐵，竈丁溺死者數千人。（嘉慶《東臺縣志》卷七《祥異》）

海溢，平地湧波三丈，民廬多坍没。歲大祲，蠲粮八百餘石。（光緒《月浦志》卷一〇《祥異》）

以水免杭、嚴、紹、金、衢、處等府所屬縣稅糧有差。（雍正《浙江通志》卷七五《蠲恤》）

十五日庚戌，巳時□大風，至十八日又作，颶風拔木覆舟，溺死居民不可勝計。（嘉靖《羅川志》卷四《祥異》）

颶風拔木折屋。（嘉慶《連江縣志》卷一〇《災異》）

颶風大作，屋瓦皆飛。（萬曆《永福縣志》卷一《時事》）

十八日，颶風拔木，壞官民屋宇，橋道塘岸崩陷。（乾隆《長樂縣志》卷一〇《祥異》）

八月

庚午夜，昏刻，月犯心宿。（《明世宗實錄》卷二二八，第4725頁）

連日貫霜。（宣統《楚雄縣志》卷一《祥異》）

九月

乙未，是日，日食三分，在未明之前，免諸司救護。（《明世宗實錄》

卷二二九，第 4731 頁）

丁未，以水災免直隸太倉、崇明、嘉定、上海、華亭、塩城、海門、通州、泰州、興化、如皋及諸衛所塩場沿海一帶稅糧如例，仍議賑貸之。（《明世宗實錄》卷二二九，第 4735 頁）

癸丑，以旱災免甘州、山丹、西寧、涼州、鎮蕃（廣本作"番"）、莊浪、永昌、肅州、高臺、古浪諸衛所屯糧如例，仍發在所〔所在〕倉庫錢糧賑之。（《明世宗實錄》卷二二九，第 4737 頁）

癸丑，以旱蝗免湖廣鄖陽、襄陽、荊州、德安、承天、武昌、常德、荊州、岳州、衡州等府所屬州縣，及靖州、沅陽二衛，保靖宣慰司稅糧如例。（《明世宗實錄》卷二二九，第 4737 頁）

丁巳，以水災免直隸安慶、應天、蘇州、松江、太平、徽州、池州、寧國、廣德田糧如例。（《明世宗實錄》卷二二九，第 4738 頁）

大雨雪三晝夜，平地深數尺，化水成河，一夕大風，盡合為冰，至春始消。（民國《洪洞縣志》卷一八《祥異》）

大雪。（萬曆《襄陽府志》卷三三《災祥》）

十月

乙亥，以水災出兩淮運司餘塩銀五萬兩振（抱本作"賑"）恤。（《明世宗實錄》卷二三〇，第 4744～4745 頁）

丙戌，夜，月犯火星。（《明世宗實錄》卷二三〇，第 4749 頁）

雨，木冰。（隆慶《儀真縣志》卷一三《祥異》）

丙子，東莞雷震。（嘉靖《廣東通志初稿》卷六九《雜事》）

地震。（道光《新會縣志》卷一四《祥異》）

十一月

己亥，以水災免江西南昌、瑞州、臨江、吉安、撫州、饒州、南康、九江等府所屬各縣，及九江衛稅粮如例。（《明世宗實錄》卷二三一，第 4754 頁）

癸卯，以旱災免山西太原、平陽、潞安四十州縣及衛所田粮如例。（《明世宗實錄》卷二三一，第 4756 頁）

壬子，夜，火星犯上相星。（《明世宗實錄》卷二三一，第 4759 頁）

丙辰，以冬旱祈雪，勑諸司致齋三日。（《明世宗實錄》卷二三一，第 4759 頁）

十二月

辛未，以水災免南京錦衣等四十二衛屯粮如例。（《明世宗實錄》卷二三二，第 4766 頁）

乙亥，以水災免浙江杭州、嘉興、紹興、金華、嚴州、衢州二十五縣稅粮如例。（《明世宗實錄》卷二三二，第 4767 頁）

壬午，是日，日生暈及左右珥。少頃，有白虹亘天，久之乃散。（《明世宗實錄》卷二三二，第 4770 頁）

甲申，湖廣荆門州地震。（《明世宗實錄》卷二三二，第 4770 頁）

十三日，雷震，有電。（康熙《太平縣志》卷八《祥異》）

十八日，雨，木冰，百木皆折。（嘉靖《皇明天長志》卷七《災祥》；嘉慶《備修天長縣志稿》卷九下《災異》）

雨冰，樹木多折。（嘉靖《六合縣志》卷二《災祥》）

大雷，雪，木冰。（康熙《巢縣志》卷四《祥異》）

二十日雨，木冰，二十二、二十四連日夜大雷雨。（光緒《金華縣志》卷一六《五行》）

是年

春，淫雨苦農。秋，旱魃為虐。（光緒《永嘉縣志》卷三六《祥異》）

春夏，大雨，水漲四溢。（民國《湯溪縣志》卷一《編年》）

夏，旱。（萬曆《秀水縣志》卷一〇《祥異》）

大水，南鄉尤甚。（嘉靖《休寧縣志》卷八《雜異》；康熙《休寧縣志》卷八《機祥》）

大水，漂没民居。（康熙《太平府志》卷三《祥異》）

風潮。（嘉靖《靖江縣志》卷四《編年》；光緒《靖江縣志》卷八《祲祥》）

德清縣境有蝗。（同治《湖州府志》卷四四《祥異》）

大旱，民饑。（乾隆《東明縣志》卷七《灾祥》）

大旱。時永守趙儒禱雨立應。（光緒《零陵縣志》卷一二《祥異》）

旱。（嘉靖《商城縣志》卷八《祥異》；康熙《當陽縣志》卷五《祥異》；康熙《瀏陽縣志》卷九《災異》；同治《益陽縣志》卷二五《祥異》）

河水決。（民國《景縣志》卷一四《故實》）

大水。（康熙《滑縣志》卷四《祥異》；康熙《獻縣志》卷八《祥異》；康熙《望江縣志》卷一一《災異》；康熙《宿松縣志》卷三《祥異》；康熙《安慶府潛山縣志》卷一《祥異》；順治《安慶府太湖縣志》卷九《災祥》；道光《桐城續修縣志》卷二三《祥異》；道光《鄱陽縣志》卷二七《祥異》；道光《新修東陽縣志》卷一二《禨祥》；光緒《上虞縣志》卷三八《祥異》；光緒《上虞縣志校續》卷四一《祥異》；民國《重修滑縣志》卷二〇《祥異》）

大旱，蝗飛蔽天。（康熙《汝陽縣志》卷五《典禨祥》；乾隆《確山縣志》卷四《禨祥》；民國《確山縣志》卷二〇《大事記》）

飛蝗蔽天。（康熙《上蔡縣志》卷一二《編年》）

旱蝗，食禾幾盡。（光緒《青浦縣志》卷二九《祥異》）

海潮大漲。（光緒《安東縣志》卷五《民賦下》）

大旱，饑。（嘉慶《莒州志》卷一五《記事》）

秋，大水。（崇禎《文安縣志》卷一一《災祥》；道光《榮成縣志》卷一《災祥》）

隕霜殺稼，民饑。（民國《沁源縣志》卷六《大事考》）

山水泛溢，人多溺死，城鄉房屋漂没者，不可勝計。（民國《壽昌縣志》卷一《祥異》）

大水，漂没田産，洪濤中有物如牛，乘浪出入，人以為龍。（光緒《淳安縣志》卷一六《祥異》）

大雨浹旬，壞民田舍。（康熙《永康縣志》卷一五《祥異》）

夏秋，霪雨，没田禾。（民國《淮陽縣志》卷八《災異》）

秋，大水，澤頭集李鎧家有龍破壁而出，雹隨之。（光緒《文登縣志》卷一四《災異》）

春，大水。（乾隆《諸城縣志》卷二《總紀上》）

颶風。（光緒《寶山縣志》卷一四《祥異》）

大旱。（萬曆《桃源縣志》上卷《祥異》；乾隆《蒲縣志》卷九《祥異》；乾隆《辰州府志》卷六《機祥》；嘉慶《息縣志》卷八《災異》；道光《辰溪縣志》卷三八《祥異》；道光《永州府志》卷一七《事紀署》）

宜平大水。（雍正《處州府志》卷一六《雜事》）

水災，蠲免秋糧有差。（民國《太倉州志》卷二六《祥異》）

春，旱，麥苗盡枯。（嘉靖《霸州志》卷九《災異》）

（温州）春，永嘉霪霖苦農。秋，旱魃為虐。（道光《甌乘補》卷一一《祥異》）

春，雨。夏，雹。秋，大旱。民饑，米斗錢百六十文。（康熙《長垣縣志》卷二《災異》）

春，旱。夏，蝗。秋，大雨。詔免田租之半，多方賑濟。（嘉靖《永城縣志》卷四《災祥》）

春，旱，大饑，疫。（光緒《費縣志》卷一六《祥異》）

春，大旱。秋，大蝗，尤熾于十一年，野無遺禾，黎民相食者甚多，餓莩者枕藉道路。時春夏瘟疫大行，各〔冬〕始方息。（嘉靖《魯山縣志》卷一〇《災祥》）

霖雨連春夏……五月，詔蠲田租十之三，是月雷震文廟柱。（萬曆《寧都縣志》卷八《雜志》）

春夏，大旱。閏七月，湖海水溢，平地湧波數尺。（道光《璜涇志稿》卷七《災祥》）

夏，雷雨交作，儒學教諭宅起龍三條，鱗甲宛然。（康熙《武强縣新志》卷七《災祥》）

夏，夜雨，南關楊氏園樹中起龍。（康熙《博野縣志》卷四《祥異》）

旱，麥苗枯。（康熙《良鄉縣志》卷七《災異》）

旱，蝗蝻。多盜。（嘉靖《固始縣志》卷九《災異》）

蝗。（康熙《安肅縣志》卷三《災異》；乾隆《伊陽縣志》卷四《祥異》）

河水決。詔已徵收作下年該數，未徵蠲免。（康熙《景州志》卷四《災變》）

長安沈公麒實令茲邑。是歲夏大旱，民告災，公即瞿然自靖而禱雨，于此捧水，未及歸，中途雨下如注……逾月又旱，公禱如初，禮雨亦如初。（民國《邯鄲縣志》卷一〇《名勝》）

霜隕禾稼，民饑。（雍正《沁源縣志》卷九《別錄》）

同州龍出於樹，大風雨，鳥鵲死者無數，樹火燃三日。（嘉靖《陝西通志》卷四〇《災祥》）

地震，七月雨雹傷稼。（光緒《鳳縣志》卷九《祥異》）

蝗蝻食禾殆盡。（光緒《陵縣志》卷一五《祥異》）

大水，蝗。（萬曆《寧津縣志》卷四《祥異》）

大水，入城北門。（光緒《惠民縣志》卷一七《災祥》）

大旱。饑，人食樹葉，死者枕藉。自後比歲災荒，州民饑饉逃散，逋賦遂多。（民國《重修莒志》卷二《大事記》）

蝗蝝害稼尤甚，室廬狀榻皆滿。（康熙《滕縣志》卷三《災異》）

旱，蝗，田禾幾盡。（萬曆《青浦縣志》卷六《祥異》）

大水。七月蝗生，厚數寸，飛蔽天，已而霧迷三日，蝗盡死，浮於湖數十里。（順治《高淳縣志》卷一《邑紀》）

颶潮，溺民，土日慼。（道光《江南直隸通州志》卷三《城池》）

水星逆貫斗牛，海潮大漲。（雍正《安東縣志》卷一五《祥異》）

大水，漂沒田產。（乾隆《淳安縣志》卷一六《祥異》）

大水，壞山，衝激民居。（康熙《浦江縣志》卷六《災祥》）

大水，市可行舟，諸圩一壑。（萬曆《銅陵縣志》卷一〇《祥異》）

水災，浸入城中。（萬曆《和州志》卷八《祥異》）

大旱，高田無收。江潮大湧，湖田盡没。（順治《廬江縣志》卷一〇《災祥》）

大水，飛蝗蔽日。（同治《瑞昌縣志》卷一〇《祥異》）

大水，禾稼盡没。（嘉慶《湖口縣志》卷一七《祥異》；同治《都昌縣志》卷一六《祥異》）

霖雨，大水。（康熙《彭澤縣志》卷二《邮政》）

澇。（嘉靖《進賢縣志》卷一《災祥》）

水，詔免田租十之三。（同治《贛縣志》卷一五《恩恤》）

蝗蝻生。（道光《河內縣志》卷一一《祥異》）

有蟲，傷菽盡。大水。歲饑，民相食，死者徧野。（康熙《寧陵縣志》卷一二《災祥》）

大饑。夏秋霪雨没禾。民鬻妻子逃散，人相食。（康熙《續修陳州志》卷四《災異》）

亢旱。（嘉靖《許州志》卷八《祥異》）

大旱，蝗飛蔽天。明年春大疫，人相食。詔免本年田租之半，仍遣官賑濟。（萬曆《汝南志》卷二四《災祥》）

大旱，蝗。明年春大饑，免田租之半，遣官賑濟。（順治《息縣志》卷一〇《災異》）

大旱，蝗災。明年春，大疫，人相食。（順治《光州志》卷一二《災祥》）

大水，低田盡没，市巷人舡。是秋，小民捕魚聊生。（康熙《蘄州志》卷一二《災祥》）

大旱，五月不雨至於八月。（民國《英山縣志》卷一四《祥異》）

（襄陽縣）秋大旱。（萬曆《襄陽府志》卷三三《災祥》）

水發，壞內垣，官署民居橋樑俱毀。（同治《武岡州志》卷三一《堤堰》）

季夏中不雨，至季冬雪雨連旬。（乾隆《寧鄉縣志》卷八《災祥》）

（土城）壞於颶風。（乾隆《海豐縣志》卷一《輿圖》）

隕霜殺稼。明年庚子荒。（嘉靖《貴州通志》卷一〇《祥異》）

大水，壞東南民舍。（同治《蒼梧縣志》卷一七《紀事》）

秋，大水。澤頭集李鎧家龍破壁而出，雹隨之，爪跡尚存。（雍正《文登縣志》卷一《災祥》）

十八年、十九年旱，蝗蝻，多盜。（嘉靖《固始縣志》卷九《畜異》）

大風，秕厥稼。明年庚子蝗。又明年辛丑澇。越乙巳、丙午相繼旱，民大飢，饑莩平川壑。去年戊申則又旱，今春大水又作。（崇禎《松江府志》卷三二《宦績》）

嘉靖十九年（庚子，一五四〇）

正月

庚申，山西平陽府地震。（《明世宗實錄》卷二三三，第 4787 頁）

不雨。夏六月，不雨。（嘉慶《灤州志》卷一《祥異》）

至五月不雨，民大饑，疫。是歲，旱魃為災，斗米百錢，卒至絕市。民食蕎皮盡，又採蕨根為粉充啖，遂生病疫，饑殍滿野，掠奪日滋，凋瘵不可勝言。（康熙《萬載縣志》卷一二《災祥》）

（高安縣）至五月，恒陽不雨，田禾盡枯，民大饑。（崇禎《瑞州府志》卷二四《祥異》）

二月

辛未，督理顯陵工程工部右侍郎顧璘言："河南、湖廣旱災，會顯陵興工，飢民皆赴工就食。至是工畢，民失所藉，不賑將有嘯聚之患。"（《明世宗實錄》卷二三四，第 4791 頁）

丁丑，夜，月食。（《明世宗實錄》卷二三四，第 4793 頁）

辛巳，夜，月犯心宿。（《明世宗實錄》卷二三四，第 4794 頁）

地震有聲，黃霧四塞。（同治《宿遷縣志》卷三《紀事沿革表》）

三月

癸巳朔，日食，欽天監奏不及三分，例免救護。既而，禮部以測候不食聞。（《明世宗實錄》卷二三五，第4803頁）

壬寅，以水災詔留江西南昌等府縣、九江永新等衛所折銀，糶（廣本、閣本、抱本"糶"下有"穀"字）以卹之。（《明世宗實錄》卷二三五，第4807頁）

甲辰，以旱災免湖廣武昌、黃州、鄖陽、承天等府所屬州縣，并各衛所及保靖宣慰司存留糧三分之二（閣本作"一"）。（《明世宗實錄》卷二三五，第4808頁）

乙巳，申刻，黃霧四塞，随變為紅赤色，暴風從西北起，壞文德坊，并西長安街牌坊斗栱簷瓦，折西長安中門楗木及鎖鈕皆斷，又壞城上旗杆數處，夜分乃息。（《明世宗實錄》卷二三五，第4808～4809頁）

辛亥，貴州巡撫張鉞以都勻、思南、銅仁等府旱災，請令武官有罪應立功者納米五十石自贖。刑部以為便，詔從之。（《明世宗實錄》卷二三五，第4810頁）

德安降甘露。（光緒《德安府志》卷二〇《祥異》）

大旱。（嘉靖《宣府鎮志》卷六《災祥考》；康熙《龍門縣志》卷二《災祥》；康熙《懷來縣志》卷二《災異》；康熙《西寧縣志》卷一《災祥》；乾隆《宣化縣志》卷五《災祥》；乾隆《蔚縣志》卷二九《祥異》；乾隆《懷安縣志》卷二二《灾祥》；民國《陽原縣志》卷一六《前事》）

初十日，風霾。大旱。（雍正《邱縣志》卷七《災祥》）

大水。（光緒《江西通志》卷九八《祥異》）

四月

壬戌，上以風霾之變，軫念邊儲匱乏，下户部議處。户部擬發銀三萬兩於各鎮，以備支用。（《明世宗實錄》卷二三六，第4813頁）

庚午，陝西洮州、涼州、甘肅俱地震。（《明世宗實錄》卷二三六，第

4817 頁）

庚辰，入春以来，雨澤愆期。禮官請行所司祈禱，上從之。因諭曰："朕憂時少雨，方躬禱宮中，百官其各竭誠以助。"（《明世宗實録》卷二三六，第 4821 頁）

癸未，雨。大學士夏言、禮部尚書嚴嵩各具疏稱賀。（《明世宗實録》卷二三六，第 4822 頁）

己丑，雨雹。（《明世宗實録》卷二三六，第 4826 頁）

甘露降，凝結如霜，樹為之白。（光緒《海鹽縣志》卷一三《祥異考》）

雨雹如鵝卵。（康熙《饒州府志》卷三六《祥異》）

雨雹如鵝邠。（康熙《浮梁縣志》卷二《祥異》）

大水，民大饑。（同治《峽江縣志》卷三《蠲緩》）

十七日，大水。（光緒《靖州直隸州志》卷一二《祥異》）

四、五月，大水。（萬曆《建昌縣志》卷一〇《災異》）

五月

甲午，陝西延安府鄜州大雨雹，傷禾稼人畜。（《明世宗實録》卷二三七，第 4827 頁）

庚子，陝西固原等衛地震。（《明世宗實録》卷二三七，第 4830 頁）

辛丑，冀州棗強縣午時天鼓鳴，夜，星隕為石四。（《明世宗實録》卷二三七，第 4830 頁）

大水。（萬曆《將樂縣志》卷一二《災祥》；嘉慶《零陵縣志》卷一六《祥異》；嘉慶《三水縣志》卷一三《災祥》；道光《高要縣志》卷一〇《前事畧》；道光《永州府志》卷一七《事紀畧》）

一日，魯谷水漲入秦州城西門，衝拆門関。（乾隆《直隸秦州新志》卷六《災祥》）

大水，漂鎮安橋，壞沿河民居，田苗淤沙，人畜溺死。又大饑，郡守王鈁申請命令梁隨發倉賑之。（嘉靖《建寧縣志》卷一《災異》）

二十三日，大水，漂没廬舍，凡所殺幾千人，壞田地數千餘畝。（同治《崇陽縣志》卷一二《災祥》）

二十三日，蛟出大水，至二十四日，皆乘舟入城市，漂廬舍，溺人甚多。（康熙《浮梁縣志》卷二《祥異》）

二十五日，暴雨如注，各山龍起，平地水深四尺，沿河没廬舍千百間，溺者千百人。（康熙《通城縣志》卷九《災異》）

大水，高要、德慶堤决。虎入郡城。（萬曆《肇慶府志》卷一《郡紀》）

大水，堤决。（乾隆《德慶州志》卷二《紀事》）

蛟出大水，民乘舟入城市，漂廬舍，溺人至多。水後大饑，景鎮停止窰業，樂平民為變，相仇殺。（康熙《饒州府志》卷三六《祥異》）

六月

乙亥，總督陝西三邊（閣本作“軍務”）兵部尚書劉天和，以固原、甘州同時地震，引罪自劾求退。（《明世宗實録》卷二三八，第4841頁）

蝗飛蔽天。（萬曆《秀水縣志》卷一〇《祥異》）

大水。（同治《上海縣志》卷三〇《祥異》；光緒《川沙廳志》卷一四《祥異》；民國《南匯縣續志》卷二二《祥異》）

樂會大風雨，空中火光如炬。（同治《孝豐縣志》卷八《災歉》）

大水，自丹景山溢，歷崇甯、新繁、新都、金堂，漂没廬舍，沈溺甚眾。（光緒《彭縣志》卷一一《祥異》）

山水漲發，漂没田庐。（萬曆《榆次縣志》卷八《災祥》）

蘇、松大水，溺死人數萬。（嘉慶《松江府志》卷八〇《祥異》）

蝗災。（康熙《巢縣志》卷四《祥異》）

樂會大風雨，空中火光如炬。（道光《瓊州府志》卷四二《事紀》）

大水，自彭縣丹景山溢，歷崇寧、新繁、新都、金堂，漂溺廬舍人畜不可勝計。（萬曆《四川總志》卷二二《災祥》）

八日晡時，飛蝗蔽天，所集處蘆葦竹葉無遺。（萬曆《嘉興府志》卷二四《叢記》）

十八日，蝗飛蔽天，食蘆葦竹葉並無遺者。（光緒《嘉善縣志》卷三四《祥眚》）

十八日，飛蝗蔽天，食蘆蒿竹葉無遺。民大飢，多鬻男女於外。（道光《乍浦備志》卷一〇《祥異》）

七月

甲午，夜，月掩角南星。（《明世宗實錄》卷二三九，第4851頁）

戊午，以水災詔江西南昌等府、新建等縣兌運正米內量改折色十一萬石，併留派剩南糧四萬石，以備賑濟。（《明世宗實錄》卷二三九，第4859頁）

瀕海潮溢，淹人傷稼。（光緒《川沙廳志》卷一四《祥異》；民國《南匯縣續志》卷二二《祥異》）

大水。（嘉靖《黃陂縣志》卷中《災祥》；光緒《興寧縣志》卷一八《災祲》）

瀕海潮溢，傷稼淹人。（同治《上海縣志》卷三〇《祥異》）

海溢，傷稼淹人。（光緒《重修華亭縣志》卷二三《祥異》）

不雨。（康熙《滋陽縣志》卷二《災異》）

寧、紹、蘇、松、常五府濱海潮溢，傷稼淹人。（嘉慶《松江府志》卷八〇《祥異》）

龍壞民居，捲于婆港顧姓，人屋俱去。蝗至，三日去，時林侯相興，朱縣尉奇橙禱於社，三日蝗盡去。（咸豐《靖江縣志稿》卷二《祲祥》）

白河決，故道沙淤，徙於黃河。（嘉靖《夏邑縣志》卷五《災異》）

蝗。冬十月，桃華。（萬曆《襄陽府志》卷三三《災祥》）

大水。（康熙《興寧縣志》卷八《災祥》）

天陰雨，七月五日雨甚，河水泛溢。（萬曆《郴州志》卷九《橋梁》）

朔，日食既，晝晦，星皆見。（同治《陽城縣志》卷一八《兵祥》）

八月

乙丑，夜，月犯心星。（《明世宗實錄》卷二四〇，第頁4865）

丁丑，翊國公郭勛奏言："近日風霾示變，又邊陲多事，南北水旱相仍，盜賊竊發，百姓患苦，其咎皆臣下贊理不職所致。"（《明世宗實錄》卷二四〇，第4867頁）

庚辰，夜，月犯五車東南星。（《明世宗實錄》卷二四〇，第4869頁）

癸未，夜，木星犯軒轅大星。（《明世宗實錄》卷二四〇，第4871頁）

月中，大水暴漲，自東山至城下，並無岸際，約高數丈，城內水與城齊，漂沒民居器物無數，後商城角毀，潰湧而出。（康熙《臨縣志》卷一《祥異》）

多蝗。（康熙《衢州府志》卷三〇《五行》）

蝗。（嘉靖《蘄水縣志》卷三《文藝上》；民國《龍游縣志》卷一《通紀》）

蝗蟲來食粟。（天啟《江山縣志》卷八《災祥》）

三日，蝗厚二尺許，樹有壓損者。（嘉慶《舒城縣志》卷三《祥異》）

三十日，蝗西北來，落地二尺許，樹有壓損者。（嘉靖《六安州志》卷一〇《妖祥》）

會同淫雨，浹旬為澇，死者數百人。（萬曆《廣東通志》卷七二《雜錄》）

秋八月，不雨，至於辛丑夏四月。（嘉慶《內江縣志》卷五二《祥異》；道光《龍安府志》卷一〇《祥異》；光緒《資州直隸州志》卷三〇《祥異》）

九月

甲辰，吏科都給事中邢如默等、河南道監察御史沈越等以風霾應詔……（《明世宗實錄》卷二四一，第4879頁）

乙巳，陝西平涼府固原州地震。（《明世宗實錄》卷二四一，第4879頁）

乙卯，夜，火星犯南斗杓第二星。金、水、土星聚於角宿。（《明世宗實錄》卷二四一，第4881頁）

大水。（民國《新昌縣志》卷一八《災異》）

熒惑犯南斗，浹旬兩犯。（道光《新會縣志》卷一四《祥異》）

十月

辛酉，以旱蝗，免山東濟南等府、德州等州、歷城等縣、東昌等衛所，北直隸保定等府、霸州等州、保定等縣、涿鹿等衛，並宣府、大同二鎮各民屯秋糧有差。（《明世宗實錄》卷二四二，第 4883 頁）

庚辰，山西太原府地震。（《明世宗實錄》卷二四二，第 4892 頁）

十一月

甲午，以旱災免四川蓬、達等州，南充等縣稅粮有差。（《明世宗實錄》卷二四三，第 4895 頁）

壬寅，金星晝見於巳位。（《明世宗實錄》卷二四三，第 4898 頁）

十二月

戊辰，以冬深無雪，命有司祈禱。（《明世宗實錄》卷二四四，第 4910 頁）

雨，木冰，林木大折。（順治《廬江縣志》卷一〇《災祥》）

是年

春，雷擊儒學門牆。（乾隆《富川縣志》卷一二《災祥》；光緒《富川縣志》卷一二《雜記》）

春，大旱。（嘉靖《隆慶志》卷八《祥異》；康熙《保安州志》卷二《災祥》；光緒《延慶州志》卷一二《祥異》；光緒《懷來縣志》卷四《災祥》）

春，旱，至六月中雨。（民國《昌黎縣志》卷一二《故事》）

夏，蝗飛蔽日。（民國《新昌縣志》卷一八《災異》）

夏，不雨，大饑，民掘草根，剝樹皮以食。（同治《廣豐縣志》卷一

○《祥異》)

夏，蝗。(萬曆《會稽縣志》卷八《災異》；康熙《蘇州府志》卷二《祥異》；乾隆《英山縣志》卷二六《祥異》；民國《壽昌縣志》卷一《祥異》)

夏，大埔蝗。(嘉靖《潮州府志》卷八《災祥》)

夏，揚州旱，蝗自北而來，傷田禾。秋，復大水。(乾隆《江都縣志》卷三《祥異》)

夏，蝗飛蔽天，所集處蘆葦竹葉俱盡。(光緒《桐鄉縣志》卷二○《祥異》)

蝗飛蔽天，傷稼大半。(崇禎《烏程縣志》卷四《災異》；同治《湖州府志》卷四四《祥異》；光緒《歸安縣志》卷二七《祥異》)

麗水蝗，縉雲蝗。(光緒《處州府志》卷二五《祥異》)

蝗飛蔽天。(道光《武康縣志》卷一《邑紀》)

大旱，飛蝗蔽日，食稼，歲大饑。(光緒《平湖縣志》卷二五《祥異》)

大蝗。(民國《太和縣志》卷一二《災祥》)

大水。(嘉靖《武寧縣志》卷六《雜異》；萬曆《永新縣志》卷五《災變》；康熙《安福縣志》卷一《祥異》；乾隆《龍泉縣志》卷末《祥異》；同治《永新縣志》卷二六《祥異》)

蝗。(嘉靖《含山邑乘》卷中《祥異》；嘉靖《延津志·祥異》；萬曆《衛輝府志·災祥》；萬曆《輝縣志·災祥》；崇禎《松江府志》卷三二《宦績》；順治《淇縣志》卷一○《災祥》；同治《麗水縣志》卷一四《災祥附》；同治《江山縣志》卷一二《祥異》)

會稽、諸暨、餘姚、新昌蝗，餘姚大水。(乾隆《紹興府志》卷八○《祥異》)

大旱，饑，石米一兩八錢。(同治《孝豐縣志》卷八《災歉》)

臨高大雨雹，大者如車輪，小者如彈丸，壓死人畜，不可勝紀。(道光《瓊州府志》卷四二《災歉》)

大雨雹，墜死人畜，不可勝紀。（光緒《臨高縣志》卷三《災祥》）

晃州、沅州大水，沿河一帶民居浸没。（道光《晃州廳志》卷三八《祥異》）

大旱，蝗，饑。（乾隆《震澤縣志》卷二七《災祥》）

大水決堤。（道光《豐城縣志》卷三《河渠》）

秋，餘姚大水。（萬曆《紹興府志》卷一三《災祥》）

秋，騰越大雨雹傷禾。（光緒《永昌府志》卷三《祥異》）

旱，蝗。秋，大水，傷稼。（乾隆《直隸通州志》卷二二《祥禩》；嘉慶《如皋縣志》卷二三《祥禩》；光緒《通州直隸州志》卷末《祥異》）

旱，蝗。秋，大水，撫按奏免稅糧等賑之。（嘉慶《高郵州志》卷一二《雜類》）

旱，蝗傷稼，民大飢。（民國《大名縣志》卷二六《祥異》）

縉云蝗。（雍正《處州府志》卷一六《雜事》）

秋，大雨雹傷禾。（光緒《騰越廳志稿》卷一《祥異》）

春夏，旱。至六月中，雨。（康熙《昌黎縣志》卷一《祥異》）

夏，蝗害稼。（乾隆《潮州府志》卷一一《災祥》）

夏，蝗，四五月間布田，食苗將盡，田家日夜捕之。（嘉靖《大埔縣志》卷九《災異》）

夏，雨。（城垣）復圮。（萬曆《瑞金縣志》卷四《城池》）

夏，大水。（乾隆《泰和縣志》卷二八《祥異》）

夏，不雨，苗盡槁，采茹菌為食。（乾隆《廣信府志》卷一《災祥》）

夏，英山蝗。秋，六安、霍山俱蝗，落地二尺許，樹有壓損者。（萬曆《六安州志》卷八《妖祥》）

夏，洪水驟至，城東南毀垣漂屋。（乾隆《開化縣志》卷一一《藝文》）

夏，旱二月餘。（崇禎《慶元縣志》卷七《紀變》）

夏，晝晦。（光緒《永寧州志》卷三一《災祥》）

夏，旱。飛蝗自北來，傷田禾。秋復大水。（嘉慶《東臺縣志》卷七

《祥異》）

夏，蝗。蝗自北蔽天南飛，所過田禾盡食。（嘉靖《壽昌縣志》卷九《雜志》）

夏，揚州旱，蝗自北而來，傷田禾。秋，復大水。上命免糧九萬八千六百餘石。（萬曆《揚州府志》卷二二《異攷》）

夏，旱，蝗。官捕蝗蝻五千五百六十三石。（雍正《江都縣志》卷七《五行》）

夏，旱。秋，大水。（光緒《泰興縣志》卷末《述異》）

旱，蝗蝻，多盜。（嘉靖《固始縣志》卷九《災異》）

旱。（天啟《鳳陽新書》卷四《星土》；嘉慶《上海縣志》卷一九《祥異》）

蝗蝻遮天，殘食禾稼殆盡。（萬曆《靈石縣志》卷三《祥異》）

旱，蝗……秋，大水。（嘉靖《重修如皋縣志》卷六《災祥》）

大旱，蝗。民饑，（喻時）設糜發廩，齋宿露禱，忽澍雨，蝗盡死。（康熙《吳江縣志》卷三〇《名宦》）

河決野雞岡，由渦河經亳州入淮。（乾隆《安東縣志》卷七《河防》）

蝗蟲不甚為害。（康熙《桐廬縣志》卷四《災異》）

大旱。（道光《乍浦備志》卷一〇《祥異》）

蝗蔽天，稻如剪。（嘉靖《續澉水志》卷八《祥異》）

大旱，饑。（康熙《孝豐縣志》卷七《災祥》）

蝗飛蔽天。知縣陸奎章禱於城隍，社稷不為災。（道光《武康縣志》卷一《邑紀》）

河決野雞岡，由渦入淮，沿淮州縣多被水患。（光緒《亳州志》卷一九《祥異》）

蝗害稼。（萬曆《和州志》卷八《祥異》）

旱，蝗。（康熙《霍邱縣志》卷一〇《災祥》）

蝗飛蔽空。（萬曆《太和縣志》卷一《災異》）

大水，蠲免稅糧。（乾隆《南昌縣志》卷一三《祥異》）

大水，巡撫都御史王奏免稅糧十分之五。（隆慶《臨江府志》卷六《農政》；康熙《新喻縣志》卷六《農政》；道光《新淦縣志》卷一〇《祥異》）

境內蝗，民大饑。（康熙《南樂縣志》卷九《紀年》）

大旱。知縣王鉞祈雨不應，訪霑素有孝行，禮請至縣，立壇齋沐，祈禱不三日即雨。（嘉靖《襄城縣志》卷四《人物》）

歲薦旱蝗，人相食。（康熙《西平縣志》卷九《藝文》）

西湖水漲，城圮。（康熙《孝感縣志》卷五《城池》）

德安冬不雨，至於明年四月。（康熙《湖廣武昌府志》卷三《祥異》）

龍出巴陵山中，壞民田廬，漂流人畜無數。（隆慶《岳州府志》卷八《機祥》）

大水，漂沒民居。（崇禎《長沙府志》卷七《祥異》）

大雨，水溢，城中深丈餘。（乾隆《湖南通志》卷一四二《祥異》）

大水，沿河一帶民居浸沒。（乾隆《沅州府志》卷四九《祥異》）

大水，溺八人。（嘉靖《興寧縣志》卷一《災祥》）

大水，溺死者數百人。（道光《萬州志》卷七《前事略》）

臨高大雨雹，大者如車輪，小者如彈丸，壓死人畜不可勝紀。（萬曆《廣東通志》卷六《事紀》）

秋，颶風壞串樓。（崇禎《廉州府志》卷三《城池》）

秋，蝗不為災。（嘉靖《商城縣志》卷八《祥異》）

秋，境內蝗害稼，民大饑。（康熙《開州志》卷四《災祥》）

秋，蝗不爲災。（嘉靖《許州志》卷八《祥異》）

秋，蝗，落地二尺，樹多壓損。（光緒《霍山縣志》卷一五《祥異》）

秋，水，淹沒民田……春，米價翔貴，死者相枕藉。（乾隆《白水縣志》卷三《人物》）

秋，大水害居（疑當作"民"）稼。（康熙《大城縣志》卷八《災祥》）

秋，大水害稼，壞民居。（雍正《高陽縣志》卷六《機祥》）

冬，無雪。畿內旱。（《明史·五行志》，第484頁）

庚子、辛丑，大旱，村民流落過半。（嘉靖《貴州通志》卷一〇《祥異》）

十九年、二十年，大水。（民國《祁陽縣志》卷二《事略》）

十九年至二十一年，淮水俱溢。（康熙《五河縣志》卷一《祥異》）

嘉靖二十年（辛丑，一五四一）

正月

戊子，是日雪。羣臣以靈雪應祈，具表賀。大學士夏言，尚書嚴嵩、溫仁和，侍郎張邦奇、張潮、孫承恩，學士陸深各進頌，並優詔答之。（《明世宗實錄》卷二四五，第4921頁）

己亥，巡撫鳳陽府（廣本作“等”）處都御史周金等（廣本“等”下有“奏”字），廬、鳳、淮、揚四府，徐、滁、和三州，及各衛所地方數苦水旱，請以兌運米一十五萬五千石，每石准徵銀七錢，隨運（閣本作“軍”）起解，其改兌米一十六萬四千四百五十石，暫改於臨、德二倉支運。（《明世宗實錄》卷二四五，第4924頁）

不雨，至於夏六月。（嘉慶《灤州志》卷一《祥異》）

二月

壬申，大風揚塵四塞。（《明世宗實錄》卷二四六，第4943頁）

黑風盡日，不辨街衢。（康熙《單縣志》卷一《祥異》）

至六月不雨……祭畢，大雨如注，遂為大有年。（乾隆《黃縣志》卷九《祥異》）

三月

癸卯，福建福州府地震。（《明世宗實錄》卷二四七，第4956頁）

壬子，上以久旱親禱雨於西宮，仍詔順天府祈禱，停刑禁屠宰，百官各

青衣齋戒。（《明世宗實錄》卷二四七，第4961頁）

不雨。（嘉靖《徽郡志》卷八《附祥異》）

至六月，不雨，縣官文高齋步禱，立應。（乾隆《福寧府志》卷四三《祥異》；民國《霞浦縣志》卷三《大事》）

至於六月，不雨，大荒，縣官文高齊（疑當作"齋"）步禱，有應，晚禾大收。（光緒《福安縣志》卷三七《祥異》）

不雨，至於夏六月。（民國《遷安縣志》卷五《記事篇》）

天鼓鳴，起東南，有聲如雷。（康熙《潼關衛志》卷上《災祥》）

十日，晝晦。（康熙《臨清州志》卷三《祥異》）

朔，大風自西北起，黃霾障天。是年秋，飛蝗自北來，食苗幾盡，復向東北去。（康熙《日照縣志》卷一《紀異》）

晝晦星見，飛沙拔木，咫尺不能辨。夏，麥有一莖三穗者。（康熙《商丘縣志》卷三《災祥》）

望日，西河水驟漲，大黿露其背水面，大十餘尺，光焰浮金射人，所過濱河田陂衝流殆盡。大有年，斗米三分。（嘉靖《興寧縣志》卷一《災祥》）

四月

辛酉，是日未申刻，東草場火，城中人遂訛言火在宗廟。薄暮雨雹，風霆大作，入夜火果縱。（《明世宗實錄》卷二四八，第4973頁）

壬戌，上曰："卿等力竭齋誠贊朕禱雨，日夕左右……"（《明世宗實錄》卷二四八，第4976頁）

丙子，今日（廣本、閣本作"年"）四月五日夕，初正以恒暘之雨為懼。當時，仁廟倏忽火起，驟然暴作，加以猛風四發，人無措手，相視號籲，莫容救護。（《明世宗實錄》卷二四八，第4986頁）

辛巳，洮州衛地震有聲。（《明世宗實錄》卷二四八，第4997頁）

壬午，以漕渠水涸，遣太常（閣本"常"下有"等"字）官徃祭河淮諸神。（《明世宗實錄》卷二四八，第4997～4998頁）

己亥，固原隕霜殺麥。（《國榷》卷五八，第3643頁。）

大雨雹。（民國《禹縣志》卷二《大事記》）

德安雨雹，大風拔樹。（同治《九江府志》卷五三《祥異》）

雨雹，大風拔木。（康熙《德安縣志》卷八《災異》）

不雨，厥苗槁。（嘉靖《新修清豐縣志》卷一二《藝文》）

九潮災。赦。（嘉靖《新寧縣志·年表》）

五月

辛卯，夜，月犯木星。（《明世宗實錄》卷二四九，第5005頁）

戊戌，遣公朱希忠、張溶，伯衛錞、王瑾，尚書溫仁和、張瓚，掌太常寺侍郎金賚仁分詣各壇廟禱雨。先是，禮部以為請，上曰："旱既太甚，朕朝（廣本、閣本、抱本"朝"下有"夕"字）虔禱宮中，不遑寢食，文武百官均食於民，豈宜坐視？其命希忠等中禱三日，府部等衙門堂官分部（廣本、閣本作'陪'），仍於本衙門設香案，日率屬拜禱，潔虔齋宿，毋飲酒茹葷，宴遊自肆，御史嚴點廠衛伺察怠慢不恭者，糸究（廣本、閣本作'奏'）治罪。"（《明世宗實錄》卷二四九，第5007頁）

隨州大雨三日，黃連村裂為壑，有聲如雷，周五里皆震，越日乃止。（光緒《德安府志》卷二〇《祥異》）

大雨連日，蝗赴水死。（光緒《嘉興府志》卷三五《祥異》）

大旱，五穀槁死。（康熙《香河縣志》卷一〇《災祥》）

飛蝗蔽天，傷民禾稼殆盡。（萬曆《廣平縣志》卷五《災祥》）

大水，漂田廬。（萬曆《遂安縣志》卷四《雜志》）

大雨連日，遺蝗俱赴水死。（光緒《嘉善縣志》卷三四《祥眚》；康熙《秀水縣志》卷七《祥異》；光緒《嘉善縣志》卷三四《祥眚》）

蝗自東北來，平地深寸餘，秋禾盡食，四境赤地。民大饑。（嘉靖《通許縣志》卷上《祥異》）

大雨三日，黃連村裂為壑，有聲如雷，週五里皆震，越月乃止。（同治《隨州志》卷一七《祥異》）

六月

壬戌，陝西行都司地震有聲。（《明世宗實録》卷二五〇，第5018頁）

甲子，陝西肅州衛地震。（《明世宗實録》卷二五〇，第5019頁）

癸未，大同府有火（廣本、抱本作"大"）星東南流，其光如炬，天鼓鳴。（《明世宗實録》卷二五〇，第5025頁）

淫雨傷稼，居民多墊溺。（光緒《壽陽縣志》卷一三《祥異》）

淫雨。（康熙《文水縣志》卷一《祥異》）

旱。（光緒《台州府志》卷二九《大事》；民國《台州府志》卷一三四《大事略》）

滛雨，涂水溢，漫流四十餘里，汩田稼，居人多所墊溺。（萬曆《榆次縣志》卷八《災祥》）

淫雨傷稼，民多墊溺。（乾隆《平定州志》卷五《禨祥》）

滛雨傷禾稼。（康熙《交城縣志》卷一《災祥》）

淫雨，文、汾水溢，汩民田稼。詔免田租。（天啟《文水縣志》卷一〇《災祥》）

大風傷稼。（乾隆《鳳臺縣志》卷一二《紀事》）

蝗。（嘉靖《淄川縣志》卷二《灾祥》）

初十日，天宇明霽，至夜雲氣四塞，猛風拔木，雨雹如澍。須臾水集數丈，漂流民舍一百餘家，死者三百餘人，一家無孑遺者有之。事上，當道督縣優恤，并其死亡者瘞之。（嘉靖《歸州全志》卷上《災異》）

大旱，十月不雨……六月，大水。（乾隆《鍾祥縣志》卷一《祥異》）

七月

丁亥，華州、同州地震，有聲如雷。（《明世宗實録》卷二五一，第5027頁）

丙戌，有火毬大如斗，隕左軍都督府中門左，良久滅。（《明世宗實録》卷二五一，第5027頁）

蝗。(民國《禹縣志》卷二《大事記》)

十八日，颶風發屋拔木，大雨如注。(康熙《臨海縣志》卷一一《災變》)

龍見，大風雨，晝夜莫辨，樹木田禾盡拔。(康熙《天台縣志》卷一五《災祥》)

庚子，台南海中群龍交鬥，風如崩山，雨如傾江，洪潮驟溢，俄而覆屋拔樹，官舍民廬連棟而傾，山卉平林如輪而折，民波盪溺壓而死者幾萬餘。瀕海諸邑惟黃巖爲甚，黃巖惟迫海諸鄉爲甚，田之禾稼，早者飄沉，遲者遇風皆死。潮淹至者則益甚，蔬菜、果蓏、麻苧、木綿，凡民生衣食所賴者，悉蕩而空。潮比常倍鹹，風雨亦鹹而毒，不惟牛、羊、鷄、豚觸之皆死，雖蛇、蟮、蟲觸之亦皆死。蓋風潮爲災，雖曰瀕海之常，稽之往籍，爲害至此者，惟宋慶曆、紹定，元大德，迨我朝成化戊子，僅四見焉。當時戊子，有司漫視不恤，豈如周公用心之勤哉。(萬曆《黃巖縣志》卷二《祠廟》)

蛹。(萬曆《杞乘》卷二《今總紀》)

大風霪雨，灤河溢。免租三分之一，明年發帑銀賑饑。(萬曆《樂亭志》卷一一《祥異》)

辛丑，大風霖雨；癸卯，震電雨雹；甲辰，河溢。(嘉慶《灤州志》卷一《祥異》)

霪雨，河溢，傷禾稼。(民國《遷安縣志》卷五《記事篇》)

十八日颶風大雨，颶風掣屋，發石拔木，大雨如注，洪潮暴漲，平地水數丈，死者無算。(光緒《台州府志》卷二九《大事》)

八月

己巳，是夜月食。(《明世宗實錄》卷二五二，第5055頁)

霜殺稼。(雍正《陽高縣志》卷五《祥異》)

蝗自光山來，聲飛轟然如雷，所過田禾無遺。(光緒《麻城縣志》卷一《大事》)

隕霜殺稼。(順治《雲中郡志》卷一二《災祥》)

飛蝗蔽日。(乾隆《鍾祥縣志》卷一《祥異》)

九月

甲辰，陝西淳化縣有星大如斗，東南流，其聲如雷。（《明世宗實録》卷二五三，第5087頁）

雨冰。（萬曆《如皋縣志》卷二《五行》；嘉慶《如皋縣志》卷二三《祥祲》）

大風，宮室毀壞，草木摧折殆盡。是歲，大饑；明年如期而作，歲復饑。（咸豐《瓊山縣志》卷二九《雜志》）

初四日，霜降。是夕，雷電交作，如方春。（光緒《嘉善縣志》卷三四《祥眚》）

十月

乙丑，寧夏衛地震。（《明世宗實録》卷二五四，第5104頁）

三日，震電。（康熙《臨清州志》卷三《祥異》）

十一月

辛卯，夜，木星犯左執法。（《明世宗實録》卷二五五，第5120~5121頁）

乙巳，金星晝見于未位，三日而伏。（《明世宗實録》卷二五五，第5127頁）

大風，折木壞屋。（萬曆《杞乘》卷二《今總紀》）

十二月

丁巳，以旱荒（廣本、閣本、東本作"蝗"）免鳳陽留守，懷遠、長淮、宿、泗、壽、武平、高郵、宣州、蘇州、淮安、大河、邳（舊校改"邳"作"邳"）州各衛，及洪塘、泰州、塩城、興化、海州各守禦（廣本、東本作"禦"）千户所屯糧有差。（《明世宗實録》卷二五六，第5133~5134頁）

癸亥，以冬深無雪，禱于神祇壇。（《明世宗實録》卷二五六，第5136頁）

甲戌，命運通州倉粟米十萬石于宣府，十五萬石于大同，而以户部司屬

官有才幹者一人督解。是歲，兩鎮旱荒，米價騰貴，軍士缺食，撫臣以聞，故有是命。（《明世宗實錄》卷二五六，第5138頁）

十八日，雨冰，林木盡折。（天啟《新修來安縣志》卷九《祥異》）

有大雨，十八日方霽，山林盡折。（萬曆《滁陽志》卷八《災祥》）

是年

春，大水。夏，旱蝗。（萬曆《如皋縣志》卷二《五行》；嘉慶《如皋縣志》卷二三《祥祲》；光緒《通州直隸州志》卷末《祥異》；光緒《泰興縣志》卷末《述異》）

春，黃風，晝晦，飲食以燈。（康熙《德州志》卷一〇《紀事》；民國《德縣志》卷二《紀事》）

夏，蝗蝻，食禾盡。秋，大水。（民國《中牟縣志·祥異》）

翁源大雨雹。（同治《韶州府志》卷一一《祥異》）

霖雨，灤河溢，蠲租之一。（民國《昌黎縣志》卷一二《故事》）

大旱，蝗。（民國《建德縣志》卷一《災異》）

又大水。（道光《永州府志》卷一七《事紀畧》；光緒《零陵縣志》卷一二《祥異》）

大水。（康熙《沭陽縣志》卷一《祥異》；道光《重修寶應縣志》卷九《災祥》；光緒《贛榆縣志》卷一七《祥異》）

黃風晝晦。（光緒《續修故城縣志》卷一《紀事》；民國《故城縣志》卷一《紀事》）

大旱，人饑相食。（康熙《滑縣志》卷四《祥異》；民國《重修滑縣志》卷二〇《祥異》）

雨黑水，又雨小黑豆。（嘉慶《備修天長縣志稿》卷九下《災異》）

蝗。（乾隆《蒲臺縣志》卷四《災異》；乾隆《諸暨縣志》卷七《祥異》）

贛榆、沭陽大水。（嘉慶《海州直隸州志》卷三一《祥異》）

河決大清口，免淮安等處稅糧有差。（光緒《安東縣志》卷五《民賦下》）

建德等六縣大旱，蝗食禾，不可勝計。（光緒《嚴州府志》卷二二《祥異》）

大旱。（道光《建德縣志》卷二〇《祥異》）

雹。（宣統《徐聞縣志》卷一《災祥》）

秋，隕霜殺禾。（康熙《鹽山縣志》卷九《災祥》；民國《鹽山新志》卷二九《祥異表》）

夏秋，蝗。（民國《淮陽縣志》卷八《災異》）

松滋大蝗。（光緒《荆州府志》卷七六《災異》）

春，旱。（嘉靖《固始縣志》卷九《災異》）

春，旱，五月二十三日方雨。既大旱，蝗飛蔽天，所過赤地。（康熙《長垣縣志》卷二《災異》）

遂寧春，大雪。夏，蝗食稼，食有常處，有連畝而不越者，人試嘗其餘，即病。（嘉靖《潼川志》卷九《祥異》）

春，大雪。夏，蝗。（民國《潼南縣志》卷六《祥異》）

夏，大雨雹。（康熙《翁源縣志》卷一《祥異》）

夏，雨雹如鵝卵，間有一二如缶甕者。是秋，蝗飛蔽天。（順治《禹州志》卷九《機祥》）

夏，大旱，里多逃移。（隆慶《臨江府志》卷六《農政》）

夏，大旱，民多流移。（康熙《新喻縣志》卷六《農政》）

夏，旱，民多逃移。（道光《新淦縣志》卷一〇《祥異》）

夏，大旱。（乾隆《峽江縣志》卷一〇《祥異》）

夏，旱。（嘉靖《沛縣志》卷九《災祥》；康熙《遵化州志》卷二《災異》）

夏，嘉定城西南龍見。（康熙《蘇州府志》卷二《祥異》）

夏，城西南隅天際龍見雲中，隱隱莫計其數，大水。（崇禎《吳縣志》卷一一《祥異》）

夏，旱。秋，大水。（萬曆《常州府志》卷七《賑貸》）

夏，大旱，秋，澇。（光緒《冠縣志》卷一〇《祲祥》）

夏，雨沙傷麥。秋，隕霜殺禾。（萬曆《寧津縣志》卷四《祥異》）

夏，旱，蝗。（順治《易水志》卷上《災異》）

飛蝗蔽天，食禾幾盡。（萬曆《懷柔縣志》卷四《災祥》；康熙《懷柔縣新志》卷二《災祥》）

霖雨，河溢。蠲租之一。（康熙《昌黎縣志》卷一《祥異》）

河水大溢，水囓堤。民日夜荷畚插集隄上，力與水敵，城得不損。（萬曆《饒陽縣志》卷三）

飛蝗蔽天，食禾殆盡。（康熙《成安縣志》卷四《災異》；乾隆《雞澤縣志》卷一八《災祥》）

民食蝗。（萬曆《廣宗縣志》卷八《雜志》；康熙《平鄉縣志》卷三《前朝》）

大水，城西門壞。（光緒《清源鄉志》卷一六《祥異》）

亢旱，無麥禾。（光緒《費縣志》卷一六《祥異》）

飛蝗蔽天。（天啟《新泰縣志》卷八《祥異》）

澇。（崇禎《松江府志》卷三二《宦績》）

高郵、泰州、江都、泰興、興化、寶應、如皋縣水旱，上命免稅糧七萬一千七百石有奇，發倉貯稻五千賑之。（萬曆《揚州府志》卷二二《異攷》）

大水，巡撫都御史周金奏免稅糧，發倉穀五千石賑饑民。（民國《寶應縣志》卷五《蠲恤》）

旱，蠲賑。（崇禎《泰州志》卷七《災祥》；嘉慶《東臺縣志》卷七《祥異》）

水旱相仍，蠲租發賑。（萬曆《泰興縣志》卷八《祥異》）

海潮湧溢，荒歉相仍。（咸豐《古海陵縣志》卷三《人物》）

大水，漂民房舍。（嘉慶《重修贛榆縣志》卷三《災異》）

黃河水溢，衝塌北門，眾欲遷城以避水患。（民國《重修蒙城縣志》卷二《城池》）

淮水俱溢。（康熙《五河縣志》卷一《祥異》）

大濟橋，嘉靖二十年大雨衝壞。（乾隆《僊遊縣志》卷一四《建置》）

春雨至四月十五日止。是月十六日，旱至次年癸卯四月二十八日乃雨。連年饑饉，疫疾間作。（乾隆《長樂縣志》卷一〇《祥異》）

飛蝗遍野。（康熙《洧川縣志》卷七《祥異》）

大旱，大蝗。（嘉靖《儀封縣志》卷下《災祥》）

蝼生，秋，大水。（天啟《中牟縣志》卷二《物異》）

大蝗。（萬曆《衛輝府志·災祥》；萬曆《輝縣志·災祥》；順治《淇縣志》卷一〇《灾祥》；康熙《松滋縣志》卷一七《祥異》；光緒《沔陽州志》卷一《祥異》）

蝗翳天日，遍于郊野。（康熙《延津縣志》卷七《災祥》）

白日有黑氣，自北來，咫尺不辨，着物見火光。（萬曆《林縣志》卷八《災祥》）

黄河決，夾流雙注，城内民居官署殆盡。（光緒《柘城縣志》卷二《建置》）

春旱，無麥。（嘉靖《商城縣志》卷八《祥異》）

大水，飛蝗蔽野。（同治《漢川縣志》卷一四《祥祲》）

蝗飛蔽日，知縣蔣崇禄令民有能捕蝗者，給米壹石。不十日蝗盡。（康熙《廣濟縣志》卷二《灾祥》）

大旱，村民流落過半。（嘉靖《貴州通志》卷一〇《祥異》）

旱。（乾隆《直隸澧州志林》卷一九《祥異》）

大旱，蝗。民有餓殍。（嘉靖《廣東通志初稿》卷七〇《雜事》）

秋，大蝗。（道光《博平縣志》卷一《機祥》）

秋，霜殺禾。（民國《滄縣志》卷一六《大事年表》）

嘉靖二十一年（壬寅，一五四二）

正月

辛卯，雪。禮部以靈雪應祈，請上御殿受賀。上曰："連冬愆雪，朕仰

叩皇天，此心實是為民……"（《明世宗實錄》卷二五七，第5151頁）

丁未，夜曉刻，木星犯左執法星。（《明世宗實錄》卷二五七，第5161頁）

二月

丙寅望，月食。（《明世宗實錄》卷二五八，第5168頁）

三月

辛丑，湖廣武昌府地震。（《明世宗實錄》卷二五九，第5184頁）

雨，至閏四月，民多溺死。繼復大疫，死者無算。（民國《永泰縣志》卷二《大事》）

大風拔木。時晴空無雲，忽晦暝星見。（道光《臨川縣志》卷二七《祥異》；光緒《撫州府志》卷八四《祥異》）

霖雨至六月，是月雷擊死不孝子周從道。（嘉靖《淄川縣志》卷二《灾祥》）

十一日夜，賀縣三更大風，從西而東南，颺沙飛瓦，千戶正廳傾壓。徐姓後園古槐大可十圍，連根拔起，吹至千戶所，至有樓板磚砌壓伏吹叠成堆者。（雍正《平樂府志》卷一四《祥異》）

四月

甲寅，夜，月犯金星。（《明世宗實錄》卷二六〇，第5187頁）

丙子，賑永平。霪雨傷禾，霾沙屢作，蝗蝝徧地，大饑。（民國《盧龍縣志》卷二三《史事》）

初旬，霪雨，抵八月方止，四野瀰漫，室廬頹圮。（民國《商水縣志》卷二四《雜事》）

江都縣雨雹。（萬曆《揚州府志》卷二二《異攷》）

大霖雨，城廨署帑傾圮者十九。（嘉靖《蘭陽縣志》卷三《城池》）

丁卯，午刻，暴風雨，有飛石隕柳山應泉池。秋九月至明年九月，大疫。（康熙《全州志》卷一《災祥》）

五月

辛巳，甘肅鎮夷守禦千户所天鼓鳴。（《明世宗實録》卷二六一，第5197頁）

乙酉，山西太原府地震有聲。（《明世宗實録》卷二六一，第5198頁）

癸巳，巡撫順天府都御史侯倫（廣本、閣本作"綸"）言："順天所屬地方荒旱（抱本作'旱荒'）頻仍，京邊錢糧及他征税，俱宜蠲免。"（《明世宗實録》卷二六一，第5199頁）

戊戌初，上以久旱，躬禱雨于太素殿。至是雨，數日乃止。上喜甚，群臣表賀，並優詔答之。（《明世宗實録》卷二六一，第5200頁）

大水漂没城郭民舍之半。（光緒《吉縣志》卷七《祥異》）

澮水暴漲，漂溺東河廬舍。（民國《翼城縣志》卷一四《祥異》）

州大水，漂没城郭民舍之半。（乾隆《吉州志》卷七《祥異》）

大水。（乾隆《杞縣志》卷二《祥異》）

望，雷雨，連十三晝夜不絶，河水暴發，護城堤不没者數寸。（萬曆《儀封縣志》卷四《災異》）

復大雨五十日，二麥爛，秋禾死。（嘉靖《通許縣志》卷上《祥異》）

蝗蝻食麥，秋七月食穀。（嘉靖《夏邑縣志》卷五《災異》）

雨。六月朔，日食晝晦，星見，風雨交作，晝夜如注四十餘日。河決野雞崗，入境二十餘里，民被衝者萬家，溺死無計。浸城丈餘，凡縣治學宫公署民舍皆倒没，黃河圍城，夾流二十三年，始北徙。（康熙《柘城縣志》卷四《災祥》）

大水。斑竹有華且實，并枯死，至今種絶。（天啟《封川縣志》卷四《事紀》）

十三日將晡時，海中氣蒸如霧，有斷虹飲海而起，日下赤雲夾擁南飛。至夜颶風大作，飛瓦拔木，榕樹連數抱者，俱絶根而仆。百歲人所未嘗睹云。（民國《同安縣志》卷三《災祥》）

大雨，念五日，泽潦漲溢入城中，人心洶洶……越三日水落，城垣四顧

傾圮，公署廨舍及諸祠宇漂泊摧陷特甚。（乾隆《資陽縣志》卷一四《藝文》）

閏五月

辛酉，濟南府地震二次，聲如雷。（《明世宗實錄》卷二六二，第5208頁）

丁卯，陝西固原州、隆德縣同日地震，米脂等縣大冰雹，商州、鎮安等處大水。（《明世宗實錄》卷二六二，第5208頁）

大雨水。（康熙《安肅縣志》卷三《災異》）

霪雨傷稼。（咸豐《大名府志》卷四《年紀》）

霪雨壞麥，傷秋稼。（康熙《長垣縣志》卷二《災異》）

河水大漲。（道光《龍安府志》卷一○《祥異》）

河水大漲，入城，較天順四年高五尺，民舍禾稼淒没。（嘉慶《內江縣志》卷五二《祥異》）

河水入城。（光緒《資州直隸州志》卷三○《祥異》）

甲戌，亭午，江暴漲，比暮，烈風雷雨，水勢益甚。邑侯姜君亟率其簿王節、尉馬騰嚴護帑藏禁庾，達曙，平地水巳〔已〕高丈餘矣，城不浸者咫尺，遂招小舟絡繹援救。且教民撤其材木為筏，自濟用，是其僚屬士夫編氓賴以無溺，城垣邑治學宮諸公署則蕩然殆盡。（乾隆《資陽縣志》卷一四《藝文》）

大水，資溪、鴈江會合，泛濫如湖，湧入城中，署舍蕩盡。（咸豐《資陽縣志》卷一四《祥異》）

河水大漲入城，較天順四年高五尺，城中通舟楫。（乾隆《富順縣志》卷一七《祥異》）

六月

辛巳，上手諭都察院曰："近日人事愆違，天垂仁愛，雨後，方禾茂民康，今雨下竟朝矣。丞弼之臣，宜忠敬清亮者居之。"（《明世宗實錄》卷二

六三，第 5217 頁）

乙酉，湖廣歸州沙子嶺大雷，兩崖石崩裂，塞江流二里許。（《明世宗實錄》卷二六三，第 5219 頁）

蝗。（康熙《衢州府志》卷三〇《五行》；民國《龍游縣志》卷一《通紀》）

多蝗。（嘉靖《衢州府志》卷一五《災異》；民國《衢縣志》卷一《五行》）

朔，唐縣大風拔木。（萬曆《南陽府志》卷二《災祥》）

十一日，大風雨，溪流暴漲，縣治水深丈餘，城壞十之四，屋舍漂流，人畜溺死無算。（嘉慶《連江縣志》卷一〇《灾異》）

十一日，大風雨，溪流暴漲，縣治水深丈餘，城壞十之四，屋宇漂没，人畜溺死無算。（民國《連江縣志》卷三《大事記》）

十二日辛卯寅時，大雨，洪水滔流，浸没人家，山崩，沙壓田地。（嘉靖《羅川志》卷四《祥異》）

二十四日，有蝗蝻自北來，食禾粟殆盡。是時飛蓋天日，有司令民捕之，至七月初四日方散。（同治《江山縣志》卷一二《祥異》）

梨花開。邑東建城坊民園梨尌數株，六月間花開，鮮濃勝於春旹。（康熙《萬載縣志》卷一二《災祥》）

大風，墳墓松木、楸雜木大數圍者盡為摧折，望之如割麻然。（萬曆《寧德縣志》卷一《災祥》）

霪雨浹四旬，黃河南徙，平地水深丈餘，民溺死。（康熙《鹿邑縣志》卷八《災祥》）

河溢，漂民田廬舍，居民轉徙過半。（民國《大名縣志》卷二六《祥異》）

七月

己酉朔，日有食之。（《明世宗實錄》卷二六四，第 5227 頁）

戊辰，陝西清虜衛地震，聲如雷。（《明世宗實錄》卷二六四，第

5241 頁）

火星犯南斗第二星。（道光《新會縣志》卷一四《祥異》）

大水。（乾隆《平原縣志》卷九《災祥》）

茂名縣颶風大作，壞屋舍。（康熙《高州府志》卷七《氣候》）

颶風大作，壞官民牆屋。（乾隆《吳川縣志》卷九《事蹟紀年》）

伊水大水。（嘉靖《安化縣志》卷五《祥異》）

十八日，大風雨。（乾隆《杭州府志》卷五六《祥異》）

八月

丙申，以水災免順天、永平二府所屬州縣及鎮朔等衛屯糧有差。（《明世宗實録》卷二六五，第 5260 頁）

己亥，是夜，火星犯南斗第二星。（《明世宗實録》卷二六五，第 5261 頁）

河西大水泛溢。（道光《長清縣志》卷一六《祥異》）

狂風大作，雨雷，禾稼傷。（乾隆《旌德縣志》卷一〇《祥異》）

震雷，雨雹于古河村。（康熙《武强縣新志》卷七《災祥》）

九月

甲戌，山西平陽府、陝西固原州及寧夏衛、洮州衛俱地震，有聲。（《明世宗實録》卷二六六，第 5273 頁）

四日，霜降。是夕，雷電交作，如方春時。（光緒《嘉興府志》卷三五《祥異》）

四日，霜降，是夕雷電交作。（康熙《秀水縣志》卷七《祥異》）

四日，霜降，是夕雷電交作，如方春。（萬曆《嘉善縣志》卷一二《災祥》）

初四日，霜降，午後大雷電。（光緒《麻城縣志》卷一《大事》）

大雷電。（乾隆《直隸澧州志林》卷一九《祥異》）

颶風，廬舍禾苗俱壞。（康熙《雷州府志》卷一《沿革》；康熙《遂溪縣志》卷一《事紀》）

十四日，瓊山縣颶風猛甚，公署民房圮壞，草木摧折殆盡。是歲大饑。（嘉靖《廣東通志初稿》卷七〇《雜事》）

黑風。（乾隆《平原縣志》卷九《災祥》）

十月

丁丑，以水災免福建泉州府所屬稅糧有差。（《明世宗實錄》卷二六七，第5275頁）

癸未，雪，百官表賀，上報曰："朕以時屬有秋，祗脩大報，迺荷上天垂祐，瑞雪應期而降。"（《明世宗實錄》卷二六七，第5277頁）

壬寅，四川建昌衛有火星如車輪，從北方出，流行，帶有尾，至南方散沒，有聲如雷，地微震。（《明世宗實錄》卷二六七，第5289頁）

丙午，四川成都府威州地震，聲如雷。（《明世宗實錄》卷二六七，第5290頁）

雷。（民國《建寧縣志》卷二七《災異》）

大黑霧連日，至未時不解，炁腥臭，三十步外不能見人。（隆慶《儀真縣志》卷一三《祥異》）

雷電大作。（嘉靖《建寧縣志》卷一《災異》）

（瓊海縣）四日，樂會大雨逾旬，海嘯若雷，洪漲入邑門者再，民依丘陵以居。海口衝射，南徙深五丈餘，失舊險隘。（萬曆《廣東通志》卷七二《雜錄》）

十一月

甲寅，山西太原府交城縣天鼓鳴。（《明世宗實錄》卷二六八，第5295頁）

丁巳，陝西鞏昌府、固原州地震，有聲如雷。西安府、鳳翔府同日地震。（《明世宗實錄》卷二六八，第5296頁）

夜，大雷雨。（萬曆《安邱縣志》卷一下《總紀》；康熙《杞紀》卷五《繫年》）

秦州屬縣地震。（道光《兩當縣新志》卷六《災祥》）

十二月

大雨，雷鳴如夏。（同治《南城縣志》卷一〇《祥異》）

十日，大雨迅雷。（康熙《新寧縣志》卷二《事略》）

是年

春，黄霾四塞，晝晦星見。夏，大疫，男婦死者甚眾，遍地蟲生，水潦城西北隅，梨花秋放，榆錢實。（道光《重修武強縣志》卷一〇《禨祥》）

夏，旱蝗。（康熙《定興縣志》卷一《禨祥》；光緒《定興縣志》卷一九《災祥》；光緒《靖江縣志》卷八《祲祥》）

夏，大雨五六日如注，晝夜不止，河溢，壞官署民居禾稼。（嘉靖《徐州志》卷三《災祥》）

翁源夏，旱。秋，蝗。（同治《韶州府志》卷一一《祥異》）

大旱。（光緒《吉安府志》卷五三《祥異》）

麗水大旱。（光緒《處州府志》卷二五《祥異》）

旱。（雍正《處州府志》卷一六《雜事》）

霪雨傷禾，霾沙屢作，蝗蟲遍地。（光緒《撫寧縣志》卷三《前事》）

隆慶、懷來大水。（嘉靖《宣府鎮志》卷六《災祥考》）

大水，禾没，民多流亡。（乾隆《東明縣志》卷七《灾祥》）

泰山蝗，不為災。（康熙《泰安州志》卷一《災祥》）

象山縣天雨，黄霧。（嘉靖《寧波府志》卷一四《禨祥》）

水，免糧三萬二百有奇。（萬曆《興化縣新志》卷一〇《外紀》）

大水。（嘉靖《貴州通志》卷一〇《祥異》；光緒《延慶州志》卷一二《祥異》）

冰雹害稼。（民國《青城縣志》卷一《祥異》）

大水，傷禾稼。（乾隆《裕州志》卷一《地理》）

久雨，新灘山崩，兩岸壁立。（同治《歸州志》卷一《祥異》）

春，饑。冬，大霧旬餘。（康熙《博平縣志》卷一《禨祥》）

春，風霾，沙壓田禾，蝗旱相仍。知縣賈璋爲文禱祭，即日風息蝗滅。（康熙《黃縣志》卷七《災異》）

春，旱。斗米銀三錢。（乾隆《滿城縣志》卷八《災祥》）

春，飢，大疫。（嘉靖《興濟縣志書》卷上《祥異》）

春，黃霾四塞，晝晦星現。夏，瘟疫大作，男婦死者甚眾，遍地蝻生。水漲城西北隅，民心駭懼，邊警日急，科役繁重，民不聊生。梨花秋放，榆錢實。（康熙《武强縣新志》卷七《災祥》）

夏，大旱。（同治《榆次縣志》卷三《壇廟》）

民大饑。是歲夏，旱，蝗不為災。（道光《冠縣志》卷一〇《祲祥》）

夏，旱，蝗。劉甫學詩云："五斗糠粃三尺布，一挑河水五文錢。"（光緒《靖江縣志》卷八《祲祥》）

夏，旱。（乾隆《泰和縣志》卷二八《祥異》）

翁源夏，旱。秋，蝗。（康熙《韶州府志》卷一《災異》）

夏，大水，傷禾稼。（嘉靖《裕州志》卷一《災祥》）

夏，南召、裕州大水。（萬曆《南陽府志》卷二《災祥》）

夏，蝗蝻食麥。（乾隆《虞城縣志》卷一〇《雜記》）

（邵武）夏，霪雨，山水驟溢。邵武、建寧、泰寧三縣鄉市民船多為所壞，瀕溪屋宇夷蕩尤甚，田苗淤沙，人畜有溺死者。（萬曆《閩書》卷一四八《祥異》）

夏，大水，漂流民舍。（嘉靖《漢中府志》卷九《災祥》；乾隆《南鄭縣志》卷一二《紀事》）

霪雨傷禾。霾沙屢作，蝗蝻遍地。是年大饑。冬十月，桃李花。（康熙《撫寧縣志》卷一《災祥》；乾隆《永平府志》卷三《祥異》）

霪雨。（康熙《遵化州志》卷二《災異》）

蝗，飢，疫。人相食。（康熙《大城縣志》卷八《災祥》）

蝗。（康熙《清苑縣志》卷一《災祥》；乾隆《重修懷慶府志》卷三二《物異》）

南澗在縣南三十九里安鎮……嘉靖二十一年，值大水衝圮。（雍正《襄

陵縣志》卷四《山川》）

冰雹害稼。（乾隆《青城縣志》卷一〇《祥異》）

天雨黃霧，行人眉髮耳鼻皆滿。（嘉靖《象山縣志》卷一三《雜志》）

二十一年、二十二年兩歲台州水患。（康熙《台州府志》卷七《名宦》）

淮水俱溢。（康熙《五河縣志》卷一《祥異》）

吉州大旱。（道光《廬陵縣志》卷一《機祥》）

大雨，城圮。知縣謝廷訓重修。（乾隆《永春州志》卷四《城池》）

大雨，城圮六十丈。（萬曆《大田縣志》卷五《城池》）

洛馬橋、洛溪橋皆里人架木為之。二十一年洪水漂去。（嘉靖《建寧縣志》卷二《建置》）

沁水決。（乾隆《重修懷慶府志》卷六《河渠》）

大風，拔木發屋，民居室廬復被壓壞。（光緒《麻城縣志》卷一《大事》）

藍山霖雨傷稼。（同治《桂陽直隸州志》卷三《事紀》）

霜降日，大雷電。（萬曆《澧紀》卷一《災祥》）

涌泉井陷，是日有黑霧障天。（光緒《遂寧縣志》卷六《雜記》）

雷震元江府柱棟五寸。（天啟《滇志》卷三一《災祥》）

夏秋，大旱，米價騰踊。（嘉靖《廣東通志初稿》卷六九《雜事》）

秋，旱，無禾。（嘉靖《永城縣志》卷四《災祥》）

秋，大水潒禾，壞廬舍。（天啟《新泰縣志》卷八《祥異》）

冬，雨雪。（道光《武緣縣志》卷一〇《機祥》）

嘉靖二十二年（癸卯，一五四三）

正月

丙午朔，日有食之。（《明世宗實錄》卷二七〇，第5317頁）

戊午，是夜，月犯鬼宿積尸氣。（《明世宗實錄》卷二七〇，第5320頁）

雨，至四月。（光緒《興寧縣志》卷一八《災祲》）

雨，至四月。五月，不雨。秋，大饑。（萬曆《郴州志》卷二〇《祥異》）

雨，至於四月。（乾隆《興寧縣志》卷一一《災祲》）

二月

壬午，山西交城縣地震。（《明世宗實錄》卷二七一，第5337頁）

癸卯，山西潞安府星隕，有（抱本、廣本、閣本"有"下有"聲"字）如雷。（《明世宗實錄》卷二七一，第5346頁）

黑風驟起，自申至旦火色遍地流滾。其年旱，二麥不收。（康熙《玉田縣志》卷八《祥眚》）

大雪。（萬曆《沂州府志》卷一《災祥》）

大雨雹，羣龍見。是後屢遭大水。（乾隆《東明縣志》卷七《灾祥》）

雨雹，如栗杏大。（康熙《靖安縣志》卷八《災祥》）

三月

乙巳，山西太原等處地震有聲，凡十日。（《明世宗實錄》卷二七二，第5349頁）

雨雹如卵。（光緒《順甯府志》卷二《祥異》）

六日，西山雨雹，大如鵝卵，殺稼。箭竹結實，居民掇取療饑。（光緒《霍山縣志》卷一五《祥異》）

十一夜三更，大風從西南來，颺沙飛瓦，千戶正廳傾壓。徐姓後園古槐大可十圍，連根拔起，吹至千戶所。（民國《信都縣志》卷五《災異》；民國《賀縣志》卷五《災異》）

大雨雹，拔木裂瓦。須臾晝晦，水深五六尺。（光緒《耒陽縣志》卷一《祥異》）

六日，西山雨雹，大如鵝子，殺稼畜。（嘉靖《六安州志》卷下《妖祥》）

六日，霍山雨雹，大如鵝子，殺稼。箭竹結實，居民取食，數以石計。

(同治《六安州志》卷五五《祥異》)

大雨雹，拔木裂瓦，須臾晝晦，水深五六尺，邑人大駭。(康熙《耒陽縣志》卷八《機祥》)

大雨雹，雹如雞卵。(隆慶《雲南通志》卷一七《災祥》)

四月

丁亥，遼東鐵嶺衛大火，延燒廬舍人畜，有火星如斗墜地。(《明世宗實錄》卷二七三，第5365頁)

己亥，陝西固原等地隕霜殺麥(閣本脫"麥"以上十二字)。(《明世宗實錄》卷二七三，第5369頁)

隕霜。(嘉靖《長泰縣志》卷下《災祥》)

十三日，龍起雷公潭，大壞官民廬舍。(嘉靖《新寧縣志·年表》)

五月

丙午，上以久旱躬禱内苑。至是，大雨，廷臣疏賀，并優詔答之。(《明世宗實錄》卷二七四，第5373頁)

己酉，陝西隆德縣地震。(《明世宗實錄》卷二七四，第5375頁)

丁巳，陝西鄜、耀二州永(抱本、廣本、閣本無"永"字)雹，大如雞卵。(《明世宗實錄》卷二七四，第5377頁)

甲子，土星逆行入氐宿王度(舊校改"氐宿王度"作"氐宿五度")留守三十七日。(《明世宗實錄》卷二七四，第5379頁)

丁巳，陝西鄜、耀大冰雹，如鵝卵。(《國榷》卷五八，第3634頁)

大水。(嘉慶《三水縣志》卷一三《災祥》；道光《高要縣志》卷一〇《前事略》)

六月

壬午，以水災免直隸鳳陽等府州縣衛所稅粮有差。(《明世宗實錄》卷二七五，第5389頁)

滋水溢，傷禾稼。免本年田租之半。（乾隆《饒陽縣志》卷下《事紀》）

雹。（康熙《永平府志》卷三《災祥》）

大蝗，害禾稼。（萬曆《德州志》卷一〇《災祥》）

暴雨大風，滇水入市，風拔木。（康熙《德安安陸郡縣志》卷八《災異》）

暴雨大風，淦水入市，風拔木。（光緒《咸甯縣志》卷八《災祥》）

大雨，溪水溢，流石數十里，兩月始霽。（萬曆《襄陽府志》卷三三《災祥》）

七月

甲辰，是日，寧夏地震。（《明世宗實錄》卷二七六，第 5405 頁）

丙午，金星晝見。（《明世宗實錄》卷二七六，第 5405 頁）

癸丑，是時久旱，上躬禱穹（廣本、閣本、抱本作"雩"）壇。是日大雨，文武大臣侍從等官各具疏賀。（《明世宗實錄》卷二七六，第 5407 頁）

壬戌，以旱災免陝西鞏、蘭、靖等州衛，伏、羌、金、寧、安等縣稅糧有差。（《明世宗實錄》卷二七六，第 5410 頁）

十六日，無雨。水暴漲，頃刻，高三丈許，破城垣，漂田舍，溪口橋圮。（乾隆《福寧府志》卷四三《祥異》）

迅雷暴雨，有石隕，大如升，其色赤。（嘉慶《延安府志》卷五《大事表》）

雷擊文廟，火光射地。（嘉靖《重修如皋縣志》卷六《災祥》）

河決境內，風雨大作，堤決，水浸城內。（嘉靖《柘城縣志》卷一〇《災祥》）

熒惑犯南斗。（道光《新會縣志》卷一四《祥異》）

八月

水，免稅糧有差。（道光《武康縣志》卷一《邑紀》）

以水免湖州府稅糧。（同治《長興縣志》卷九《災祥》）

十六日酉，縣前鋪火，西及中華，東及賓賢中。夜雨，滅之。（萬曆《福安縣志》卷九《祥變》）

不雨，至明年春正月。（乾隆《龍川縣志》卷一《災祥》）

不雨，至于明年五月。（嘉靖《興寧縣志》卷一《災祥》）

旱。（民國《恩平縣志》卷一三《紀事》）

九月

庚戌，以水災免浙江湖州府安吉州、烏程等縣（廣本、閣本"安吉州、烏程等縣"作"安吉州、烏程等州縣所"）稅粮有差。（《明世宗實錄》卷二七八，第5424頁）

丁巳，陝西固原州地震。（《明世宗實錄》卷二七八，第5427頁）

戊午，以水災免應天等府及廣德等州、建陽等衛稅糧有差。（《明世宗實錄》卷二七八，第5427頁）

旱，至甲辰年六月十二日始雨。（嘉靖《羅川志》卷四《祥異》）

十月

壬申，陝西秦安縣地震有聲。（《明世宗實錄》卷二七九，第5433頁）

己卯，甘肅天鼓鳴。（《明世宗實錄》卷二七九，第5437頁）

庚辰，以水災免直隸真定等府及神武、深州等衛田粮有差。（《明世宗實錄》卷二七九，第5440頁）

甲午，以水災免河南開封等府州縣、睢陽等衛田粮有差。（《明世宗實錄》卷二七九，第5446頁）

十一月

癸丑，陝西同州等處地震。（《明世宗實錄》卷二八〇，第5452頁）

十二月

辛未，以旱災免遼東開原等衛屯田子粒。（《明世宗實錄》卷二八一，

第 5463 頁）

甲戌，上以冬月少雪，躬禱雷霆洪應殿，禁屠停刑六日，命英國公張溶等分祭朝天等宮廟。（《明世宗實錄》卷二八一，第 5464 頁）

乙酉，以水災免蘇、松、常、鎮四府州縣稅粮有差。（《明世宗實錄》卷二八一，第 5468 頁）

丁亥，是夜木星犯房宿北第一星。（《明世宗實錄》卷二八一，第5469 頁）

辛卯，是日雨雪。文武大臣以上嘗露禱，各具疏賀。上曰："冬有積雪，来豐可占，固宜仰戴玄庥，第非壇廟禮禱，不必賀。"（《明世宗實錄》卷二八一，第 5470 頁）

初十，夜，大雷雨。（萬曆《惠州府志》卷二《郡事紀》；乾隆《歸善縣志》卷一八《雜記》）

是年

夏，旱。秋，潮。（光緒《靖江縣志》卷八《禓祥》）

夏，淫雨傷稼。（光緒《蠡縣志》卷八《災祥》）

夏，績溪大水。（道光《徽州府志》卷一六《祥異》）

夏，霖雨。秋，大水傷稼，大饑。（康熙《秀水縣志》卷七《祥異》；光緒《嘉興府志》卷三五《祥異》）

夏，湍河水溢，壞民廬舍，及外城門者數步。（乾隆《鄧州志》卷二四《祥異》）

霪雨，饑。（康熙《韶州府志》卷一《災異》；同治《韶州府志》卷一一《祥異》）

雷擊文廟，火光迸地。（嘉慶《如皋縣志》卷二三《祥禓》）

大庾洪水，壞田廬，以千計。（同治《南安府志》卷二九《祥異》）

水。（同治《湖州府志》卷四四《祥異》；同治《長興縣志》卷九《災祥》；光緒《烏程縣志》卷二七《祥異》）

大旱，苗槁。（光緒《石門縣志》卷一一《祥異》）

大旱傷稼。（萬曆《嘉定縣志》卷一七《祥異》）

騰越大水。(光緒《永昌府志》卷三《祥異》)

大水。(萬曆《重修鎮江府志》卷三四《祥異》;康熙《河間縣志》卷一一《祥異》;嘉慶《莒州志》卷一五《記事》;光緒《丹徒縣志》卷五八《祥異》;光緒《金壇縣志》卷一五《祥異》;民國《瓜洲續志》卷一二《祥異》)

蝗,復災。(嘉慶《義烏縣志》卷一九《祥異》)

大旱,蝗,傷稼,民饑。(光緒《臨高縣志》卷三《災祥》)

篤馬河決,平地水深數尺,行舟。(光緒《德平縣志》卷一〇《祥異》)

汾水泛漲異常。(民國《襄陵縣志》卷二三《舊聞考》)

大旱,民饑死者無算。(順治《銅陵縣志》卷七《祥異》;乾隆《銅陵縣志》卷一三《祥異》)

大水,米價騰貴。(雍正《阜城縣志》卷二一《祥異》)

大水,縣城傾頹,知縣周泗增修。(民國《鞏縣志》卷五《大事紀》)

沁河決,獲嘉、新鄉城中水深數尺。(乾隆《新鄉縣志》卷二八《祥異》)

秋,大雨,傷禾稼,饑。(嘉靖《徽郡志》卷八《附祥異》)

春,旱,二麥不登。(光緒《遵化通志》卷五九《事紀》)

春,冀州天鳴如重雷。(嘉靖《冀州志》卷七《災祥》)

夏,大水。(乾隆《曲阜縣志》卷二九《通編》;嘉慶《續溪縣志》卷一二《祥異》)

夏,定陶飛蝗蔽天,禾不能槃,進于樹,枝爲之折。(萬曆《兗州府志》卷一五《災祥》)

夏,霪雨。秋,大水,傷稼。(萬曆《嘉善縣志》卷一二《災祥》)

夏,湍河水溢,壞民廬舍,水及外城門者數步。(嘉靖《鄧州志》卷二《郡紀》)

夏,旱,饑。(道光《永州府志》卷一七《事紀畧》)

夏,淫雨傷稼。(康熙《清苑縣志》卷一《災祥》)

夏,滛雨傷稼。(崇禎《蠡縣志》卷八《災祥》)

雨圮（城垣）。（萬曆《永寧縣志》卷一《城池》）

大雨傷稼，壞民廬。（順治《易水志》卷上《災異》）

大水。饑，死者遍於鄉坊。有司賑濟不及，始而人食死者，繼而戕食生者。（道光《新城縣志》卷一五《祥異》）

大旱。（雍正《高陽縣志》卷六《禨祥》）

大水，斗米三錢。（康熙《重修阜志》卷下《祥異》）

衛河復決。（萬曆《新修館陶縣志》卷三《災祥》）

漳河決磁州以東。（民國《肥鄉縣志》卷四二《雜記》）

馬河泛溢，衝沒臨河居民數十家。（崇禎《内邱縣志》卷六《變紀》）

大霖雨，水驟漲發。（康熙《廣宗縣志》卷二《隄防》）

汾水泛漲異常，中流覆舟，平陽衛馬指埠淹沒，其中小民同沒者眾。（康熙《襄陵縣志》卷七《祥異》）

大水没禾。（乾隆《直隸商州志》卷一四《災祥》）

迅雷暴雨，有石隕，大如升，其色赤。（道光《清澗縣志》卷一《災祥》）

土河決，平地水深數尺，行舟。（乾隆《德平縣志》卷三《雜記》）

大雨雹。（乾隆《蒲臺縣志》卷四《災異》）

蝗。（乾隆《魚臺縣志》卷三《災祥》）

大旱，無禾。（光緒《江東志》卷一《祥異》；光緒《寶山縣志》卷一四《祥異》）

連年大旱，道殣相望，儒仍捐俸賑救。（民國《高淳縣志》卷一六《名宦》）

大旱，震澤涸成坼。明年江南斗米二錢。（康熙《武進縣志》卷三《災祥》）

旱，苗槁。（道光《石門縣志》卷二三《災異》）

以水免税糧有差。（同治《孝豐縣志》卷四《賑蠲》）

水患。（康熙《台州府志》卷七《名宦》）

蝗復災。（崇禎《義烏縣志》卷一八《災祥》）

大水，移河崩城，大壞田舍。（嘉靖《壽州志》卷八《災祥》；順治《蒙城縣志》卷六《災祥》；民國《重修蒙城縣志》卷一二《祥異》）

吉安大饑。明年旱，再饑。（乾隆《廬陵縣志》卷一《禨祥》）

大旱，疫。二麥不登。（乾隆《龍泉縣志》卷末《祥異》）

水災，漂流石橋廬舍。（康熙《壽寧縣志》卷八《雜志》）

旱，人相食。（康熙《登封縣志》卷九《災祥》）

大水，年饑。（康熙《范縣志》卷中《義民》）

大水，賑。（萬曆《内黃縣志》卷六《編年》；民國《清豐縣志》卷二《編年》）

河决，漂没民居。（康熙《寧陵縣志》卷一二《災祥》）

大蝗，食禾幾盡。（乾隆《新野縣志》卷八《祥異》）

大水，漂没城外民居房屋。（嘉慶《常德府志》卷一七《災祥》）

饑，霪雨自夏徂秋。（康熙《翁源縣志》卷一《祥異》）

颶風摧毀城隍廟。（嘉靖《潮州府志》卷四《祠祀》）

颶風如期而作，歲又告饑。（嘉靖《廣東通志初稿》卷七〇《雜事》）

遂寧大雨，城中水數尺，魚游於市。（嘉靖《潼川志》卷九《祥異》）

秋，大雨水，東面四台又從而坍塌。（光緒《冠縣志》卷九《藝文》）

秋，清寧里龍見，黑紅色，飛入雲際，自北而東，移時乃没，既而大雨。（康熙《平和縣志》卷一二《災祥》）

秋，黄河溢，傷禾稼。（康熙《鹿邑縣志》卷八《災祥》）

秋，霖雨不止。（萬曆《襄陽府志》卷三三《災祥》）

秋，大水。（光緒《井研志》卷四一《紀年》）

秋，四望溪大水。（民國《犍為縣志》卷八《雜志》）

二十二、三年，府屬大旱，饑且疫，二麥不收。（乾隆《吉安府志》卷一《禨祥》；光緒《吉安府志》卷五三《祥異》）

二十二年至二十四年，旱。（隆慶《高郵州志》卷一二《災祥》；嘉慶《高郵州志》卷一二《雜類》）

二十二、三、四等年連旱。（乾隆《宣平縣志》卷一一《紀異》）

二十二年、二十八年、三十一年、三十七年、三十九年，均大水。四十年尤甚，低鄉民居，水至半壁，自後連大水者六年。（民國《金壇縣志》卷一二《祥異》）

臨淮二十二年、二十四年、三十四年、四十五年，并大水灌城。（乾隆《鳳陽縣志》卷一五《紀事》）

嘉靖二十三年（甲辰，一五四四）

正月

壬寅，夜，火星犯房宿北第一星。（《明世宗實錄》卷二八二，第5479頁）

癸卯，夜，火木土三星聚于房宿。（《明世宗實錄》卷二八二，第5480頁）

丙寅，以宣府旱災，命支京、通二倉粟米十萬石運懷來城給本鎮官軍。（《明世宗實錄》卷二八二，第5486~5487頁）

雨，木冰，飛禽凍羽墜地。（乾隆《淮寧縣志》卷一一《祥異》）

雨，木冰，飛禽凍羽墜地，民競取之。是年，河決原武，南至陳州，經潁入淮，而故道遂淤。（乾隆《陳州府志》卷三〇《雜志》）

十四日，雨冰，野禽羽凍，民競取之。（民國《項城縣志》卷三一《祥異》）

積雨十旬，自正月至於四月，麥苗盡壞。夏復大旱，晚禾無收。（光緒《麻城縣志》卷一《大事》）

二月

辛巳，金星晝見。（《明世宗實錄》卷二八三，第5495頁）

大雨雹。（康熙《廣濟縣志》卷二《灾祥》）

不雨，至六月雨。（乾隆《龍川縣志》卷一《災祥》）

十二日，雨雹。（嘉靖《廣東通志初稿》卷七〇《雜事》）

三月

丁巳，夜，火星入斗宿。（《明世宗實錄》卷二八四，第5507頁）

初二日，甘露降，柏枝獨渥。（光緒《靖江縣志》卷八《祲祥》）

初二日，夜，風雹，合抱木皆懸拔。（康熙《桐廬縣志》卷四《災異》）

三日，大雨雹，鳥獸草木多撲死，小者如桃，大者重四五斤，剖而視之，中雜泥土。大澤源、下彭源二處尤甚，屋瓦悉碎，椽桷亦為之斷。（嘉靖《興國州志》卷七《祥異》）

雨雹。（康熙《遂溪縣志》卷一《事紀》；道光《遂溪縣志》卷二《紀事》）

大雨水。（康熙《安肅縣志》卷三《災異》）

十八日大雨雹，至四月間大旱。（光緒《永嘉縣志》卷三六《祥志》）

雨雹，殺麻麥。大飢。（萬曆《青陽縣志》卷三《祥異》）

不雨，至明年四月乃雨。（乾隆《長泰縣志》卷一二《災祥》）

不雨，至明年夏四月乃雨。（康熙《長泰縣志》卷一〇《災祥》）

十四日酉，紅風起西北，飛沙揭瓦，人莫敢出門户，至夜半乃息。（嘉靖《延津志·祥異》）

春，諸暨清明日大雨雹，有如斗者，傷麥。（萬曆《紹興府志》卷一三《災祥》）

大旱，自三月至七月不雨。民間有"經旬難舉九餐火，斗米堪求八歲兒"之謠。（順治《黃梅縣志》卷三《災異》）

四月

丙子，陝西鞏昌府秦安縣大雨雹傷稼。（《明世宗實錄》卷二八五，第5513頁）

戊寅，夜，木星犯房宿北第一星。（《明世宗實錄》卷二八五，第5514頁）

丙子，夜半天裂，大水傷禾。（乾隆《平原縣志》卷九《災祥》）

雨雪。夏秋大旱。免平米四萬三千八百石一斗零，緩徵平米十萬二千四百石二斗零。（萬曆《武進縣志》卷四《賑貸》）

颶風，大雨。（嘉靖《廣東通志初稿》卷六九《雜事》）

春，旱。夏四月十六日，颶風大雨，壞民廬舍。（嘉靖《新寧縣志·年表》）

至六月不雨，歲大凶。小民質借無自，窘甚，有小熟則羣強刈之，饑者骨立。散逋甯州、通城，負米養老弱，采葛根、黃花、羊荷、薑荄、草根，然蕨惟十都、十一都産，人日可得三升。（同治《崇陽縣志》卷一二《災祥》）

至秋七月不雨，民饑甚。（嘉靖《衢州府志》卷一五《災異》）

至秋七月不雨。是年饑。（康熙《龍游縣志》卷一二《雜識》）

至七月不雨，民饑甚。（天啟《江山縣志》卷八《災祥》）

至七月不雨，民饑。（同治《江山縣志》卷一二《祥異》）

至七月不雨，禾盡槁，人民飢殍。（嘉慶《沅江縣志》卷二二《祥異》）

不雨，至於秋七月。（嘉靖《南寧府志》卷一一《祥異》）

至秋七月不雨，饑。（康熙《衢州府志》卷三〇《五行》）

大旱，自四月不雨，至於八月。（嘉靖《池州府志》卷九《祥異》）

不雨，至于秋九月。（萬曆《青陽縣志》卷三《祥異》）

不雨，至于九月，大饑。（康熙《鄱陽縣志》卷一五《災祥》）

不雨，至秋九月。（同治《樂平縣志》卷一〇《祥異》；同治《九江府志》卷五三《祥異》；同治《德化縣志》卷五三《祥異》）

大旱。自四月不雨，至六月始雨。（嘉靖《石埭縣志》卷二《祥異》）

初八日雨，五閱月不雨。（順治《新修望江縣志》卷九《災異》）

五月

不雨，至於七月，斗米千錢。（同治《安義縣志》卷一六《祥異》）

不雨，至九月。（嘉靖《興國州志》卷七《祥異》）

諸城大雨雹，積厚尺餘。（康熙《諸城縣志》卷九《祥異》）

不雨。秋大饑，殍殣相望。（乾隆《平湖縣志》卷五《名宦》）

十七日晚迎龍母於蒼山，大雷雨，十八、十九二日連雨。（光緒《永嘉縣志》卷三六《襍志》）

大旱，至秋七月雨。斗米一錢，人民半死，盜賊四起。（康熙《都昌縣志》卷一〇《災祥》）

大旱，至秋七月雨。斗米一錢，人民半死。（萬曆《建昌縣志》卷一〇《災異》）

大旱。（隆慶《臨江府志》卷六《農政》；同治《新淦縣志》卷一〇《雜類》；同治《新喻縣志》卷一六《祥異》）

不雨，至七月，斗米一錢。（康熙《安義縣志》卷一〇《災異》）

夏，旱，五月至六月不雨。斗米百錢，死者載道。（萬曆《青浦縣志》卷六《祥異》）

大旱，自五月不雨至於九月，粒顆不收。饑而死者枕藉于道。（萬曆《銅陵縣志》卷一〇《祥異》）

大旱，自夏至秋。五月不雨。饑，民食草木。（康熙《宿松縣志》卷三《祥異》）

十六日，乃雨。（乾隆《長樂縣志》卷一〇《祥異》）

雨。（雍正《揭陽縣志》卷四《祥異》；嘉慶《潮陽縣志》卷一二《紀事》）

大旱，五月不雨至九月。（同治《安福縣志》卷二九《祥異》）

六月

乙亥，夜，火星入箕宿六度，逆行二舍。（《明世宗實錄》卷二八七，第5542頁）

戊寅，以旱災免直隸鳳陽府所屬州縣，并中都留守司直隸泗州、壽州各衛所稅糧有差。（《明世宗實錄》卷二八七，第5542頁）

壬午，夜望，月食。（《明世宗實錄》卷二八七，第 5544 頁）

丙申，禮部以霪雨不止，請行順天府祈禱。上命有司省慮祈告，勿事虛文。總督陝西三邊侍郎張珩、巡撫寧夏右副都御史李士翱等會奏邊防事宜：“一、本鎮逼鄰胡虜，時當堤備。矧今河套得雨，草茂馬肥，尤不可測。臣特編定長哨人役，分列隘口，出境哨探，若遇虜大入，聽臣刻期徵調固原士馬，即固原有警，得發本鎮應之……”（《明世宗實錄》卷二八七，第 5547~5548 頁）

雨雹。（順治《雲中郡志》卷一二《災祥》；雍正《陽高縣志》卷五《祥異》）

大旱。（康熙《廣濟縣志》卷二《灾祥》）

大颶風，壞官廨及居民廬舍。（雍正《惠來縣志》卷一二《災祥》）

霪雨，壞官民廬舍。（萬曆《榆次縣志》卷八《災祥》）

大水，平地四尺，山河水漲，自西泡入，潭塌居民廬舍，城東田地多災。（順治《汾陽縣志》卷四《災祥》）

大水。（雍正《孝義縣志》卷一《祥異》）

大水，秋七月復大水，河決，平地水深丈餘。歲大饑。（嘉靖《武城縣志》卷九《祥異》）

至九月不雨，斗米易銀一錢五分，民饑疫死。有司奏聞，緩徵。（萬曆《無錫縣志》卷二四《災祥》）

芹始在茲土，適值大旱。二十四年六月復大旱，稻死於旱。二十三年無秋，麥死于水；二十四年無夏，茲復旱，燲流火滿空，焦禾殺稼。（萬曆《東流縣志》卷六《惠政》）

十一日戊寅巳時，天作大風，飛瓦拔木，濱海民溺死不可勝計。地震。（嘉靖《羅川志》卷四《祥異》）

十八日，日外有黑光，光外有青綠白氣襲之。（嘉靖《杞縣志》卷八《祥異》）

颶風，大雨水，城東南牆堞盡壞。（乾隆《香山縣志》卷八《祥異》）

暴雨如注，大水如河溪漢流彌月不息，漂木百，沒禾稼，壞室廬，民甚

苦之。（嘉靖《延津志·祥異》）

大雨。（乾隆《順德府志》卷一六《祥異》）

大雨水，嚙壞城東，周圍垛口俱頹。（光緒《鉅鹿縣志》卷七《災異》）

仍亢旱，四境蝗擾。（康熙《沙縣志》卷一一《災祥》）

中旬，磁灣海水翻，魚蝦皆斃，颶風繼作，復大疫。（乾隆《長樂縣志》卷一〇《祥異》）

至九月不雨。（嘉慶《溧陽縣志》卷一六《雜類》）

至九月，不雨，民饑疫死。（光緒《無錫金匱縣志》卷三一《祥異》）

大旱，自六月至九月不雨。（嘉慶《溧陽縣志》卷一六《瑞異》）

七月

己酉，以旱災免陝西蘭州，秦、金諸縣，甘、蘭、靖虜諸衛各稅粮有差。（《明世宗實錄》卷二八八，第5553頁）

壬子，山西平陽府地震有聲。（《明世宗實錄》卷二八八，第5556頁）

癸丑，上諭禮部曰："今年仲夏以後，霪沴非正，災人疾物者多。近復旬日不雨，又聞湖浙等處及近畿俱久旱……"（《明世宗實錄》卷二八八，第5556頁）

初三日夜二鼓，忽大水自縣城西來，嚙堤，由南關延慶寺內潰出，近居者房內水深三尺，至明方洩。圮房約五十餘間，溺死男婦九口，傷而未死者甚眾。（康熙《黎城縣志》卷二《紀事》）

甲子，以旱災免福建福州、興化、泉州、漳州諸府稅粮有差。（《明世宗實錄》卷二八八，第5559頁）

十六日未時，十一都忽暴雷震石。先是，大路旁有巨石壹片，方數丈。是日，忽暴雨雷電交作，石傍數十丈昏黑莫辨，隱隱雷鳴不止，往來者俱阻不敢進。約二時頃乃雨晴雷止。行者至，見石上刻五十七字，大六寸，皆如符篆之文，又有如禹刻者，竟莫辨其何字也，歲久，益不可辨矣。（民國

《沙縣志》卷三《大事》）

大雨，壞民廬舍。（雍正《深州志》卷七《事紀》）

縣北二十里，地名灘子頭，忽雷，擊死一人。（康熙《衡州府志》卷二二《祥異》）

風雹，雹大如栗，飛鳥死，亦傷人，穀俱壞。（萬曆《壽昌縣志》卷九《雜志》）

八月

乙酉，以旱災免湖廣承天府稅粮如例。（《明世宗實錄》卷二八九，第5565頁）

大風，禾始華，不實。（咸豐《興甯縣志》卷一二《災祥》）

不雨，至於九月，大饑。餘干大風拔木。（同治《饒州府志》卷三一《祥異》）

廣昌大風拔木。（順治《雲中郡志》卷一二《災祥》）

廣昌大風拔木，靈丘大水。（順治《雲中郡志》卷一二《災祥》）

方雨，米價頓減。（康熙《沙縣志》卷一一《災祥》）

颶風大作。歲大饑。（民國《莆田縣志》卷三《通紀》）

九月

辛丑，萬全都司地震有聲。（《明世宗實錄》卷二九〇，第5573~5574頁）

辛丑，夜，月犯心宿中星。（《明世宗實錄》卷二九〇，第5574頁）

己（抱本、閣本作"乙"）巳，寧夏地震有聲。（《明世宗實錄》卷二九〇，第5575頁）

壬子，以冰雹免陝西洮、岷、清水、西和、隴西等府衛州縣稅糧有差。（《明世宗實錄》卷二九〇，第5576頁）

壬子，時湖廣旱甚。（《明世宗實錄》卷二九〇，第5577頁）

己未，以旱災免湖廣永順宣慰等司、酉陽宣撫等司秋糧有差。（《明世宗實錄》卷二九〇，第5580頁）

庚申，巡撫湖廣都御史車純以旱災乞留工部廟建銀兩賑濟。（《明世宗實錄》卷二九〇，第5580頁）

大風拔木。（康熙《餘干縣志》卷三《災祥》）

至于十一月，不雨，疫。（同治《衡陽縣志》卷二《事紀》）

十月

壬午，雷，日昃風起，陰晦至戌，雷電大雨徹夜。（道光《桐城續修縣志》卷二三《祥異》）

壬午，雷，日晏風起，陰晦至戌，雷電大雨徹夜。（嘉靖《安慶府志》卷一五《祥異》）

壬午，雷。（康熙《望江縣志》卷一一《災異》）

壬午，大雷雨。（民國《太湖縣志》卷九《災祥》）

大風，紅霾四塞。（道光《重修武強縣志》卷一〇《機祥》）

西坑口天日晴霽，倏然雲物四作，風雨驟至，有一巨龍自天飛下，約長四五丈，有一小龍自江水上昇，俱文綵五色，光耀可畏。二龍夾舟跳躍進退，舟不能動，江垾行人伏地不敢仰視。倏忽天色稍明，即相行飛升而去。（康熙《增城縣志》卷一四《外志》）

雷電大作。（乾隆《潮州府志》卷一一《災祥》）

十一月

二十五日，雷震。（乾隆《長樂縣志》卷一〇《祥異》）

十二月

丙子，户部以江西各府旱災，議正兑米十八萬石，聽十三萬石，每石折銀七錢，改兑米十一萬有奇。聽九萬石，每石折銀六錢。南京倉糧三十三萬石，每石折銀五錢，及以九江鈔關税銀處補禄糧，不足，則以贛州鹽税銀撥

四萬益之，不為例。報可。（《明世宗實錄》卷二九三，第 5614～5615 頁）

戊寅，雷，暖氣如春。（嘉靖《安慶府志》卷一五《祥異》；道光《桐城續修縣志》卷二三《祥異》；民國《太湖縣志》卷九《災祥》）

戊寅，雷。（康熙《望江縣志》卷一一《災異》）

大風。（康熙《晉州志》卷一〇《事紀》）

武強大風，紅霾四塞。（嘉靖《真定府志》卷九《事紀》）

舒城冰介，著樹皆成花草，繼以雪，雷電交作。（嘉慶《廬州府志》卷四九《祥異》）

大雨雹。（道光《龍江志略》卷一《編年》）

雷電。（嘉靖《石埭縣志》卷二《祥異》；嘉靖《池州府志》卷九《祥異》）

十六日，始霜；十七日，大雨雹。（光緒《麻城縣志》卷一《大事》）

曉嵐四塞，咫尺晦冥，不勝書。（嘉靖《興寧縣志》卷一《災祥》）

是年

積雨十旬，正月至於四月，麥苗盡壞，夏復大旱，晚禾無收……十二月十六日始霜，十七日大雨雹。（光緒《麻城縣志》卷一《大事》）

春，旱，民饑，米價騰踊。（崇禎《隆平縣志》卷八《災異》；乾隆《隆平縣志》卷九《災祥》）

春，旱，饑，知縣王鳳請賑，得報可。（光緒《揭陽縣續志》卷四《事紀》）

春，大旱。（嘉靖《潮州府志》卷八《災祥》；乾隆《潮州府志》卷一一《災祥》）

夏，旱，秋，大饑。（康熙《德安安陸郡縣志》卷八《災異》；康熙《咸寧縣志》卷六《災祥》；道光《安陸縣志》卷一四《祥異》；光緒《德安府志》卷二〇《祥異》）

夏大旱，秋民饑。（光緒《金陵通紀》卷一〇中）

夏大旱，秋大饑。（光緒《咸甯縣志》卷八《災祥》）

夏，飛蝗蔽天，禾不能擎，棲集大樹，枝爲之折。（民國《定陶縣志》卷九《災異》）

夏，大旱，湖盡涸，為赤地，斗米銀二錢。（嘉慶《山陰縣志》卷二五《機祥》）

旱，饑。（嘉靖《商城縣志》卷八《祥異》；康熙《休寧縣志》卷八《機祥》；道光《石門縣志》卷二三《祥異》）

大旱，火，譙樓儀門燬，民居被災尤甚。（光緒《武昌縣志》卷一〇《祥異》）

旱。（嘉靖《上高縣志》卷二《機祥》；萬曆《新修餘姚縣志》卷二三《機祥》；順治《高淳縣志》卷一《邑紀》；康熙《孝感縣志》卷一四《祥異》；康熙《羅田縣志》卷一《災異》；乾隆《靖安縣志》卷一六《雜志》；乾隆《辰州府志》卷六《機祥》；嘉慶《松江府志》卷八〇《祥異》；嘉慶《瀏陽縣志》卷三四《祥異》；同治《上海縣志》卷三〇《祥異》；光緒《川沙廳志》卷一四《祥異》；光緒《孝感縣志》卷七《災祥》；光緒《餘姚縣志》卷七《祥異》；民國《南匯縣續志》卷二二《祥異》）

弋陽旱，傷稼。（同治《廣信府志》卷一《星野》）

大旱，自六月至九月不雨。（嘉慶《溧陽縣志》卷一六《雜類》）

大旱，乏食。（同治《湖州府志》卷四四《祥異》；光緒《歸安縣志》卷二七《祥異》）

大旱。（嘉靖《興化縣志》卷四《雜志》；嘉靖《進賢縣志》卷一《災祥》；嘉靖《安慶府志》卷一五《祥異》；嘉靖《江陰縣志》卷二《災祥》；嘉靖《含山邑乘》卷中《祥異》；萬曆《和州志》卷八《祥異》；萬曆《黃岡縣志》卷一〇《災祥》；康熙《武昌縣志》卷七《災異》；康熙《寧鄉縣志》卷二《災祥》；康熙《漳浦縣志》卷四《災祥》；乾隆《銅山志》卷九《災祥》；乾隆《平江縣志》卷二四《事紀》；乾隆《益陽縣志》卷一《祥異》；道光《江陰縣志》卷八《祥異》；道光《鄒平縣志》卷一八《災祥》；同治《醴陵縣志》卷一一《災祥》；同治《長興縣志》卷九《災祥》；光緒《漳浦縣志》卷四《災祥》；光緒《沔陽州志》卷一《祥異》；光緒《善化

縣志》卷三三《祥異》；民國《鄒平縣志》卷一八《災祥》；民國《太湖縣志》卷九《災祥》）

黑風晝晦，著物皆火。夏，霖雨，大水，饑。知府張謙請籍官庫代輸夏稅，民德之，為立生祠。（民國《大名縣志》卷二六《祥異》）

大旱傷稼，米石一兩八錢。（萬曆《嘉定縣志》卷一七《祥異》）

大旱，禾蹲（疑當作"稼"）無收，米價騰貴，石二兩，民食草木。（光緒《平湖縣志》卷二五《祥異》）

乙巳，休寧、績溪大旱，饑。（道光《徽州府志》卷一六《祥異》）

黑風晝晦，著物皆火。（康熙《南樂縣志》卷九《紀年》；光緒《南樂縣志》卷七《祥異》）

寧鄉大旱，醴陵大旱。（乾隆《長沙府志》卷三七《災祥》）

大旱，蝗。（道光《重修寶應縣志》卷九《災祥》）

大旱，疫。（萬曆《永新縣志》卷五《災變》；同治《永新縣志》卷二六《祥異》）

大旱，免糧二萬六千四百有奇，賑饑民九千餘户。（萬曆《興化縣新志》卷一〇《外紀》）

大旱，民饑，斗米值銀一錢八分。（萬曆《上虞縣志》卷三八《祥異》；光緒《上虞縣志》卷三八《祥異》）

大旱，穀昂貴，民間鬻子女，哭聲滿途。（光緒《蘭谿縣志》卷八《祥異》）

諸暨雨雹，大如斗，傷麥。（乾隆《紹興府志》卷八〇《祥異》）

蝗，大水，大疫。（道光《武陟縣志》卷一二《祥異》）

大旱，河底皆坼，饑，大疫，民多殍死。（乾隆《震澤縣志》卷二七《災祥》）

旱，大饑。（嘉靖《安吉州志》卷一《災異》；雍正《撫州府志》卷三《祥異》；乾隆《豐城縣志》卷一六《祥異》；同治《南昌縣志》卷二九《祥異》；民國《萬載縣志》卷一《祥異》）

大旱，無禾，斗米二百錢。（光緒《桐鄉縣志》卷二〇《祥異》；民國

《烏青鎮志》卷二《祥異》）

大旱，斗米千錢。（道光《蒲圻縣志》卷一《災異并附》）

大旱，螟食苗。（光緒《崑新兩縣續修合志》卷五一《祥異》）

大疫，雨雪淋淫者。（道光《宜黃縣志》卷二七《祥異》）

大旱，明年又旱，斗米銀二錢。（同治《嵊縣志》卷二六《祥異》）

大旱，大田饑。（乾隆《永春州志》卷一五《祥異》）

大旱，焦土，螟螣攢食苗心。次年復旱，河渠皆裂，米價每石一兩五錢，野多餓殍。（萬曆《崑山縣志》卷八《災異》）

夏秋，旱，民大饑。（光緒《石門縣志》卷一一《祥異》）

夏秋，南畿大旱，民饑。（同治《上江兩縣志》卷二下《大事下》）

夏秋，大旱，禾稼不登。（光緒《嘉善縣志》卷三四《祥眚》）

夏秋，大旱，民饑。（道光《上元縣志》卷一《庶徵》）

夏秋，大旱，饑。（萬曆《江浦縣志》卷一《縣紀》）

旱災，全免秋糧。（民國《太倉州志》卷二六《祥異》）

春，水。夏秋大旱，溝洫揚塵，禾苗盡槁。米石一兩七錢，稱大凶年。（道光《璜涇志稿》卷七《災祥》）

春，大水。（乾隆《沂州府志》卷一五《記事》）

春，旱，米價騰踴。（光緒《鉅鹿縣志》卷八《災異》）

春，平鄉、鉅鹿旱。（乾隆《順德府志》卷一六《祥異》）

春夏，大旱，秧不能植，蝗作，民大饑。又自九月至十一月無雨，炎熱如夏，民多疫。（嘉慶《安仁縣志》卷一三《災異》）

春夏，大旱，秧苗不植，蝗作，民大饑困。又自九月至十一月無雨，炎熱如夏，民多疫。及次年郡屬皆饑，穀騰貴，頃之無穀可糴，民多採竹實、劚蕨根以食，流亡不可勝數。（康熙《衡州府志》卷二二《祥異》）

春澇夏旱，半收。（康熙《藍山縣志》卷二《災異》）

春夏，霖雨，民皆舟行。（康熙《長垣縣志》卷二《災異》）

春至秋，不雨，民採草子樹皮充饑。（天啟《新修來安縣志》卷九《祥異》）

春至秋，不雨，民食草子樹皮充饑。（萬曆《滁陽志》卷八《災祥》）

春夏，大旱，田穀不登。（隆慶《平陽縣志·災祥》）

春冬，亢旱。（萬曆《泉州府志》卷一〇《官守》）

春夏，旱，大饑。（康熙《西平縣志》卷一〇《外志》）

春夏，旱。（嘉靖《真陽縣志》卷九《祥異》）

夏，雹。（雍正《直隸完縣志》卷一〇《機祥》）

夏，大旱。（萬曆《溧水縣志》卷一《邑紀》；嘉慶《績溪縣志》卷一二《祥異》）

夏，旱。（嘉靖《靖江縣志》卷四《編年》；民國《莆田縣志》卷三《通紀》）

夏，不雨，穀（傷）三分之一。大雨傾城，雷震死民兵於畫錦坊。（萬曆《大田縣志》卷三一《災異》）

夏，旱，饑。（嘉靖《興國州志》卷七《祥異》）

灤河溢。（康熙《永平府志》卷三《災祥》）

天方雨，忽雷火飛入鎮東樓，攝梁間，一斗拱出，墜於田間。（乾隆《臨榆縣志》卷一《災祥》）

滄大水，無麥禾，大疫。（乾隆《滄州志》卷一二《紀事》）

衛河決，泛清河，視十七年尤甚。（康熙《清河縣志》卷一七《災祥》）

汾河水溢，東西兩山無路，人行山上。城中水深數尺，西南城垣俱傾於水，沿河鎮店多漂没。（萬曆《靈石縣志》卷三《祥異》）

汾陽、孝義、榆次、文水、祁縣、靈邱大水傷稼。（雍正《山西通志》卷一六三《祥異》）

大水傷禾。（乾隆《平原縣志》卷九《災祥》）

大水。（光緒《費縣志》卷一六《祥異》）

大水，饑。（乾隆《東明縣志》卷七《災祥》）

大旱，無禾。石米一兩八錢。（光緒《江東志》卷一《祥異》）

大旱，傷稼。米石一兩八錢。（萬曆《嘉定縣志》卷一七《祥異》）

旱，無收。（萬曆《新修崇明縣志》卷八《災祥》）

大旱，米石一兩七錢。（萬曆《常熟縣私志》卷四《敘產》）

旱，饑，大疫，民多殍死。（嘉靖《吳江縣志》卷二八《雜志》）

大旱，免糧二萬六千四百石有奇，賑饑民九千餘戶。（嘉靖《興化縣志》卷四《五行》）

杭州大旱，無麥禾。石米價一兩八錢，餓莩載道。（萬曆《錢塘縣志·災祥》）

復大旱，無麥。（崇禎《寧志備考》卷四《祥異》）

大旱，禾蹲（疑當作"稼"）無收。米價騰貴，至二兩一擔，民食草木。（乾隆《平湖縣志》卷一〇《災祥》）

連旱，米價高昂。（嘉靖《宣平縣志》卷二《災眚》）

旱，地生莘薺，民賴以活。（康熙《合肥縣志》卷二《祥異》）

大旱，地產莘薺，民賴濟饑。（康熙《巢縣志》卷四《祥異》）

大旱，河水盡涸。穀價騰貴倍常。（康熙《廬江縣志》卷二《祥異》）

大旱，民多殍死。（康熙《安慶府潛山縣志》卷一《祥異》；道光《桐城續修縣志》卷二三《祥異》）

旱，蝗。（康熙《霍邱縣志》卷一〇《災祥》；乾隆《鳳陽縣志》卷一五《紀事》）

淮河水溢，壞廬舍，沒人畜。楷督舟拯溺，全活者甚眾。（同治《霍邱縣志》卷八《職官》）

泗州秋旱，蝗。饑。（萬曆《帝鄉紀略》卷六《災患》）

十三府旱，大饑……是年江西列郡皆饑，明年大饑，民多流散。（光緒《江西通志》卷九八《祥異》）

（景德鎮）旱，饑。斗米銀一錢五分。（乾隆《浮梁縣志》卷一二《祥異》）

大旱，無獲。（雍正《瑞昌縣志》卷一《祥異》）

旱，民無獲。（康熙《彭澤縣志》卷二《郵政》）

大旱，民多餓死，樹皮皆空。（康熙《武寧縣志》卷三《災祥》）

大旱，至秋七月雨。斗米七錢，人民半死，盜賊四起。撫案行府縣賑饑，民皆匍匐就食，死者相枕藉。（同治《星子縣志》卷一四《祥異》）

大旱，饑。（嘉靖《歸州志》卷四《災異》；康熙《寧州志》卷一《祥異》；同治《高安縣志》卷二八《祥異》）

雨雪淋漓者三月，稼穡在田，有至次年收者。（康熙《宜黃縣志》卷一《機祥》）

大水。冬大疫。（雍正《瀘溪縣志》卷一《祥異》）

大旱，疫。二麥不收，民食草根、蚯蚓。（康熙《安福縣志》卷一《祥異》）

自冬徂夏亢旱。是年至明年相繼大旱，民餓死者載路。（乾隆《晉江縣志》卷一五《祥異》）

旱。延平府知府馮岳賑沙縣饑民，散穀二千三百八十四石。次年復大旱，巡按御史何維柏按府，民告饑，因令平糶，每穀四斛，價銀五錢，共糶穀五千四百餘石。（道光《重纂福建通志》卷五二《蠲賑》）

黃河徙縣北留陳（疑當作"陳留"）口。（乾隆《儀封縣志》卷四《河渠》）

沁河決入衛，潀沒田舍。（順治《衛輝府志》卷一《山川》）

蝗，大疫。（乾隆《重修懷慶府志》卷三二《物異》）

黃河始北還故道，自後無復淹沒之患矣。（乾隆《鹿邑縣志》卷二《河渠》）

以旱災，免湖廣武昌、漢陽、承天、德安、黃州、荊州等府田租。（光緒《德安府志》卷六《蠲邮》）

歲大旱，楚諸郡尤甚，米斗百餘錢，民不免溝壑……自秋至明年夏，所賑銀粟十餘萬，活饑民無慮數百萬人。（乾隆《華容縣志》卷一二《志餘》）

大旱，民大饑。民間火。（嘉靖《漢陽府志》卷二《方域》）

大旱，民多剽掠。（嘉靖《黃陂縣志》卷中《災祥》）

大水，饑民死者眾。（同治《漢川縣志》卷一四《祥祲》）

大旱，占、晚稻俱無收。斗米至銀二錢，逃亡載道，以前無有也。（嘉靖《蘄水縣志》卷二《災祥》）

大旱，斗米千錢，餓殍載道。知縣李桂賑濟。（康熙《新修蒲圻縣志》卷一四《祥眚》）

歲大旱，野有餓殍。（康熙《監利縣志》卷九《人物》）

大旱。米湧貴，有烹子食母者。（乾隆《石首縣志》卷四《災異》）

水逼北城。（康熙《潛江縣志》卷一〇《河防》）

值歲大祲。（隆慶《岳州府志》卷九《秩祀》）

大旱，斗米三百錢。（康熙《臨湘縣志》卷一《祥異》）

岳州大旱，華容尤甚。於是山岳不雲，川湖岡澤，三時既違，百谷斯絶，邑之民稺僵鮐斃，羸仆壯移，殍靡華賤，啼兼子遺，父貨其子，夫鬻其妻。（乾隆《華容縣志》卷一〇《藝文》）

旱，斗米一錢。（康熙《新修醴陵縣志》卷五《人物》）

旱，蝗。大饑。（萬曆《郴州志》卷二〇《祥異》）

比年旱，饑。（光緒《東安縣志》卷五《列傳》）

澧州等縣大旱，饑莩盈野。（萬曆《澧紀》卷一《災祥》）

大旱，饑饉載道。（康熙《安鄉縣志》卷四《建設》）

大旱，明年大饑。（嘉慶《安化縣志》卷一八《災異》）

蝗入境。（康熙《茂名縣志》卷三《風俗》）

地震，風雹。（嘉靖《貴州通志》卷一〇《祥異》）

夏秋，大旱，斗米二百錢，禾稼不秀。（萬曆《秀水縣志》卷一〇《祥異》）

夏秋，大旱，河底皆坼。斗米二百文，禾稼不秀，較十八年尤甚。冬，盜賊橫行。（萬曆《嘉善縣志》卷一二《災祥》）

秋，大水。（嘉靖《興濟縣志書》卷上《祥異》；萬曆《冠縣志》卷五《祲祥》；民國《青縣志》卷一三《祥異》）

秋，騰越大水。（隆慶《雲南通志》卷一七《災祥》）

大旱，至二十五年四月方雨，升麥百錢。（光緒《丹陽縣志》卷三

○《祥異》）

大旱，至二十五年四月方雨，斗麥二錢。（萬曆《重修鎮江府志》卷三四《祥異》；光緒《丹徒縣志》卷五八《祥異》）

甲辰、乙巳歲大旱，道殣相望。（萬曆《常州府志》卷二《疆域》）

甲辰、乙巳連歲大旱赤地。米價騰踴，每石壹兩六錢，前此未有。（萬曆《上海縣志》卷一〇《祥異》）

甲辰、乙巳連歲亢旱。（康熙《滸墅關志》卷一四《神廟》）

二十三、二十四年，連旱。（萬曆《桃源縣志》上卷《祥異》）

二十三、二十四年，合郡連年大旱，湖盡涸為赤地。（萬曆《紹興府志》卷一三《災祥》）

二十三年、二十四年，連歲大旱，赤地，米穀涌貴，米一石值銀一兩六錢。（乾隆《婁縣志》卷一五《祥異》）

二十三年、二十四年，連歲大旱，赤地，米穀踴貴。（乾隆《華亭縣志》卷一六《祥異》）

二十三年、二十四年、二十五年皆大旱。（嘉慶《太平縣志》卷八《祥異》）

二十三、四、六年，旱。（萬曆《辰州府志》卷一《災祥》）

二十三年大旱，至二十五年四月方雨，洮湖生塵。二年之內，斗米銀二錢。（光緒《金壇縣志》卷一五《祥異》）

二十三年、四年連歲亢旱，斗米易銀一錢五分。知縣方逢時量戶賑濟，宜城簿湯應隆出米五百石。（萬曆《宜興縣志》卷一〇《災祥》）

二十三年，大旱，蝗。二十四年，大旱，蝗。（隆慶《寶應縣志》卷一〇《災祥》）

二十三年，大旱，二十四年，旱，太湖水縮。（同治《長興縣志》卷九《災祥》）

二十三、四年，合郡連年大旱，湖盡涸為赤地，斗米銀二錢，丐人饑死接踵。（康熙《紹興府志》卷一三《災祥》）

連歲亢旱，大饑，斗米二錢，民食葛蕨既盡，繼以烏蒜樹皮，流離餓殍

相望。（康熙《休寧縣志》卷八《機祥》）

二十三年，大旱。二十四年，大旱，民饑殍枕藉。（同治《湖口縣志》卷一〇《祥異》）

二十三年、二十四年連旱，禾稼傷損，民多餓殍。（康熙《弋陽縣志》卷一《祥異》）

二十三年甲辰、二十四年乙巳，相繼旱災，斗米三百餘錢，及潮民通糴，穀賤，斗米僅鬻三十文，一時存活愈於豐稔。（民國《同安縣志》卷三《災祥》）

二十三年、二十四年連旱，民饑死載道。（嘉慶《惠安縣志》卷三五《祥異》）

二十三年、二十四年，相繼大旱，民饑死載路。（乾隆《福建通志》卷六五《雜紀》）

二十三年春冬亢旱，二十四年麥漸向熟，復爲雨爛。（萬曆《泉州府志》卷一〇《宦蹟》）

二十三年、二十四年蘄州連旱，蝗蟲蔽野，斗米值銀二錢，民淘山蕨、采水芹、拾橡實、剥樹皮充腹，殍屍道傍不可勝記。兵備副使劉光文奏免田租之半。（康熙《蘄州志》卷一二《恤政》）

二十三年、二十四年，相繼大旱，民饑死者載道。（康熙《南安縣志》卷二〇《雜志》）

嘉靖二十四年（乙巳，一五四五）

正月

丁未，山西靈丘縣地震。（《明世宗實錄》卷二九四，第 5629 頁）

癸丑，雲南蒙自縣地震有聲。（《明世宗實錄》卷二九四，第 5631 頁）

武强大風，屋瓦皆飛。（嘉靖《真定府志》卷九《事紀》）

至六月乃雨，皆種黍。（萬曆《太谷縣志》卷八《災異》）

至五月，大潦。（萬曆《辰州府志》卷一《災祥》；道光《辰溪縣志》卷三八《祥異》）

閏正月

戊寅，金星晝見。（《明世宗實錄》卷二九五，第 5640 頁）

癸未，以水災詔山東兗州府所屬沂、費、郯、滕四州縣，免解本色馬徵價三年，河間府興濟縣一年。（《明世宗實錄》卷二九五，第 5640 頁）

壬辰，廣西桂林府雨雹。（《明世宗實錄》卷二九五，第 5645～5646 頁）

二十八日，大風異常，屋瓦皆飛。歲大旱，民逃亡。（康熙《武強縣新志》卷七《災祥》；道光《重修武強縣志》卷一〇《機祥》）

金星晝見。（道光《新會縣志》卷一四《祥異》）

二月

二十四日，乳源雷火，擊燒廬舍，瓦礫如塵。時天大雨，獨下街徐文紀家無雨。（同治《韶州府志》卷一一《祥異》）

雷火擊燒屠户徐文紀房屋，瓦礫如塵，時天大雨，獨其家無雨。（康熙《乳源縣志》卷一《災異》）

大旱，無麥，苗盡槁。歲大饑，民多殍，自二月至六月不雨，各邑俱荒，米麥每石銀三兩，盜賊充斥，邑里消耗，民多逃亡，餓死。（民國《台州府志》卷一三四《大事略》）

三月

己巳，直隸徽州府歙縣大雨雹。（《明世宗實錄》卷二九七，第 5662 頁）

丙子，陝西秦州地震。（《明世宗實錄》卷二九七，第 5664 頁）

嚴霜殞物。（嘉靖《淄川縣志》卷二《災祥》）

四月

丙申，上以久旱禱雨于神祇壇，命百官各齋戒，竭誠毋忽。（《明世宗實錄》卷二九八，第5675～5676頁）

至秋七月不雨，旱饑，大疫，斗米百錢。（道光《武康縣志》卷一《邑紀》）

旱，饑，大疫。（康熙《武康縣志》卷三《祥災》）

雨雹。（乾隆《長泰縣志》卷一二《災祥》）

初二日，雨雹。旱，蝗。（民國《臨沂縣志》卷一《通紀》）

大旱，四月至七月不雨。（康熙《文水縣志》卷一《祥異》）

五月

壬戌朔，日有食之。（《明世宗實錄》卷二九九，第5687頁）

丁丑，夜，月食。（《明世宗實錄》卷二九九，第5692頁）

戊子，四川成都府地震。（《明世宗實錄》卷二九九，第5693頁）

戊子，以旱災蠲山東東昌、兗州、登州、濟南諸州縣衛所夏稅屯粮如例，仍令支本省在京扣積餘銀四萬一千餘兩，抵納諸倉今歲麥課。（《明世宗實錄》卷二九九，第5693頁）

無麥，自五月不雨至於八月，大旱，米價騰涌至三百錢。（萬曆《銅陵縣志》卷一〇《祥異》）

大旱，百姓流移。（萬曆《棗强縣志》卷一《災祥》）

大旱，人民逃移。（康熙《武强縣新志》卷七《災祥》）

邑大火，焚居民百餘家。霖雨十二日，江水大發。（同治《臨湘縣志》卷二《祥異》）

大旱，饑。自五月六日不雨，至九月下旬始雨，民饑死者相藉。（康熙《宿松縣志》卷三《祥異》）

武强、衡水等縣大旱，人民逃移。□御史裴紳奏稱："真定所屬武强、衡水、武邑、棗强、□□、高邑等縣連年災傷，去歲大水，淹没秋禾，少收。月中水退，稍得布種麥田，一冬無雪。今春至夏不雨，地脈乾燥，風霾沙打，苗盡枯死，民無所望。秋禾未獲佈種，中間有佈種在地亦不能生，遍野赤地，斗米錢至百五十文。軍民缺食，鬻男賣女，父子不顧，餓莩載途，十室九空，老幼悲號，人心驚惶，日不聊生。"（嘉靖《真定府志》卷九《事紀》）

至六月不雨。饑，斗米值銀一錢。（乾隆《瑞金縣志》卷一《祥異》）

不雨，至於八月，歲大侵。（萬曆《青陽縣志》卷三《祥異》）

六月

戊戌，以旱災免山西太原、平陽、潞安所屬州縣夏稅如例。（《明世宗實錄》卷三〇〇，第5699頁）

庚子，以旱災蠲直隸保定、河間、真定、順德、廣平、大名諸州縣衛所田粮如例。（《明世宗實錄》卷三〇〇，第5703頁）

乙卯，以旱災免陝西延安、鞏昌、平涼、鳳翔、慶陽、西安諸州縣衛所田粮如例。（《明世宗實錄》卷三〇〇，第5711頁）

至次年正月，不雨，民大饑。（道光《辰溪縣志》卷三八《祥異》）

至次年正月，不雨，兵戈擾攘，饑饉相仍。（萬曆《辰州府志》卷一《災祥》）

大水。（崇禎《新城縣志》卷一一《災祥》；康熙《新城縣志》卷一〇《災祥》）

二日，河水溢，北關牆垣盡倒，居民僅以身免。（嘉慶《長山縣志》卷四《災祥》）

大雨，郡域大水殺人。（康熙《青州府志》卷二一《災祥》）

大旱，淮、浙之間溪壑絕流。（康熙《餘杭縣志》卷七《藝文》）

大旱。（嘉慶《東流縣志》卷一五《五行》）

初六日，大雨雹，禾稼傷。（嘉靖《龍巖縣志》卷下《災祥》）

大水，壞民廬舍。（嘉靖《淄川縣志》卷二《災祥》）

長泰、龍巖夏六月大雨雹，并大水漂廬，禾稼傷。（康熙《漳州府志》

卷三三《災祥》)

七月

大雨雹。(乾隆《杭州府志》卷五六《祥異》)

雨雹。(乾隆《湖口縣志》卷一六《祥異》;同治《都昌縣志》卷一六《祥異》;同治《九江府志》卷五三《祥異》;同治《德化縣志》卷五三《祥異》)

冰雹傷稼。(光緒《正定縣志》卷八《災祥》)

丁卯,杭州大雨雹。是日天晴,午後忽雨大雹。(康熙《仁和縣志》卷二五《祥異》)

四日,雨雹。(康熙《德安縣志》卷八《災異》)

大水山崩,壞民田舍。(同治《興國縣志》卷三一《祥異》)

不雨,至於丙午夏六月。(道光《龍安府志》卷一〇《祥異》)

不雨,至於丙午夏六月,旱燴之甚,千餘里皆赤地,加以病疫大作,人民凋敝,流亡過半。(嘉慶《內江縣志》卷五二《祥異》)

旱,至次年六月不雨,赤地千里。(光緒《永川縣志》卷一〇《災異》)

不雨,至於丙午夏六月,旱燴之甚,千餘里皆赤。(光緒《榮昌縣志》卷一九《祥異》)

八月

癸丑,遼東廣寧衛地震,有聲如雷。(《明世宗實錄》卷三〇二,第5739頁)

戊午,直隸龍門衛地震有聲。(《明世宗實錄》卷三〇二,第5740頁)

蝗,落地厚三寸。(嘉慶《增修贛榆縣志》卷三《災異》)

大水,漂廬害稼。(嘉靖《長泰縣志》卷下《災祥》)

隕霜損稼。詔免租。(乾隆《太原府志》卷四九《祥異》)

隕霜損稼皆盡。(萬曆《榆次縣志》卷八《災祥》)

閏八月

雹如彈,晚禾盡落,飛鳥有死者。(嘉慶《備修天長縣志稿》卷九下

《災異》)

九月

庚午，以旱災詔南直隸、浙江、江西、湖廣、河南所屬州縣及諸衛所田糧改徵折色有差。(《明世宗實錄》卷三〇三，第5744頁)

十月

庚子，以雹災免山西大同前、後二衛，渾、應二州，大同、廣靈二縣田粮如例。(《明世宗實錄》卷三〇四，第5758頁)

丁巳，夜，火星犯氐宿西南星。(《明世宗實錄》卷三〇四，第5762頁)

桃李花，浪頭村開桃花十數樹，焦家莊開李花十數樹，梨花數枝。(同治《欒城縣志》卷三《祥異》)

桃李花。(康熙《柏鄉縣志》卷一《災祥》)

十一月

壬午，夜，客星出天桴，入箕宿，越三日，轉東北方，逾月始没。(《明世宗實錄》卷三〇五，第5771頁)

癸未，以雹災免宣府諸衛所，并順、聖、川東諸城堡及直隸保安州田粮如例。(《明世宗實錄》卷三〇五，第5771頁)

木冰。(萬曆《太谷縣志》卷八《災異》；乾隆《太原府志》卷四九《祥異》)

十二月

甲午，祈雪，命文武大臣分告各宫廟。(《明世宗實錄》卷三〇六，第5775頁)

甲午，命諸臣分告宫廟祈雪。(《明史·五行志》，第460頁)

雨，二十四日雷，二十六日復雨。(嘉靖《光山縣志》卷九《災異》)

是年

春，淫雨，二麥無□，夏旱。（光緒《仙居志》卷二四《災變》）

春，旱，饑。秋，潦害稼。（乾隆《揭陽縣正續志》卷四《事紀》）

春，旱，斗米銀三錢。（崇禎《蠡縣志》卷八《災祥》；康熙《保定府志》卷二六《祥異》；康熙《清苑縣志》卷一《災祥》；雍正《高陽縣志》卷六《禨祥》）

春，旱，無麥禾。（康熙《定興縣志》卷一《禨祥》；光緒《定興縣志》卷一九《災祥》）

春，旱。（光緒《蠡縣志》卷八《災祥》）

春，大旱，秋潦傷禾。（嘉靖《潮州府志》卷八《災祥》；乾隆《潮州府志》卷一一《災祥》）

夏，南京大旱，饑。（光緒《金陵通紀》卷一○中）

夏，大水，年飢。（乾隆《莊浪志略》卷一九《災祥》）

夏，大旱。（道光《上元縣志》卷一《庶徵》）

亢旱，大饑，斗米二錢，民食葛蕨既盡，繼以烏蒜樹皮，流離餓殍相望。（康熙《休寧縣志》卷八《禨祥》）

大旱。（嘉靖《進賢縣志》卷一《災祥》；嘉靖《靖江縣志》卷四《編年》；嘉靖《江陰縣志》卷二《災祥》；萬曆《江浦縣志》卷一《縣紀》；萬曆《新昌縣志》卷一三《災異》；康熙《蕭山縣志》卷九《災祥》；乾隆《武昌縣志》卷一《祥異》；道光《江陰縣志》卷八《祥異》；同治《臨武縣志》卷四七《外紀》；光緒《無錫金匱縣志》卷三一《祥異》；光緒《武昌縣志》卷一○《祥異》；光緒《交城縣志》卷一《祥異》；光緒《靖江縣志》卷八《祲祥》；光緒《歸安縣志》卷二七《祥異》；光緒《湘潭縣志》卷三《事記》；光緒《桐鄉縣志》卷二○《祥異》；民國《太湖縣志》卷九《災祥》；民國《新昌縣志》卷一八《災異》）

大旱，赤地，米價騰貴。（民國《南匯縣續志》卷二二《祥異》）

復大旱。（隆慶《溧陽縣志》卷一六《異典》；嘉慶《溧陽縣志》卷一

六《雜類》；道光《重纂福建通志》卷五二《蠲賑》；同治《都昌縣志》卷
一六《祥異》）

復旱。（同治《廣信府志》卷一《星野》）

大饑。是年，上猶水。（同治《南安府志》卷二九《祥異》）

浙江旱。（乾隆《杭州府志》卷五六《祥異》；同治《湖州府志》卷四
四《祥異》）

蝗，民大饑。（光緒《石門縣志》卷一一《祥異》）

旱，太湖水縮。（同治《長興縣志》卷九《災祥》）

赤氣見西方，大旱，餓殍相枕藉。（光緒《永康縣志》卷一一
《祥異》）

大旱，河渠皆涸，野多餓殍。（光緒《崑新兩縣續修合志》卷五一
《祥異》）

長沙闔郡州邑大饑，益陽天雨黑穀。（乾隆《長沙府志》卷三七
《災祥》）

大旱，疫，水中浮屍相藉，舟楫爲梗。（萬曆《嘉定縣志》卷一七
《祥異》）

婺源大風雨雹，壞儒學兩廡號舍及文公祠坊，五顯廟。又縣儀門、吏
舍、民居失火。是年，休寧、婺源、祁門又大饑。（道光《徽州府志》卷一
六《祥異》）

大旱，蝗。（隆慶《寶應縣志》卷一〇《災祥》；道光《重修寶應縣
志》卷九《災祥》）

旱，大饑。（康熙《餘干縣志》卷三《災祥》；乾隆《龍溪縣志》卷二
〇《祥異》；同治《餘干縣志》卷二〇《祥異》）

大水，城垣廬舍皆傾，人民被溺，且多虎災。歲大饑，斗米銀四錢，邑
人張器捐穀賑救，全活甚眾。（光緒《上猶縣志》卷一《災祥》）

杭、嘉、湖三府旱。（光緒《嘉興府志》卷三五《祥異》）

旱，道殣相望。（光緒《嘉善縣志》卷三四《祥眚》）

大旱，赤地，米價騰貴，每石一兩六錢。（同治《上海縣志》卷三

〇《祥異》)

大旱，米價騰湧，死者枕藉。(道光《桐城續修縣志》卷二三《祥異》)

大旱，米踊貴。(嘉慶《松江府志》卷八〇《祥異》)

大旱，赤地，米價騰貴，每石值銀一兩六錢。(光緒《川沙廳志》卷一四《祥異》)

不雨，免糧二萬三千有奇。(萬曆《興化縣新志》卷一〇《外紀》)

大旱，太湖水涸，斗米百錢，人食草根木皮，大疫，路殍相枕。(乾隆《震澤縣志》卷二七《災祥》)

旱，大饑，斗米一錢五分。(康熙《饒州府志》卷三六《祥異》；同治《饒州府志》卷三一《祥異》)

大旱，無麥，禾秧甚槁。(康熙《臨海縣志》卷一一《災變》)

河水溢，聲聞數十里，秋禾咸被渰没。(順治《虞城縣志》卷八《災祥》；光緒《虞城縣志》卷一〇《災祥》)

大旱……是歲饑，大疫。(民國《吳縣志》卷五五《祥異考》)

大旱，無麥，飢死甚眾。(乾隆《縉雲縣志》卷三《災眚》；光緒《縉雲縣志》卷一五《災祥》)

旱災，巡撫都御史丁汝夔賑飢。(道光《徽州府志》卷五《邺政》)

秋，大水。(嘉靖《興濟縣志書》卷上《祥異》；民國《青縣志》卷一三《祥異》)

秋，隆慶大雨雹。(光緒《懷來縣志》卷四《災祥》)

地震，有聲如雷，廬舍城垣傾圮。(光緒《綏德直隸州志》卷三《祥異》)

地震，有聲如雷。(光緒《鳳縣志》卷九《祥異》)

春，隕霜殺禾。(民國《臨沂縣志》卷一《通紀》)

春，滛雨，二麥無收。夏旱，秧不入土。斗粟三百錢，饑民搶商米，下獄。(康熙《仙居縣志》卷二九《災異》)

春，大饑。夏秋，大旱。(嘉慶《績溪縣志》卷一二《祥異》)

春，大饑。夏，大旱。（嘉靖《池州府志》卷九《祥異》）

春，大饑。夏，大旱。民益饑死。（嘉靖《石埭縣志》卷二《祥異》）

春，滛雨，無麥。（雍正《瑞昌縣志》卷一《祥異》）

春，淫雨，無麥。斗米三錢，饑殍枕藉。（康熙《彭澤縣志》卷二《邮政》）

春，旱，復饑。（嘉慶《潮陽縣志》卷一二《紀事》）

春，旱，復饑……秋，潦，害稼。（雍正《揭陽縣志》卷四《祥異》）

春，旱。秋，潦，大饑。市無米穀貿易，民多菜色者。（嘉靖《大埔縣志》卷九《災異》）

春，旱，無麥。（嘉靖《永城縣志》卷四《災祥》）

春，水漲。夏，大旱，牛種俱無。（嘉慶《沅江縣志》卷二二《祥異》）

夏，旱。（嘉靖《興國州志》卷七《祥異》；乾隆《永寧縣志》卷一《災祥》；乾隆《曲阜縣志》卷二九《通編》；同治《南豐縣志》卷一四《祥異》）

夏，饑。秋，大疫。（乾隆《泰和縣志》卷二八《祥異》）

夏，鼉見。夜半大雨，中自天隕一鼉，落於人家庭中，大徑尺，人恐龍所化，送新興河中。（雍正《完縣志》卷一〇《禨祥》）

夏，蚄蚄生……冬，無雪。（萬曆《榆次縣志》卷八《災祥》）

旱，無麥禾。（民國《新城縣志》卷二二《災禍》）

大旱，斗米價至百五十文。（康熙《衡水縣志》卷六《事紀》）

大旱，自四月至七月不雨。（光緒《祁縣志》卷一六《祥異》）

北方白龍見，去縣四十里大雨如注，頃刻水深三尺。（順治《澄城縣志》卷一《災祥》）

大水，傷禾。（康熙《陵縣志》卷三《災祥》）

連年大旱，赤地。米價騰踊，每石壹兩六錢，前此未有。（萬曆《上海縣志》卷一〇《祥異》）

大旱，疫。（光緒《江東志》卷一《祥異》）

大旱，稻麥全無，民多菜色。（萬曆《新修崇明縣志》卷八《災祥》）

復大旱，民就丹陽石臼湖掘藕充食。（萬曆《溧水縣志》卷一《邑紀》）

大旱，湖水竭，民食盡，死者相望。（順治《高淳縣志》卷一《邑紀》）

大旱，太湖水涸，民有得軒轅鏡於岸者。大疫，積屍相藉。（康熙《蘇州府志》卷二《祥異》）

大旱，太湖水縮……稻麥全荒，人食草根樹皮。大疫，水中浮尸相籍。（崇禎《吳縣志》卷一一《祥異》）

復旱，河渠皆裂，米價騰貴，野多餓莩。（乾隆《崑山新陽合志》卷三七《祥異》）

大旱，河裂。米石一兩五錢。（民國《太倉州志》卷二六《祥異》）

又大旱。（萬曆《建昌縣志》卷一〇《災異》；乾隆《無錫縣志》卷四〇《祥異》）

武進縣大旱，蝗。至明年三月雨。暫緩京庫金花各衙門銀布等項。（萬曆《常州府志》卷七《賑貸》）

二十三年大旱，至二十五年四月方雨。洮湖生塵。二年之内斗米銀二錢。（光緒《金壇縣志》卷一五《祥異》）

旱，升米一錢五分。知縣方逢時量戶賑濟，宜城簿湯應隆出米五百石。（嘉慶《重刊宜興縣舊志》卷末《祥異》）

不雨，免糧二萬三千有奇。（嘉靖《興化縣志》卷四《五行》）

大旱，無禾，賑。（崇禎《泰州志》卷七《災祥》）

蝗。（康熙《沭陽縣志》卷一《祥異》）

嘉興、湖州、紹興、台州大旱，杭州、寧波、處州、溫州大饑，民多殍。（康熙《浙江通志》卷二《祥異附》）

大旱。每米一石價至一兩四錢。（康熙《桐廬縣志》卷四《災異》）

大旱。斗米一錢六分，民多疾疫，死者盈路。（萬曆《蕭山縣志》卷六《祥異》）

蝗。民大饑，道殣相望。（道光《石門縣志》卷二三《祥異》）

旱，斗米百錢。（萬曆《湖州府志》卷一《郡建》）

大旱，斗米值銀二錢。（萬曆《新修餘姚縣志》卷二三《機祥》）

大旱，民饑，米斗值銀錢有八分。（萬曆《會稽縣志》卷八《災異》）

大旱，斗米銀二錢。（嘉慶《太平縣志》卷八《祥異》；光緒《諸暨縣志》卷一八《災異》）

大旱，民饑。自四月至六月不雨，無麥，禾不下種。（康熙《天台縣志》卷一五《災祥》）

大旱，餓殍相枕藉。（康熙《永康縣志》卷一〇《祥異》）

旱，不為害。穀價八錢一石。（康熙《浦江縣志》卷六《灾祥》）

大旱，米價騰湧。（嘉靖《安慶府志》卷一五《祥異》）

河決野雞岡，南至泗州，合淮入海，遂溢蒙城、五河、臨淮等縣。（民國《重修蒙城縣志》卷三《河渠》）

臨淮大水灌城。（乾隆《鳳陽縣志》卷一五《紀事》）

大旱，民饑殍枕藉。（乾隆《湖口縣志》卷一六《祥異》）

旱，亦如前。（康熙《武寧縣志》卷三《災祥》）

大風雨雹，壞儒學兩廡號舍、文公祠坊及五顯廟……是年，又大饑。（康熙《婺源縣志》卷一二《機祥》）

旱。（同治《樂平縣志》卷一〇《祥異》）

大水，無麥苗。斗米百錢，市村競搶奪為亂。巡撫都御史虞守愚、巡按御史魏謙吉會奏，免稅糧十分之七。（隆慶《臨江府志》卷六《農政》）

大水，無麥苗。斗米百錢，市村競搶奪為亂。巡撫御史虞守愚、巡按御史魏謙會奏，免稅粮十分之七。（康熙《新喻縣志》卷六《農政》）

大旱，蝗食禾苗。（雍正《撫州府志》卷三《祥異》）

旱，大饑。民掘白土，雜米屑食，多殍死者。（同治《東鄉縣志》卷九《祥異》）

大水，無麥苗。升米百錢，村市競搶為亂。巡撫都御史虞守愚、巡撫都御史魏謙吉會奏，免稅糧十分之七。（道光《新淦縣志》卷一〇《祥異》）

大水，城垣廬舍皆傾，人民多被溺。且多虎災，歲大饑，斗米銀四錢。邑人張器捐穀賑救，全活甚眾。（光緒《上猶縣志》卷一《災祥》）

相繼旱災，斗米至三百餘錢。（民國《同安縣志》卷三《災祥》）

自舊年十月不雨，至是年三月，民疫，無麥。穀價騰踊，民劚草根、屑

木皮食之，道殣相屬，巡按何維栢檄官分賑。（乾隆《長樂縣志》卷一〇《祥異》）

旱，饑，斗米百二十文。（康熙《安海志》卷八《祥異》）

連旱，民饑死載道。（嘉慶《惠安縣志》在三五《祥異》）

大旱，民饑，死者載道。（康熙《南安縣志》卷二〇《雜志》）

旱。龍溪、漳浦、長泰、龍巖、南靖俱大饑。（康熙《漳州府志》卷三二《災祥》）

河決原武之黑洋山，南行至縣境，經潁州入於淮。（乾隆《項城縣志》卷四《災祥》）

全楚旱，斗米數百錢。（乾隆《湘潭縣志》卷一九《人物》）

旱。冬十一月，布政司發銀賑之，計賑一千四百六十兩六錢。（順治《蘄水縣志》卷一《紀事》）

再旱，民饑死者過半。（康熙《廣濟縣志》卷二《災祥》）

大旱，竹生實，采食之以活生。（同治《常寧縣志》卷一四《祥異》）

大有年。大水，東關外觀音閣衝圮，其塔地勢畧高，獨存。（光緒《靖州直隸州志》卷一二《祥異》）

連旱。（萬曆《桃源縣志》上卷《祥異》）

饑。天雨穀，黑色。（乾隆《益陽縣志》卷一《祥異》）

興仁鄉楊梅村前一夕大雨轟雷，傾陷爲潭。頃之，村遭回祿，賴此潭水汲救。（乾隆《清遠縣志》卷一四《紀事》）

旱，官賑。饑民採田芋山蕨食盡，糝柿葉蒸而噉之。（嘉靖《興寧縣志》卷一《災祥》）

旱，疫。（嘉靖《貴州通志》卷一〇《祥異》）

秋，大旱，米價騰踴如前，殍殣相望，室廬桑梓一望蕭然。（康熙《秀水縣志》卷七《祥異》）

秋，大旱，米價騰踴如前，道殣相望。（萬曆《嘉善縣志》卷一二《災祥》）

秋，雨過多，禾未成收。田野之間十室九空，而米麥每斗價錢至百五十

文，民皆採草木皮葉以充飢，而餓莩相枕者眾矣。至二十五年夏秋頗收，民始安。（嘉靖《魯山縣志》卷一〇《災祥》）

乙巳、丙午相繼旱，民大飢，餓莩平川壑。（崇禎《松江府志》卷三二《宦績》）

二十四年、二十五年連大旱，無禾。歲有賑。（康熙《淮南中十場志》卷一《災眚》）

嘉靖二十五年（丙午，一五四六）

正月

己未，是日雪。（《明世宗實錄》卷三〇七，第5789頁）

癸亥，群臣上表賀元旦雪。（《明世宗實錄》卷三〇七，第5789頁）

二月

不雨，至夏六月。（民國《無棣縣志》卷一六《祥異》）

不雨，至六月。大蝗。（康熙《海豐縣志》卷四《事記》）

三月

望前一日，晝晦如夜。（光緒《霑益州志》卷四《祥異》）

雨雹，硬如瓦礫，大如鵝卵，麥穗青秧悉悴，人畜遇之亦傷。（康熙《上高縣志》卷六《災祥》）

四月

庚戌，以靈雨應祈，羣臣表賀。（《明世宗實錄》卷三一〇，第5826頁）

丙午，潁州大雨雹，傷麥禾。（《國榷》卷五八，第3688頁）

不雨。（康熙《昌黎縣志》卷一《祥異》；民國《昌黎縣志》卷一二《故事》）

豐雨雹。（同治《徐州府志》卷五下《祥異》）

大雨雹。(嘉靖《徐州志》卷三《災祥》)

南康大水，城傾三之一，民廬多漂没者。(同治《南安府志》卷二九《祥異》)

雨雹。(道光《太原縣志》卷一五《祥異》)

雹大如卵。(光緒《霑益州志》卷四《祥異》)

不雨，雲。(嘉慶《灤州志》卷二《世編》)

二十日，東北有黑氣如牆，西南大雪雹，雹形如鵝卵、如馬首，麥盡壞。(光緒《麻城縣志》卷一《大事》)

大水，民居蕩析，田園湮没，民多被溺。(嘉靖《廣東通志初稿》卷六九《雜事》)

五月

丁巳，陝西洮州地震。(《明世宗實錄》卷三一一，第5831頁)

戊辰，以雹災免順天府薊州、玉田等州縣夏稅有差。(《明世宗實錄》卷三一一，第5834頁)

潦潮大溢。(嘉慶《新安縣志》卷一三《災異》)

宜都疾風，雹如雞卵大。石首霖雨害稼。(光緒《荆州府志》卷七六《災異》)

雨雹如拳。冬，太原木冰。(乾隆《太原府志》卷四九《祥異》)

月河泛，水溢，西關民舍、稻田多為沙淤。(萬曆《重修漢陰縣志》卷三《災祥》)

大水。(光緒《沔陽州志》卷一《祥異》)

二十三日，正午天紅，西北疾風起，雨雹如雞子大。(康熙《宜都縣志》卷一一《災祥》)

二十二日，正午天紅，西北疾風起，雨雹大如雞子。(同治《長陽縣志》卷七《災祥》)

潦，潮大溢。(康熙《新安縣志》卷一一《災異》)

雨。(康熙《昌黎縣志》卷一《祥異》)

六月

庚寅，山西廣昌縣大雨雹。（《明世宗實錄》卷三一二，第5845頁）

癸卯，慶孝穆皇后忌辰，遣長寧伯周大經祭茂陵。時大雨，山水暴發，道阻，有誤行禮。（《明世宗實錄》卷三一二，第5850～5851頁）

雨雹。九月，地震有聲。（光緒《豐縣志》卷一六《災祥》）

有蝗蔽天，自西北來，凡二日，所過田禾草木皆盡。（光緒《杭州府志》卷八四《祥異》）

大水，禾稼不稔，遠近居民漂溺甚眾。隆興寺前一木忽拔去，不知所止。（康熙《武清縣志》卷一《祲祥》）

灤州大水，壞開平中屯衛北城七十丈。（康熙《永平府志》卷三《災祥》）

淫雨五晝夜，水溢入城，壞廬舍，人多溺死。（民國《安次縣志》卷一《五行》）

六日，漳水澄清三日。（乾隆《襄垣縣志》卷八《祥異》）

雷傷邯鄲縣民溫廷華。（嘉靖《廣平府志》卷一五《災祥》）

大旱，蝗自西北來，凡二日，所過田禾草木俱盡。（崇禎《吳縣志》卷一一《祥異》）

大蝗自西北來，凡二日，所過田禾草木俱盡。（萬曆《錢塘縣志·災祥》）

大蝗，凡二日，所過田禾草木俱盡。（嘉慶《餘杭縣志》卷三七《祥異》）

黃河決，潗沒民田。（嘉靖《夏邑縣志》卷五《災異》）

水。（嘉慶《灤州志》卷一《祥異》）

淫雨五晝夜，水溢入城，壞廬舍，人多溺死。（民國《東安縣志》卷一《地理》）

至七月，大雨如注，水深數尺，禾稼盡沒，城垣民舍傾覆甚多。（康熙《三河縣志》卷上《災異》）

至七月大雨，水深數尺，禾稼俱沒，城垣民舍傾覆甚多。（光緒《順天府志》卷六九《祥異》）

七月

戊午，户科給事中李珊以京師霪雨，疏請修省，會雨已止。（《明世宗實錄》卷三一三，第5853頁）

戊午，雷電雨雹。（《明世宗實錄》卷三一三，第5854頁）

甲子，上以久雨民飢，禮（各本"禮"上有"諭"字）部議處賑濟蠟燭、橎（舊校改"橎"作"幡"）竿二寺，荸餓者日給米三石之外，仍加一石。（《明世宗實錄》卷三一三，第5860頁）

丁卯，以旱災免河南府所屬陝州、洛陽等州縣，弘農、衛輝等衛所夏稅有差。（《明世宗實錄》卷三一三，第5860頁）

灤州、昌黎大風。（康熙《永平府志》卷三《災祥》）

大水，無禾。（乾隆《杭州府志》卷五六《祥異》）

淫雨至九月，傷禾稼，東南田潦没殆盡。（萬曆《合肥縣志·祥異》）

雨雹。（康熙《長泰縣志》卷一〇《災祥》；乾隆《龍溪縣志》卷二〇《祥異》）

鹹潮泛湧，異于平時，沿海田被傷者過半。高鄉苦旱，輟耕者亦多。（乾隆《吳川縣志》卷九《事蹟紀年》）

大風。（康熙《昌黎縣志》卷一《祥異》）

大風，蝗飛渡灤，蝗未落境。（嘉慶《灤州志》卷一《祥異》）

不雨。（萬曆《榆次縣志》卷八《災祥》）

至冬十月，大水，無年。（萬曆《錢塘縣志·災祥》）

八月

庚寅，甘肅奏天鼓鳴。（《明世宗實錄》卷三一四，第5873頁）

戊戌，午時，南方流星大如碗，赤色，光如斗大，起自中天，西南行至近濁。（《明世宗實錄》卷三一四，第5875頁）

己亥，大同平虜衛地震。（《明世宗實錄》卷三一四，第5875頁）

壬寅，以水災免霸州、宛、大等州縣，武清等衛所稅粮有差，仍行撫臣

設法賑濟。(《明世宗實錄》卷三一四，第 5875 頁)

壬寅，順天府通州、武清等十州縣霪雨，壞田禾。(《明世宗實錄》卷三一四，第 5882 頁)

壬子，以水災免山東萊、登、青、兗、東昌五府所屬膠州、平度等二十六州縣，及寧海、莒州等十二衛所糧草子粒有差。(《明世宗實錄》卷三一四，第 5885 頁)

颶風，傷稼壞舟，椿多溺死。(道光《新會縣志》卷一四《祥異》)

京師大雨，壞九門城垣。順天饑。(《明史·五行志》，第 475 頁)

大雨，水傷禾稼。(萬曆《棗強縣志》卷一《災祥》)

二十一日，雨雹如雞卵……二十四日雨雹傷禾。(康熙《昌樂縣志》卷一《祥異》)

颶風傷稼，大壞舟椿，民多溺死。陂池隄決，魚皆散逸。(乾隆《香山縣志》卷八《祥異》)

颶風傷稼，壞舟椿，民多溺死。(萬曆《新會縣志》卷一《縣紀》)

九月

戊辰，江西旱災，石城王府輔國將軍宸瀜、宜春王府輔國將軍宸凉(抱本作"凉")各捐祿賑飢，撫臣以聞，上嘉之，命撫按官以禮獎勵。(《明世宗實錄》卷三一五，第 5888 頁)

庚午，陝西鞏昌府地震有聲。(《明世宗實錄》卷三一五，第 5888 頁)

壬申，以畿內水災，詔蠲免工部本年四司料價。(《明世宗實錄》卷三一五，第 5895 頁)

己卯，以水災詔免鳳、淮、揚三府所屬州縣，宿州等二衛所稅糧有差。(《明世宗實錄》卷三一五，第 5899 頁)

颶，城樓傾圮，官舍民房倒塌難以數計。(宣統《高要縣志》卷二五《紀事》)

颶風。時當收穫，下海禾船盡覆，溺死農民者甚眾。(康熙《順德縣志》卷一三《紀異》)

颶風傷禾。（光緒《新寧縣志》卷一三《事紀略》）

颶風大作，城樓官舍民居俱壞。（萬曆《肇慶府志》卷一《郡紀》）

大水。九月初二日，雨雹，地震如雷。（道光《榮成縣志》卷一《災祥》）

大水。九月初二日，雨雹。（雍正《文登縣志》卷一《災祥》）

十月

辛卯，金星晝見。（《明世宗實録》卷三一六，第 5902 頁）

雷。（道光《象山縣志》卷一九《機祥》）

十一月

丙寅，以雹災免宣府前等衞所，并順、聖、川東等城堡屯粮。（《明世宗實録》卷三一七，第 5915 頁）

癸未，寧夏衞地震有声。（《明世宗實録》卷三一七，第 5920 頁）

大雨，次日大雪。（嘉靖《徽郡志》卷八《附祥異》）

霜。（嘉靖《興寧縣志》卷一《災祥》）

十八日，木冰。（萬曆《榆次縣志》卷八《災祥》）

十二月

甲午，上諭禮部："冬至雖雪，雜以霜霧，物厲（舊校改'厲'作'癘'）人災，仍求正瑞。朕自十一日至二十日，為民祈福于洪應殿，諸司停刑禁屠如例，毋得怠視。"（《明世宗實録》卷三一八，第 5924 頁）

己亥，雪。廷臣以瑞雪應祈，各上表賀。上曰："朕為民祈豐，仰荷上天垂眷，瑞雪即降，朕心感悦。"禮部尚書費寀獻《瑞雪頌》，詔留覽。（《明世宗實録》卷三一八，第 5924 頁）

丁未，以水災免河南歸德、開封等府并（閣本作"所"）屬（閣本"屬"下有"虞城、臨穎等"五字）縣税粮有差。（《明世宗實録》卷三一八，第 5929 頁）

十八日，木再冰，皆凝。（萬曆《榆次縣志》卷八《災祥》）

是年

春夏，七浦潮兩至。（民國《太倉州志》卷二六《祥異》）

夏，南畿旱。（光緒《金陵通紀》卷一〇中）

蝗，水没寶積橋。（乾隆《盱眙縣志》卷一四《菑祥》；光緒《盱眙縣志稿》卷一四《祥祲》）

鹹潮泛湧，潮田被傷，高鄉苦旱。（光緒《吳川縣志》卷一〇《事略》）

霪雨七晝夜。（萬曆《保定縣志》卷九《附災異》；民國《霸縣新志》卷六《灾異》）

大雨害稼。（嘉慶《青縣志》卷六《祥異》；民國《青縣志》卷一三《祥異》）

雨雹。（嘉靖《武安縣志》卷三《灾祥》；萬曆《林縣志》卷八《災祥》；乾隆《武安縣志》卷一九《祥異》）

水決東河隄，入縣治，往來以舟。（光緒《潛江縣志續》卷二《災祥》）

大旱，歲祲，米價三倍。（光緒《靖江縣志》卷八《祲祥》）

大旱，人屑榆皮以食，流殍載道。（道光《江陰縣志》卷八《祥異》）

大雹，壞官民廬舍。（康熙《博興縣志》卷八《災異》；道光《重修博興縣志》卷一三《祥異》）

木冰。（民國《太谷縣志》卷一《年紀》）

秋，大水。（康熙《文安縣志》卷八《災祥》；民國《景東縣志稿》卷一《災異》）

不雨。（崇禎《寧海縣志》卷一二《災祲》）

蝗蝻生。（乾隆《隆平縣志》卷九《災祥》）

大旱，米麥價三倍於常。（嘉靖《靖江縣志》卷四《編年》）

春，大風。（乾隆《直隸易州志》卷一《祥異》）

春，多雨。夏，大饑。秋，僅熟。（嘉靖《石埭縣志》卷二《祥異》）

春夏，旱。（萬曆《淄川縣志》卷二二《災祥》）

夏，霪雨四十餘日。（康熙《山海關志》卷一《災祥》；民國《綏中縣志》卷一《災祥》）

夏，連霈如注，漂没民舍。（萬曆《即墨志》卷一〇《藝文》）

夏，大水。（萬曆《沂州府志》卷一《災祥》；康熙《郯城縣志》卷九《災祥》）

夏，旱。（萬曆《績溪縣志》卷一二《祥異》）

夏，棗陽蛟起。潛江水。（民國《湖北通志》卷七五《災異》）

通、泰大水，沿河民居漂没甚眾。（康熙《通州志》卷一一《災異》）

大水，無禾。（乾隆《寶坻縣志》卷一四《禨祥》；光緒《寧河縣志》卷一六《禨祥》）

開平城在州城西南九十里……大水壞北城七十丈。（光緒《灤州志》卷一〇《城池》）

大水，害禾稼。（康熙《香河縣志》卷一〇《災祥》）

霖雨七晝夜，山水漲溢，壞民田舍。（嘉靖《霸州志》卷九《災異》）

大水，禾稼不登，居民漂溺甚眾。（康熙《永清縣志》卷一《禨祥》）

大風。（崇禎《廣昌縣志·災異》）

蝗蝻生。知縣楊自劭建八蜡神廟，祈禱捕蝻。（崇禎《隆平縣志》卷八《災異》）

木再冰，凝綴如玉，日晡未消。（萬曆《太谷縣志》卷八《災異》）

大水。（萬曆《合州志》卷八《災祥》；康熙《米脂縣志》卷一《災祥》；同治《重修寧海州志》卷一《祥異》；光緒《費縣志》卷一六《祥異》）

運河水竭。秋，河決，水浸金鄉諸縣。（乾隆《濟甯直隸州志》卷一《紀年》）

黄河決，水没廬舍田禾，居民多溺死者。（康熙《金鄉縣志》卷一六《災祥》）

河決曹縣。（乾隆《曹州府志》卷五《河防》）

旱，民大饑，饑莩平川壑。（崇禎《松江府志》卷二二《宦績》）

邑城雨赤豆。（光緒《常昭合志稿》卷四七《祥異》）

旱，民大饑，縣為糜食之。是年淮、揚等處有司閉糴，撫按移文通販。（康熙《武進縣志》卷一二《賑貸》）

大旱，賑。（崇禎《泰州志》卷七《災祥》）

決曹縣，水仍下邳、宿。至三十二年，徐、邳十七州縣連被水患，自是迄隆慶初，徐西河水横決，皆由宿遷東南流入淮。（同治《宿遷縣志》卷一〇《河防》）

大旱，無禾。（康熙《淮南中十場志》卷一《災眚》）

海溢。（萬曆《新修餘姚縣志》卷二三《譏祥》）

泗州大水，旴有蝗。（萬曆《帝鄉紀略》卷六《災患》）

大旱，斗米銀二錢。（嘉慶《太平縣志》卷八《祥異》）

江西旱，饑。（《明史·五行志》，第 484 頁）

河決。（康熙《睢州志》卷七《祥異》）

水決東河。（康熙《潛江縣志》卷一〇《河防》）

大旱。（萬曆《辰州府志》卷一《災祥》）

瀧湫潭涸，凡七日，水始如舊。（康熙《連州志》卷七《變異》）

颶風淫雨，三門城樓盡壞。（光緒《高明縣志》卷三《城池》）

州縣旱，遂寧、安岳尤甚。（嘉靖《潼川志》卷九《祥異》）

雨泥，草木皆有泥漿，斗米千錢。（乾隆《威遠縣志》卷一《祥異》）

秋，霖雨害穡。（乾隆《石首縣志》卷四《災祥》）

秋，蝗遍野。（嘉靖《威縣志》卷一《祥異》）

秋，大水，野禾漂没十之六。（萬曆《雄乘·災異》）

（景東府）秋，大水。（隆慶《雲南通志》卷一七《災祥》）

二十五年至二十七年，俱秋澇。（萬曆《寧津縣志》卷四《祥異》）

嘉靖二十六年（丁未，一五四七）

正月

雨霰，木冰。（民國《湖北通志》卷七五《災異》）

十八日夜，雷震雨雹。（乾隆《潮州府志》卷一一《災祥》）

二月

己丑，陝西階州地震有聲。（《明世宗實錄》卷三二〇，第5943頁）

大雨雹。（康熙《武平縣志》卷九《祲祥》；乾隆《汀州府志》卷四五《祥異》；乾隆《龍川縣志》卷一《災祥》）

龍巖大水，敗田廬。（道光《龍巖州志》卷二〇《雜記》）

初四日，大雨雹。（道光《直隸南雄州志》卷三四《編年》）

大雨雹，傷牛馬。（乾隆《南雄府志》卷一七《編年》；光緒《長汀縣志》卷三二《祥異》）

十二日，雹大如拳，擊死梓樺人林萬勝及石厓頭廖家馬。是月三十日，雷擊死烏池人王玉昇。秋，大風傷禾。（嘉靖《興寧縣志》卷一《災祥》）

夜風雷摧學宮松，傷戟門梁柱。（康熙《全州志》卷一《災祥》）

三月

己卯，時久旱，上禱雨于宮中。是日大雨，詔建恭謝玄澤，醮典（抱本、廣本、閣本作"典"）停封止刑（廣本作"停刑止封"）三日。（《明世宗實錄》卷三二一，第5970頁）

霪雨，苗以冷而槁死，歲大飢。（咸豐《順德縣志》卷三一《前事畧》）

三日，大雨，水漲，敗田廬。（嘉靖《龍巖縣志》卷下《災祥》）

小雨如血。（道光《新會縣志》卷一四《祥異》）

大旱。（康熙《石城縣志》卷三《祥異》）

四月

丙申，金星晝見。（《明世宗實錄》卷三二二，第5978頁）

夏四、五月不雨，知州潘嗣冕竭誠祈禱，不雨，憂甚。或曰：湯顛董秘僧潭中有龍，能興雲雨。公往祀之，將至潭，龍現於路左，形圓類魚，長若滿尺，吻左右有金線二道，至尾似鰍，而末兩分，又如鰲，腹下四足，有爪如龍，惟三鱗碧色光澤，性不畏人。公祝之，入瓶中，行近州，大雨如注，

三日方止，四境霑足。放之野，雷雨龍從而去。秋大熟。（萬曆《趙州志》卷三《祥異》）

五月

大雨，河決，漂荡田廬，免田租之半。（嘉靖《夏邑縣志》卷五《災異》）

星隕，天鼓鳴，有火光。（民國《無棣縣志》卷一六《祥異》）

五日，風霾，民潰亂。（天啟《中牟縣志》卷二《物異》）

六月

庚辰，朔州大風，晝晦如夜。（《國榷》卷五九，第3702頁）

冰雹傷人。時暴雨猛風，冰雹大如鵝卵，起北辛莊，至南尚村，偃稼折木者五十八村，死傷人民六十餘口。（康熙《晉州志》卷一〇《事紀》）

狂風起自西北，拔樹飄瓦，經無極之境，向東南而去。既而冰雹大作，禾稼盡平。（康熙《重修無極志》卷下《事紀》）

水。（嘉慶《灤州志》卷一《祥異》）

河溢，漂田廬。（民國《大名縣志》卷二六《祥異》）

朔州左衛大風霾，晝晦如夜。次年大荒。（雍正《朔平府志》卷一一《祥異》）

朔州大風，晝晦。（順治《雲中郡志》卷一二《祥異》）

十二日，河決入城，官廨民舍蕩然一空，溺死男女無筭。（光緒《曹縣志》卷一八《災祥》）

颶風大雨，壞民居，傷禾稼。（光緒《樂清縣志》卷一三《災祥》）

河水溢，田廬漂没殆盡，民轉徙過半。（康熙《開州志》卷四《災祥》）

辛卯，大水……是年曹縣淊没。（康熙《長垣縣志》卷二《災異》）

桂陽縣忽溪頭東岡山崩，平地湧水，天地晦冥，彌漫入城深一丈餘，直抵縣，及明倫堂，兩廡牆垣俱圮。（萬曆《郴州志》卷二〇《祥異》）

大水，較嘉靖二十一年低二尺，沿江禾稼大害。（嘉慶《内江縣志》卷二三《祥異》）

復大水，較二十一年低二尺，城垣房屋更多傾頹。（乾隆《富順縣志》卷一七《祥異》）

大雨水，傷禾稼。（康熙《石城縣志》卷三《祥異》）

七月

乙丑，陝西甘州五衛風霾，晝晦，尋變赤，復黃。（《明世宗實錄》卷三二五，第6021頁）

癸酉，平涼之華亭縣大水。（《國榷》卷五九，第3704頁）

大水，壞傷民舍禾稼。（嘉靖《徐州志》卷三《災祥》）

大水。（乾隆《碭山縣志》卷一《祥異》）

徐、蕭大水，壞民居禾稼。（嘉慶《蕭縣志》卷一八《祥異》）

有黑龍見蝘磯山下，水暴漲二丈，忽涸見底。（乾隆《蕪湖縣志》卷一八《磯祥》）

初九日夜，大雨達旦，溪流泛漲，城不没者三版。（民國《同安縣志》卷三《災祥》）

羅容寨雨雹，色赤。是年旱，蝗。（乾隆《石屏州志》卷一《災異》）

風雨飄瓦拔木。（乾隆《淄川縣志》卷三《災祥》）

不雨，至十二月二十日始雨。（道光《石門縣志》卷二三《祥異》；光緒《石門縣志》卷一一《祥異》）

八月

大雨，郡城南街水入人家，潯至半壁，各鄉俱水災。（乾隆《晉江縣志》卷一五《祥異》）

雨雹，大如雞卵，傷稼。（光緒《祁縣志》卷一六《祥異》）

雨雹，大如雞卵，深二尺，傷秋稼。（康熙《文水縣志》卷一《祥異》）

嚴霜殺稼，迄冬，米價騰湧。（嘉靖《澄城縣志》卷一《災祥》）

大水。（康熙《南安縣志》卷二〇《雜志》）

隕霜三日，百物盡殺。（嘉靖《貴州通志》卷一〇《祥異》）

九月

丁卯，以水災命改山東曹縣城武金鄉備用馬折色三年，魚臺、單縣二年。（《明世宗實錄》卷三二七，第6035頁）

霜露繁，晚禾秀而不實。穀價騰湧，百姓艱食。（康熙《石城縣志》卷三《祥異》）

霜露繁，晚稻多秀不實，米穀登價，百姓艱食。（嘉靖《廣東通志初稿》卷七〇《雜事》）

十月

甲寅，因水災免租稅。（民國《昌黎縣志》卷一二《故事》）

十一月

狂風大作，遮蔽天日，白晝張燈，人民大驚。（雍正《朔州志》卷二《祥異》）

十二月

辛未，大風霾，占主邊警。（《國榷》卷五九，第3710頁）

十八日，大雷電。（光緒《麻城縣志》卷一《大事》）

是年

春，大陰，雨雪傷稼。夏旱，秋雨，大饑，訛言盜入城。（嘉靖《徽郡志》卷八《附祥異》）

夏，大水。（康熙《三水縣志》卷一《事紀》；嘉慶《三水縣志》卷一三《災祥》）

播州大旱。（道光《遵義府志》卷二一《祥異》）

旱。（同治《嵊縣志》卷二六《祥異》；光緒《孝感縣志》卷七《災祥》）

春，旱。秋，大熟。（雍正《高陽縣志》卷六《機祥》；乾隆《滿城縣志》卷八《災祥》；光緒《保定府志》卷四〇《祥異》；光緒《蠡縣志》卷八《災祥》）

春，大陰，雨雪傷稼。夏，旱。秋，雨，大饑。（嘉靖《徽郡志》卷八《祥異》）

春，霪雨，禾苗凍死。夏秋，饑。（宣統《南海縣志》卷二《前事補》）

春，隕霜殺麥。（康熙《博平縣志》卷一《機祥》）

春，霪雨，秧苗凍死。歲饑。（乾隆《香山縣志》卷八《祥異》）

夏，旱。秋，大水。（同治《重修寧海州志》卷一《祥異》）

夏，旱。（萬曆《淄川縣志》卷二二《災祥》；嘉慶《績溪縣志》卷一二《祥異》）

夏，蝗入境，至秋大盛，忽降霖雨數日，俱盡。（民國《英山縣志》卷一四《祥異》）

饑。春夏不雨。秋，大雨水，傷禾稼。（嘉靖《廣東通志初稿》卷七〇《雜事》）

（高州縣）大水，西南隍岸崩及城西南樓基浸塌。（雍正《廣東通志》卷五《城池》）

夏，高要、高明大水。（萬曆《肇慶府志》卷一《郡紀》）

夏，大水，護城隍裂二十餘丈，水漏入，幾決。知府胡純督丁夫塞之。（道光《高要縣志》卷一〇《前事畧》）

入夏淫雨不止，傷及禾稼，新尹洪洞張公涇冒雨至汧，欽上命也。方其始至，屏壁傾倒，眾以為不祥。時復有人見一白叟，傳云：六月二十五日大水衝城，人遭陷溺。不信者以為妖言，及是夜半，雷聲震驚，雨勢滂沱，電光灼耀中見有紅黃氣繞聚暉河，象若相致，少焉，北城一隅為水所傾，自西而南俱傾溺矣。（《石門遺事·地理》）

夏，大旱。（萬曆《武定州志》卷八《災祥》）

夏，一日雹雨大作，三塚山有一雹大如屋，七日消未盡。（康熙《鄆州志》卷七《災祥》）

大雨雹。（嘉靖《隆慶志》卷八《祥異》；乾隆《蒲臺縣志》卷四《災異》）

大水。（康熙《平樂縣志》卷六《災祥》；嘉慶《永安州志》卷四《祥異》；民國《新城縣志》卷二二《災禍》）

漳水入城。（雍正《肥鄉縣志》卷二《災祥》）

洵水沖漲，漂沒田廬無數。（光緒《洵陽縣志》卷一四《祥異》）

黃河大汛，潏没園圃。（康熙《重纂靖遠衛志》卷一《祥異》）

暴雨如注，大風拔木。（康熙《德平縣志》卷三《災祥》）

大水，小清河決蔡家口。（康熙《博興縣志》卷三《河患》）

小清河決蔡家口，大水。（康熙《高苑縣志》卷八《災祥》）

旱……河決曹縣，衝穀亭，運道淤。（乾隆《濟寧直隸州志》卷一《紀年》）

河城圮。（康熙《城武縣志》卷三五《災寢》）

柳中有古木為蜃，出没巨浪中，風狂雨驟，咫尺莫辨。（光緒《金山縣志》卷一七《祥異》）

自夏至冬，浙江潮汐不至，水源乾涸，中流可泳而渡。舊江面十八里，而今止一線，真異事也。（乾隆《蕭山縣志》卷一九《祥異》）

雨壞（城垣）尤甚。（嘉靖《漳平縣志》卷二《城池》）

河南徙，決睢州官亭，壞州城堤。（康熙《睢州志》卷七《祥異》）

大雨，河決，詔免田租之半。（乾隆《虞城縣志》卷一〇《災祥》）

雷，震死民王絃。（康熙《鹿邑縣志》卷八《災祥》）

漢水溢，鍾祥堤決，潛邑塔兒灣亦決，漢川受水患者十八載。是時京邑泗汊等湖半淤淺，平邑西竹筒牛角灣等河復堙，水患日甚。（同治《漢川縣志》卷一四《祥祲》）

大旱。（萬曆《辰州府志》卷一《災祥》；乾隆《瀘溪縣志》卷二二《祥異》）

大旱，民多飢死。（道光《辰溪縣志》卷三八《祥異》）

（臨安府）自春迄夏不雨，有蟲如螟傷苗，羣鴉食之，為雷擊死。（隆

慶《雲南通志》卷一七《災祥》）

（貴陽）旱。（嘉靖《貴州通志》卷一〇《祥異》）

秋，大水。（萬曆《襄陽府志》卷三三《災祥》）

秋，霪雨為祟，漳水泛漲，波濤洶湧，趨城市如壑，敗垣之下，皆成江河。（萬曆《廣平縣志》卷四《城池》）

秋，隕霜殺稼。民饑。（民國《沁源縣志》卷六《大事考》）

秋，大霖，雨雹，雪。督府征兵治戰，具謀討河南虜。霜，殺禾。饑。（嘉靖《平涼府志》卷三《祥異》）

秋，澇。（萬曆《寧津縣志》卷四《祥異》）

秋，大水，平地橫流，其雨如注，霧氣障塞，內似有鱗甲象，俄而上騰，或謂龍之伏躍也。（咸豐《濱州志》卷一五《祥異》）

秋，河決曹縣，水入城二尺，漫金鄉、魚臺、定陶、城武，衝穀亭。（民國《沛縣志》卷四《河防》）

秋冬旱，自二十三年至是年春冬，皆無雨雪。（光緒《嘉興府志》卷三五《祥異》）

秋冬旱，自二十三年至是年春冬，無雨雪。（萬曆《秀水縣志》卷一〇《祥異》）

秋冬旱，自二十三年至是年，皆不雨雪。（萬曆《嘉善縣志》卷一二《災祥》；光緒《嘉善縣志》卷三四《祥眚》）

冬，無雪，知縣雷瑞步禱，乃雪。（萬曆《襄陽府志》卷三三《祥災》）

二十六、七年多雨，名曰“水暵”。早霜，多蚼蚄。頻年雨雹，大抵華亭無歲無雹、無霜、無蚼蚄。顧有，早晚輕重遷移。（嘉靖《平涼府志》卷三《祥異》）

嘉靖二十七年（戊申，一五四八）

正月

己卯，上諭輔臣陝西奏災異，雲山崩移，且昨辛未日，風沙大作。

（《明世宗實錄》卷三三二，第 6087 頁）

己亥，以水雹旱災免宣府龍門、開平、保安、順（疑脱"聖"字）川等城堡衛所州縣屯糧各有差。（《明世宗實錄》卷三三二，第 6098 頁）

甲辰，陝西延安府鄜州、洛川縣等處地震有聲。（《明世宗實錄》卷三三二，第 6101 頁）

己巳，大風霾。（《國榷》卷五九，第 3713 頁）

汧陽大水没城。（《明史·五行志》，第 452 頁）

八日至十三日，下地淩深尺許，樹木皆冰如結，緋烟霧數日不散。（乾隆《山陽縣志》卷一八《祥祲》）

十一日，雨，木冰。（嘉靖《壽州志》卷八《災祥》；康熙《蒙城縣志》卷二《祥異》）

雨冰。（雍正《懷遠縣志》卷八《災異》）

至五月不雨。（嘉慶《備修天長縣志稿》卷九下《災異》）

至五月不雨，六月雨。歲則有成。（嘉靖《皇明天長志》卷七《災祥》）

二月

己巳，大風揚塵蔽空。（《明世宗實錄》卷三三三，第 6113 頁）

雨雹。（康熙《連州志》卷七《變異》）

大雨雹。（萬曆《肇慶府志》卷一《郡紀》；乾隆《德慶州志》卷二《紀事》）

不雨，至於夏四月庚戌。（光緒《井研志》卷四一《紀年》）

三月

丁丑，大風揚塵四塞。（《明世宗實錄》卷三三四，第 6116 頁）

庚寅，曉望，月食。巳時，雷電雨雹。（《明世宗實錄》卷三三四，第 6121 頁）

雹。（嘉靖《安慶府志》卷一五《祥異》；康熙《宿松縣志》卷三《祥異》；康熙《安慶府潛山縣志》卷一《祥異》；道光《桐城續修縣志》卷二

三《祥異》）

旱。（嘉靖《高唐州志》卷七《祥異》）

四月

丁巳，金星晝見。（《明世宗實錄》卷三三五，第6131頁）

丙寅，陝西寧夏衛地震有聲。（《明世宗實錄》卷三三五，第6132頁）

甲戌，以暄熱命兩京法司及錦衣衛審錄繫囚，當出者貰減有差。（《明世宗實錄》卷三三五，第6141頁）

大雨水。（乾隆《龍川縣志》卷一《災祥》；乾隆《歸善縣志》卷一八《雜記》）

大疫。夏四月，不雨。（光緒《吳川縣志》卷一〇《事略》）

昆明雨雹，殺禾稼。（康熙《雲南府志》卷二五《菑祥》）

初九日，山西境有赤風自北來，須臾天地晦暝，咫尺不辨，夜一鼓始開霽。（嘉靖《山西通志》卷三一《災祥》）

大雨水，歸善、博羅、興寧皆烈。（萬曆《惠州府志》卷二《郡事紀》）

丙午，騰越大雨雹。新安所旱。夏五月，地震三日。秋，大水，壞田廬舍數百。（康熙《永昌府志》卷二三《災祥》）

五月

雨雹。（康熙《南皮縣志》卷二《災異》）

大雨月餘，南湖既決，太湖不洩。（乾隆《杭州府志》卷四一《水利》）

尉氏雨水淊没禾稼十之三四，經數月不涸。（嘉靖《尉氏縣志》卷四《祥異》）

旱復，步禱，大雨。（萬曆《襄陽府志》卷三三《災祥》）

六月

辛酉，陝西秦安縣地震，聲如雷。（《明世宗實錄》卷三三八，第6160頁）

不雨，大饑。（光緒《樂清縣志》卷一三《災祥》）

二十日夜，縣東南吉溪等鄉，北連建安凡百餘里，大水驟至，平衢蕩為湖陂，深逾尋丈，光耀照目，近溪民廬漂没不可勝計，溺死者眾。（康熙《南平縣志》卷三一《災祥》）

二十五日，大雨，水溢，官民署居傾頹，軍民死者以百計。（康熙《武岡州志》卷九《災祥》）

萬鄉四都山裂，水三道，汎衝昇鄉數村，民屋覆没，土田成河。時蕃司委郡守王營之親蹈，災傷田計四百餘畝。（康熙《全州志》卷一《災祥》）

七月

丁丑夜，昏刻，月犯金星。（《明世宗實録》卷三三八，第6168頁）

戊寅，是夜，京師地震有聲；順天、保定二府各州縣地俱震。（《明世宗實録》卷三三八，第6169頁）

大水，府城西南樓及南岸隍崩。（光緒《茂名縣志》卷八《災祥》）

濱州大雨雹，積日不化。（光緒《霑化縣志》卷一四《祥異》）

朔，大水。（光緒《分疆録》卷一〇《災異》）

朔日，大水，壞民廬舍。（雍正《泰順縣志》卷九《祥異》）

大水傷稼。（光緒《吳川縣志》卷一〇《事略》）

隕霜殺菽。（天啟《新泰縣志》卷八《祥異》）

海潮大漲。（康熙《電白縣志》卷六《邑紀》）

八月

癸丑，京師及遼東廣寧衛、山東登州府同日地震。（《明世宗實録》卷三三九，第6179頁）

辛未，陝西寧夏衛地震。（《明世宗實録》卷三三九，第6184頁）

九月

辛卯，陝西肅州衛地震。（《明世宗實録》卷三四〇，第6194頁）

壬辰，以水災令湖廣荆州、漢陽二府南粮，暫改折色。（《明世宗實錄》卷三四〇，第 6196 頁）

甲午，以冰雹免山西大同府蔚州、廣昌縣，直隸河間府屬縣并瀋陽等衛所屯粮各有差。（《明世宗實錄》卷三四〇，第 6196 頁）

丙申，京師地震有聲。（《明世宗實錄》卷三四〇，第 6197 頁）

庚子，以水災免順天、永平所屬州縣稅粮有差。（《明世宗實錄》卷三四〇，第 6198 頁）

庚子，夜曉刻，月犯金星并角宿南星。（《明世宗實錄》卷三四〇，第 6198 頁）

雨，色緑。是月，地震。（道光《遂溪縣志》卷二《紀事》）

繁霜，不實，穀價高，民艱食。（光緒《吳川縣志》卷一〇《事略》）

庚子，免永平水災田租。（光緒《永平府志》卷三〇《紀事》）

地震，是月雨，色緑。（宣統《徐聞縣志》卷一《災祥》）

雨，色緑。（道光《遂溪縣志》卷二《紀事》）

十月

丙午，以水災免遼東都司定邊等衛所屯粮有差。（《明世宗實錄》卷三四一，第 6204 頁）

戊午，以水災免湖廣承天、長沙、寶慶三府所屬州縣田糧有差。（《明世宗實錄》卷三四一，第 6205～6206 頁）

戊辰，上以風霾占異，且入冬未雪，躬禱于内壇。是夜，雪。輔臣嚴嵩等以靈雪應祈，率百官表賀。上悦，各優詔答之。（《明世宗實錄》卷三四一，第 6208 頁）

雨，木冰。（隆慶《儀真縣志》卷一三《祥異》；嘉慶《揚州府志》卷七〇《事略》）

十一月

甲申，夜，火星自畢宿逆行，過昂宿，至胃宿二舍餘。（《明世宗實錄》

卷三四二，第 6217 頁）

丙戌，金星晝見，十日而没。（《明世宗實錄》卷三四二，第 6217 頁）

大雪，平地三尺餘。（民國《福山縣志稿》卷八《災祥》）

大雪，平地深三尺餘，人畜多凍死。（順治《登州府志》卷一《災祥》）

和平雹。（萬曆《惠州府志》卷二《郡事紀》）

雹。（乾隆《龍川縣志》卷一《災祥》）

十一日丑時，雷電，大雨，虹見。（光緒《嘉興府志》卷三五《祥異》）

十一日丑刻，雷電，大雨，虹見南北。（萬曆《嘉善縣志》卷一二《災祥》；萬曆《秀水縣志》卷一〇《祥異》）

十二月

十四日，大雷電。（康熙《桐鄉縣志》卷二《災祥》；同治《湖州府志》卷四四《祥異》；光緒《歸安縣志》卷二七《祥異》）

大雷雨。（康熙《巢縣志》卷四《祥異》）

大雪，平地三尺餘。（康熙《福山縣志》卷一《災祥》）

是年

夏，暴雨。（民國《榮經縣志》卷一三《五行》）

大雨，水漂溺民居。（康熙《漳浦縣志》卷四《災祥》）

大水，禾盡淹，無獲。（咸豐《順德縣志》卷三一《前事畧》）

風霾，地震。（民國《順義縣志》卷一六《雜事記》）

大水，民饑。（民國《大名縣志》卷二六《祥異》）

地震，大風拔樹，雨雹殺稼。是年，饑。（康熙《撫寧縣志》卷一《災祥》；光緒《撫寧縣志》卷三《前事》）

保康大水。（同治《鄖陽府志》卷八《祥異》）

大水。（順治《徐州志》卷八《災祥》；康熙《湖廣鄖陽府志》卷二

《祥異》；同治《保康縣志》卷七《附祥異》）

徐、蕭大水。（同治《徐州府志》卷五下《祥異》）

永新大饑，牧童拆泰和社稷壇主，一夕大雨雷霆。（光緒《吉安府志》卷五三《祥異》）

蝗蝻生。（康熙《德平縣志》卷三《災祥》；光緒《德平縣志》卷一〇《祥異》）

雨雹殺禾稼。（道光《昆明縣志》卷八《祥異》）

颶風，文廟殿廡皆壞。（民國《平陽縣志》卷五八《祥異》）

大水，舟至縣門，湝沒民居大半。（光緒《縉雲縣志》卷一五《災祥》）

霜降日，天雨氂，色蒼白，以手撲之，如灰飛散。（嘉靖《定海縣志》卷九《機祥》；光緒《鎮海縣志》卷三七《祥異》）

大水，舟至縣門，淹沒民居大半。（雍正《處州府志》卷一六《雜事》）

秋，雨雹大如鵝卵，禽鳥死傷甚多，屋仆瓦裂，甚有墮地積日不化者。（咸豐《濱州志》卷五《祥異》）

地震有聲，屢震。（光緒《綏德直隸州志》卷三《祥異》）

春，大水。（順治《壽州志》卷四《災祥》；雍正《瑞昌縣志》卷一《祥異》）

夏，大水，高要堤決。（萬曆《肇慶府志》卷一《郡紀》）

夏，暴雨，大水。（萬曆《彭澤縣志》卷七《災異》）

真定府屬州縣水災。（康熙《南皮縣志》卷四《鹽課》）

地震房屋。大風拔樹，雨雹殺稼。（隆慶《豐潤縣志》卷二《事紀》）

多雨。（嘉靖《平涼府志》卷三《祥異》）

大雪，平地尺餘，人畜多凍死。（光緒《棲霞縣續志》卷八《祥異》）

大水，壞城門。（康熙《新泰縣志》卷二《城池》）

汶水決，漂廬舍。（光緒《寧陽縣志》卷一五《孝友》）

旱。（崇禎《松江府志》卷三二《宦績》）

旱荒。（崇禎《吳縣志》卷一一《祥異》）

霜降日，天雨毛，色蒼白，以手撲之，如灰飛散。（光緒《鎮海縣志》卷三七《災異》）

城為水圮。（同治《峽江縣志》卷一〇《祥異》）

大水，舟入城，漂蕩廬舍。（萬曆《寧都縣志》卷八《雜志》）

大水，饑。（康熙《開州志》卷四《災祥》）

東江潦漲，堤岸廬舍皆毀。（雍正《東莞縣志》卷一〇《祥異》）

大水，饉。（嘉靖《興寧縣志》卷一《災祥》）

水災，是年田禾失收。（康熙《順德縣志》卷一三《紀異》）

水災，田稻失收。（乾隆《香山縣志》卷八《祥異》）

水溢，衝塌（霸州堡）西南城垣。（同治《直隸理番廳志》卷二《公署》）

（石阡縣）水再泛，田多崩。（嘉靖《貴州通志》卷一〇《祥異》）

普定旱，大饑，斗米四錢。（康熙《貴州通志》卷二九《災祥》）

昆明縣雪，傷禾。大雨雹。（隆慶《雲南通志》卷一七《災祥》）

滇池水溢，蕩析民居。（乾隆《滇黔志略》卷一六《雜紀》）

新安所旱，無秋。（隆慶《雲南通志》卷一七《災祥》）

秋，澇。（萬曆《寧津縣志》卷四《祥異》）

秋，雨雹，大如鵝卵，禽鳥死甚多，屋仆瓦裂，甚有墮地積日不化，此亦異祲矣。（萬曆《濱州志》卷三《祥異》）

秋，大蝗，食成禾立盡。公諭民捕蝗，發倉粟易之，所發纔六百，蝗遂滅，不為災。（萬曆《饒陽縣志》卷三）

冬，金州大雪，深丈餘。（嘉靖《全遼志》卷四《祥異》）

溫泉橋，冬，被水沖圮。（嘉靖《尋甸府志》卷上《惠政》）

冬久不雪，民益皇皇。移牒于（城隍）神，官民祈禱。（十二月）初三日午，大雪沾足，十六日卯又雪。暨次年春方旱，祈雨。三月初五日，大雨，初八日止，二十一日復雨。其年夏麥秋禾俱登，昔者之饑民始安矣。（嘉靖《畧陽縣志》卷五《題詠》）

冬，大雪祁寒，井泉亦有凍者。（康熙《博平縣志》卷一《機祥》）

嘉靖二十八年（己酉，一五四九）

正月

至六月，不雨。（康熙《高苑縣志》卷八《災祥》）

朔，大霧三日。（萬曆《杞乘》卷二《今總紀》）

暴雷，震。（康熙《晉寧州志》卷一《災祥》）

三月

辛未朔，日有食之。（《明世宗實錄》卷三四六，第6253頁）

庚寅，山東臨清州大冰雹，損房舍、禾苗。（《明世宗實錄》卷三四六，第6274頁）

丙申，是日，雨霾四塞，日色慘白，凡五日。（《明世宗實錄》卷三四六，第6275頁）

壬辰，平涼大風霾，晝晦如血。（《國榷》卷五九，第3731頁）

朔，日食。大水傷禾。（乾隆《吳川縣志》卷九《事蹟紀年》）

丁酉，大風，晝晦。（嘉靖《灤州志》卷二《世編》；康熙《永平府志》卷三《災祥》；民國《遷安縣志》卷五《紀事》；民國《盧龍縣志》卷二三《史事》）

十八日，雨雹，大者如盌。（乾隆《東昌府志》卷三《總紀》）

十八日，風雹，大者如盌，多傷物。（康熙《臨清州志》卷三《祥異》）

二十二日午，大風霾，晝晦如血。（嘉靖《平涼府志》卷六《靈臺縣》）

風霾如晦，夜見火。（康熙《濮州志》卷一《災異》）

四月

戊申，上諭禮部：“時入夏矣，雨澤少降，民食所關，必祈玄潤。其停刑十日，百官素服供事，稱上下協誠之議（廣本、抱本作‘義’），勿忽視焉。”（《明世宗實錄》卷三四七，第6279頁）

五月

甲戌，上以久旱，自前月十一日行百官修省，躬禱內壇。至是，始雨。（《明世宗實錄》卷三四八，第6299頁）

左家務狂風大作，廬舍盡圮。（隆慶《豐潤縣志》卷二《事紀》）

旱。（乾隆《萬泉縣志》卷八《藝文》）

大水，禾俱淹没。（乾隆《桐廬縣志》卷一六《災異》）

朔，境內雨雹，大如雞子。（乾隆《金谿縣志》卷三《祥異》）

五日，南河競渡，城中婦女盡出遊。午後颶風作，船覆，溺死者六十餘人。（乾隆《龍溪縣志》卷二〇《祥異》）

十日，永寧無雲，雷電。（光緒《吉安府志》卷五三《祥異》）

六月

己未，以水災免直隸鳳陽等府、泗州等州縣及各衛所稅粮有差。（《明世宗實錄》卷三四九，第6323頁）

丁卯，陝西延川縣雨雹如斗，壞廬舍，傷人畜。（《明世宗實錄》卷三四九，第6324頁）

四日，霆雨如注，河溢害稼，漂溺東北兩關民舍殆盡。（康熙《長山縣志》卷七《災祥》；嘉慶《長山縣志》卷四《災祥》）

二十八日，水漂民舍，圮朱子溪山書院。（萬曆《古田縣志》卷一四《災祥》）

雹，禾不登。（乾隆《淄川縣志》卷三《災祥》）

六月、八月雨，冷霜傷稼。（康熙《文水縣志》卷一《祥異》）

七月

庚寅，以旱災免河南陝州等州、洛陽等縣并各衛所夏稅有差。（《明世宗實錄》卷三五〇，第6336頁）

大水，南關民溺死者萬餘，夾河兩岸二百里許，死者亦萬人，廬居貨市頓成沙磧。（乾隆《新修慶陽府志》卷三七《祥眚》）

八月

戊午，以水災免陝西西安等府、慶陽等衛夏稅有差。（《明世宗實錄》卷三五一，第 6345 頁）

乙丑，陝西慶陽大水，蘭州大饑。（《明世宗實錄》卷三五一，第 6355 頁）

初二日，大水，廬舍漂圮甚多。（萬曆《永春縣志》卷六《歲眚》）

初旬，壽甯颶風大作。（乾隆《福寧府志》卷四三《祥異》）

初旬，田稼初穗，忽值颶風，高亢之地，吹損甚多，秋成失望。（康熙《壽寧縣志》卷八《災變》）

大水，漂蕩田禾廬舍。（雍正《處州府志》卷一六《雜事》）

平遠衛大風，拔木壞屋，傷牛羊。（順治《雲中郡志》卷一二《災祥》；雍正《朔平府志》卷一一《祥異》）

七都翁地大水，侵壞民居田園。（雍正《泰順縣志》卷九《祥異》）

大水，漂蕩田禾廬舍。（康熙《縉雲縣志》卷九《祥異》）

淫雨，沿河壞廬舍，損禾稼殆盡。（光緒《青陽縣志》卷二《祥異》）

大雨，河溢害稼。（康熙《長山縣志》卷七《災祥》）

九月

庚辰，以水災詔免浙江嘉、湖二府秋糧有差，其起運錢糧，准於本布政司庫銀借支，仍令有司多方賑濟。（《明世宗實錄》卷三五二，第 6360 頁）

壬午，是夜望，月食。（《明世宗實錄》卷三五二，第 6361 頁）

乙酉，以水災詔徐州并蕭、碭等州縣改兌糧米，俱於臨、德二倉撥補支運，仍量徵腳價，其各衛所屯田子粒，亦照例折銀輸納。（《明世宗實錄》卷三五二，第 6362 頁）

大風，宮室圮壞，草木摧折殆盡。是歲，大饑。明年如期而作，歲復饑。（道光《瓊州府志》卷四二《事紀》）

嘉、湖二府水災，免秋糧，加賑。（同治《湖州府志》卷四二《賑郵》）

十月

癸亥，以旱蝗免山東青州等府、遼東寧遠等衛秋粮有差。（《明世宗實錄》卷三五三，第6372頁）

朔，大雷電。（乾隆《新修慶陽府志》卷三七《祥眚》）

免秋粮，以旱、蝗故。（康熙《貴州通志》卷二七《災祥》）

十一月

壬申，以隕霜殺日（"日"字疑誤），免山西大同府所屬州縣，前、後陽和等衛，山陰、馬邑等所糧草有差。（《明世宗實錄》卷三五四，第6379頁）

乙酉，申刻，金星晝見未位，凡五日。（《明世宗實錄》卷三五四，第6385頁）

乙未，以水災免湖廣沔陽、荆門等州縣衛所秋糧有差。（《明世宗實錄》卷三五四，第6390頁）

十二月

甲寅，上諭禮部："深冬不雪，二麥何滋？今朕親祈洪應壇，百官青衣辦事，勿慢。"（《明世宗實錄》卷三五五，第6396頁）

雨雹。（乾隆《瑞安縣志》卷一〇《雜志》）

初一、二日，雷震。（同治《益陽縣志》卷二五《祥異》）

初一日五更，雷鳴；初二日五更，雷震。（乾隆《寧鄉縣志》卷八《災祥》）

隕霜，雨雪。（光緒《惠州府志》卷一七《郡事》）

雨霜，雨雪。（崇禎《博羅縣志》卷一《年表》）

雨雪。（康熙《長樂縣志》卷七《災祥》）

雪，隕霜。（嘉靖《興寧縣志》卷一《災祥》）

雨，大（疑當作"木"）冰，如麟介。（萬曆《六安州志》卷八《妖祥》）

是年

春，太湖溢，嘉湖水灾。（同治《湖州府志》卷四四《祥異》）

夏，大水傷稼。（萬曆《秀水縣志》卷一〇《祥異》；崇禎《嘉興府志》卷一六《災祥》；光緒《嘉善縣志》卷三四《祥眚》）

夏，大水，不辨田禾。秋，復大水，害稼，詔免秋糧加賑。（道光《武康縣志》卷一《邑紀》）

夏，大旱。（道光《安陸縣志》卷一四《祥異》；光緒《咸甯縣志》卷八《災祥》）

大旱，米價騰貴，有一人奪生葱療饑，未及嘗，復一人奪去，其困迫如此。（康熙《太平府志》卷三《祥異》）

大水傷稼。（光緒《吳川縣志》卷一〇《事略》）

大旱，無麥。（康熙《滑縣志》卷四《祥異》；康熙《大名縣志》卷一六《災祥》；康熙《開州志》卷四《災祥》；乾隆《東明縣志》卷七《灾祥》；光緒《南樂縣志》卷七《祥異》；民國《重修滑縣志》卷二〇《祥異》）

大水。（嘉靖《儀封縣志》卷下《災祥》；隆慶《溧陽縣志》卷一六《瑞異》；萬曆《常州府志》卷七《賑貸》；乾隆《中牟縣志》卷一《祥異》；嘉慶《溧陽縣志》卷一六《雜類》；光緒《歸安縣志》卷二七《祥異》；光緒《桐鄉縣志》卷二〇《祥異》；光緒《金壇縣志》卷一五《祥異》；民國《中牟縣志·祥異》）

德安大旱。（光緒《德安府志》卷二〇《祥異》）

大水，衝没民居。（光緒《興寧縣志》卷一八《災祲》）

大水，田多潫没。（乾隆《震澤縣志》卷二七《災祥》）

徐州大水。（民國《銅山縣志》卷四《紀事表》）

蕭水圍城，四門俱塞。（嘉慶《蕭縣志》卷一八《祥異》）

建昌大水，高二丈餘。（同治《南康府志》卷二三《祥異》）

大水，漂蕩田禾廬舍。（光緒《縉雲縣志》卷一五《災祥》）

縉雲大水，漂蕩田禾廬舍。（光緒《處州府志》卷二五《祥異》）

秋，大水，傷稼。（康熙《順德縣志》卷一三《紀異》；咸豐《順德縣志》卷三一《前事畧》）

春，大水又作。（崇禎《松江府志》卷三二《宦績》）

春，雨土如霧，注桃李花蕚中，皆焦落不實。（康熙《滕縣志》卷三《灾異》）

春，旱。四月丁巳，雨（見《感雨記碑》）。（光緒《井研志》卷四一《紀年》）

春，不雨，赤地千里。（光緒《井研志》卷二八《官師》）

春夏，大旱。（光緒《正定縣志》卷八《災祥》）

春夏，大旱，至秋無雨。大饑，人相食。（嘉靖《獲鹿縣志》卷九《事紀》）

春夏，旱，蝗螕螟交作。（乾隆《淄川縣志》卷三《災祥》）

春夏，旱，蝗。（康熙《長山縣志》卷七《災祥》；乾隆《平原縣志》卷九《災祥》）

夏，大水，漂民廬舍。（萬曆《郴州志》卷二〇《祥異》）

夏，大旱。冬十一月，地震。（康熙《咸寧縣志》卷六《災祥》）

夏，大水。（崇禎《泰州志》卷七《災祥》；康熙《德安縣志》卷八《災異》；嘉慶《東臺縣志》卷七《祥異》）

旱。（康熙《廬江縣志》卷二《祥異》；康熙《文水縣志》卷一《祥異》）

延、慶、平、固沿邊一帶苦旱，套虜亦乘間竊發，餓莩盈野。（宣統《新修固原直隸州志》卷二《官師》）

大蝗。（康熙《肥城縣志》卷下《災祥》）

大水，田多没溺。（乾隆《吳江縣志》卷四一《治水》）

大水，知縣王鈴沿鄉勘恤，秋糧奏免有差。（萬曆《宜興縣志》卷一〇《災祥》）

（河）決碭山縣北戎家口，出徐州茶城入漕。（民國《銅山縣志》卷一四《河防》）

水災，免秋糧，加賑。（同治《孝豐縣志》卷四《賑䘏》）

地方大旱災。(康熙《金華府志》卷二五《遺事》)

又大旱。(萬曆《和州志》卷八《祥異》)

徐大水，蕭水圍城，四門俱塞。(乾隆《徐州志》卷三〇《祥異》)

大旱，米價騰貴。(康熙《太平府志》卷三《祥異》)

大水，高二丈餘。(同治《建昌縣志》卷一二《災異》)

大旱。(萬曆《嘉定縣志》卷一七《祥異》；康熙《南樂縣志》卷九《紀年》)

漢決沙洋，洪濤數百里，民盡遷徙。(乾隆《荊門州志》卷三四《祥異》)

旱。秋禾無收，民大饑。(康熙《香河縣志》卷一〇《災祥》)

大雨雹。(乾隆《新興縣志》卷六《編年》)

旱，饑。(嘉靖《南寧府志》卷一一《祥異》)

旱，蝗。十月，詔免秋糧。(道光《貴陽府志》卷四〇《五行》)

(武定縣)淫雨，水溢山崩。(隆慶《雲南通志》卷一七《災祥》)

(祥雲縣)大旱，減租稅。(光緒《雲南縣志》卷一《祥異》)

秋，大水，壞民居，沒田禾。免秋糧，加賑。(同治《雙林鎮志》卷一九《災異》)

大雷電，雨雹如雞卵，平地尺許，禾盡傷。(天啟《新泰縣志》卷八《災祥》)

秋，旱，蝗。詔免秋糧。(道光《清平縣志》卷六《祥異》)

秋迄庚戌夏，不雨，民切憂惶。(道光《鄢陵縣志》卷一〇《祠廟》)

嘉靖二十八年以來，諸堤盡決。(萬曆《湖廣總志》卷三三《水利》)

嘉靖二十九年（庚戌，一五五〇）

正月

十九，雨，夜水。(嘉慶《三水縣志》卷一三《災祥》)

至五月，不雨，瀕風起，土至尺餘，二麥盡稿。（嘉靖《清河縣志》卷一《祥異》）

二月

壬戌，大風揚塵四塞。（《明世宗實錄》卷三五七，第 6413 頁）

大雷雹，大水，興濟橋壞。（咸豐《興甯縣志》卷一二《外志》）

大雹，興甯、和平皆然。和平雹尤甚，殺牛羊甚眾。（光緒《惠州府志》卷一七《郡事》）

大雷雹。（康熙《長樂縣志》卷七《災祥》）

十日，大雷，雨雹大如櫨；二十有一日，大水，溺死人二十有奇，漂蕩民居，數決興濟橋。冬有霜，有冰。（嘉靖《興寧縣志》卷一《災祥》）

三月

乙丑，禮部以亢旱請令順天府官禱雨，百百（抱本、廣本、閣本作“百官”）皆致齋青衣（廣本、閣本作“服”）辦事。上曰：“去冬無雪，今春不雨，凡百伍拾日，如再及旬月（抱本作‘日’），麥禾皆失潤溉。朕茲躬禱為民天耳，卿等以上下相關，謂百官亦當致省。但恐應天未可虛文，第令該府官竭誠以禱。”（《明世宗實錄》卷三五八，第 6415 頁）

辛未，上躬禱雨禁中，命英國公張溶等分告各官廟。（《明世宗實錄》卷三五八，第 6415 頁）

丙子，大風揚塵蔽天。（《明世宗實錄》卷三五八，第 6418 頁）

丙戌，黃塵四塞，日無光。（《明世宗實錄》卷三五八，第 6420 頁）

辛卯，大風（廣本、閣本、抱本“風”下有“揚”字）塵蔽於天。（《明世宗實錄》卷三五八，第 6422 頁）

某日戌時，黑氣亘天，惡風大作，飄屋瓦，走沙石，次日方息，人云兵兆。（康熙《懷柔縣新志》卷二《災祥》）

大風，晝晦。（光緒《定興縣志》卷一九《災祥》；民國《新城縣志》卷二二《災禍》）

　　十二日，大風霾，晝晦，行人迷落井。秋，大旱。（同治《靈壽縣志》卷三《災祥》）

　　十九日未時，大風拔木，黃沙蔽空，晝昏晦不見，至夜分少止。（嘉靖《宣府鎮志》卷六《災祥考》；康熙《龍門縣志》卷二《災祥》；乾隆《蔚縣志》卷二九《祥異》）

　　十九日，大風拔木，黃沙蔽空，晝昏晦不見，至夜分少止。（同治《西寧縣新志》卷一《災祥》；民國《陽原縣志》卷一六《前事》）

　　十九日未時，大風拔木，黃沙蔽空，晝晦，夜分少止。（康熙《懷來縣志》卷二《災異》）

　　十九日未時，大風拔木，黃沙蔽空，晝昏晦不見，至夜風少止。（康熙《西寧縣志》卷一《災祥》）

　　十九日未時，大風拔木，黃砂蔽空，晝晦不見，至夜風少止。（乾隆《懷安縣志》卷二二《灾祥》）

　　二十一日午刻，大風揚沙，雨黑霾者三日。（萬曆《嘉興府志》卷二四《業記》）

　　二十一日午刻，大風揚沙，雨黑霾三日。（光緒《嘉善縣志》卷三四《祥異》）

　　二十一日午刻，大風揚沙，黑霾三日。（萬曆《秀水縣志》卷一〇《祥異》）

　　二十二日夜，黑風大作如漆，屋瓦皆飛。（道光《重修武強縣志》卷一〇《機祥》）

　　二十二日，忽黑風大作，霧土天降，對面不能相見，人畜多迷落井中，又有火滾地上，器物舉動皆有火。夏大旱，三伏不雨，禾稼少登。（萬曆《靈壽縣志》卷九《災祥》）

　　二十二日夜，黑風大作，如漆，屋瓦皆飛。五月初四日，黃風異常；初六日，大風，紅霾蔽天。九月初五日，雨冰。（康熙《武強縣新志》卷七《災祥》）

　　二十二日辰刻，左衛黑風自西來，晝晦如夜，人物咫尺不辨，稍開霧，

則紅光滿室，開而復合。至酉刻始復如舊，房屋多摧，人畜亦傷。（雍正《朔平府志》卷一一《外志》）

大風折木，晝晦如夜。（雍正《高陽縣志》卷六《禨祥》；光緒《蠡縣志》卷八《災祥》）

大雨雪，平地水深三尺。（民國《淮陽縣志》卷八《災異》）

大水。（乾隆《平原縣志》卷九《災祥》）

二十三日巳時，風霾蔽天，晝晦如夜。（康熙《保德州志》卷三《風土》）

風霾。辛酉夏，旱。（民國《徐水縣新志》卷一〇《大事記》）

丙酉，戌時，黑氣亘天，惡風大作，飄屋瓦，走沙石，次日方息。（萬曆《懷柔縣志》卷四《災祥》）

夜，黑風飛瓦。（康熙《晉州志》卷一〇《事紀》）

夜，黑風大作，起土至尺餘。（康熙《平山縣志》卷一《事紀》）

大風拔木，黃沙蔽空，晝晦，夜分少止。（康熙《保安州志》卷二《天災》）

丙戌，大風，晝晦。（民國《盧龍縣志》卷二三《史事》）

大風拔木，黃沙蔽空，晝晦如夜，諸物皆送入井，傷死者甚眾。（康熙《保定府志》卷二六《祥異》）

大風拔木，黃沙蔽空，晦晝如夜，諸物皆送入井，傷者甚眾。（康熙《清苑縣志》卷一《災祥》）

大風拔木，晝晦如夜。（順治《蠡縣志》卷八《祥異》；康熙《定興縣志》卷一《禨祥》）

大風拔木，晝晦，人民多死傷。夏，大水，河北徙，決下庄民田四頃。（乾隆《直隸易州志》卷一《祥異》）

風霾。（康熙《安肅縣志》卷三《災異》）

大風晦日。（嘉靖《嶧縣志》卷八《災異》）

二十三日巳時，風霾蔽天，晝晦如夜，復霽視之，視之尚在申未間。（乾隆《府谷縣志·災祥》）

黑風驟起，屋瓦皆飛。（康熙《德平縣志》卷三《災祥》）

紅風。秋，旱。（嘉靖《高唐州志》卷七《祥異》）

黃霧四塞，漫城郭、彌幾案，色如黃土，二日方絕。（嘉靖《安慶府志》卷一五《祥異》）

黃霧四塞。（康熙《宿松縣志》卷三《祥異》；康熙《安慶府潛山縣志》卷一《祥異》）

驟雨，雹雷電交作，自西南來，廣三十里許，當者室屋推倒，草木如焚。（民國《全椒縣志》卷二《災祥》）

清明日，州大雨雹，雷電交作，水深三尺許。（康熙《續修陳州志》卷四《災異》）

大風，雨沙。（民國《安次縣志》卷一《五行》）

霾三日。（萬曆《沂州府志》卷一《災祥》）

三、四月，紅風熱如火。（光緒《鉅鹿縣志》卷七《災異》）

四月

己亥，禮部以天久不雨奏請遍禱神祇，仍申飭百司，滌己省愆，脩舉實政，以仰贊聖誠，上回天意。（《明世宗實錄》卷三五九，第6425頁）

丁未，大風揚塵蔽空。（《明世宗實錄》卷三五九，第6428頁）

癸丑，大雨。百官上表稱賀，上以甘雨應祈，歸思（抱本、廣本、閣本作"恩"）郊廟，各優詔答之。（《明世宗實錄》卷三五九，第6431頁）

壬戌，封掌道教事禮部尚書陶仲文為恭誠伯以禱雨濟旱，力贊平獄功也。（《明世宗實錄》卷三五九，第6432頁）

風霾，晝見星。（光緒《交城縣志》卷一《祥異》）

冰雹，麥盡傷，牛畜在野者多死。（嘉靖《清河縣志》卷三《災祥》）

汾陽、交城、文水、祁縣、保德、岢嵐、崞縣風霾晝晦。（雍正《山西通志》卷一六三《祥異》）

初九日，黑風蔽日如夜。五月四日亦如之，麥盡傷。（宣統《聊城縣志》卷一一《通紀》）

十四日，大雨雹。（康熙《登州府志》卷一《災祥》）

黃霧三日。（嘉靖《豐乘》卷一《邑紀》）

旱。（嘉靖《馬湖府志》卷七《雜志》）

旱，多風。四月初九日，黑風蔽日如夜。五月初四日如前，麥秋盡傷。（雍正《邱縣志》卷七《災祥》）

五月

丙寅，以甘雨應祈，建告謝典于大高玄殿，命成國公朱希忠等分告各宮廟。（《明世宗實錄》卷三六〇，第6435頁）

庚辰，地震，壬午又震，雷擊明倫堂柱。（民國《連江縣志》卷三《大事記》）

初三日，大霾，雨土，黃霧四塞，七日乃止。（光緒《麻城縣志》卷一《大事》）

初四日，黃風異常。六日，風霾蔽天。（道光《重修武強縣志》卷一〇《機祥》）

大旱，祈雨，未幾，即于十五日雨，甚滂沱。（嘉靖《署陽縣志》卷五《題詠》）

二十九日，雨雹傷禾。（萬曆《章丘縣志》卷七《災祥》）

雹。（乾隆《淄川縣志》卷三《災祥》）

大水，小舟入城。（康熙《德安縣志》卷八《災異》）

五老峯蛟出數百。（同治《南康府志》卷二三《祥異》）

疾風迅雷，暴雨並至，天火燬南關屋數十間。（康熙《柘城縣志》卷四《災祥》）

至秋七月，不雨，禾槁。饑。（康熙《平山縣志》卷一《事紀》）

不雨，至七月。（嘉慶《西安縣志》卷二二《祥異》）

六月

戊申，金星晝見。（《明世宗實錄》卷三六一，第6446頁）

甲寅，自己酉陰雲至於是日，金星復晝見。（《明世宗實錄》卷三六一，第 6446 頁）

丁巳，以旱災免山東濟南、兗州、青州、登州等府屬夏稅屯粮，直隸廣平、直〔真〕定、河間等府屬夏稅有差。（《明世宗實錄》卷三六一，第 6447 頁）

暴風冰雹，有如斗大者，數日不消，樹物人畜大傷。（光緒《蒲城縣新志》卷一三《祥異》）

旱，斗麥市錢一千五百。（民國《華亭縣志》第六編《災異》）

大水傷稼。（崇禎《吳縣志》卷一一《祥異》）

旱。（同治《峽江縣志》卷一《祥異》）

大風雨，拔禾（疑當作“木”）數百株。（乾隆《長汀縣志》卷二六《雜記》）

富川白日有聲，如洪濤號激，自天而下，移時聲住。大雨，後大旱。（雍正《平樂府志》卷一四《祥異》）

大水，汾河西徙。（康熙《文水縣志》卷一《祥異》）

炎旱，禾苗將枯，立壇虔告，二日內雨即沛然。秋成，五谷大豐。（嘉靖《畧陽縣志》卷五《題詠》）

初二夜，大風拔木，飛瓦始雨。（康熙《高苑縣志》卷八《災祥》）

閏六月

戊辰，以旱災免河南開封、歸德、彰德、衛輝、懷慶等府夏稅有差。（《明世宗實錄》卷三六二，第 6453 頁）

戊子，以旱災免直隸淮安、鳳陽、揚州三府，徐州、安東等十二州縣，中都留守司所屬九衛所，淮安、大河、徐州左、高郵、揚州、壽州八衛、守禦海州中前、監〔鹽〕城二千戶夏稅有差。（《明世宗實錄》卷三六二，第 6456 頁）

己丑，以災旱免（廣本、閣本作“災”，誤）順天、河（抱本、廣本、閣本“河”下有“間”字）、真定、保定，山西平陽諸府屬夏稅有差。（《明世宗實錄》卷三六二，第 6459 頁）

二十二日午後，洞庭湖中五龍見，鱗甲森然，尾極長細，身大如柱。先是湖西有二龍悠揚雲中，其尾下垂，波濤上湧，雲氣滃然，一龍上升，一龍次之，蓋黑龍也……城中雷雨大作，彼處數點而已。（隆慶《岳州府志》卷八《機祥》）

七月

己未，以旱災免陝西西安八府所属州縣衛所夏税有差。（《明世宗實錄》卷三六三，第6475頁）

庚申，夜，火星犯木星，守井宿度（廣本、閣本無"度"字）。（《明世宗實錄》卷三六三，第6475頁）

六合蝗。（光緒《金陵通紀》卷一〇中）

騰越大水，壞民廬舍，人畜溺死者以百計，城東北隅幾壞。是年，甘露降於永平。（光緒《永昌府志》卷三《祥異》）

蝗飛蔽空。知縣董邦政以公出，至衢山見之，即下車拜禱，至縣齋沐，徒步潔牲，率眾為文，禱蜡三日，蝗皆遠去，或抱蘆投水而死，不傷禾稼。（嘉靖《六合縣志》卷二《災祥》）

旱，岷康王禱於集福觀，三日而雨。（同治《武岡州志》卷三二《五行》）

十四夜，夷都大水，漂流民官（疑當作"舍"）。（嘉靖《馬湖府志》卷七《雜志》）

大水。（崇禎《新城縣志》卷一一《災祥》）

八月

戊寅，木星晝見，守井宿。（《明世宗實錄》卷三六四，第6489頁）

丙戌，御史吕光洵亦言："今大雨彌日（廣本、閣本作'月'），京畿千里之内泥淖竟尺，虜馬難騁，長枝（抱本、閣本作'技'）莫施。"（《明世宗實錄》卷三六四，第6504頁）

隕霜殺稼，民大饑。（民國《翼城縣志》卷一四《祥異》）

隕霜殺稼。（咸豐《太谷縣志》卷二《年紀》）

望，隕霜殺稼。民大饑。（萬曆《洪洞縣志》卷八《祥異》）

四日，永昌大水壞民廬舍，人畜溺死者以百計，城東北隅幾漂壞。（隆慶《雲南通志》卷一七《災祥》）

九月

戊申，以旱災免順天、北直隸各府州縣衛所稅粮有差。（《明世宗實錄》卷三六五，第6530頁）

乙卯，以旱災免山西應朔、大同等各州縣衛所夏稅，遼東廣寧等十二衛屯粮有差。（《明世宗實錄》卷三六五，第6534頁）

初五日，雨冰。（道光《重修武强縣志》卷一○《禨祥》）

十月

壬申，以北直隸順天府屬水雹，河南彰德、衛輝府屬旱災，各蠲免秋粮有差。（《明世宗實錄》卷三六六，第6541頁）

朔，大雷雹。（萬曆《延綏鎮志》卷三《災異》；嘉慶《延安府志》卷五《大事表》）

十一月

辛亥，以旱災免四川重慶府江津等十二縣及重慶衛稅粮屯粮有差。（《明世宗實錄》卷三六七，第6572頁）

雷。（乾隆《淄川縣志》卷三《災祥》）

二十五日，大霜及霧，凡水流簷溜者悉成串珠，名曰"霜掛"。（光緒《麻城縣志》卷一《大事》）

十二月

癸亥，上祈雪於禁中，遣成國公朱希忠等分告各宮廟。（《明世宗實錄》卷三六八，第6578頁）

乙丑，大雪。（《明世宗實錄》卷三六八，第6582頁）

庚午，夜，月掩畢左股第一星。（《明世宗實錄》卷三六八，第6584頁）

甲戌，夜，有（廣本無"有"字）火星逆行，守井宿。（《明世宗實錄》卷三六八，第6587頁）

是年

春，大風，發屋折木，大饑。（民國《陝縣志》卷一《大事紀》）

夏，大水。（乾隆《洵陽縣志》卷一二《祥異》；嘉慶《白河縣志》卷一四《祥異》；光緒《洵陽縣志》卷一四《祥異》）

麗水、遂昌大旱。（雍正《處州府志》卷一六《雜事》）

大水。（康熙《玉田縣志》卷八《祥眚》；乾隆《銅山志》卷一二《祥異》；嘉慶《禹城縣志》卷七《循良》；光緒《遵化通志》卷五九《事紀》；民國《中牟縣志·祥異》）

蝗害稼。（民國《重修滑縣志》卷二〇《祥異》）

旱。（萬曆《常州府志》卷七《賑貸》；崇禎《處州府志》卷一八《災眚》；乾隆《偃師縣志》卷二九《祥異》；乾隆《白水縣志》卷一《祥異》）

大水，河泛至城。（同治《即墨縣志》卷一一《災祥》）

大旱，風霾蔽日。（乾隆《平陸縣志》卷一一《祥異》）

大旱。（崇禎《義烏縣志》卷一八《災祥》；康熙《贊皇縣志》卷九《祥異》；康熙《獻縣志》卷八《祥異》；康熙《遂昌縣志》卷一〇《災眚》；乾隆《樂陵縣志》卷三《祥異》；乾隆《衡水縣志》卷一一《機祥》；嘉慶《義烏縣志》卷一九《祥異》；道光《新修東陽縣志》卷一二《機祥》）

秋，大水。（乾隆《騰越州志》卷一一《災祥》）

冬，大雨雪。（嘉靖《徽郡志》卷八《附祥異》）

春，大旱。秋，苦雨。（嘉靖《儀封縣志》卷下《災祥》）

春，旱，霾風異常，不得耕種。（康熙《延津縣志》卷七《祥異》）

春，大風，發屋折木，大饑。（順治《閿鄉縣志》卷一《星野》；乾隆

《重修直隸陝州志》卷一九《災祥》）

春，天雨，木冰，似煙非煙，似雪非雪，草木皆成幡幢之形，少壯須鬢宛若老翁。此謂木冰，亦曰木介。（順治《黃梅縣志》卷三《災異》）

春，雨螻蛄，屋瓦門窗飛打有聲。（康熙《薊州志》卷一《祥異》）

春，大風，發屋拔木。是年大饑。（康熙《潼關衛志》卷上《災祥》）

春，天雨土，黃霧四塞。（康熙《宿遷縣志》卷九《祥異》）

大風拔木，黃沙蔽空，晝晦如夜，諸物皆送入井，傷死者甚眾。（乾隆《滿城縣志》卷九《災祥》）

大旱，饑。（康熙《鹽山縣志》卷九《災祥》）

旱，蝗傷稼。（乾隆《大名縣志》卷二七《磯祥》）

旱，蝗。（雍正《肥鄉縣志》卷二《災祥》）

黃塵蔽天，晝晦。（光緒《岢嵐州志》卷一〇《祥異》）

褒水漲，壞打鐘壩民居。（道光《褒城縣志》卷八《文物》）

春夏不雨。（康熙《高苑縣志》卷八《災祥》）

旱，多風。（宣統《聊城縣志》卷一一《通紀》）

大水，捐穀八百石賑饑。（康熙《高淳縣志》卷一七《義士》）

自去年秋不雨，至於六月。民饑。（嘉靖《威縣志》卷一《祥異》）

大寒，淮水凍合，車馬行冰上。（光緒《盱眙縣志稿》卷一四《祥祲》）

大澇。（萬曆《和州志》卷八《祥異》）

泗州天寒，淮冰合，車馬通行。凡大寒之年，淮多水。（萬曆《帝鄉紀略》卷六《災患》）

旱，巡撫都御史翁大立賑饑。（道光《休寧縣志》卷六《賑濟》）

久雨，洪水入市，壞田廬不計其數。（乾隆《寧州志》卷二《祥異》）

大雪，大冰。（康熙《上高縣志》卷六《災祥》）

自舊冬不雨，至是年春，無麥。五月、六月不雨，田禾枯槁。（乾隆《長樂縣志》卷一〇《祥異》）

雹。（康熙《登封縣志》卷九《災祥》）

蝗旱，害稼。（康熙《滑縣志》卷四《祥異》；康熙《開州志》卷四

《災祥》)

大水，舟入市。（乾隆《漢陽縣志》卷四《祥異》）

雨雹。（乾隆《黃岡縣志》卷一九《祥異》）

（江陵縣堤）又決。（康熙《湖廣通志》卷九《堤防》）

資江大水。（嘉慶《安化縣志》卷一八《災異》）

颶風大作，官廨民舍盡毀，惟文廟獨存。（康熙《文昌縣志》卷九《災祥》）

大水，城塌。（康熙《夔州府志》卷二《城池》）

夏秋兩次遇旱。（民國《同安縣志》卷三五《循吏錄》）

夏秋兩次遇旱，（彭）士卓率諸生吏民竭誠祈禱，皆不踰日而應。民咸尸祝之。（乾隆《泉州府志》卷三一《名宦》）

秋，大旱，風霾蔽日。（康熙《解州全志》卷九《災祥》）

秋，雨日久，城垣坍塌，知縣孟公仲遴重修。（同治《清河縣志》卷二《城池》）

冬，大雪凍，竹木多死。（康熙《安福縣志》卷一《祥異》；乾隆《龍泉縣志》卷末《祥異》）

二十九年、三十年，徐、蕭俱大水。（同治《徐州府志》卷五下《祥異》）

二十九年、三十年，俱大水。（嘉慶《蕭縣志》卷一八《祥異》；民國《銅山縣志》卷四《紀事表》）

嘉靖三十年（辛亥，一五五一）

正月

辛卯，大風揚塵蔽天，晝晦。（《明世宗實錄》卷三六九，第6596頁）

甲辰，夜望，月食。（《明世宗實錄》卷三六九，第6604頁）

庚戌，以旱災免大同宣府諸州縣衛所田粮如例。（《明世宗實錄》卷三

六九，第 6607 頁）

雨雪，自初二日，經旬不止。（嘉慶《備修天長縣志稿》卷九下《災異》）

大雨五十日，二麥爛，秋禾亦死。（乾隆《通許縣舊志》卷一《祥異》）

元旦五鼓，雷震府署，時南甯府同知余光署事。（民國《崇善縣志》第六編《前事》）

元旦五更，雷震府署桄榔木及盆中滌氣。（萬曆《廣西太平府志》卷二《祥異》）

至五月，不雨。（康熙《新修盂縣志》卷二《禨祥》）

二月

初八日，大風，飄瓦如葉，舟覆没，不可勝筭。（光緒《淳安縣志》卷一六《祥異》）

初八日，大風。（乾隆《建德縣志》卷一〇《禨祥》）

初八日，建、淳、桐、遂四縣同日大風，屋瓦如葉，府治鐘樓飛墜城外，是日覆没舟楫不可勝筭。（萬曆《嚴州府志》卷一九《禨異》）

大風拔木。（民國《遂安縣志》卷九《災異》）

二十六日，夜，大降嚴霜，麥苗盡枯。鄉民見其麥葉枯黄，遂蒩土種穀，間有存者，少收一二。（嘉靖《魯山縣志》卷一〇《災祥》）

三月

丙午，時久不雨。上諭禮部臣曰："天旱祈霖，宜虔宜慎，自朕先之。"因以是日始齋三日，命文武大臣張溶、徐階等祭告郊廟，徧〔徧〕于羣祀。（《明世宗實錄》卷三七一，第 6636 ~ 6637 頁）

丙辰，以雨未霑足，風霾間作，復詔諸司祈禱，命文武大臣祈郊廟，徧郡祀如故。（《明世宗實錄》卷三七一，第 6639 頁）

春三月、秋九月赤風，晦晝。（康熙《欒城縣志》卷二《事紀》）

雨雹，大如拳。（康熙《順德縣志》卷一三《紀異》）

雨雹。（天啟《封川縣志》卷四《事紀》；同治《香山縣志》卷二二《祥異》）

四月

己卯，雨。（《明世宗實錄》卷三七二，第 6651 頁）

庚辰，以旱災詔停直隸保定等六府預徵馬匹，及停觧保定、河間二府贓罰（廣本、歷本作"贖"）銀二萬（廣本、歷本、閣本"萬"下有"兩"字），仍遣官齎太倉銀四萬兩，會撫按官賑卹（廣本、歷本、閣本無"卹"字）之。（《明世宗實錄》卷三七二，第 6651 頁）

初七日，雨冰雹。（萬曆《嘉興府志》卷二四《業記》）

大雨，自四月八日至十一日，連雨八次，麥大傷。（萬曆《林縣志》卷八《災祥》）

初十日，雨雹大者如春杵，損傷禾稼，打死飛禽，紫金里尤甚。（乾隆《禹州志》卷一三《災祥》）

大水雷震。（咸豐《興甯縣志》卷一二《外志》）

二十八日，大雨雹，有如卵、如拳、如盌者，二麥蕩然，破屋損器物。（光緒《壽張縣志》卷一〇《雜事》）

至於秋七月不雨，無禾。（嘉靖《南寧府志》卷一一《祥異》）

五月

戊子朔，以霖（各本作"靈"）雨應祈，遣文武大臣朱希忠等謝各宮廟。（《明世宗實錄》卷三七三，第 6657 頁）

水，浸入城闉限。（康熙《松溪縣志》卷一《災祥》）

初一，峽山崩，大水壞寺。（乾隆《清遠縣志》卷二《年表》）

初，大旱。吏民祈禱四十餘日，無驗。（光緒《銅梁縣志》卷一六《雜記》）

初十日，松溪大水。十一日，建陽大水。（康熙《建寧府志》卷四六《災祥》）

十一日，大水，浸城郭，壞廬舍，舟行市中。（萬曆《建陽縣志》卷八《祥異》）

十八，大熱，河魚盡弊〔斃〕，馬蹄踏土火出。（光緒《麻城縣志》卷一《大事》）

二十二日，風霾大作，晝晦如夜。（光緒《鉅鹿縣志》卷七《災異》）

大風，晝晦。（康熙《平鄉縣志》卷三《前朝》）

不雨，禾苗將枯，百姓愁嘆。知縣董邦政齋沐，徒步率眾禱于城隍，雨遂足。（嘉靖《六合縣志》卷二《災祥》）

大水，平地深丈餘，漂没民居數十家。（康熙《瀘溪縣志》卷一《災異》）

大風拔木。（萬曆《杞乘》卷二《今總紀》；道光《尉氏縣志》卷一《祥異附》）

六月

丙子，金星晝見申位六日。（《明世宗實錄》卷三七四，第6673頁）

大水，火。（乾隆《歸善縣志》卷一八《雜記》）

雨雹。（乾隆《新鄉縣志》卷二八《祥異》）

集賢坊雨雪。（同治《嵊縣志》卷二六《祥異》）

霖雨彌月。（康熙《城固縣志》卷二《災異》；乾隆《南鄭縣志》卷一二《紀事》）

泰山大水，御帳衝壞，人多溺死。（康熙《泰安州志》卷一《災祥》）

雨雹，大水，壞城郭，傷禾。（光緒《肥城縣志》卷一〇《祥異》）

大水。（乾隆《龍川縣志》卷一《災祥》；光緒《惠州府志》卷一七《郡事》）

霪雨，震雷殺人。（雍正《東莞縣志》卷一〇《祥異》）

四日，雷，擊死穀倉前石某僕，及陳某幼兒。（嘉靖《興寧縣志》卷一《災祥》）

二十七日，日暮，有黑雲蔽天，俄然大雨，自西南來，傾盆如注，二晝夜方止，平地水深丈餘，漂民廬舍物產不可勝記，而屍骸沉積南河兩岸甚多。知縣姚卿檢踏，申以重大災傷，案候明示，且計被患貧民給以牛犋子種，以補秋種不及。（嘉靖《魯山縣志》卷一〇《災祥》）

十六日，有真人來自遂甯……是日，忽有雷電風雨，起自西北，繼乃連綿半月，禾苗復蘇。（光緒《銅梁縣志》卷一六《雜記》）

七月

庚寅，以旱災免陝西延安府所屬州縣田粮。（《明世宗實錄》卷三七五，第6680～6681頁）

石首大水，川漲隄潰，平地水深數丈，官舍民居皆没。（光緒《荆州府志》卷七六《災異》）

大水，壞城郭廬舍。（光緒《光化縣志》卷八《祥異》）

大水崩城，官廬民舍一空。（同治《宜城縣志》卷一〇《祥異》）

初二日，大雨，晝夜不止，城垣民居多傾頹。（康熙《衡水縣志》卷六《語紀》）

十三日，大風拔木發屋，縣署圮。（民國《象山縣志》卷三〇《志異》）

大水。（萬曆《灤志》卷三《世編》；康熙《永平府志》卷三《災祥》；同治《遷安縣志》卷九《記事》）

十七日，大雷雨，時北門内悦禮坊張守榮妻王氏方哺兒屋中，女立户外，忽見甍下有火怖甚。其母已震仆死矣，女及所哺兒無恙。（雍正《孝義縣志》卷一《祥異》）

淮堤決，大水東注逆流，浸於城址，東鄉田廬漂蕩無遺。（隆慶《寶應縣志》卷一〇《災祥》）

大水害稼。（萬曆《襄陽府志》卷三三《災祥》）

漢水泛溢，没堤衝城，蕩覆民居，受害為甚。（嘉靖《宜城縣志》卷上《建置》）

八月

大雨雹，饑。（嘉靖《嶂縣志》卷八《災異》）

初一日，淮水大溢，奪安東寶應隄而下，禾稼、牛畜、廬舍盡没。（萬曆《鹽城縣志》卷一《祥異》）

九月

甲寅，以水災詔淮安所屬州縣及揚州之寶泰、鳳陽之泗時（各本作"盱"）、五合，徐州之蕭、碭改兌米於德州倉支運二萬石，仍如例蠲也（廣本、閣本作"免"）。（《明世宗實錄》卷三七七，第 6709 頁）

南康大風，拔樹裂瓦。（光緒《南安府志補正》卷一〇《祥異》）

辛亥，夜，武定大雪，次日午時始止，隨降隨消，尚積五寸許。（乾隆《武定府志》卷一四《祥異》）

至辛亥五月不雨。（嘉靖《清河縣志》卷一《祥異》）

初十日，未時，大風拔木。（康熙《高苑縣志》卷八《災祥》）

庚戌，大風，自北而南，拔樹裂瓦，猛號數刻，人咸謂罕見。（嘉靖《南康縣志》卷九《祥異》）

二十六日夜，大風拔木，明綱、長河諸湖舟覆，溺者無算。（嘉靖《興國州志》卷七《祥異》）

颶風傷稼。（康熙《順德縣志》卷一三《紀異》；宣統《南海縣志》卷二《前事補》）

颶風傷禾稼。（同治《香山縣志》卷二二《祥異》）

二十八日，夜一更時候，有大風卒起，自西北來，排戶擗屋，揚沙拔樹，時有蕎麥刈者，摧擺幾盡，邑人大恐，至次日曉方息，或者目為颶風云。（嘉靖《魯山縣志》卷一〇《災祥》）

十二月

己（舊校改"己"作"乙"）丑，廷臣以靈雪應祈，上表稱賀。上嘉答之，因製賀雪吟，頒賜朱希忠等七臣。（《明世宗實錄》卷三八〇，第 6733～6734 頁）

是年

春，龍泉大水。（光緒《吉安府志》卷五三《祥異》）

淮水大溢。（光緒《盱眙縣志稿》卷一四《祥祲》）

雨石于連江，聲如雷。（乾隆《福州府志》卷七四《祥異》）

大水。（嘉靖《清河縣志》卷三《災祥》；康熙《京山縣志》卷一《祥異》；乾隆《鍾祥縣志》卷一《祥異》；道光《銅山縣志》卷一二《祥異》；民國《任縣志》卷七《災祥》）

大水，饑甚，命有司賑濟有差。是歲，漳衛水決，平地水深數尺，魏縣、元城、長垣、東明尤甚，溺死者無算。知府張潮撫循備至，出官庫銀錢賑給之，民賴以生。（乾隆《東明縣志》卷七《灾祥》）

雨雹，大如棗。（民國《中牟縣志·祥異》）

大風拔木。（光緒《重修華亭縣志》卷二三《祥異》）

雷擊如皋文廟，火光迸地。（光緒《通州直隸州志》卷末《祥異》）

以水災詔免淮屬改兌漕米有差。（光緒《安東縣志》卷五《民賦下》）

淮水無禾。（萬曆《興化縣新志》卷一〇《外紀》）

衛河決臨清館陶，壞民稼廬。（雍正《館陶縣志》卷一二《災祥》）

大雨雹。（道光《東阿縣志》卷二三《祥異》）

飛蝗入境。（萬曆《平原縣志》卷上《災祥》；乾隆《平原縣志》卷九《災祥》）

潦。（光緒《松陽縣志》卷一二《祥異》）

麗水大水。（雍正《處州府志》卷一六《雜事》）

秋，海水溢，没下河田。（隆慶《高郵州志》卷一二《災祥》；嘉慶《高郵州志》卷一二《雜類》）

春，旱，無麥。夏，蝗不為災。（雍正《高陽縣志》卷六《禨祥》）

春，旱，民大饑，開倉賑給。至五月終方雨。（乾隆《衡水縣志》卷一一《禨祥》）

春，大雪雹。（康熙《安福縣志》卷一《祥異》）

春，旱。夏秋，霖雨，禾稼潏没。（嘉靖《儀封縣志》卷下《災祥》）

春，旱。夏，水。秋，蝗。（康熙《高苑縣志》卷八《災祥》）

春夏，大旱，無麥。秋大旱，無禾，無木棉。（康熙《費縣志》卷五

《災祥》)

夏，蝗飛蔽天。秋，蝗生，大饑。（順治《閿鄉縣志》卷一《星野》；乾隆《重修直隸陝州志》卷一九《災祥》)

值夏，旱，（劉）愨率僚屬拜禱月餘，卒得澍雨。歲以大稔。（康熙《嘉興府志》卷一五《名宦》)

夏，蝗蔽天。秋，蝻生。大饑。（康熙《潼關衛志》卷上《災祥》)

蝗。（嘉靖《興濟縣志書》卷上《祥異》)

蝗蟲蔽天，禾盡食。（康熙《香河縣志》卷一〇《災祥》)

漳、御皆決，水平地數尺。（乾隆《大名縣志》卷八《圖說》)

衛河決臨清、館陶，壞民廬稼。（康熙《館陶縣志》卷一二《災祥》)

大水，民饑。漳、衛水決，平地深數尺，魏縣尤甚，溺死者無筭。（乾隆《大名縣志》卷二七《機祥》)

風霾，晝晦如夜。（光緒《邢臺縣志》卷三《前紀》)

大風，晝晦，大木盡拔。（光緒《唐山縣志》卷三《祥異》)

風霾大作，晝晦如夜，大水〔木〕盡拔，毀壓廬舍。（崇禎《內邱縣志》卷六《變紀》)

張鐸，嘉靖辛丑進士，積穀六萬斛，貯遼陽預備倉，鎔固封鍵，以備兵荒。後十年，遼陽果遭大水，瘟疫，人至相食，虜患頻，仍賴此賑濟。（民國《奉天通志》卷一四〇《宦績》)

蝗，饑。（康熙《德州志》卷一〇《紀事》)

蝗入境。（康熙《陵縣志》卷三《災祥》)

歲復遭蝗、旱。（嘉慶《禹城縣志》卷七《循良》)

滕縣雨土如霧，梅李花萼皆焦落。（萬曆《兗州府志》卷一五《災祥》)

大水，饑甚。命有司賑濟有差。是歲漳、衛水決，平地水深數尺。（乾隆《東明縣志》卷七《灾祥》)

水。（咸豐《重修興化縣志》卷一《祥異》)

風潮復作，塘壞。（天啟《海鹽縣圖經》卷八《隄海》)

八都范村前山塢久雨，忽山崩陷，大水汎溢，漂没民居，人爲溺死。（康熙《浦江縣志》卷六《灾祥》）

蛟水漂溺人民。（民國《宿松縣志》卷四二《義行》）

大旱。典史羅勝宗與民步禱七日，果大雨。（乾隆《修武縣志》卷九《災祥》）

大水，饑甚。（康熙《開州志》卷四《災祥》）

大風拔樹木。桃李冬花。（康熙《寧陵縣志》卷一二《災祥》）

秋，旱，民大饑。（道光《辰溪縣志》卷三八《祥異》）

大旱。（乾隆《瀘溪縣志》卷二二《祥異》）

夏秋，不雨，五谷不收，民間食蕨。（嘉靖《貴州通志》卷一〇《祥異》）

秋，河決。（康熙《博平縣志》卷一《機祥》）

秋，大雨，漂民房屋，壓死獄囚七人。（萬曆《肅鎮華夷志》卷四《災祥》）

秋，蝗。（康熙《遵化州志》卷二《災異》）

秋，旱，民饑。巡撫張公奏免六徵四。（萬曆《辰州府志》卷一《災祥》）

城圮于汾水，越明年壬子水溢。（道光《陽曲縣志》卷一四《碑記》）

禾稼盡没，田地俱為沙淤，人民逃竄過半。（嘉靖《清河縣志》卷三《災祥》）

辛亥、壬子年，河大漲，衝石壍二十餘丈。（康熙《静樂縣志》卷三《城池》）

三十年、三十一年淮堤決寶應，下河田民廬漂蕩，丁堰鎮地產細毛長。（康熙《揚州府志》卷二二《災異》）

三十年、三十一年、三十二年、三十三年俱霖雨，壞民廬舍，秋稼盡空節。詔蠲賑。（康熙《長垣縣志》卷二《災異》）

嘉靖三十一年（壬子，一五五二）

正月

丙戌，金星晝見，至十一日没。（《明世宗實録》卷三八一，第

6741 頁）

甲午，以東安縣大水，蠲粮差一年。（《明世宗實録》卷三八一，第
6745 頁）

己亥，夜，月食。（《明世宗實録》卷三八一，第 6748 頁）

元日，雷鳴雨雹。（嘉靖《貴州通志》卷一〇《祥異》）

白日陰霾。（嘉靖《貴州通志》卷一〇《祥異》）

二月

丙子，大風揚塵四塞。（《明世宗實録》卷三八二，第 6764 頁）

霹靂山崩，連鳴數日，乃崩。（天啟《封川縣志》卷四《事紀》）

七日，烈風雷雨大作，摧折市坊。（嘉靖《貴州通志》卷一〇《祥異》）

三月

雨雹大作。（康熙《長清縣志》卷一四《災祥》；道光《長清縣志》卷
一六《祥異》）

雷電風雹大作，海水泛溢。（嘉靖《貴州通志》卷一〇《祥異》）

旱，田禾莫插。（天啟《封川縣志》卷四《事紀》）

四月

一雷擊死五牛，背有字莫辨。次年是月日又如之。（乾隆《松陽縣志》
卷一二《祥異》）

二十六日，蓬萊近郭雨霰數寸。次日大風，發屋拔木。（光緒《增修登
州府志》卷二三《水旱豐饑》）

冰雹自西北來，大者如卵，片者徑尺，二麥花果尽傷。境内饑饉，頃刻
溝渠皆盈，經旬不解。（嘉靖《鞏縣志》卷六《災祥》）

旱，至於六月乃雨。（嘉靖《南康縣志》卷九《祥異》）

至七月，不雨，無禾。（道光《南寧府志》卷三九《機祥》）

不雨，至九月。（同治《鄱陽縣志》卷二一《災祥》）

五月

壬辰，以久旱命順天府官祈雨，百官修省三日。（《明世宗實録》卷三八五，第6796頁）

辛丑，夜，月犯土星。（《明世宗實録》卷三八五，第6799頁）

丙午，大雨，百官上表稱賀。（《明世宗實録》卷三八五，第6799頁）

大水。（民國《靈川縣志》卷一四《前事》）

大雨雹。（萬曆《武定州志》卷八《災祥》；萬曆《安邱縣志》卷一下《總紀》；康熙《杞紀》卷五《繫年》；嘉慶《昌樂縣志》卷一《總紀》）

十三日，縣西南五里張家莊喬文偕三人鋤于野，雷雨大作，三人避樹，回視文所在，煙焰蔽地，文死，遍體燎炙。（雍正《孝義縣志》卷一《祥異》）

旱。秋七月疫，知縣董邦政齋沐禱雨，雨足。至秋，民感暑濕，蒸為疫癘，復齋戒禱神，命醫施藥，疫頓消除，民以瘳驅疫。（嘉靖《六合縣志》卷二《災祥》）

大旱，苗槁甚，民皆彷徨。（崇禎《慶元縣志》卷七《紀變》）

初三，環邑諸山遍起蛟龍。大雨，平地水深數丈，縣學二基沒其過半，人畜死者數千。（順治《黃梅縣志》卷三《災異》）

山水暴溢，壞民廬舍，多溺人畜。（嘉靖《六安州志》卷下《妖祥》）

十一日，郡城大水，城中以舟行。（康熙《建寧府志》卷四六《災祥》）

旱。（嘉靖《馬湖府志》卷七《雜志》）

六月

己未，以水灾減免鳳陽、淮安二府所屬泗州、清河等州縣，鳳陽等衛所民屯夏稅有差。（《明世宗實録》卷三八六，第6801頁）

己卯，廣東雷州府海康、遂溪等縣風雨震雷（廣本作"電"，閣本作"雹"），有火光如毬，自西南起升至中天，星散，海潮漲溢，壞官民廬舍，及人畜田禾甚眾（廣本、閣本作"多"）。（《明世宗實録》卷三八六，第6807頁）

八日，霖雨涉旬，没禾。（天啟《中牟縣志》卷二《物異》）

二十六日，大水。（光緒《麻城縣志》卷一《大事》）

二十八日，颶風大作，雷火紛飛雨中，洪湖翻箕撼城，民澤没者萬計，岸堤崩塌，大傷廬舍田畜。（嘉靖《廣東通志初稿》卷七〇《雜事》）

七月

乙未，夜，月夜（廣本、閣本、抱本作"食"）。（《明世宗實錄》卷三八七，第6815頁）

癸卯，夜，月犯軍（抱本、廣本、閣本作"異"，疑當作"翼"）宿大星。（《明世宗實錄》卷三八七，第6819頁）

十二日，知縣楊繼盛至，大雨壞城，漂田禾，壞廬舍，民多壓死者。（乾隆《諸城縣志》卷二《總紀上》）

飛蝗為災，禾穗盡落。（光緒《蘭谿縣志》卷八《祥異》）

大水。（康熙《陵縣志》卷三《災祥》；康熙《杞紀》卷五《繫年》）

大水傷禾。（康熙《德州志》卷一〇《紀事》）

大雨如注，漂田禾，壞廬舍，民多有壓死者。（康熙《諸城縣志》卷九《祥異》）

十三日，大水異常，城幾陷，平地深一二丈餘，漂没居民房屋不可勝計。（康熙《郯城縣志》卷九《災祥》）

大水，傷房屋人畜。冬無雪。（康熙《費縣志》卷五《災異》）

淮堤又決，大水没東田如前。（隆慶《寶應縣志》卷一〇《災祥》）

飛蝗為災，禾穗盡落。（嘉慶《蘭谿縣志》卷一八《祥異》）

大水，明春歉。（萬曆《武定州志》卷八《災祥》）

大水。冬大寒，無麥苗。（萬曆《安邱縣志》卷一下《總紀》；嘉慶《昌樂縣志》卷一《總紀》）

八月

戊寅，以水灾免山東兗州、東昌二府所屬州縣秋糧有差。（《明世宗實

録》卷三八八，第 6830 頁）

丁酉，熒惑犯南斗西南，白日無雲而雷，火光燭地，山雉悉鳴，移刻乃息。（康熙《太平府志》卷三《祥異》）

天大雷雨，文廟災。（同治《永新縣志》卷二六《祥異》）

雨雹。（嘉靖《崞縣志》卷八《災異》）

大雨連日，害稼。（天啟《封川縣志》卷四《事紀》）

九月

庚寅，夜，月掩土星。（《明世宗實録》卷三八九，第 6836 頁）

辛卯，夜，火星犯鬼宿西北星。（《明世宗實録》卷三八九，第 6836 頁）

丙午，以旱災免平陽府所屬州縣夏稅有差。（《明世宗實録》卷三八九，第 6847 頁）

丁酉，河決徐州房村集，至邳州、新安，運道淤阻五十里。（同治《徐州府志》卷五下《祥異》）

黑風。（康熙《陵縣志》卷三《災祥》）

十月

壬戌，以旱災減免江西南昌、瑞州、袁州、臨江、吉安、撫州、贛州、南安八府所屬州縣，并南安、信豐等所稅粮。（《明世宗實録》卷三九〇，第 6854 頁）

癸亥，以水災免大名、保定、河間、順德、廣平等府所屬州縣，并天津、涿鹿、德州等衛所民屯秋粮有差。（《明世宗實録》卷三九〇，第 6854 ~ 6855 頁）

丁卯，夜，月犯井宿西扇北（閣本無"北"字）第二星。（《明世宗實録》卷三九〇，第 6856 頁）

庚午，以水災免直隸淮安府邳、徐等州，及廣東雷州府正官入覲。（《明世宗實録》卷三九〇，第 6856 頁）

十一月

丁酉，夜，月犯鬼宿西南星。（《明世宗實録》卷三九一，第 6871 頁）

壬寅，以雹灾免大同左、右等衛所并（廣本、閣本"并"下有"本府所屬"）朔州、懷仁各州縣民屯秋粮有差，仍命撫按官發該鎮煤塩等稅，及所司贓罰銀與預偹倉粮相兼，賑濟飢民。（《明世宗實録》卷三九一，第 6874 頁）

十二月

丁卯，夜，月犯水（廣本、閣本作"木"）星。（《明世宗實録》卷三九二，第 6885 頁）

己巳，以冬深無雪，諭順天府官所禱〔禱〕。（《明世宗實録》卷三九二，第 6887 頁）

癸酉，大雪，百官上表稱賀。（《明世宗實録》卷三九二，第 6889 頁）

是年

春，大水。（同治《宿遷縣志》卷三《紀事沿革表》）

夏，六合蝗。（光緒《金陵通紀》卷一〇中）

夏，永州、祁陽旱。（道光《永州府志》卷一七《事紀畧》）

夏，鹹潮暴溢。（道光《遂溪縣志》卷二《紀事》）

淮河大溢。（光緒《盱眙縣志稿》卷一四《祥祲》；光緒《鹽城縣志》卷一七《祥異》；光緒《安徽通志》卷三四七《祥異》）

水，平地深丈餘，濟川橋墩圮。（光緒《邵武府志》卷三〇《祥異》）

翁源上鄉溪水溢。（同治《韶州府志》卷一一《祥異》）

疫癘大作，死徙相繼，復大水。（民國《大名縣志》卷二六《祥異》）

復大水。（康熙《開州志》卷四《災祥》；乾隆《東明縣志》卷七《灾祥》）

大水。（萬曆《汶上縣志》卷七《災祥》；萬曆《重修鎮江府志》卷三四《祥異》；萬曆《永寧縣志》卷一《災祥》；康熙《滑縣志》卷四《祥異》；康熙《沂水縣志》卷五《祥異》；康熙《咸寧縣志》卷六《災祥》；乾隆《梧州府志》卷二四《磯祥》；乾隆《內黃縣志》卷六《編年》；嘉慶《松江府志》卷八〇《祥異》；光緒《咸甯縣志》卷八《災祥》；光緒《丹陽縣志》卷三〇《祥異》；光緒《金壇縣志》卷一五《祥異》；民國《重修滑縣志》卷二〇《祥異》）

大水，自春至秋，大疫。（光緒《德安府志》卷二〇《祥異》）

徐、邳等十二州縣連被水患。（咸豐《邳州志》卷六《民賦下》）

河流大溢，減免淮安等處夏稅有差。（光緒《安東縣志》卷五《民賦下》）

河淮大溢。（光緒《淮安府志》卷四〇《雜記》）

風潮。（嘉靖《靖江縣志》卷四《編年》；光緒《靖江縣志》卷八《祲祥》）

永甯大水。（光緒《延慶州志》卷一二《祥異》）

大水傷禾。（民國《德縣志》卷二《紀事》）

衛河決。（宣統《恩縣志》卷一〇《災祥》）

東平水，壞民居禾稼。（民國《東平縣志》卷一六《災祲》）

夏秋，大水，城池水赤如血，饑。（民國《淮陽縣志》卷八《災異》）

夏秋，績溪旱，多虎。（道光《徽州府志》卷一六《祥異》）

秋，旱，穜秣焦槁。（光緒《慈谿縣志》卷五五《祥異》）

秋，大水，禾稼盡傷。（康熙《睢寧縣舊志》卷九《災祥》）

冬，大寒，無麥苗。（康熙《壽光縣志》卷一《總紀》；康熙《杞紀》卷五《繫年》）

春，大雷雨。（乾隆《龍川縣志》卷一《災祥》）

夏，蝗。秋，大旱，大饑。（萬曆《順德縣志》卷一〇《雜志》）

夏，大水。（嘉靖《儀封縣志》卷下《災祥》）

夏，旱。（同治《峽江縣志》卷一〇《祥異》）

蝗飛蔽日。（民國《霍邱縣志》卷一六《祥異》）

夏，大水，無麥禾。冬，大饑，人相食，中父鬻子、夫鬻妻者以千計。

（康熙《宿遷縣志》卷九《祥異》）

漳、衞并溢，郡城遂圮。（同治《元城縣志》卷一《形勝》）

衞河復決，水大鳴，如牛聲，數日河遂東徙。（萬曆《新修館陶縣志》卷三《災祥》）

大水，禾稼盡没，田地俱爲沙淤。（嘉靖《清河縣志》卷三《災祥》）

河大漲，衝石塹二十餘丈。（康熙《静樂縣志》卷三《建置》）

大水，傷稼。（康熙《文水縣志》卷一《祥異》）

運河決，平地水數尺。（乾隆《夏津縣志》卷九《災祥》）

春夏不雨，至六月二十三日雨。（康熙《高苑縣志》卷八《災祥》）

萊蕪、肥城、東平水，壞民居禾稼。（乾隆《泰安府志》卷二九《祥異》）

大水，壞民居禾稼。（道光《東阿縣志》卷二三《祥異》；民國《萊蕪縣志》卷三《災異》）

大水，禾稼半没。（康熙《東平州志》卷六《災祥》）

大水，平地水深三尺，往來必舟行，至郭門方底岸。歷年大樹多淹死。（光緒《壽張縣志》卷一〇《雜事》）

常州雨黑豆。（康熙《江南通志》卷五《祥異》）

知揚州府初，至郡，有水患，請發賑蠲税，百姓德之。（康熙《揚州府志》卷二二《名宦》）

淮水，無禾。（嘉靖《興化縣志》卷四《五行》）

水，賑。（崇禎《泰州志》卷七《災祥》）

河淮大溢，田被沙淤。（雍正《安東縣志》卷一五《祥異》；乾隆《山陽縣志》卷一八《祥祲》）

淮河大溢，田地俱沙淤，後三年又溢。（乾隆《重修桃源縣志》卷一《祥異》）

河淮大溢，淮安田爲沙淤。（民國《阜寧縣新志》卷九《水工》）

水，有賑。（嘉慶《東臺縣志》卷七《祥異》）

（桐鄉縣）夏大旱，郡伯檄往禱雨，甘澍立應。（乾隆《濮院瑣志》卷五《方外》）

旱，李樹生瓜。（萬曆《新修餘姚縣志》卷二三《機祥》）

含山縣旱，荒。（萬曆《和州志》卷八《祥異》）

大旱，湖水涸。（嘉慶《廬江縣志》卷二《祥異》）

大無麥，夏秋旱。（嘉慶《績溪縣志》卷一二《祥異》）

府屬旱饑，減免稅糧。（康熙《南昌郡乘》卷五四《祥異》）

大雷雨，文廟災。（同治《永新縣志》卷二六《祥異》）

水圮濟川橋墩，平地水深丈餘。（萬曆《邵武府志》卷六二《祥異》）

霪雨，壞民廬舍，秋稼盡空節。（康熙《長垣縣志》卷二《災異》）

大水。自春至秋，大疫。（康熙《鼎修德安府全志》卷二《災異》）

又決，深谷有為陵者。（康熙《潛江縣志》卷一〇《河防》）

大雨雹。（萬曆《襄陽府志》卷三三《災祥》）

旱。（隆慶《永州府志》卷一七《災祥》）

上鄉溪水溢。（同治《韶州府志》卷一一《祥異》）

洪水，（随龍堤）大潰。（崇禎《博羅縣志》卷一《津梁》）

大雨水。（康熙《化州志》卷一〇《紀事》）

大旱。秋，大雨潦。（崇禎《肇慶府志》卷二《事紀》）

颶風大作，鹹潮泛漲。（道光《遂溪縣志》卷二《紀事》）

大旱，饑饉，斗米千錢。（康熙《南寧府全志》卷三九《機祥》）

立旺寨風雹拔木。（嘉靖《貴州通志》卷一〇《祥異》）

堤決，大水，潯没田禾千頃。（嘉靖《大理府志》卷二《堤壩》）

夏秋，大水，民饑，州城池水赤如硃。（乾隆《陳州府志》卷三〇《雜志》）

夏秋水發，諸川盈溢，運河決流。禾稻盡空，民饑，溺死者相望于路。（康熙《香河縣志》卷一〇《災祥》）

秋，大水，決河口隄，平地水深丈餘，城門土屯，人皆上城登舟。（民國《文安縣志》卷終《志餘》）

秋，大水。（萬曆《濟陽縣志》卷一〇《災祥》；崇禎《廉州府志》卷

一《歷年紀》；乾隆《濟陽縣志》卷一四《祥異》）

秋，大水，平地深數尺。（康熙《蒙陰縣志》卷四《孝義》）

秋，（河）又決，平地水深數尺。禾稼蕩然，民居漂溺，舟揭遍野者彌月。（康熙《博平縣志》卷一《機祥》）

秋，南鄉那卯村蒙泉井起煙，沸聲如雷。是歲大旱。（民國《上思縣志》卷五《機祥》）

秋，旱……祈禱得雨，不成災。（民國《英山縣志》卷一四《祥異》）

三十一年、三十二年水，俱没寶積橋。（乾隆《盱眙縣志》卷一四《蓄祥》）

三十一、二年間，自春正月不雨，至夏四月始雨，復大水害稼，歲大饑。強梁者竟白晝揭旗鼓肆掠境内，良民取草根木皮充饑，無賴剥殍肉為食，至有尚呻吟遽為人所剥，有司莫能禁，枕藉於溝壑者無筭。先是年夏……邑人以饑及盜、瘟疫死者無慮數千。（康熙《嶧縣志》卷二《災祥》）

嘉靖三十二年（癸丑，一五五三）

正月

戊寅朔，是日，日食，陰雲不見。有頃，大雪。百官以捄護罷朝賀，次日始朝，服詣奉天門，行五拜三叩頭禮，仍上表稱賀。（《明世宗實録》卷三九三，第 6893 頁）

壬午，以元旦雪，日食不見，奏謝。（《明世宗實録》卷三九三，第 6898 頁）

己酉，勑曰："……加以四方災聞，往往而有，而淮、徐水患尤甚，朕甚（廣本、閣本作'重'）為惻然……"（《明世宗實録》卷三九四，第 6927 頁）

辛未，金星晝見于申位，五日乃伏。（《明世宗實録》卷三九四，第

6939 頁）

癸巳，夜望，月食。（《明世宗實錄》卷三九三，第 6901 頁）

朔，日食，大水。（乾隆《銅陵縣志》卷一三《祥異》）

元日，晝晦如夜，移時始朗。（乾隆《雞澤縣志》卷一八《災祥》）

元日，晝晦如夜。（康熙《平鄉縣志》卷三《前朝》）

沂州自春正月不雨，至于夏四月乃雨，復大水。滕、鄒、滋、嶧大饑，人相食。（萬曆《兗州府志》卷一五《災祥》）

二月

火，木氣乘王，經旬不雨，民居數見火災。知縣董邦政為文禱祝融神，逮三日，大雨雷電交作，火災頓〔頓〕息，民始奠居。（嘉靖《六合縣志》卷二《災祥》）

三月

丙午，建祈年歲典於供應雷壇（廣本、閣本作"洪"）九日，停刑禁屠如例，又以（廣本、閣本"又以"作"先是諭禮部"）春深未聞雷雨，諭礼部祈禱（廣本、閣本"禱"作"其禱之於是"）。（《明世宗實錄》卷三九五，第 6956 頁）

南康雨雹。（同治《南安府志》卷二九《祥異》）

大風，颮塵醫日，民無麥。秋，大雨潦，無禾。（萬曆《武定州志》卷八《災祥》）

大風雷，繼以雨雹。（嘉靖《南康縣志》卷九《祥異》）

閏三月

初六日夜，永昌騰越地震。明日復震，騰越鳴雷，雨雹如鷄卵。（光緒《永昌府志》卷三《祥異》）

六日夜，地震。次日復震，雨雹如雞卵。（光緒《騰越廳志稿》卷一《祥異》）

以黃河漲溢，遣山東巡撫沈應龍致祭泰山。（民國《重修泰安縣志》卷六《歷代巡望》）

四月

丙子，以久旱禱雨于內殿，停刑禁屠六日。（《明世宗實錄》卷三九七，第 6973 頁）

壬午，初山東江北連歲水旱，飢民蠡為起（廣本、閣本、抱本作"民蠡起為盜"），盜劇賊。（《明世宗實錄》卷三九七，第 6979～6980 頁）

大雨如注，至秋七月止。壞民廬舍，溥水没民田，大饑。（康熙《平山縣志》卷一《事紀》）

初四日，小滿後大雪，山中數日不消。（嘉靖《太原縣志》卷三《祥異》）

天雨冰。時久旱，忽冰雹如石擂。（康熙《鄜州志》卷七《災祥》）

雨，至秋七月不止，壞民田廬。詔免田租之半。（萬曆《汝南志》卷二四《災祥》）

雨，至秋七月不止，壞公署、城垣、民居殆盡，穀、秫、黍、菽俱被涝傷，獨稻倍收。時荒盜起，免民田租之半。（嘉靖《真陽縣志》卷九《祥異》）

五月

丁巳，淮安府知府張敦仁上言："淮、徐連遭水旱（廣本、閣本作'患'），請將漕粮折銀蠲免，及鳳、壽諸倉粮（舊校删'粮'字）錢粮秋後帶徵者皆緩之。"（《明世宗實錄》卷三九八，第 6990 頁）

大風雨拔木壞屋，禾稼渰没，民大饑。（民國《淮陽縣志》卷八《災異》）

大雨，至六月，民訛言。（光緒《潛江縣志續》卷二《災祥》）

大風雨，連日不止，壞民田稼。（光緒《黃巖縣志》卷三八《變異》）

大風雨，連月不止，壞民田稼。（萬曆《黃巖縣志》卷七《紀變》）

大水。民饑，縣之東北尤甚。三十三年、三十四年俱如之。（康熙《重修無極志》卷下《事紀》）

大清河溢，壞田舍。（道光《商河縣志》卷三《祥異》）

蘇州大風雷，牛馬在野者多喪其首。（《稗史彙編》卷一七一《災禩》）

大風雨連日，壞田稼。（民國《臨海縣志稿》卷四一《祥異》）

夏五月乃雨。前冬無雪，旱，凡八越月乃雨。自後，暴雨大作無虛日，至六月二十二夜大雷雨，中有聲如燕亂鳴，腥氣逼人，鄉人遠望城市，火光四燭，崩山潰城，人大驚駭。（萬曆《林縣志》卷八《災祥》）

初二日，大水，民溺没者眾。（嘉靖《黄陂縣志》卷中《災祥》）

大水，漂溺民田千頃。道觀河見水怪，霪雨水溢，廛市中溺死以千計。（萬曆《黄岡縣志》卷一〇《災祥》）

初三日，大水，河見怪，民溺死者以千計，鄰界道觀河一市盡棄無遺。（光緒《麻城縣志》卷一《大事》）

十一日，暴雨異常，眾流滙聚，河水橫溢，勢高數丈。寺衝決，崩塌佛殿，比堅緻獨存。（乾隆《裕州志》卷六《藝文》）

大水。（康熙《費縣志》卷五《災異》）

十六日，大水。（乾隆《興安縣志》卷一〇《祥異》）

十八日，大風雨彌日，拔木無算，民舍壞，禾稼淪没。民大饑。（道光《淮寧縣志》卷四《溝渠》）

六月

甲辰，順天府（抱本、廣本、閣本"府"下有"府"字）尹雷禮條上恤災六事：一，通、涿、良鄉、固安諸州縣水災重大，請下撫按官，查覈賑恤蠲免。（《明世宗實錄》卷三九九，第7008頁）

大雨，伊洛漲溢入城，水深丈餘，漂没公廨、民居殆盡。（乾隆《洛陽縣志》卷一〇《祥異》）

淫雨，文谷、汾河俱徙，害稼，壞官民廬舍太半。（康熙《文水縣志》

卷一《祥異》）

淫雨水傷城壞。大饑，斗粟價銀四錢。（萬曆《永寧縣志》卷一《災祥》）

滹沱滋水交溢。大饑，人相食。（乾隆《饒陽縣志》卷下《事紀》）

滹沱溢，大水圍城。十二日，漳水大溢，壞民田舍，秋稼盡没。冬大饑，羣盜蜂起。（康熙《武強縣新志》卷七《災祥》）

大水，民饑。（康熙《磁州志》卷九《祥異》）

大水，淹禾殆盡。（隆慶《任縣志》卷七《祥異》）

隕霜殺稼。（民國《太谷縣志》卷一《年紀》）

暴雨，移時沙河水突至，衝壞東門橋，并東城垣内水深三尺。（康熙《交城縣志》卷一《災祥》）

山水會聚，河洛泛漲，民居官舍公廨官廳盡行衝突，頭畜人口不可勝數，百姓逃亡。（嘉靖《鞏縣志》卷六《災祥》）

河溢，平地水深丈餘，直衝縣治，城不浸者數版，田禾胥没。（乾隆《陽武縣志》卷三《建置》）

山水暴漲。（萬曆《彰德府續志》卷下《藝文》）

十六日大雨，汾水溢高數丈，漂死牲畜無算。汾河自瓦窰頭西徙於東，蒞郭村而下，水高四五尺，稻田盡没。是歲大饑。（嘉靖《太原縣志》卷三《祥異》）

州東四庄村忽落大冰，如堵牆。（康熙《鄜州志》卷七《災祥》）

大霖雨，伊、洛漲，入城内，水深丈餘，漂没公廨民居殆盡，人畜死者無數。民皆木棲，不得食者凡七日，取生棗咽之。（乾隆《偃師縣志》卷二九《祥異》）

七月

戊辰，金星晝見，四日乃伏。（《明世宗實錄》卷四〇〇，第 7021 頁）

春，不雨。秋七月，大雨，伊、洛、汝並漲溢。（道光《伊陽縣志》卷六《祥異》）

十六日，無雨，而水頃刻三丈許，破城垣，漂田舍，溪口橋圮而蕩拆。（康熙《福安縣志》卷九《祥變》）

十八日，大清河溢，大傷禾稼，歲祲。（康熙《利津縣新志》卷九《祥異》）

大水。（萬曆《灤志》卷三《世編》；康熙《永平府志》卷三《災祥》；民國《遷安縣志》卷五《記事》）

大水入城。大饑，人相食。（康熙《平鄉縣志》卷三《前朝》）

大水，淹禾稼，多鬻男女。（雍正《直隸定州志》卷一〇《祥異》）

八月

丙戌，山東即墨縣地震，聲如雷，套虜駐鄜延半月餘，延慶諸州縣為所屠掠且徧，乃移營中部，以瞷涇原。關中大震，會霖雨連日。夜，虜乃由安塞、保安趨把都河遯。（《明世宗實錄》卷四〇一，第7027頁）

七日……雷雹交集。（乾隆《續耀州志》卷八《紀事》）

至冬十二月，不雨，井泉盡涸。（康熙《東鄉縣志》卷四《災祥》）

九月

大風雨連月，壞民田稼。（民國《台州府志》卷一三四《大事略》）

桃李盛花。（天啟《海鹽縣圖經》卷一六《雜識》）

十月

乙亥，吏部左侍郎兼翰林院學（廣本、閣本"學"下有"士"字）程文德上言："今直隸、河南、山東、徐、邳、淮、鳳等處方數千里，水災異常，民不聊生，流離載道。"（《明世宗實錄》卷四〇三，第7049頁）

曲周、成安、威縣、磁州大水，民饑，發粟賑之。（光緒《廣平府志》卷三三《災異》）

大水。詔發太倉賑饑。（康熙《成安縣志》卷四《總紀》）

十一月

大雷雨。（乾隆《歸善縣志》卷一八《雜記》）

大水，詔發太倉賑饑。（民國《成安縣志》卷一五《故事》）

雨，木冰三日夜。已而大風拔木。（康熙《堂邑縣志》卷七《災祥》）

十二月

癸酉，諭（廣本“諭”上有“上”字）禮部禱（廣本作“祈”）雪，分命大臣詣各宮廟如例。（《明世宗實錄》卷四〇五，第7077頁）

戊子，雪，文武百官表賀。（《明世宗實錄》卷四〇五，第7083頁）

雨，木冰。（萬曆《杞乘》卷二《今總紀》）

雨，水〔木〕冰。（乾隆《杞縣志》卷二《祥異》）

是年

春，井水冰堅不可破。（乾隆《洛陽縣志》卷一〇《祥異》）

春，新會城西烈日，雨血，血不成點，其形如縷。（道光《新會縣志》卷一四《祥異》）

春夏，旱，荒歉日甚，民以樹皮充飢，至秋，大水潦没禾稼，男女鬻盡。（光緒《新樂縣志》卷一《災祥》）

夏，大水。（康熙《恩平縣志》卷一《事紀》；民國《陽江志》卷三七《雜志》；民國《恩平縣志》卷一三《紀事》）

春大饑，人相食。夏，大水，壞民屋舍，人畜溺死者無筭。（光緒《蠡縣志》卷八《災祥》）

夏，旱。秋，復大水，有司發廩賑之。（乾隆《東明縣志》卷七《災祥》）

夏，旱。秋，大水。（康熙《滑縣志》卷四《祥異》；民國《重修滑縣志》卷二〇《祥異》）

大風雨連月，壞田廬禾稼。（康熙《臨海縣志》卷一一《災變》）

水。（民國《青縣志》卷一三《祥異》）

大水，民饑。（民國《磁縣縣志》第二十章第二節《明清災異》）

雨潦，民饑死載道，詔賑濟之。（乾隆《隆平縣志》卷九《災祥》）

大水，漲開老鼠灣，城幾圮。次年大水，更深尺餘，連年禾稼盡湮。（光緒《容城縣志》卷八《災異》）

大霖雨，屋垣多頹。（萬曆《廣宗縣志》卷八《雜志》；民國《廣宗縣志》卷一《大事紀》）

滹沱溢，大水圍城十二日，漳水大溢，壞民田舍，秋稼盡没。（道光《重修武强縣志》卷一〇《禨祥》）

大水，縣東北境尤甚。（民國《無極縣志》卷一八《大事表》）

旱。後大雨，洛水溢，浸城之半。（民國《鞏縣志》卷五《大事紀》）

大水。（嘉靖《清河縣志》卷三《災祥》；萬曆《銅陵縣志》卷一〇《祥異》；萬曆《池州府志》卷七《祥異》；康熙《獻縣志》卷八《祥異》；雍正《直隸完縣志》卷一〇《禨祥》；咸豐《郟縣志》卷一〇《災異》；同治《郟縣志》卷一〇《災異》）

大水壞民田舍，詔免田租之半。（民國《確山縣志》卷二〇《大事記》）

霪雨暴降，麥禾傷甚。（民國《商水縣志》卷二四《雜事》）

南畿旱。（光緒《金陵通紀》卷一〇）

大水，水退，黄河淤為平陸，大祲，民半饑死。刑部侍郎吳鵬奉命發賑。（嘉慶《蕭縣志》卷一八《祥異》）

決於草灣始也。（光緒《安東縣志》卷三《水利》）

侍郎吳鵬賑淮安水災。（光緒《淮安府志》卷四〇《雜記》）

雨赤豆，地生白毛。（道光《江陰縣志》卷八《祥異》）

自秋歷冬，恒暘不雨，井水盡涸。（光緒《撫州府志》卷八四《祥異》）

雨沙。（民國《定陶縣志》卷九《災異》）

大水壞民田廬，詔免田租之半。（康熙《汝陽縣志》卷五《禨祥》；乾隆《確山縣志》卷四《禨祥》）

大雨，伊、洛、汝漲溢。（乾隆《嵩縣志》卷六《祥異附》）

天雨赤荳，地生白毛。（光緒《無錫金匱縣志》卷三一《祥異》）

大旱，民飢。（民國《重修岐山縣志》卷一〇《災祥》）

富民蝗飛蔽天。（康熙《雲南府志》卷二五《菑祥》）

旱。（康熙《桐鄉縣志》卷二《災祥》；嘉慶《東臺縣志》卷七《祥異》；同治《湖州府志》卷四四《祥異》；光緒《桐鄉縣志》卷二〇《祥異》；光緒《烏程縣志》卷二七《祥異》；光緒《溧水縣志》卷一《庶徵》）

秋，螟害稼。先是，雨水饒洽，禾甚碩茂，七月下旬下霧，連三日，禾心及節盡生螟蛾，有穎而無實，南鄉尤甚，死饑殍不減子（疑當作"去"）年云。（康熙《南寧府全志》卷三九《祥異》）

秋，大水，田盡渰没，免田租三分。時彌月霪雨不止，山水暴漲，衝陷城西南角數丈，隨修輒壞。是歲，斗米銀二錢，公私大匱。（嘉靖《獲鹿縣志》卷九《事紀》）

秋，大水，漂没田廬。民疫。（康熙《霸州志》卷一〇《災異》）

春，旱。秋，大水，伊、洛皆溢，漂田舍無算。（道光《汝州全志》卷九《災祥》）

春，不雨。秋七月，雨淫霖不止，汝水泛溢，漂没田舍無算。（乾隆《伊陽縣志》卷四《祥異》）

春夏，荒歉日甚，民以樹皮充饑，斗粟三錢。至秋，大水，禾稼渰没，男女鬻盡。（乾隆《新樂縣志》卷一八《災祥》）

春夏，荒歉。秋，大水，時以樹皮充饑，斗粟三錢，民有相食者。（雍正《直隸定州志》卷一〇《祥異》）

春夏，旱，大饑。（光緒《寧津縣志》卷一一《祥異》）

春夏，旱。（嘉慶《績溪縣志》卷一二《祥異》）

夏，旱。秋，復大水。（乾隆《東明縣志》卷七《灾祥》）

夏，霪雨，壞民廬舍，自四月至七月不止。免田租之半。（順治《息縣

志》卷一〇《災異》）

夏，大水。秋九月，大饑，斗米錢一百四十，知縣鄧壽鼎申請司帑銀五千兩，穀五千石賑之。（康熙《陽江縣志》卷三《縣事紀》）

夏，大水，至秋九月大饑，斗米百四十錢，諸縣皆賑。（道光《高要縣志》卷一〇《前事畧》）

夏，大水，壞民廬，河東徙，決下庄漆園民田四頃餘。（乾隆《直隸易州志》卷一《祥異》）

大水，大饑。（康熙《良鄉縣志》卷七《災異》；咸豐《固安縣志》卷一《輿地》）

陰雨，連月弗開。（乾隆《延慶州志》卷九《藝文》）

大水，平地丈餘，禾稼漂失殆盡。城西北水與潘家莊觀音堂山齊，談者謂有龍居之，數日始退。（康熙《懷柔縣新志》卷二《災祥》）

霪雨，運河衝決張家灣麫店，皇木廠大水漂流，甚為民害。（康熙《通州志》卷一一《災異》）

大水，饑。（乾隆《寶坻縣志》卷一四《機祥》；乾隆《寧河縣志》卷一六《機祥》）

復大水，禾稼不稔，漂流如昔，而饑則過焉。（乾隆《武清縣志》卷四《機祥》）

飢，人相食。秋，大水，決河堤，平地水深丈餘。縣城水圍，上城登舟。（康熙《大城縣志》卷八《災祥》）

大水決堤，漂田廬。民疫。饑。（萬曆《保定縣志》卷九《附災異》）

大水，漲開老鼠灣，城幾圮。次年大水，更深尺餘。連年禾稼盡淊。（光緒《容城縣志》卷八《災祥》）

大水穿北城，水流至十字街。（乾隆《新安縣志》卷七《機祚》）

雨，城壞，知縣楊早重修。（康熙《曲陽縣新志》卷三《建置》）

大水，詔發京倉米萬五千石賑之。（乾隆《河間府新志》卷一七《紀事》）

大旱。（民國《滄縣志》卷一六《大事年表》）

大水，陸地行舟，斗粟價至二錢。（乾隆《衡水縣志》卷一一《機祥》）

水，旱，且蝗且疫。（光緒《邯鄲縣志》卷六《宦蹟》）

滛雨殺禾，是歲大饑。（順治《曲周縣志》卷二《災祥》）

栢鄉、臨城、贊皇等虜大水，斗米直銀二錢。（隆慶《趙州志》卷九《災祥》）

大水，饑，人相食。（光緒《邢臺縣志》卷三《前事》）

大水。自是年至乙卯，連歲大饑。（民國《寧晉縣志》卷一《災祥》）

雨潦，民饑死載道。詔賑濟之，時斗豆錢百二十文。（崇禎《隆平縣志》卷八《災異》）

大水，饑甚，人相食。（順治《鉅鹿縣志》卷八《災異》）

大水，饑甚，民多逃之河南。（崇禎《内邱縣志》卷六《變紀》）

汾水、白石水並溢，平地丈餘。（光緒《清源鄉志》卷一六《祥異》）

碾水大漲，衝決南郭城垣，湮没民房三百餘間，決盡古河堤。（康熙《静樂縣志》卷四《災變》）

雨水内浸，（黄河石）堤間傾毁。（光緒《永濟縣志》卷一八《藝文》）

大旱，民移（疑當作"饑"）。（康熙《陝西通志》卷三〇《祥異》）

大旱，民饑，流移殆盡。（萬曆《重修岐山縣志》卷二《災祥》；順治《扶風縣志》卷一《災祥》）

肅州大蝗起，兵備副使石州張玭禱于南壇，蝗飛去關西赤斤硤而死，未傷禾稼。（光緒《甘肅新通志》卷二《祥異》）

旱，饑。（乾隆《淄川縣志》卷三《災祥》）

郯城、費縣、莒州、蒙陰、沂水大水。（乾隆《沂州府志》卷一五《記事》）

饑。冬大水。（康熙《莒州志》卷二《災異》）

水，大饑。（康熙《沂水縣志》卷五《祥異》）

大水，又飛蝗滿野，斗粟二百餘錢，民饑死大半。（康熙《東平州志》卷六《災祥》）

河溢，運道淤。大饑，人相食。（咸豐《金鄉縣志略》卷一一《事紀》）

大饑，斗米銀二錢。又大水。又石樓泊水市，有城樓人馬之狀出於水上，謂之"水市"。（萬曆《汶上縣志》卷七《災祥》）

苦旱。（康熙《蘇州府志》卷四九《宦績》）

天雨赤豆，地生白毛。（乾隆《無錫縣志》卷四〇《祥異》）

雨赤豆，地生白毛，倭寇至。（崇禎《江陰縣志》卷二《災祥》）

地生白毛，雨赤豆。（康熙《常州府志》卷三《祥異》）

大旱，兼倭夷變，賑。（崇禎《泰州志》卷七《災祥》）

水，沒寶積橋。（乾隆《盱眙縣志》卷一四《菑祥》）

太湖水，宿松大水。太湖民居多漂溺，宿松陳汗山蛟起千有餘穴，衝去田六百餘頃，溺死人千有餘丁口。（嘉靖《安慶府志》卷一五《祥異》）

大水，退，黃河淤爲平陸，大祲，民半饑死。（嘉慶《蕭縣志》卷一八《祥異》）

自秋歷冬，恒陽不雨，井泉盡涸。（嘉靖《撫州府志》卷二《災祥》）

自秋徂冬，不雨，井水涸。（同治《崇仁縣志》卷一三《祥異》）

自秋歷冬，恒暘不雨，井泉盡涸。（乾隆《金谿縣志》卷三《祥異》）

河水并霖雨，禾稼盡潎没。民大飢。（嘉靖《儀封縣志》卷下《災祥》）

大旱後大雨，洛水溢，浸城之半。（民國《鞏縣志》卷五《大事紀》）

河決，大水。（康熙《延津縣志》卷七《災祥》）

河決朱家莊堤，水至護城堤。（萬曆《原武縣志》卷上《河防》）

大水，饑，斗豆值百錢。（萬曆《濮州志》卷一《災異》）

連罹水災，高下一浸，百穀用絶，枵腹之民羸仆壯移……大歉之餘，疫癘繼作，遠村近社凶者枕藉。（康熙《滑縣志》卷九《藝文》）

旱，秋，大水。（康熙《開州志》卷四《災祥》）

霪雨，壞民廬舍，秋稼盡空節。（康熙《長垣縣志》卷二《災異》）

河復衝西北隅，嚙堤將潰。（康熙《睢州志》卷二《城池》）

又大水。（道光《寶豐縣志》卷一六《災異》）

伊水溢，漂民廬人畜，死者無數。（順治《河南府志》卷三《災異》）

大旱，譙樓儀門災，村市民舍火頻發。（乾隆《江夏縣志》卷一五

《祥異》）

冬，有老桂一株，結實大如棗，味甘如蔗，歷歲暮嚴寒實猶不絕。（康熙《湘潭縣志》卷二三《古蹟》）

騰越鳴雷，雨雹如卵。（隆慶《雲南通志》卷一七《災祥》）

富民縣蝗飛蔽天。（隆慶《雲南通志》卷一七《災祥》）

夏秋，水發，諸川盈溢，運河決口，禾稻盡空。民饑，溺死者相望于路。（康熙《香河縣志》卷一〇《災祥》）

夏秋，淫雨大作，兩月有餘，傾城池、房屋、牆垣殆盡。斗米錢百五十文，餓殍盈野。（康熙《臨城縣志》卷八《機祥》）

夏秋，河水泛溢者三。（順治《沈丘縣志》卷一三《災祥》）

秋，大水，決沙口堤，平地水深丈餘，四門用土屯，人皆上城登舟。（康熙《文安縣志》卷八《事異》）

秋，大水。（萬曆《內黃縣志》卷六《編年》；萬曆《任丘志集》卷八《祥異》）

秋，水暴至，水至西山來者，由趙壘而東，則胡賈等之稻不得全收。（光緒《邯鄲縣志》卷五《溝洫》）

秋，溢，舊址衝没，復為堤防。（光緒《新河縣志》卷一四《藝文》）

秋，大水，禾稼盡傷，民大饑。（萬曆《威縣志》卷八《祥異》）

秋，蝗蔽天。（康熙《德州志》卷一〇《紀事》）

秋，大旱，機〔饑〕。（嘉靖《仁化縣志》卷四《祥異》）

三十二、三年，雨下如注，連日不止，水勢粘天，黑雲激鬱，五馬口崩。（民國《新城縣志》卷一六《地物》）

嘉靖三十三年（甲寅，一五五四）

正月

乙卯，以水災停徵淮安、鳳陽二府起運兑改本色米七萬五千餘石。

（《明世宗實錄》卷四〇六，第7096頁）

（海寧）水。（嘉靖《硤川續志》卷一九《叢談》）

雨雹，二更龍起，歷集善、游崇、泰順三鄉，菜麥盡傷。（乾隆《瑞安縣志》卷一〇《雜志》）

十七夜半，疾風、雷鳴、閃電。（嘉靖《柘城縣志》卷一〇《災祥》）

不雨，至夏五月十五日雨。大疫。（乾隆《禹州志》卷一三《災祥》）

二月

以河水漲溢，糧道梗阻。（民國《重修泰安縣志》卷六《歷代巡望》）

三月

大雹雷震。（咸豐《興甯縣志》卷一二《外志》）

大風晝晦，地震。（康熙《永平府志》卷三《災祥》）

雨，麥有秋。（康熙《德平縣志》卷三《災祥》）

二十五日，海中雷大震，風雨暴作，倭船多覆。（乾隆《上海縣志》卷一一《兵燹》）

旱。（嘉靖《馬湖府志》卷七《雜志》）

四月

甲戌，上諭禮部曰："今春雨澤固降，雷未發聲，且四方異災，旱澇不同，勿專謂爾君所致，人臣之義可盡廢乎。"（《明世宗實錄》卷四〇九，第7132頁）

乙亥，是日，雷始發聲。（《明世宗實錄》卷四〇九，第7133頁）

初三日，城陽社大雹，擊傷牧兒。（萬曆《諸城縣志》卷九《災祥》）

二十二日，洲錢雨血。（光緒《石門縣志》卷一一《祥異》，）

二十二日，雨血，洲錢西廟簷滴如血。（道光《石門縣志》卷二三《祥異》）

二十三日，夜妖，日西出，高丈餘，有頃方墮。大旱，四月至七月。

（康熙《嘉定縣志》卷三《祥異》）

至六月，不雨，歲大凶。（同治《崇陽縣志》卷一二《災祥》）

五月

乙卯，夜望，月食。（《明世宗實錄》卷四一〇，第 7150 頁）

癸亥，夜，慧星見北斗天權星傍（廣本作"旁"）。（《明世宗實錄》卷四一〇，第 7153 頁）

至九月不雨，大饑。（康熙《咸寧縣志》卷六《災祥》；道光《安陸縣志》卷一四《祥異》）

初七日，又雹，大者如拳，如杵端，齊吉、朱殷等社村積厚尺餘。（萬曆《諸城縣志》卷九《災祥》）

六月

辛未，夜，彗星漸西北行，犯文昌。（《明世宗實錄》卷四一一，第 7157 頁）

己丑，夜，彗星行入近濁，始没。（《明世宗實錄》卷四一一，第 7167 頁）

乙未，孝莊睿皇后忌辰，奉先殿行祭禮，遣玉田伯蔣榮祭裕陵。會京師大雨，平地水深數尺餘，榮至德勝門外不能進而還，詔以七月二十日補祭。（《明世宗實錄》卷四一一，第 7168 頁）

大水。（乾隆《蔚縣志》卷二九《祥異》；民國《安次縣志》卷一《地理》）

蝗。七月，蝻害稼。（康熙《堂邑縣志》卷七《災祥》）

常山縣大風拔木。（康熙《衢州府志》卷三〇《五行》）

集賢坊雨雪。（民國《嵊縣志》卷三一《祥異》）

大水，壞屋廬，潦禾稼，人畜壓溺死者甚多。（嘉靖《宣府鎮志》卷六《災祥考》；乾隆《宣化府志》卷三《灾祥附》；光緒《懷來縣志》卷四《災祥》）

大水，壞屋廬，渰禾稼，人畜壓溺死者甚衆。（康熙《龍門縣志》卷二《災祥》）

大水，壞屋傷稼，殺人畜甚多，居庸關尤甚，崩石塞關門，行者不能取道。（乾隆《延慶州志》卷一《災祥》）

大霖雨，衙舍盡圮。（嘉靖《新河縣志》卷二《建置》）

雨雹大如拳。（光緒《武進陽湖縣志》卷二九《雜事》）

十三日，集賢坊飛雪成片。（萬曆《嵊縣志》卷一三《補遺》）

大風，拔縣庭巨木，篷簟飛數里，拔公座破壁入後堂。（萬曆《常山縣志》卷一《災祥》）

京師大雨，平地水數尺。盧溝橋口漬海子牆，大水無涯，直至武清縣堂，文卷盡為浸没。（光緒《順天府志》卷六九《祥異》）

大水，壞屋廬，渰禾稼，人畜壓溺死者甚多。時亭障城堖壞十之六，居庸關山石壓塞，行者不能取道。（光緒《懷來縣志》卷四《災祥》）

大水，人畜多溺死者。（康熙《保安州志》卷二《災祥》）

大水，壞屋廬，渰禾稼，人畜壓溺死者。（同治《西寧縣新志》卷一《災祥》）

大水，壞屋廬，渰禾稼，人畜壓溺死者甚多，時亭障城堖頹十之六。（乾隆《萬全縣志》卷一《災祥》）

大水，京師上下渰没太甚。（民國《安次縣志》卷一《地理》）

七月

丙午，以山東兗、東二府，直隷淮、揚、徐州旱災，量減漕河夫役有差。（《明世宗實錄》卷四一二，第7172頁）

丙午，以久雨，通惠河（抱本、廣本、閣本"河"下有"水"字）溢，命有司脩築閘壩堤岸。（《明世宗實錄》卷四一二，第7172頁）

戊辰，以水災免大名、内黄二縣稅粮。（《明世宗實錄》卷四一二（第7179頁）

利津大清河溢，傷禾稼。（乾隆《武定府志》卷一四《祥異》）

颶風。（萬曆《順德縣志》卷一〇《雜志》；萬曆《肇慶府志》卷一《郡紀》）

颶風，大雨水。（道光《開平縣志》卷八《事紀》）

颶風作，拔木揚沙，竟日繼夜乃止。（乾隆《德慶州志》卷二《紀事》）

颶風，大雨水，城內水深四尺，壞民廬舍甚多，啟聖公祠、敬一亭、儒學號舍、都御史魯能牌坊俱為傾圮。（康熙《新會縣志》卷三《事紀》）

八月

丁酉，以水災免順天府屬稅糧有差。（《明世宗實錄》卷四一三，第 7192 頁）

八月，土河決。（康熙《德平縣志》卷三《災祥》）

九月

戊申，以水災免山東東昌、兗州二府屬邑稅，及上林苑良收署子粒有差，其蕃育、嘉蔬、林衡三署牲果，許借太倉銀辦納。（《明世宗實錄》卷四一四，第 7198 頁）

己未，以旱災（廣本、閣本"災"下有"觸"字，疑當作"蠲"）免湖廣武昌、漢陽、承天、德安、黃州、荊州、岳州等府田租及改折屯田子粒有差。（《明世宗實錄》卷四一四，第 7205 頁）

乙丑，以水災免保定所屬州縣稅糧（廣本、閣本"糧"下有"如順天府例"五字）。（《明世宗實錄》卷四一四，第 7209 頁）

大水，溪鄉居民多淹沒，蕩去田地數千畝。（嘉靖《永嘉縣志》卷九《雜志》）

十月

癸未，是夜，金星見未位。（《明世宗實錄》卷四一四，第 7218 頁）

十一月

天甚寒，忽一日陰雲蔽障，黃霧四塞，寂若無風，而沙土從空散落，須

俱厚寸餘，不踰時即開霽。次年，麥大熟。（康熙《郿州志》卷七《災祥》）

二十八日，有火光如柱，見東方，數夜乃滅。如皋大旱，疫。（乾隆《直隸通州志》卷二二《祥祲》）

十二月

辛未，廣西道（閣本“道”下有“監察”二字）御史黄國用言：“皇上近因霖雨為災，議興陵京諸廠工役，事非得已。但京師比當水旱疾疫之後，民力困竭，物價騰踴。商人畏買辦之艱，車戶病載運之苦，往往毁家鬻具以逃，閭井蕭然，可為太息。且各工計費不下數百萬，而工部貯庫之銀不及三分之一上下，公私困匱至此。”（《明世宗實録》卷四一七，第7235頁）

壬申，以冬深無雪，遣文武大臣英國公張溶等祭禱各宮廟。（《明世宗實録》卷四一七，第7236頁）

丁丑，夜，月犯畢宿。（《明世宗實録》卷四一七，第7239頁）

癸未，禮部以禱雪未應，請（廣本“請”下有“仍”字）令百官齋戒，順天府官祈禱。（《明世宗實録》卷四一七，第7242頁）

己丑，大風揚塵四塞。（《明世宗實録》卷四一七，第7247頁）

大水。（光緒《武昌縣志》卷一〇《祥異》）

是年

春，大饑，人相食。夏，大水。（崇禎《蠡縣志》卷八《災祥》；乾隆《滿城縣志》卷八《災祥》；光緒《蠡縣志》卷八《災祥》）

春，大雪。是年，旱。（康熙《孝感縣志》卷一四《祥異》；光緒《孝感縣志》卷七《災祥》）

春，旱，大饑。（康熙《景州志》卷四《災變》；民國《景縣志》卷一四《故實》）

夏，大水，壞民舍無算。次年春大饑，夏復大水。（光緒《定興縣志》卷一九《災祥》）

旱。（嘉靖《含山邑乘》卷中《災異》；萬曆《六合縣志》卷二《災祥》；萬曆《泰興縣志》卷八《祥異》；康熙《廬州府志》卷九《祥異》；乾隆《直隸澧州志林》卷一九《祥異》；光緒《武昌縣志》卷一〇《祥異》；民國《英山縣志》卷一四《祥異》）

颶風大雨，城内水深四尺，壞廬舍甚眾。（道光《新會縣志》卷一四《祥異》）

大水，水中湧出口外，大木若鋸截者，不可勝數，低下村莊皆被水衝漂。傳聞兩月前，臨邊山中不見人形，而斧鑿之聲不絕，聞者疑之。後果霪雨大水，水上有人形，如塑龍王像，又見大燈籠二盞，如人手執，往來水面，或謂建龍宮云。（康熙《懷柔縣新志》卷二《災祥》）

大水，民饑。時屢歲災，斗米千百餘錢，境内及流民聚者五萬餘口，世宗軫念不已。命户部發事例銀萬兩，及臨清倉米二萬餘斛，府倉粮四萬二百石，庫銀一萬三千兩，並勸富民捐助濟給之，全活者三萬餘人。（民國《大名縣志》卷二六《祥異》）

大旱，疫。（嘉慶《如皋縣志》卷二三《祥祲》）

淮安、徐州旱。（咸豐《邳州志》卷六《民賦下》）

旱，海潮不入，井泉枯。除夕，潮忽湧入七浦，過沙溪市，民爭持瓶罌汲水，一渡而止。（民國《太倉州志》卷二六《祥異》）

揚州旱。（光緒《增修甘泉縣志》卷一《祥異附》）

富民大雨，湮没田廬。（康熙《雲南府志》卷二五《菑祥》）

諸暨旱。（萬曆《紹興府志》卷一三《災祥》）

秋，大水。（乾隆《莊浪志略》卷一九《災祥》）

春，大饑，人相食。秋，大水。（康熙《安州志》卷八《祥異》）

春，大饑，民相食。夏，大水，又決前民田三頃餘。（順治《易水志》卷上《災異》）

春，大饑。夏，大水。（光緒《保定府志》卷四〇《祥異》）

春，饑，人相食。夏，大雨雹，壞屋傷禾。（萬曆《河間府志》卷四《祥異》）

春，饑，人相食。夏，雨雹如斗，壞廬舍禾稼。（乾隆《獻縣志》卷一八《祥異》；民國《交河縣志》卷一〇《祥異》）

春，大饑，人相食。夏，大雨雹，甚如斗大，壞屋傷人。（萬曆《任丘志集》卷八《祥異》）

春，縣大旱。（乾隆《平江縣志》卷二四《事紀》）

春，蘄水、麻城、黃岡大水。（民國《湖北通志》卷七五《災異》）

春，旱。夏，大旱，井竭，勺水艱得，五穀不登。（道光《雙鳳里志》卷六《祥異》）

春夏，河南北大水。（嘉靖《河南通志》卷四《祥異》）

春夏，大水。（乾隆《汜水縣志》卷一二《祥異》）

春夏荒歉日甚，以樹皮為食。六月間，蘆溝橋口又潰海子墻，大水無涯，直至縣堂。秋禾盡没，米價十倍，男女鬻盡，兼之時疫，民亡過半，本縣文卷盡為浸没。（乾隆《武清縣志》卷四《機祥》）

夏，旱，蝗。（乾隆《曲阜縣志》卷二九《通編》）

夏，一夕暴雨，霹靂震驚，黌宮大成門移進二尺許。（光緒《巫山縣志》卷一〇《祥異》）

夏，鉗廬陂旱，三郎堰水決，堤盡壞，餘陂俱未耕獲。民各赴當道告行。（嘉靖《鄧州志》卷一《陂堰》）

夏，南召大水，川溢岸崩。（萬曆《南陽府志》卷二《災祥》）

春，大饑，人相食。夏，大水，平地丈餘。（康熙《大城縣志》卷八《災祥》）

春，大飢，人相食。夏，大水。（康熙《保定府志》卷二六《祥異》）

夏，大水，壞民舍無筭。次年春大饑，民相食。夏復大水。（康熙《定興縣志》卷一《機祥》）

潮、白泛溢。（民國《順義縣志》卷一六《雜事記》）

大水，民饑。（康熙《重修無極志》卷下《事紀》）

大水之漫壞，浸地荒蕪。（咸豐《固安縣志》卷八《藝文》）

旱，大饑。（萬曆《交河縣志》卷七《災祥》）

大饑，魏縣水，發帑賑郵。（乾隆《大名縣志》卷二七《機祥》）

大旱，祀北嶽。（順治《渾源州志》附《恒岳志》卷上）

静樂縣碾水大漲，衝決城垣民居河堤無跡。（萬曆《太原府志》卷二六《災祥》）

大疫。春，饑，人相食。六月，蝗。冬，不雪。（乾隆《淄川縣志》卷三《災祥》）

蝗，城市廬舍間俱厚數寸。（康熙《曲阜縣志》卷六《災祥》）

饑。秋，河俱決。（康熙《博平縣志》卷一《機祥》）

滛雨，陷民廬舍，人皆巢居。（康熙《朝城縣志》卷一〇《災祥》）

大旱。（萬曆《嘉定縣志》卷一七《祥異》；萬曆《興化縣新志》卷一〇《外紀》；萬曆《江浦縣志》卷一《縣紀》；康熙《興化縣志》卷一《祥異》；康熙《滑縣志》卷九《藝文》；乾隆《衛輝府志》卷四四《藝文》；乾隆《黃州府志》卷二〇《祥異》；同治《黃陂縣志》卷一《祥異》）

旱，海潮不入，井泉枯。除夕，潮忽湧入七浦，過沙溪市，民爭持瓶罌汲水，一渡而止。又非潮汐候，殊不可曉。（崇禎《太倉州志》卷一五《災祥》）

日出時有黑圓如日者百數，與日并麗，又有覆日如月魄而差小者，日光茫昧，四漏如綫。（崇禎《江陰縣志》卷二《災祥》）

大旱，滆湖絕流。（嘉慶《重刊宜興縣舊志》卷末《祥異》）

大旱，城濠竭。（崇禎《泰州志》卷七《災祥》；嘉慶《東臺縣志》卷七《祥異》）

大旱，仍大疫。（嘉靖《重修如臯縣志》卷六《災祥》）

州縣大旱。（萬曆《和州志》卷八《祥異》）

郡城黑雨。（康熙《漳州府志》卷三三《災祥》）

大水。（萬曆《衛輝府志·災祥》；順治《淇縣志》卷一〇《災祥》；同治《公安縣志》卷三《祥異》；民國《湖北通志》卷七五《災異》）

河決張等莊堤二十餘丈。（萬曆《原武縣志》卷上《河防》）

大旱。冬大疫。（康熙《麻城縣志》卷三《災異》）

（富民縣）大雨，漂没田廬。（隆慶《雲南通志》卷一七《災祥》）

大旱，收穫止三分之一。（萬曆《營山縣志》卷八《災祥》）

夏秋水發，諸川湧溢，運河決。禾稻盡空，民饑，溺死者相望。（康熙《香河縣志》卷一〇《災祥》）

秋，大水。雹傷稼，免田租三分。（嘉靖《獲鹿縣志》卷九《事紀》）

嘉靖三十四年（乙卯，一五五五）

正月

癸丑，工部奏："營建工程，內外並舉，費用浩繁，帑藏不給。今天雨連綿，大水泛溢山陵，橋路衝決甚多。"（《明世宗實錄》卷四一八，第7253～7254頁）

戊申，大雷雨。（康熙《永平府志》卷三《災祥》）

雨。（康熙《德平縣志》卷三《災祥》）

大雪，積十四日，深丈餘。（康熙《縉雲縣志》卷九《祥異》）

朔，雷。大旱至夏。（康熙《高明縣志》卷一七《紀事》）

元日，大霜，戌時雨。（康熙《長垣縣志》卷二《災異》）

至四月不雨。（道光《新會縣志》卷一四《祥異》）

不雨，至夏四月始雨。知縣熊坦竭誠露禱，雨遂霑足，是年大稔。（康熙《新安縣志》卷三《事紀》）

二月

己巳，大雪。饑。（康熙《永平府志》卷三《災祥》）

三月

二十七日，晝晦。（康熙《長清縣志》卷一四《災祥》）

霪雨浹旬，城之隳者三百餘丈。（道光《江南直隸通州志》卷三《城池》）

四月

大雨雹。（康熙《從化縣志・災祥》）

五月

庚子，鳳陽府大冰雹，壞民田舍。（《明世宗實錄》卷四二二，第7310頁）

庚子，大冰雹，河水暴涌，平地深丈許，村民走避不及，多葬魚腹。（光緒《五河縣志》卷一九《祥異》）

雷震欞星門柱，淫雨山崩。（道光《義寧縣志》卷一《機祥》）

大風雨拔木。（乾隆《武鄉縣志》卷二《災祥》）

雨黑子，如罌沙。（同治《陽城縣志》卷一八《兵祥》）

大雷見龍。（乾隆《杞縣志》卷二《祥異》）

武鄉大風雨拔木。（乾隆《沁州志》卷一《災異》）

驟雨，河水暴湧，平地輒深丈餘，村民趨避不及，多塟魚腹矣。（康熙《五河縣志》卷一《祥異》）

初二日，溪水暴漲，傍岸蠕地多崩。（民國《南平縣志》卷三《大事》）

大雷，龍見。（萬曆《杞乘》卷二《今總紀》）

雷震欞星門柱，淫雨山崩。（道光《義寧縣志》卷一《機祥》）

六月

丙子，倭進據江陰蔡涇閘，分眾犯唐頭，知縣錢錞統狼、民兵禦之，遇賊扵九里山。時已薄暮，雷雨大作，賊伏兵四起，狼兵悉奔，惟餘錞及民兵八人，盡死扵賊。（《明世宗實錄》卷四二三，第7335～7336頁）

江水没田禾。（光緒《金陵通紀》卷一〇中）

又大水，生蝗。（民國《重修滑縣志》卷二〇《祥異》）

大水潦圩田，米增價。（萬曆《無錫縣志》卷二四《災祥》）

時雨薦至，禾苗競秀，即乃枯槁。時有白霓橫西南方，亘數里許，眾指為實。（道光《嵊縣志》卷一四《祥異》）

柘皋鄉出蛟，平地水深丈餘，壞室廬橋梁，人民溺死者眾。（康熙《巢縣志》卷四《祥異》）

大水，浸城深二丈，月餘水始消。（道光《壽州志》卷三五《祥異》）

大雨，水入城市。（雍正《懷遠縣志》卷八《災異》）

大雨雹。（萬曆《福州府志》卷三四《時事》）

大旱。（道光《重慶府志》卷九《祥異》）

復大水，蝗生。（乾隆《大名縣志》卷二七《機祥》）

水沒田禾。（萬曆《六合縣志》卷二《災祥》）

七月

霪雨害稼，壞廬舍。（民國《無棣縣志》卷一六《祥異》）

霖雨，害稼及廬。（康熙《海豐縣志》卷四《事記》）

蝗蝻生。（康熙《陽武縣志》卷八《災祥》）

至十月，不雨。（道光《義寧縣志》卷一《機祥》）

八月

乙亥，柘林開洋賊遭風，壞三舟，餘賊三百有奇，自蔡廟港登岸，流至華亭縣陶宅鎮擄之。（《明世宗實錄》卷四二五，第7359頁）

己丑，以旱災免陝西西安、延安、平涼、慶陽、鳳翔五府州縣衛所稅糧有差。（《明世宗實錄》卷四二五，第7361~7362頁）

八月，水溢入城，學宮門壞。（康熙《浮梁縣志》卷二《祥異》）

九月

乙巳，以水災免鳳陽、淮安、楊（抱本、閣本作“揚”）州三府及徐、滁二州各衛所秋糧有差。（《明世宗實錄》卷四二六，第7375頁）

庚戌，以蝗災詔免山東濟南府、兗州、東昌、青州等府秋粮有差。（《明世宗實録》卷四二六，第 7377 頁）

大旱，自九月不雨，至次年秋乃雨。（嘉慶《瓊東縣志》卷一〇《紀災》）

十月

丙子，以旱災減免山西太原等府稅粮有差。（《明世宗實録》卷四二七，第 7386 頁）

丙戌，常熟天雨如赤豆。（《國榷》卷六一，第 3861 頁）

天雨赤豆。（同治《湖州府志》卷四四《祥異》；民國《德清縣新志》卷一三《雜志》）

二十五日，天雨赤豆，常熟最多，有人拾得一二粒，藏之不變。（道光《虞鄉志略》卷一〇《雜記》）

雷電，大雨。（康熙《陽武縣志》卷八《災祥》）

十一月

壬辰朔，日有食之。（《明世宗實録》卷四二八，第 7393 頁）

丙午，夜望，月食。（《明世宗實録》卷四二八，第 7402 頁）

雨豆，大如粟，色赤，味苦。（萬曆《嘉定縣志》卷一七《祥異》）

雨豆，色微紅，味辛，類赤豆而小。（光緒《寶山縣志》卷一四《祥異》）

雨赤豆。（康熙《蘇州府志》卷二《祥異》）

閏十一月

丁丑，以水災免順天、保定、河間、大名等府州縣衛所稅粮有差。（《明世宗實録》卷四二九，第 7413 頁）

十二月

初六日，漳平雨雪，地深數尺，次年大熟。（道光《龍巖州志》卷二

○《雜記》）

六日，雨雪，地深數尺。次年大熟。（康熙《漳平縣志》卷九《災祥》）

十三日，夜分，聞風雨聲，自西北來，鳥獸皆鳴。已而地震聲轟如雷，凡再時乃已。（乾隆《鄧州志》卷二四《祥異》）

大雪，深一丈許。（雍正《處州府志》卷一六《雜事》）

平地雪深尺餘。（民國《連江縣志》卷三《大事記》）

壬寅，山西、陝西、河南地大震，河渭溢，死者八十三萬有奇。（《明史·世宗紀》，第 243 頁）

冰介，著樹木皆成花草之像，繼之大雪，雷電交作。（康熙《合肥縣志》卷二《祥異》）

平地雪深尺餘。（乾隆《連江縣志》卷一三《災異》）

是年

春，雷擊瑞光塔砌石。（雍正《平樂府志》卷一四《祥異》；光緒《富川縣志》卷一二《雜記》）

春，蝗。夏，大水無禾。秋，蝗又至，食屋草殆盡。（萬曆《興化縣新志》卷一〇《外紀》；康熙《興化縣志》卷一《祥異》）

夏，淫雨傷稼。（康熙《保定府志》卷二六《祥異》；光緒《蠡縣志》卷八《災祥》）

淮水溢。（光緒《盱眙縣志稿》卷一四《祥祲》）

大旱。（嘉靖《平涼府志》卷一二《崇信縣》；康熙《河津縣志》卷八《祥異》；乾隆《莊浪志略》卷一九《災祥》）

颶風。（光緒《四會縣志》編一〇《災祥》）

大水，民饑。（嘉慶《高郵州志》卷一二《雜類》）

大水決湖隄。（道光《重修寶應縣志》卷九《災祥》）

晝暝，日光亦搖蕩不定。（光緒《歸安縣志》卷二七《祥異》）

大水。（康熙《天長縣志》卷一《祥異》；雍正《直隸完縣志》卷一

〇《禨祥》；嘉慶《備修天長縣志稿》卷九下《災異》；同治《麗水縣志》卷一四《災祥附》）

夏秋陰雨，城圮。（民國《連城縣志》卷三《大事》）

秋，大水，黃河溢，水至城下，漂没禾稼。（光緒《榮河縣志》卷一四《祥異》；光緒《榮河縣志》卷一四《祥異》）

秋，大水。（康熙《鹽山縣志》卷九《災祥》；民國《鹽山新志》卷二九《祥異表》）

冬，大雨雪，柿多凍死。（民國《淮陽縣志》卷八《災異》）

春，旱，麥槁死。（乾隆《大名縣志》卷二七《禨祥》；民國《重修滑縣志》卷二〇《祥異》）

春，旱，河水盡涸。夏，大雨如注一晝夜，兩壩俱決。秋蝗又至，食屋草無遺。有賑。（嘉慶《東臺縣志》卷七《祥異》）

春，旱，麥槁死。夏六月，復大水，蝗生。（康熙《滑縣志》卷四《祥異》；康熙《開州志》卷四《災祥》）

春，旱，麥禾俱槁……是年大豐。（嘉靖《黃陂縣志》卷中《災祥》）

春迨夏不雨，吾晉川翁李老父台大人竭虔致禱，方雨。至秋八月初，復亢旱，殆甚於春夏之間……因而禱……是夜果獲微雨，猶未足也。至八月十五日間，地復旱乾，苗之甦者復槁，一方人民惶懼，若就死地。希仁於是復禱……祝拜甫畢，及申時得大雨。至次日晚方晴，苗之槁者大得其實矣。（光緒《米脂縣志》卷一〇《紀事》）

夏，大水，湖堤決。（隆慶《寶應縣志》卷一〇《災祥》）

夏，大水。（同治《峽江縣志》卷一〇《祥異》）

夏，水，（城垣）圮十之七八。（乾隆《會昌縣志稿》卷一〇《城池》）

夏，蝗入境。秋，蟲害稼。（天啟《新修來安縣志》卷九《祥異》）

夏，蝗入境。秋，螽害稼。（萬曆《滁陽志》卷八《災祥》）

夏，淫雨傷稼。（崇禎《蠡縣志》卷八《災祥》；康熙《清苑縣志》卷一《災祥》）

夏，麥大稔。秋，蝗飛過境，不爲災。（萬曆《江浦縣志》卷一

《縣紀》）

畿內不雨，特加賑貸，蠲免夏麥一半。（萬曆《滄州志》卷五《故事》）

華山崩，河水溢，災變為甚。（嘉靖《獲鹿縣志》卷九《事紀》）

滛雨傷稼。（雍正《高陽縣志》卷六《機祥》）

河決磚河鎮白楊橋。（康熙《青縣志》卷六《祥異》）

雨雹傷麥。（萬曆《任丘志集》卷八《祥異》）

螟，蝗。（嘉靖《清河縣志》卷三《災祥》）

雨黑子如鹽沙。（乾隆《鳳臺縣志》卷一二《紀事》）

又旱，霜，歲儉。（康熙《陝西通志》卷二一《孝義》）

霜，儉。冬又大震。（天啟《同州志》卷一三《義行》）

平涼屬大旱，饑。（光緒《甘肅新通志》卷二《祥異》）

大旱，饑。（康熙《鎮原縣志》卷下《災異》；乾隆《涇州志》卷下《祥異》）

旱，蝗食穀豆殆盡。（康熙《肥城縣志》卷下《災祥》）

不風而雲，自西北駛行數里，雨赤沙經時。（康熙《臨清州志》卷三《祥異》）

滛雨二月，城堞俱圮，魚游於庭，趨城浮筏。（康熙《朝城縣志》卷一〇《災祥》）

復大旱荒，公又以十分重大災傷，急救殘民，具疏以聞。（天啟《雲間志畧》卷二《名宦》）

天雨如赤荳，又如椎碎瑪瑙，或間青白。（崇禎《太倉州志》卷一五《災祥》）

旱，河水盡涸，復大雨如注一晝夜，兩壩俱決，禾稼盡没。賑。（崇禎《泰州志》卷七《災祥》）

驟水，没寶積橋，橋上行船。（乾隆《盱眙縣志》卷一四《葘祥》）

大風。（光緒《諸暨縣志》卷一八《災異》）

蝗食稼。（萬曆《和州志》卷八《祥異》）

旱，饑。（萬曆《六安州志》卷八《妖祥》）

蝗。（康熙《新鄉縣續志》卷二《災異》）

蝗，民饑。（順治《息縣志》卷一〇《災異》）

飛蝗蔽天，禾黍盡食，民大亂。（乾隆《羅山縣志》卷八《災異》）

早稻將熟，雨連不止，民咸疾首蹙額。守道胡公堯臣憂形於色，懇禱四天，是歲賴不為災，民得收穫。（康熙《藍山縣志》卷二《災異》）

又旱，岷憲王禱之亦雨。（同治《武岡州志》卷三二《五行》）

龍見，大雨雹。（萬曆《澧紀》卷一《災祥》）

會同大旱，自九月至次年五月乃雨。（乾隆《瓊州府志》卷一〇《災祥》）

夏秋霪水，城圮。（康熙《連城縣志》卷一《歷年紀》）

夏徂秋，不為霖，禾且槁。（順治《華亭縣志》卷上《水利》）

秋，蝗盛。（康熙《費縣志》卷五《災異》）

冬，大雨雪，柿樹多凍夗。（康熙《續修陳州志》卷四《災異》）

三十四年、三十五年，儀、高、寶、通、泰俱大水，廬舍漂没。上命賑之。（萬曆《揚州府志》卷二二《異攷》）

三十四、五兩年連漲，瓦窰灣鄔家濠堘皆傾。（乾隆《豐城縣志》卷二《堤防》）

嘉靖三十五年（丙辰，一五五六）

正月

庚辰，夜，彗星見於進賢星旁，芒長尺，西南指，漸長至三尺餘，歷大微垣，次相星，又東北行，入紫微垣，掃天床星，至四月二日始滅。（《明世宗實錄》卷四三一，第 7442 頁）

五里湖嘯，中無勺水，有二大魚死于湖濱。（乾隆《無錫縣志》卷四〇《祥異》）

大雨雹。（萬曆《福州府志》卷三四《時事》）

十七日，大雨雹。（崇禎《寧化縣志》卷七《祥異》）

（漳）河由臨漳之顯王村決入百陽渠。（乾隆《安陽縣志》卷一〇《藝文》）

仁化大雨雹，大如雞卵，英德同日，大者如拳。（嘉靖《廣東通志初稿》卷六九《雜事》）

雨雹。（天啟《封川縣志》卷四《事紀》）

辛巳，震，雨雹。（嘉靖《南寧府志》卷一一《祥異》）

至五月不雨。（光緒《順甯府志》卷二《祥異》）

至夏五月，不雨。（隆慶《雲南通志》卷一七《災祥》）

二月

大雨雹。（乾隆《福州府志》卷七四《祥異》；嘉慶《連江縣志》卷一〇《灾異》）

至六月，不雨。（隆慶《雲南通志》卷一七《災祥》）

三月

壬申，建祈年禱雨醮典于洪應雷宮，命百官素服辦事，如修省例，遣文武大臣張溶等告各宮廟。（《明世宗實錄》卷四三三，第7467頁）

晝晦如夜。（道光《宣威州志》卷五《祥異》；光緒《霑益州志》卷四《祥異》）

戊辰，大風，晝晦。旱。（康熙《永平府志》卷三《災祥》）

大風，晝晦。（康熙《灤志》卷三《世編》）

雨雹。（乾隆《偃師縣志》卷二九《祥異》）

四月

壬辰，甘肅地震有聲。（《明世宗實錄》卷四三四，第7478頁）

丁酉，上諭禮部曰："春夏交而雨澤少，四方多災，皆係氣數，未有人能叩上玄者，勿謂不經理，宜敬奉。其自十一（抱本、廣本、閣本'一'下有'日'字）始，停刑六日，止屠三日，仍告六（抱本作'各'）宮廟。"未幾，雨降。（《明世宗實錄》卷四三四，第7481頁）

辛丑，甘肅天鼓鳴。（《明世宗實錄》卷四三四，第7483頁）

丙午，大風揚塵四塞。（《明世宗實錄》卷四三四，第7484頁）

壬子，以應靈雨（抱本、廣本、閣本"以應靈雨"作"以靈雨應祈"），建謝典於雷公三日。（《明世宗實錄》卷四三四，第7487頁）

初九日申時，黑雲自西北起，晝晦如夜，少頃風霾四合，空中若有波浪声，居民疑為水至，驚怖莫知所措，至酉時，風反雨。六月，有黑眚抓人成傷，居民夜以麻鞭金鼓警之，五十日而後息。（嘉靖《蒲州志》卷三《祥異》）

十八日，大水，平地深一丈，雲龍、羅溪二橋盡圮。二十三日，又水，增高三尺，衝壞田地，漂没廬舍無算。（乾隆《瑞金縣志》卷一《祥異》）

二十三日大水，漂没田宅人畜不可數，斗米五錢。（康熙《寧化縣志》卷七《灾異》）

二十三日，天雨作，大水，鄉市民居漂壞，水衝田土尤甚，人畜多溺死者。（崇禎《寧化縣志》卷七《祥異》）

二十四日，大水，漂去民房以千計。（萬曆《永安縣志》卷八《祥異》；雍正《永安縣志》卷一〇《祥異》）

大雨，雹如卵。（道光《宣威州志》卷五《祥異》；光緒《霑益州志》卷四《祥異》）

甘露降，是秋大稔。（光緒《海鹽縣志》卷一三《祥異考》）

大水泛漲，抵小東門南城下。（道光《直隸南雄州志》卷三四《編年》）

颶風害稼。（咸豐《順德縣志》卷三一《前事畧》）

大水灌城七日，而水再至，視前加三尺，漂没溺死無算。（同治《贛州府志》卷二二《祥異》）

霖雨，湖水衝圮錢塘門北城三十餘丈。（乾隆《杭州府志》卷四《城池》）

府屬大水。饑，免存留稅糧。（康熙《南昌郡乘》卷五四《祥異》）

大水。（隆慶《臨江府志》卷六《農政》；康熙《新喻縣志》卷六《歲眚》；康熙《連州志》卷七《變異》；康熙《新淦縣志》卷五《歲眚》；民國《建甌縣志》卷三《大事》）

大水，決堤漂民居十数家。（嘉靖《豐乘》卷一《邑紀》）

大水，鳳凰山摧其西角。（道光《南城縣志》卷二七《祥異》）

大水灌城。七月，水再至，視前加三尺，漂没溺夗無算。五月，疫。（康熙《贛縣志》卷一《祥異》）

大水，城不灌者僅北門，餘惡圮。水三日甫退，越七日泛漲如前。五月，疫大作。是年無秋。（順治《雩都縣志》卷二《災異》）

大水，眠丁酉殺七八尺許，二日乃退，迎恩、永興二橋盡圮。丁巳水如之。（康熙《信豐縣志》卷一一《祥異》）

大水，灌城三日，漂没廬舍甚多。知縣陳仕禱以牲醴，水遂退。（康熙《新修會昌縣志》卷一三《祥異》）

福、延、建、邵、汀大水。時永安縣安沙鎮水異常，縣幾没，所漂室廬甚夥，器物棺槨蔽江數月乃已。（道光《重纂福建通志》卷二七一《祥異》）

大水後，太史溪中高山巖下忽豎起一石，狀類朝冠，闊八尺，高丈許。（民國《沙縣志》卷三《大事》）

大雨水三次。惟二十四日夜二更，水入城丈餘，漂壞民居田産甚眾；三更斷翔風橋，湮北倉，平明及縣皷樓漂如沙。（民國《沙縣志》卷三《大事》）

大水泛漲，抵小東門南城下。（乾隆《南雄府志》卷一七《編年》）

雨，大水。其水一月再至，城不浸者盈尺，古昔之所無也。神泉鋪店漂流殆盡，城中公署民居十傾八九，米穀貨物皆湮没糜爛。數十年蓄聚壞於一朝，災害之慘莫此為甚。（嘉靖《大埔縣志》卷九《災異》）

颶風害稼。（萬曆《南海縣志》卷三《災祥》）

颶風傷稼。（民國《龍山鄉志》卷二《災祥》）

五月

壬戌，夜，木星逆行，犯房宿北第一星。（《明世宗實錄》卷四三五，第 7490 頁）

壬午，金星晝見。（《明世宗實錄》卷四三五，第 7497 頁）

雨雹傷田。（康熙《清水縣志》卷一〇《災祥》；乾隆《直隸秦州新志》卷六《災祥》）

大水，竹生米。（同治《峽江縣志》卷一〇《祥異》）

雨雹，如雞卵。（同治《枝江縣志》卷二〇《災異》）

雷起，震死白沙村一家三人；又震一婦，復蘇，胸前有五爪文。是月，方家村地裂，長計三十丈。（嘉靖《廣東通志初稿》卷七〇《雜事》）

大風雹，壞官民廬。（崇禎《尤溪縣志》卷四《災祥》）

六月

大水，潳稼圮屋，木葉盡脱。（雍正《直隸定州志》卷一〇《祥異》）

沁河溢。（嘉靖《懷慶府志》卷一《祥異》）

颶風，自甲〔申〕達旦，拔樹傾屋，江中多遭風波之患。（天啟《封川縣志》卷四《事紀》）

七月

辛未，發易州庫貯原扣官軍月糧銀九千兩，兼本鎮修邊募軍餘銀一萬八百四十兩，修紫荆、馬水、倒馬等關隘，以雨水衝圮故也。（《明世宗實錄》卷四三七，第 7514 頁）

己未，象山縣大風拔木。（《國榷》卷六一，第 3881 頁）

大水。（崇禎《新城縣志》卷一一《災祥》）

二十六日，颶風起，城東南市中鍋器起丈餘，拔木壞屋。（道光《重修

明代氣象史料編年（第四冊）

蓬萊縣志》卷一《災祥》）

日間，天鼓鳴，雨下如雹。（乾隆《莆田縣志》卷三四《祥異》）

八月

戊申，大風，揚塵拶四塞。（《明世宗實錄》卷四三八，第7524頁）

辛亥，肅州衛天鼓鳴，一星晝見，從西行至東，有聲。（《明世宗實錄》卷四三八，第7525頁）

丙午，大風霾。（《國榷》卷六一，第3881頁）

大雨水，傷禾稼。（嘉靖《南宮縣志》卷四《祥異》；萬曆《棗強縣志》卷一《災祥》）

九月

戊午，以山東東昌等府夏旱，停徵二十一年至二十六年積欠稅糧有差。（《明世宗實錄》卷四三九，第7529頁）

己未，以湖廣武昌諸府、靖州諸州、武昌諸衛所，并五寨、九谿、宣慰長官諸司各水旱（廣本作"患"）相仍，免秋糧屯糧有差。（《明世宗實錄》卷四三九，第7530頁）

辛酉，以北直隸各府水災，減免秋糧有差。（《明世宗實錄》卷四三九，第7532頁）

乙丑，以直隸應天、池州等府水災，蘇、松、常、鎮四府被倭，各量免秋糧及折徵衛所屯糧有差。（《明世宗實錄》卷四三九，第7534頁）

丙寅，以水災免江西南贛等府、福建汀州等府稅糧有差。（《明世宗實錄》卷四三九，第7534頁）

辛未，以水災免順天府屬州縣秋糧有差。（《明世宗實錄》卷四三九，第7536頁）

丁丑，以南京錦衣，并宿州等衛所屯田水災，減免折徵屯糧有差。（《明世宗實錄》卷四三九，第7538頁）

丁丑，火星犯太微垣上將星。（《明世宗實錄》卷四三九，第7538頁）

庚辰，大風揚塵四塞。（《明世宗實錄》卷四三九，第7538頁）

遼陽雨，木冰。（嘉靖《全遼志》卷四《祥異》）

十月

丙戌，朔，日食。（《明世宗實錄》卷四四〇，第7541頁）

丁酉，以遼東、寧夏、廣寧等九衛蟲旱水災，減免屯糧有差。（《明世宗實錄》卷四四〇，第7545頁）

己亥，以水災免宛、大二縣并永清等衛秋粮屯粮有差。（《明世宗實錄》卷四四〇，第7545頁）

癸卯，金星晝見凡四日。（《明世宗實錄》卷四四〇，第7546頁）

乙巳，以旱災免山丹衛屯糧有差。（《明世宗實錄》卷四四〇，第7546頁）

辛亥，以水災免福建汀州、福州、延平府屬稅糧有差。（《明世宗實錄》卷四四〇，第7546~7547頁）

十一月

丁巳，陝西山丹衛地一日三震，聲如雷，關城多壞。（《明世宗實錄》卷四四一，第7549頁）

大雨雪。（萬曆《福州府志》卷三四《時事》）

十二月

甲午，以水災詔緩徵順天等府積欠馬價銀。（《明世宗實錄》卷四四二，第7559頁）

戊戌，以大同府及前後二衛雹傷，詔免稅粮有差。（《明世宗實錄》卷四四二，第7562頁）

甲辰，以江西南昌、瑞州、袁州、臨江、吉安、撫州、饒州、南康、九江、南安、贛州各屬縣，并南安、會昌、信豐等千户所水災，免存留稅粮有差，仍令撫按官查九江鈔關船料折色之半，贛州留貯塩稅二分之半，補給禄

粮。（《明世宗實録》卷四四二，第 7565 頁）

乙巳，禮部類奏，是歲四方災异，地震十一，天鼓鳴二，水災、火災、星晝見各一。（《明世宗實録》卷四四二，第 7565 頁）

癸丑，以宣府保安州順聖川東西等城堡旱災，免存留粮草省差。（《明世宗實録》卷四四二，第 7567 頁）

初三日，大雪，深者丈許，路斷行人。（光緒《麻城縣志》卷一《大事》）

是年

春，旱。秋，大雨，没廬舍。（康熙《堂邑縣志》卷七《災祥》）

夏，霖雨，溪水漲溢，漂田舍人畜不可勝紀。（同治《陽城縣志》卷一八《兵祥》）

大水，衝斷軍城、鎮城為二。（光緒《唐縣志》卷一一《祥异》）

大水。（崇禎《蠡縣志》卷八《災祥》；康熙《大城縣志》卷八《災祥》；康熙《保定縣志》卷二六《祥异》；康熙《清苑縣志》卷一《災祥》；康熙《安州志》卷八《祥异》；康熙《咸寧縣志》卷六《災祥》；康熙《武昌縣志》卷七《災异》；雍正《高陽縣志》卷六《襪祥》；道光《安陸縣志》卷一四《祥异》；咸豐《大名府志》卷四《年紀》；光緒《蠡縣志》卷八《災祥》；光緒《德安府志》卷二〇《祥异》；光緒《咸甯縣志》卷八《災祥》；光緒《武昌縣志》卷一〇《祥异》；光緒《沔陽州志》卷七《秩官》；民國《順義縣志》卷一六《雜事記》）

大水，廬舍漂没。（嘉慶《高郵州志》卷一二《雜類》）

水。（康熙《餘干縣志》卷三《災祥》；同治《鄱陽縣志》卷二一《災祥》；同治《饒州府志》卷三一《祥异》）

衛河决，没民禾稼。（萬曆《恩縣志》卷五《災祥》；宣統《恩縣志》卷一〇《災祥》）

旱。（康熙《湖口縣志》卷八《祥异》；康熙《彭澤縣志》卷二《郵政》；雍正《瑞昌縣志》卷一《祥异》；同治《都昌縣志》卷一六

《祥異》；民國《滎經縣志》卷一三《五行》）

慈溪縣秋下墨雨。（嘉靖《寧波府志》卷一四《磯祥》）

冰雹害麥，秋，大蝗。（民國《青城縣志》卷一《祥異》）

枝江雨雹，如雞卵大。秋，石首淫雨連月，南北二水交漲，諸隄盡決，溺民無算。公安、新淵隄決。（光緒《荊州府志》卷七六《災異》）

秋，大雨傷禾稼。（民國《南宮縣志》卷二五《雜志篇》）

（韶關）春，府城東南大水，沿江居民田廬多所決壞，民溺死者亦多，韶城為水所壞，城下民舍多蕩去。（嘉靖《廣東通志初稿》卷六九《雜事》）

季夏，一月而颶風大雨者再，廟之僅存者頹仆盡矣。（光緒《新寧縣志》卷一三《事紀略》）

安鄉夏，大水。秋，旱。（乾隆《直隸澧州志林》卷一九《祥異》）

夏，大水，漂流南門，濱溪岸及城垣衝圮。（康熙《連城縣志》卷一《歷年紀》）

夏，大水。（康熙《萬載縣志》卷一二《災祥》；康熙《東鄉縣志》卷四《災祥》；乾隆《泰和縣志》卷二八《祥異》）

夏，府屬大水，民饑。（崇禎《瑞州府志》卷二四《祥異》）

夏，旱。（乾隆《曲阜縣志》卷二九《通編》）

夏，大雨雹，大者如雞卵，小者如彈，小宮積雹如丘。（康熙《滕縣志》卷三《災異》）

夏，霖雨數日，溪水漲溢，漂田廬人畜不可勝紀。（順治《陽城縣志》卷七《祥異》）

大雨，河漲。（康熙《懷柔縣新志》卷二《災祥》）

大水，潲稼圮屋，樹木葉落。（康熙《新樂縣志》卷一九《災祥》）

大水，損禾稼廬舍大半。（康熙《贊皇縣志》卷九《祥異》）

大水，完縣普門村數百家漂沒無遺。（萬曆《保定府志》卷一五《祥異》）

蝗，不為災。（康熙《鹽山縣志》卷九《災祥》）

大水，本縣溺死七千餘人。（康熙《重修平遥縣志》卷八《災異》）

大旱，饑。（嘉靖《平凉府志》卷九《固原州》）

青城冰雹害麥，秋大蝗。（乾隆《青城縣志》卷一〇《祥異》）

霪雨浹旬，平地水深數尺，十室九壞。（乾隆《東明縣志》卷二《橋梁》）

河溢，水嚙堤，堤敗。（崇禎《松江府志》卷三《橋梁》）

儀、高、寶通、泰俱大水，廬舍漂没，上命賑之。（萬曆《揚州府志》卷二二《異攷》）

大水，廬舍漂没，有賑。運鹽河生蛤蠷。（嘉慶《東臺縣志》卷七《祥異》）

大風震撼，頹牆摧屋，林木盡拔。（崇禎《慶元縣志》卷七《紀變》）

泗州大水，去雉堞不盈三尺，城西北崩，水幾灌入城，居民多奔盱山。戴守大禮督塞，倖免。州人較水準，謂如正統丁巳，百餘年僅見者。（萬曆《帝鄉紀略》卷六《災患》）

澇。（嘉靖《進賢縣志》卷一《災祥》）

大水，傾壞廬舍民舐極多。（康熙《激水志林》卷一五《祥異》）

大水，西門内水高齊屋，城鄉溺死者不可勝紀。次年丁巳，復大水。（乾隆《石城縣志》卷七《祥異》）

（尤溪縣）大雨水。（萬曆《閩書》卷一四八《祥異》）

是年，清流、寧化、上杭、連城四縣水。（萬曆《閩書》卷一四八《祥異》）

大水入城，壞東街橋。（康熙《上杭縣志》卷一一《祲祥》）

沁决入衛，至臨清並流，上擁運河七十五里，沙泥沈積。（道光《武陟縣志》卷一四《河防》）

南陽天雨黑水如墨。（康熙《河南通志》卷四《祥異》）

瓦子灣堤大决，前太守陳公、知縣王公增築焉。（順治《監利縣志》卷一《沿革》）

南城被水，衝圮十餘丈。（乾隆《南雄府志》卷五《城池》）

（高明縣）廟學為颶風摧毀。（雍正《廣東通志》卷一六《學校》）

旱，斗米銀二錢。（康熙《桂林府志·祥異》；雍正《靈川縣志》卷四《祥異》）

秋，大樊口決，潀没靈泉、利平等鄉。（乾隆《修武縣志》卷九《災祥》）

秋，雨淫潦。（同治《鄢陵文獻志》卷二三《祥異》）

秋，淫雨連月，南北二水交漲，諸隄盡決，溺民無算。（乾隆《荆州府志》卷五四《祥異》）

冬，大雪，井凍不可汲，殭者填道。（乾隆《淄川縣志》卷三《災祥》）

嘉靖三十六年（丁巳，一五五七）

正月

二十六日，雷震崇福寺，碎其二柱。（道光《石門縣志》卷二三《祥異》）

大雨，雷震。（康熙《巢縣志》卷四《祥異》）

二月

雨雹，大者如鵝卵。（咸豐《順德縣志》卷三一《前事畧》）

大風從東南來。（民國《吳縣志》卷五五《祥異考》）

太湖東涸，洞庭兩山間大風從東南來，水為所約，壁立如峻崖，東偏乾涸，泥塗實可履，群趨得金珠器物及古錢。水兩日不返，人異之。至三日，有聲如雷，百道翕集，水如冰山奔墜，無少長皆没。（康熙《蘇州府志》卷二《祥異》）

雨雹，大者如鵝卵，屋瓦多壞。（萬曆《南海縣志》卷三《災祥》）

雨雹。（萬曆《順德縣志》卷一〇《災異》；同治《香山縣志》卷二二

《祥異》）

二月，古勞都大雨雹，形如磚石，傷人畜，壞廬舍。（萬曆《新會縣志》卷一《縣紀》）

大雨雹。（崇禎《肇慶府志》卷二《事紀》）

三月

癸未，山東沂州兩（舊校改"兩"作"雨"）水，雹大者如盂，小如雞卵，平地厚尺餘，徑（廣本作"經"）八十里，人畜傷損者無算。（《明世宗實錄》卷四四五，第7598頁）

雨雹。（嘉靖《象山縣志》卷一三《雜志》）

十二日，午時雨雹，小如米珠，大如雞卵，有擲破人屋者，二時廼止，四都為甚。（康熙《詔安縣志》卷二《祥異》）

大水。（萬曆《歸化縣志》卷一〇《災祥》）

辛巳，大雨雹。是日未時，州北三十里交椅、銀水、六材、長寨等地忽震雷暴風，雨雹大者如米升，小者如雞卵，有柄，有三角至七八角者，傷死村民牧童十餘，牲畜禽獸無算。車輪苫瓦飄散，竹木枝葉如削，野草擊爛一空，雹積窪地約二尺許。（萬曆《廣西通志》卷四一《災異》）

四月

戊子，火星自二月壬辰從亢逆行，歷角天門入軫，至是夜，凡逆行二舍有餘。（《明世宗實錄》卷四四六，第7599頁）

甲午，先是三日以火星逆行二舍，勅諸司修省。至是，遣英國公張溶等祈禳于洪應雷殿，成國公朱希忠、駙馬都尉謝詔等，奏告于玄極寶殿、太廟、太社稷。（《明世宗實錄》卷四四六，第7603～7604頁）

丙申，奉天等殿門災。是日申刻，雷雨大作。至戌刻，火光驟起。初由奉天殿延燒華蓋、謹身二殿，文武二樓，左（抱本、廣本、閣本"左"上有"奉天"二字）順、右順、午門及午門外左右廊盡燬，至次日辰刻始熄。（《明世宗實錄》卷四四六，第7604頁）

　　壬寅（廣本"寅"下有"以殿廷災"四字），頒詔，詔曰（廣本"頒詔詔曰"作"頒詔天下曰"）："朕本同姓之侯嗣，初非王子之可同，惟皇天寶命所與，曁二親積慶在予。夫自入奉大統，于茲三十六年（抱本、廣本、閣本作'禩'）。昨大遭無前之内變，荷天恩赦，佑以復生。此心感刻，難名一念，身命是愛，但實賴臣勞之一語，而原非虚寂之二端，天心丕鑒，朕心朕忠，上天明鑒。昨因時早，禱澤于雷霆洪應之壇，方喜靈雨之垂，隨有雷火之烈，正朝三殿一時燼焉，延及門廊，倏刻燃矣。"（《明世宗實録》卷四四六，第7609頁）

　　二十三日，洪水驟至，魚鼈遊市中，漂没田宅人畜無數，斗米半兩。（光緒《長汀縣志》卷三二《祥異》）

　　大水，漂没田宅，人畜無數。（乾隆《汀州府志》卷四五《祥異》）

　　大雨，雹大如雞卵，樹木禽畜損傷甚多。（康熙《商丘縣志》卷三《災祥》）

　　朔，紫雲自西來，空中聞兵馬之聲，大風冰雹，又天鼓鳴。（雍正《安東縣志》卷一五《祥異》；乾隆《山陽縣志》卷一八《祥禩》）

　　雨雹。（康熙《寧陵縣志》卷一二《災祥》）

五月

　　大水。（崇禎《廣昌縣志·災異》；乾隆《直隸易州志》卷一《祥異》；同治《樂平縣志》卷一〇《祥異》）

六月

　　大水壞屋傷稼，居庸關尤甚，崩石壓塞，行者不能取道。（光緒《延慶州志》卷一二《祥異》）

　　大水。（康熙《欒城縣志》卷二《事紀》）

　　三日雨，至二十三日止，河水漫堤害稼。（康熙《青縣志》卷三《祥異》）

　　大水害稼，壞民居。（雍正《澤州府志》卷五〇《祥異》）

霪雨，大水，禾淹没。（嘉靖《全遼志》卷四《祥異》）

雨雹。（萬曆《常山縣志》卷一《災祥》）

七月

烈風霪雨，壞廬舍，傷禾稼。（光緒《霑化縣志》卷一四《祥異》）

暴風淫雨三日，壞民廬舍，害稼殆盡。（乾隆《淄川縣志》卷三《災祥》）

七月八日，風雨達旦，拔木壞廬，海湖南溢八十餘里，無稼。（康熙《海豐縣志》卷四《事記》）

八日，颶風大作。（同治《鄞縣志》卷六九《祥異》）

大水。（康熙《長山縣志》卷七《災祥》；乾隆《蒲臺縣志》卷四《災異》）

大風雨浹旬，拔木發石，壞民田廬，大傷禾稼。十二月，免被災者稅粮。（光緒《台州府志》卷二九《大事》）

大風雨浹旬，拔木發石，壞民田廬，大傷禾稼。（光緒《黄巖縣志》卷三八《變異》）

八月

大風雨，秋稼不登。歲大饑，餓殍相望。（康熙《利津縣新志》卷九《祥異》）

飛蝗。（順治《固始縣志》卷九《畜異》）

九月

戊辰，彗星見於天市垣内列肆星旁，芒長尺餘，東北指，至十月二十三日始滅。（《明世宗實錄》卷四五一，第7662頁）

丙子，以水災免直隸徐、蕭、定遠三州縣稅糧，以倭患免寶應、清河、天長、盱眙、安東五縣稅糧各如例，仍命賑恤傷重之家。（《明世宗實錄》卷四五一，第7663頁）

十月

丁酉，以水災免順天、永平、保定、河間、真定諸州縣衛所秋糧馬草宮莊子粒如例。（《明世宗實録》卷四五二，第 7670 頁）

十二月

庚辰朔，金星晝見。（《明世宗實録》卷四五四，第 7683 頁）

癸未，以水災免浙江寧波、紹興、台州、處州、溫州所屬稅糧如例。（《明世宗實録》卷四五四，第 7685 頁）

丁亥，遣英國公張溶等祈雪于朝天等宮。（《明世宗實録》卷四五四，第 7688 頁）

戊戌，以冬寒暫停山東、保定、山西採礦。（《明世宗實録》卷四五四，第 7692 頁）

戊申，以水災免遼東廣寧、海州、寧遠、定遼、東寧、潘（舊校改"潘"作"瀋"）陽、盖州、義州、復州（抱本、閣本"義州復州"作"義復"）、三萬、遼海、金州諸衛所稅糧如例。（《明世宗實録》卷四五四，第 7694 頁）

是年

夏，旱，無麥。（乾隆《滑縣志》卷一三《祥異》；民國《重修滑縣志》卷二〇《大事記》）

大水，群蛟齊發，江漲丈餘，圩岸衝決，民居漂没，由當塗至蕪湖，陸路無復存者。舟行屋上，禾麥不收，民剧草根樹皮以食。（民國《蕪湖縣志》卷五七《祥異》）

大水。（崇禎《蠡縣志》卷八《災祥》；康熙《繁昌縣志》卷二《祥異》；康熙《邵陽縣志》卷六《祥異》；康熙《滿城縣志》卷八《災祥》；康熙《安州志》卷八《祥異》；雍正《高陽縣志》卷六《機祥》；乾隆《新城縣志》卷一《祥祲》；乾隆《青城縣志》卷一〇《祥異》；道光《繁昌縣志書》卷一八《祥異》；道光《寧都直隸州志》卷二七《祥異》；民國《金壇縣志》卷一二《祥異》；民國《青城縣志》卷一《祥異》；民國《清苑縣志》卷六《災祥》）

霪雨連月大小。（民國《遼陽縣志·敘錄》）

大鳴，水。（道光《義寧縣志》卷一《機祥》）

宜都大旱。（光緒《荆州府志》卷七六《災異》）

大旱。（乾隆《平原縣志》卷九《災祥》）

水漲入城市，害禾稼。（光緒《綏德直隸州志》卷三《祥異》）

雨雹。（乾隆《象山縣志》卷一二《機祥》）

秋，大水，蘇家堡子等村被災甚重。（民國《蓋平縣志》卷一《祥異》）

秋，大水，河堤決，民饑。（嘉慶《高郵州志》卷一二《雜類》）

春，大雨雹。（光緒《四會縣志》編一〇《災祥》）

夏，大水，城多圮。（乾隆《鄱陽縣志》卷三《城池》）

夏，旱，無麥。秋，漳、衛水決為災。（民國《大名縣志》卷二六《祥異》）

霍州、汾西歲稔。平陸黃河堅冰，自底柱至漳關數月不解。（萬曆《山西通志》卷二六《災祥》）

酷旱，缺食之家三千八百有奇。朝廷降寶鈔三千八百錠以賑濟之。（康熙《重修平遥縣志》卷八《災異》）

黃河冰堅。（乾隆《解州芮城縣志》卷一一《祥異》；民國《芮城縣志》卷一四《祥異》）

水衝入城，漂禾稼。（順治《綏德州志》卷一《災祥》）

大水，饑。（康熙《米脂縣志》卷一《災祥》）

大旱。（康熙《宜都縣志》卷一一《災祥》；乾隆《平原縣志》卷九《災祥》；道光《新修東陽縣志》卷一二《機祥》）

大風，大雹，損麥禾。（天啟《新泰縣志》卷八《祥異》）

河決原武，湮曹。（乾隆《曹州府志》卷五《河防》）

水。（同治《雙林鎮志》卷一九《災異》）

山水汎溢，城被冲穨，西南二面居多。（道光《定遠縣志》卷三《城池》）

大水，羣蛟齊發，江漲丈餘，圩岸衝決，民居漂没，由當塗至蕪湖，陸路無復存者，舟行屋上，禾麥不收，民劚草根樹皮以食。（嘉慶《蕪湖縣志》卷一八《禨祥》）

大水，府城街市行舟。貴池、銅陵、東流尤甚，民大饑。（乾隆《池州府志》卷二〇《祥異》）

河決判官村埽八百餘丈，由中牟至省。（萬曆《原武縣志》卷上《河防》）

飛蝗蔽天。（萬曆《汝南志》卷二四《災祥》；乾隆《確山縣志》卷四《禨祥》）

水，堡南保丹江泛溢尤甚。（康熙《内鄉縣志》卷一一《災祥》）

大水，江隄決，壞民院無算。（光緒《沔陽州志》卷三《建置》）

大鳴水。（道光《義寧縣志》卷一《禨祥》）

連州雨雹，大如雞子。（嘉靖《廣東通志初稿》卷六九《雜事》）

秋，大雨浹旬，重門傾敗。（康熙《南宫縣志》卷二《營建》）

夏旱無麥。秋，漳、衛水決為災。是年，元城、大名、南樂、魏、濬、内黄等縣二百里之間，溢為巨浸，至有攀棲木杪者。（康熙《元城縣志》卷一《年紀》）

秋雨淋漓，（城垣）圮過半。（民國《東明縣新志》卷五《城郭》）

秋，大水。（民國《清豐縣志》卷二《編年》）

秋，飛蝗蔽天。（順治《息縣志》卷一〇《災異》；康熙《上蔡縣志》卷一二《編年》）

嘉靖三十七年（戊午，一五五八）

正月

癸亥，以天寒罷河南之採礦，召主事沈應乾、千户李鉉還。（《明世宗實録》卷四五五，第 7701 頁）

二月

甲寅，河南南陽縣地震。（《明世宗實錄》卷四五七，第7723頁）

乙卯，广東潮州府地震。（《明世宗實錄》卷四五七，第7723頁）

丁巳，广東潮州地震。（《明世宗實錄》卷四五七，第7727頁）

丁丑，直隸昌平州地震。（《明世宗實錄》卷四五七，第7742頁）

五日，海潮南溢六十里。（康熙《海豐縣志》卷四《事記》）

三月

旱，蝗傷稼。（咸豐《順德縣志》卷三一《前事畧》）

十二日，大雨雹，鴻漸山石墜。（民國《同安縣志》卷三《災祥》）

漳浦、海澄雨雹大如斧，碎屋傷畜無數。（康熙《漳州府志》卷三三《災祥》）

雨。（嘉靖《龍巖縣志》卷下《災祥》）

旱，蝗蟲傷稼。（康熙《順德縣志》卷一三《紀異》）

四月

辛丑，上以入夏不雨多風，兼舉祈禳醮典（抱本、閣本作"典"）扵内殿，命定国公徐延德等分告各宫廟。（《明世宗實錄》卷四五八，第7753頁）

颶風拔木，壞廬舍，黌宫門石柱仆。（光緒《四會縣志》編一〇《災祥》）

雨雹殺二麥。（同治《宜城縣志》卷一〇《祥異》）

静樂雪深盈尺。（雍正《山西通志》卷一六三《祥異》）

雹傷麥。（康熙《費縣志》卷五《災異》）

大水。（天啟《封川縣志》卷四《事紀》；康熙《恩平縣志》卷一《事紀》；道光《開平縣志》卷八《事紀》；同治《峽江縣志》卷一〇《祥異》）

二十三日，洪水驟至，青龍橋、便民橋俱圮。（康熙《上杭縣志》卷一

一《禮祥》）

雨雹殺二麥。（萬曆《襄陽府志》卷三三《災祥》）

雹。（乾隆《淄川縣志》卷三《災祥》）

五月

己酉，以旱災蠲山西渾源州等處稅糧有差。（《明世宗實錄》卷四五九，第 7760 頁）

乙丑，陝西西安府地震有聲。（《明世宗實錄》卷四五九，第 7766 頁）

乙亥，陝西淳（舊校改"淳"作"淳"）化縣大雨雹。（《明世宗實錄》卷四五九，第 7767 頁）

蝗。（康熙《堂邑縣志》卷七《災祥》）

大旱，地坼。秋，黑風，凡三至，晝晦。（乾隆《平原縣志》卷九《災祥》）

大雨雹傷稼。（民國《祿勸縣志》卷一《祥異》）

孟家井里冰雹降，麥盡無。（萬曆《榆次縣志》卷八《災祥》）

雨雹，大風拔木。（萬曆《章丘縣志》卷七《災祥》）

霪雨，經旬不止，城垣崩塌多處，或十丈或二十丈。（民國《同安縣志》卷三五《循吏錄》）

二十七日，琅城岡雷，震死人。（乾隆《禹州志》卷一三《災祥》）

水入市。（康熙《通山縣志》卷八《祥異》）

大旱。（同治《峽江縣志》卷一〇《祥異》）

雨雹，有大如斗者。（乾隆《淄川縣志》卷三《災祥》）

至秋七月，不雨。（康熙《平陸縣志》卷八《雜記》）

六月

有黑雲降於郡西郊，溝水皆沸，屋瓦盡飛，其夜有大星隕。（乾隆《龍溪縣志》卷二〇《祥異》）

復大水。（嘉慶《長山縣志》卷四《災祥》）

禾稼復渰，民居衝潰。（乾隆《武清縣志》卷四《機祥》）

屯留縣大風拔木，雹如卵，殺稼，民饑。（乾隆《潞安府志》卷一一《紀事》）

大雨百日，麥豆皆腐，秋禾不秀。（嘉靖《平涼府志》卷九《固原州》）

十二日，大水，漂没民畜產不可勝紀。隆慶二年六月十三日大水如之。（萬曆《南陽府志》卷二《災祥》）

暴風雨雹，大水浮耒耜於河堤柳樹上。（萬曆《淄川縣志》卷二二《災祥》）

七月

大水。（民國《全椒縣志》卷一六《祥異》）

初五日，晝晦，大雨，山崩溪漲，人多溺死。知縣徐甫宰申請賑恤。（乾隆《汀州府志》卷四五《祥異》）

初五日，倏晝昏，大雨，山崩溪漲，漂毀民居，近午溺死者數十人。（康熙《武平縣志》卷九《祲祥》）

梁山鳴雨，雹大如斧，壞民居獸畜。（康熙《漳浦縣志》卷四《災祥》）

三十七年、三十八年秋七月，河決傷禾。（康熙《商丘縣志》卷三《災祥》）

河決碭山，賈魯河故道始淤。（同治《徐州府志》卷五下《祥異》）

江都縣有黑白二龍鬥於空中，起西南，折而東，大風，晝晦星見，所過折樹拔屋。（雍正《揚州府志》卷三《祥異》）

蝗，水。饑。（康熙《永平府志》卷三《災祥》）

蝗。（康熙《山海關志》卷一《災祥》）

蝗。水，歲饑。（康熙《灤志》卷三《世編》）

蝗，歲歉收，民無從得食，貧者剝木皮和糠秕食之，又刮苔泥作粉以啖，謂之土麪，多腫濊以死。（民國《綏中縣志》卷一《災祥》）

霪雨，秋禾盡損，城垣廬舍傾圮殆盡，死者甚眾。（乾隆《平涼府志》卷二一《祥異》）

大雨。是年霪雨，自春徂夏，禾麥俱損，至是復大雨浹旬，官民廬舍傾圮殆盡，南城再崩，壓死居民凡十八人。（乾隆《新修慶陽府志》卷三七《祥眚》）

江都黑白二龍鬭，起西南，折而東向，大風，晝晦星見，所過折樹拔屋，壞縣文廟西南角暨兩廡廟門，民家器什惚扉及津渡木梁舞空如蝶，百餘里外始墜。（萬曆《揚州府志》卷二二《異攷》）

天晴日霽，忽然大水，漂高陂、深溪二橋，冲毀飛虹橋墩二座。（康熙《永定縣志》卷九《災異》）

異風，拔木摧屋，江湖被溺者無算。（乾隆《江夏縣志》卷一五《祥異》）

異風，拔木摧屋，江湖人民溺死無數。（康熙《武昌縣志》卷七《災異》）

霪雨。（隆慶《雲南通志》卷一七《災祥》）

淫雨溢漲，塞象眠山水洞，水不能泄，壞廬舍禾稼，越五十八日始消。（康熙《鶴慶府志》卷二五《災祥》）

大水，街深數尺可舟，人民没死甚眾。（民國《全椒縣志》卷一六《祥異》）

閏七月

丁酉，以雹灾免陝西西安、鳳翔、漢中三府以採木，免貴州思州、思南、石阡、銅仁、黎平、鎮遠六府各州縣正官入覲。（《明世宗實錄》卷四六二，第7803~7804頁）

雨雹，雲。（乾隆《淳化縣志》卷五《大事記》）

雨雹。（光緒《淳安縣志》卷一六《祥異》）

八月

庚申，夜，月食。（《明世宗實錄》卷四六三，第7810頁）

雲中有龍吟聲，大雨三日，水衝田百餘頃。（乾隆《莊浪志略》卷一九《災祥》）

大雨雪，樹木多壓折死。（嘉靖《宣府鎮志》卷六《災祥考》；康熙《西寧縣志》卷一《災祥》；乾隆《懷安縣志》卷二二《灾祥》）

大雨雪。（同治《西寧縣新志》卷一《災祥》；民國《陽原縣志》卷一六《前事》）

大雨雪，樹木多死。（乾隆《蔚縣志》卷二九《祥異》）

初七日，壽寧大風雷雨四日四夜，水驟漲，各山崩裂，壓死男婦數百口，壞田不可勝計。（崇禎《壽寧縣志》卷下《災異》）

二十六日，井水溢暴，起數尺。（乾隆《臨潼縣志》卷九《祥異》）

大雨雪，樹木多壓折。（康熙《懷來縣志》卷二《災異》；康熙《保安州志》卷二《災祥》）

靜樂雪深盈尺，殺苗。（雍正《山西通志》卷一六三《祥異》）

二十六日，井溢，水皆暴起數尺。（康熙《臨潼縣志》卷六《祥異》；乾隆《咸陽縣志》卷二一《祥異》）

九月

蝗。（同治《徐州府志》卷五下《祥異》）

十月

雷震。（同治《長樂縣志》卷二《祥異》）

二十三日，大風雨，龍見於野，儒學廟蕪俱傾，合抱栢樹盡拔。（康熙《宿遷縣志》卷九《祥異》）

十一月

乙酉，以雹災詔蠲山西平陽（抱本、廣本、閣本"陽"下有"太原二府夏稅有差"八字）。（《明世宗實錄》卷四六六，第7857頁）

丙戌，無雪。上親禱于洪應雷宮，命英國公張溶等告各宮廟。（《明世

宗實録》卷四六六，第 7857 頁）

丙申，以水災蠲湖廣承天、岳州、荆州、衡州、常德五府，直隸廬、鳳、淮、揚四府各屬州縣稅粮有差。（《明世宗實録》卷四六六，第 7860～7861 頁）

丁酉，雪。群臣上表賀。（《明世宗實録》卷四六六，第 7861 頁）

是年

大水。（萬曆《霑化縣志》卷七《災祥》；萬曆《泰興縣志》卷八《祥祥》；萬曆《通州志》卷二《機祥》；萬曆《和州志》卷八《祥異》；乾隆《盱眙縣志》卷一四《灾祥》；光緒《霑化縣志》卷一四《祥異》；光緒《盱眙縣志稿》卷一四《祥祲》；光緒《金壇縣志》卷一五《祥異》；民國《青縣志》卷一三《祥異》）

大水，邊牆坍塌。（民國《遼陽縣志·敍録》）

大水害禾稼，壞室廬，民多溺死者。（乾隆《新野縣志》卷八《祥異》）

異風拔木摧屋，江湖人民溺死無數。（光緒《武昌縣志》卷一〇《祥異》）

雨水潦中下田。（乾隆《震澤縣志》卷二七《災祥》；乾隆《吳江縣志》卷四〇《災變》）

大水，饑。（嘉慶《高郵州志》卷一二《雜類》）

水。（崇禎《泰州志》卷七《災祥》；嘉慶《東臺縣志》卷七《祥異》；同治《湖州府志》卷四四《祥異》；光緒《安東縣志》卷五《民賦下》；光緒《歸安縣志》卷二七《祥異》；光緒《烏程縣志》卷二七《祥異》）

水西河堤決。（萬曆《興化縣新志》卷一〇《外紀》）

有黑白二龍鬭空中，起西南，折而東，大風，晝晦星見，所過折樹拔屋，壞縣文廟，民間器皿、窗屏及津渡木梁，盤舞空際，至百餘里外始墜。（乾隆《江都縣志》卷二《祥異》）

大風雨，壞禾稼及廬舍。（民國《青城縣志》卷一《祥異》）

大旱，地裂邊家莊。（道光《長清縣志》卷一六《祥異》）

自夏迄秋，霪雨，始生馬蝗。（光緒《靖江縣志》卷八《祲祥》）

秋，大水害稼，壞官民廬舍無數。（嘉慶《如皋縣志》卷二三《祥祲》）

秋，大水害稼。（光緒《通州直隸州志》卷末《祥異》）

秋，雨忽作，偃禾拔木，移時方解。（咸豐《濱州志》卷五《祥異》）

春，旱。（宣統《南海縣志》卷二《前事補》）

春，旱，蟲傷禾稼。（同治《香山縣志》卷二二《祥異》）

夏，滋陽學宮大震，東壁龍起。（康熙《滋陽縣志》卷二《災異》）

夏，旱，無麥。（順治《易水志》卷上《災異》）

夏，大雨雹。秋，大旱，巡撫周如斗奏蠲田粮。（民國《太倉州志》卷二六《祥異》）

夏，大雨雹，大旱。（康熙《蘇州府志》卷二《祥異》）

夏，大水決湖隄。（道光《重修寶應縣志》卷九《災祥》）

夏，大水，湖堤決。（隆慶《寶應縣志》卷一〇《災祥》）

禾稼復潖，民舍衝潰。（康熙《永清縣志》卷一《機祥》）

大雨，壞民廬舍。（乾隆《涿州志》卷五《事蹟》）

大旱，正月不雨，至五月下旬遍雨，民始播種。（萬曆《雄乘·災異》）

雷，震死一人，傷一人。（康熙《成安縣志》卷四《總紀》）

水潦灌城，土愈潰，垣埠愈圮，幾夷為平地矣。（民國《奉天通志》卷二三八《藝文》）

大旱。（康熙《長清縣志》卷一四《災祥》）

飛蝗食稼，入人房舍，床榻為滿。（順治《泗水縣志》卷一一《災祥》）

大雨雹。（萬曆《汶上縣志》卷七《災祥》）

風雨拔木。（康熙《博平縣志》卷一《機祥》）

水潖下田。（崇禎《吳縣志》卷一一《祥異》）

太倉縣夏大雨雹，大旱。巡按周如斗奏蠲田粮。（崇禎《太倉州志》卷

一五《災祥》)

霖雨,自夏至秋三月不息。(嘉靖《靖江縣志》卷四《編年》)

水災,民飢。(雍正《安東縣志》卷一五《祥異》)

旱。(雍正《來安縣志》卷一《祥異》)

霖雨壞城。(同治《南豐縣志》卷一四《祥異》)

沁河水溢,傷稼。(萬曆《衛輝府志·災祥》)

亢旱。(民國《東莞縣志》卷三一《前事略》)

大雨,(城)堞傾。(乾隆《新寧縣志》卷一《建置》)

夏秋,大水,田禾盡傷,壞官民廬舍無數。(嘉靖《重修如皋縣志》卷
六《災祥》)

夏秋,霖雨,漕河溢,害稼。(康熙《通州志》卷一一《災異》)

秋,旱,民食樹葉草根。蒙部院停徵。(民國《完縣新志》卷九
《故實》)

秋時,風雨忽作,偃禾拔木,移時方解。(萬曆《濱州志》卷三《祥異》)

秋,大水,饑。(同治《上海縣志》卷一《紀年》)

秋,雨連月,淯河水泛漲。(萬曆《南陽府志》卷二《災祥》)

秋,永平、騰越大水,壞民田廬數百計。(隆慶《雲南通志》卷一七
《災祥》)

秋,武定大雨雹傷稼。(隆慶《雲南通志》卷一七《雜志》)

三十七、八、九年大水,至四十二年水勢殺,繼以旱。(順治《含山縣
志》卷四《祥異》)

嘉靖三十八年(己未,一五五九)

正月

至夏五月,不雨,蚜蚄生。甫大雨,乃盡死。自是雨連百餘日,廬垣多
壞。(康熙《龍門縣志》卷二《災祥》)

至夏五月，不雨，蚜蚄生。（乾隆《蔚縣志》卷二九《祥異》）

不雨，至於夏五月。（康熙《堂邑縣志》卷七《災祥》）

至夏五月，不雨，蚜蚄生，甫大雨，乃盡死。自是雨連百餘日，廬垣多壞。八月雨雹，平地深三尺，禾稼一空。（乾隆《宣化縣志》卷五《災祥》；乾隆《萬全縣志》卷一《災祥》）

至夏五月，不雨，蚜蚄生，忽大雨，乃盡死。自是雨連綿百餘日，廬垣多壞。（康熙《懷來縣志》卷二《災異》）

至夏五月，不雨，蚜蚄生，甫大雨，連百餘日乃死。秋八月，雨雹，平地深三尺，禾稼一空。（康熙《保安州志》卷二《災祥》）

至夏五月，不雨，蚜蚄生。乃雨，連百餘日，廬舍盡傾。至八月，雨雹，深三尺，禾稼空。（乾隆《懷安縣志》卷二二《災祥》）

二月

丁巳，夜望，月食。（《明世宗實錄》卷四六九，第7887頁）

七月不雨，秋復蝗。（嘉靖《興化縣志》卷四《五行》）

大旱，二月至八月不雨。秋復蝗。（嘉慶《東臺縣志》卷七《祥異》）

三月

戊戌，以旱，上親禱雨于雷宮，禁屠停刑如例。（《明世宗實錄》卷四七〇，第7906頁）

辛丑，雨（閣本“雨”上有“大”字），百官表賀，命英國公張溶等告謝六宮廟。（《明世宗實錄》卷四七〇，第7906頁）

大水，山崩。（光緒《四會縣志》編一〇《災祥》）

甘露降。（光緒《靖江縣志》卷八《祺祥》）

四月

朔，雨雹。（萬曆《杞乘》卷二《今總紀》；乾隆《杞縣志》卷二《祥異》）

雨雹。（萬曆《應天府志》卷三《郡紀下》）

十八日，雹，深盈尺。（乾隆《淄川縣志》卷三《災祥》）

無雨。（崇禎《新城縣志》卷一一《災祥》）

五月

大水。（萬曆《南海縣志》卷三《災祥》；民國《龍山鄉志》卷二《災祥》）

至秋九月，不雨，民饑。（康熙《衢州府志》卷三〇《五行》）

大水，灤河溢。（萬曆《樂亭志》卷一一《祥異》）

大水，禾俱湮没。（乾隆《桐廬縣志》卷一六《災異》）

月初不雨，至九月始小雨。禾盡枯，無收，民採蕨粉食。（萬曆《常山縣志》卷一《災祥》）

二十一日，大風雨七日夜，平地水流有聲，廬舍傾頹。（乾隆《長樂縣志》卷一〇《祥異》）

積雨至秋七月。（萬曆《儀封縣志》卷四《災異》）

大水，九月復漲，民饑，知府汪道昆賑之。（萬曆《襄陽府志》卷三三《災祥》）

大水。秋九月，漢江水復漲。（光緒《光化縣志》卷八《祥異》）

六月

壬寅，以入夏久雨，上親祈晴扵洪應雷宫，詔百官各致齋三日，禁屠、停刑如例。（《明世宗實録》卷四七三，第7939頁）

十五日，黃河水溢至城淹没，沙淤民田，溺死甚衆。（民國《中牟縣志·祥異》）

丙寅，雷擊奉先殿門外南、西二牆。（《明史·五行志》，第435頁）

霖雨，灤河、漆河溢，城内行舟。（康熙《永平府志》卷三《災祥》）

水。（康熙《灤志》卷三《世編》）

大水。（崇禎《江陰縣志》卷二《災祥》）

河堤決，大水入，東南二城門忽傾塞，寶水仍四流，奔溢郊野，禾麥盡

没。（嘉慶《洧川縣志》卷八《雜志》）

十五日，河水溢城，没民田，溺死者眾。（天啟《中牟縣志》卷二《物異》）

酷暑，人多熱死。（萬曆《南陽府志》卷二《災祥》）

潛江雨泥。（康熙《安陸府志》卷一《郡紀》）

二十五夜，鶴慶漁塘村雷雨大作，山崩水溢，壞民居二百餘所，死者不可勝計。知府林養高賑之。（隆慶《雲南通志》卷一七《災祥》）

大蝗。（民國《濰縣志稿》卷二《通紀》）

七月

癸酉，金星晝見。（《明世宗實錄》卷四七四，第 7951 頁）

大水。（萬曆《杞乘》卷二《今總紀》；乾隆《杞縣志》卷二《祥異》）

黄河泛漲，分為二道，大慶關居其中，盧舍衝没者大半。（嘉靖《蒲州志》卷三《祥異》）

河決孔家莊堤，水至護城堤。（萬曆《原武縣志》卷上《河防》）

天狗星隕，大風。（乾隆《林縣志》卷六《賦役》）

大蝗，傷禾稼，無秋。（嘉靖《歸州志》卷四《災異》）

旱，七月始雨。歲祲石米一兩九錢。（光緒《江東志》卷一《祥異》）

夏，大旱，七月方雨。歲大旱。（民國《吳縣志》卷五五《祥異考》）

恒暘。七月，方雨。歲大祲，米石一兩八錢。（萬曆《嘉定縣志》卷一七《祥異》）

七月方雨。歲大祲，米石一兩八錢。（崇禎《吳縣志》卷一一《祥異》）

大旱，至七月十五日雨，民用饑。（萬曆《常州府志》卷七《賑貸》）

八月

甲寅，夜望，月食，雲陰（抱本作"陰雲"）不見。（《明世宗實錄》卷四七五，第 7963 頁）

丁巳，陝西山丹衛天鼓鳴。（《明世宗實錄》卷四七五，第 7964 頁）

復雨雹，平地深三尺許，禾稼一空。（嘉靖《宣府鎮志》卷六《災祥考》；光緒《懷來縣志》卷四《災祥》）

雨雹，平地深三尺，禾稼一空。（康熙《龍門縣志》卷二《災祥》）

大雨雹。（民國《陽原縣志》卷一六《前事》）

大雨雹，平地深三尺，禾稼一空。（康熙《西寧縣志》卷一《災祥》）

蝗。（康熙《永平府志》卷三《災祥》）

復雨雹，平地三尺，禾稼盡傷。（雍正《朔平府志》卷一一《外志》）

九月

漢江水復漲。（光緒《光化縣志》卷八《祥異》）

二十日，騰越大雨雹，害稼。（隆慶《雲南通志》卷一七《災祥》）

十月

戊戌，以水災免順天、河間、保定、永平等府及大同鎮稅粮有差。（《明世宗實錄》卷四七七，第 7981 頁）

辛丑，山東沂州地震。（《明世宗實錄》卷四七七，第 7982 頁）

甲辰，以旱災免直隸蘇、松等府稅粮，及改折（抱本作"折改"）運粮有差，仍行有司賑濟。（《明世宗實錄》卷四七七，第 7983 頁）

辛酉，以瑞雪及秋祥疊降，詔法司停今歲行刑。（《明世宗實錄》卷四七七，第 7987 頁）

十二月

辛丑，以冬深無雪。上親禱于內殿，遣公徐延德，侯顧寰，伯陳鏸，尚書吳鵬、顧可學、鄭曉各（抱本、廣本、閣本無"各"字）告宮（抱本作"各"）廟。是夕，雪。上悅，百官表賀。（《明世宗實錄》卷四七九，第 8007～8008 頁）

癸丑，以水災免山東金鄉、魚臺、單縣、曹縣稅粮有差。（《明世宗實錄》卷四七九，第 8011 頁）

是年

春，大饑。秋，大水，禾稼不登，民居衝潰。（光緒《新樂縣志》卷一《災祥》）

夏，大風拔木，毀官民廬舍。（民國《大名縣志》卷二六《祥異》）

夏，旱。（康熙《五河縣志》卷一《祥異》；光緒《五河縣志》卷一九《祥異》）

夏，大旱，蝗。冬，疫。（康熙《杞紀》卷五《繫年》）

大旱。（隆慶《寶應縣志》卷一〇《災祥》；康熙《全椒縣志》卷二《災祥》；乾隆《丹陽縣志》卷三《祥異》；道光《重修寶應縣志》卷九《災祥》；同治《湖州府志》卷四四《祥異》；同治《長興縣志》卷九《災祥》；光緒《歸安縣志》卷二七《祥異》；光緒《烏程縣志》卷二七《祥異》；民國《全椒縣志》卷一六《祥異》）

大旱，河水竭。（光緒《金壇縣志》卷一五《祥異》）

大水，軍民疫病。（民國《遼陽縣志·敘錄》）

旱，大荒大疫，死者二千人。（光緒《福安縣志》卷三七《祥異》；光緒《蘇州府志》卷一四三《祥異》）

旱。（萬曆《新修餘姚縣志》卷二三《機祥》；天啟《新修來安縣志》卷九《祥異》；光緒《永年縣志》卷一九《祥異》）

大水。（萬曆《辰州府志》卷一《災祥》；康熙《大城縣志》卷八《災祥》；康熙《良鄉縣志》卷七《災異》；康熙《景州志》卷四《災變》；道光《江陰縣志》卷八《祥異》；咸豐《固安縣志》卷一《輿地》；民國《景縣志》卷一四《故實》）

大旱，疫。（嘉靖《重修如皋縣志》卷六《災祥》；嘉慶《如皋縣志》卷二三《祥祲》）

大旱，河底生塵。（萬曆《重修鎮江府志》卷三四《祥異》；光緒《丹徒縣志》卷五八《祥異》；光緒《丹陽縣志》卷三〇《祥異》）

大旱，蝗蔽日，入人家，嚙人衣服。冬，疫。（嘉慶《莒州志》卷一五

《記事》)

大旱，減租稅。（光緒《雲南縣志》卷一《祥異》）

旱，民饑。（光緒《淮安府志》卷四〇《雜記》）

復大旱。（嘉慶《溧陽縣志》卷一六《雜類》）

秋，霪雨，大水壞田廬，禾稼不登。（同治《靈壽縣志》卷三《災祥》）

秋，旱荒異常。（民國《江陰縣續志》卷二六《雜識》）

秋，淫雨，大水，東山多崩墜。（雍正《定襄縣志》卷七《灾祥》）

春雨彌月，城週九百五十餘丈，而倒塌者六百五十餘丈。（康熙《新城縣志》卷二《城池》）

春，大旱。夏，大水。（萬曆《代州志書》卷二《水旱》）

春，旱。（乾隆《淄川縣志》卷三《災祥》）

春夏大水，疫。（崇禎《新城縣志》卷一一《災祥》）

夏，大旱。（隆慶《豐縣志》卷下《祥異》；民國《濰縣志稿》卷二《通紀》）

夏，大水，圩盡破。（萬曆《滁陽志》卷八《災祥》）

夏，大風拔木，毀廬舍。（乾隆《內黃縣志》卷六《編年》）

夏，大風拔木，毀官民廬舍，城樓坊表盡壓。（康熙《開州志》卷四《災祥》）

夏，大水。（康熙《長垣縣志》卷二《災異》；康熙《三水縣志》卷一《事紀》；嘉慶《三水縣志》卷一三《災祥》）

夏，大旱。冬，疫。（嘉慶《昌樂縣志》卷一《總紀》）

夏，大旱，大蝗飛蔽天日，順簷而下者如雨，齧人衣服。（萬曆《安邱縣志》卷一下《總紀》）

夏，旱，蝗蔽日，入屋齧人衣服。冬，疫。（康熙《莒州志》卷二《災異》）

夏，大風拔木，毀官民廬舍。（民國《大名縣志》卷二六《祥異》）

大水，淫雨二月。秋饑。（康熙《延慶州志》卷五《災祥》）

霪雨三月，壞屋傷禾。（康熙《懷柔縣新志》卷二《災祥》）

大饑。秋，復大水，禾稼不稔，民居衝潰。（康熙《新樂縣志》卷一九

《災祥》)

大水，決善來營堤。(康熙《文安縣志》卷八《事異》)

旱，饑。詔發帑賑濟貧民。(乾隆《涿州志》卷五《事蹟》)

大雨雹，屋瓦盡毀。(乾隆《新安縣志》卷七《機祥》)

旱，饑。(乾隆《汾陽縣志》卷一〇《事考》)

不雨。(康熙《平陸縣志》卷八《雜記》)

大水，軍民疫病。軍民疫死者無算，城垣傾圮。（民國《遼陽縣志·敘錄》)

河清。(順治《綏德州志》卷一《災祥》)

新泰旱，蝗。(乾隆《泰安府志》卷二九《祥異》)

河決曹縣，數百里禾稼一空。(光緒《曹縣志》卷一八《災祥》)

旱，歲大祲。米石一兩八錢。(光緒《寶山縣志》卷一四《祥異》)

洪水潰諸圩，洗民居。(順治《溧水縣志》卷一《邑紀》)

旱，白茆枯，井泉竭。(萬曆《常熟縣私志》卷四《敘產》)

(淮安縣) 旱，民饑。(乾隆《山陽縣志》卷一八《祥祲》)

旱，民饑。大疫，鴻臚寺序班夏誥具棺收瘞暴屍甚眾。(光緒《鹽城縣志》卷一七《祥異》)

旱，荒。(萬曆《和州志》卷八《祥異》)

泗州大旱。(萬曆《帝鄉紀略》卷六《災患》)

水災，城圮數十丈。(同治《興國縣志》卷三一《祥異》)

天久雨，城多圮。(康熙《同安縣志》卷一《城池》)

(霞浦縣) 是年大旱。(乾隆《福寧府志》卷四三《祥異》)

雷擊東門旗竿。(康熙《建寧縣志》卷一二《災異》)

時值旱亢，公率屬禱於山川，輒得雨，民得有秋。(康熙《衛輝府志》卷四《建置》)

黃河潰溢，禾盡潃。(乾隆《扶溝縣志》卷七《災祥》)

雹，大蝗傷禾稼。飢。(嘉靖《歸州志》卷四《災異》)

蛟復見於泮池。(乾隆《棗陽縣志》卷一七《災異》)

水漲入舊南門，山多崩塌。（同治《城步縣志》卷一〇《祥異》）

天雨雹，如鴨卵，手把之極冷，而氣升騰。（雍正《東莞縣志》卷一〇《祥異》）

大雹。（嘉靖《興寧縣志》卷六《災異》；康熙《長樂縣志》卷七《災祥》）

大水，山崩。（崇禎《肇慶府志》卷二《事紀》）

（雲南縣）大旱，减其租税。（隆慶《雲南通志》卷一七《災祥》）

全蜀荒旱，殍死無數。（同治《德陽縣志》卷四二《災祥》）

夏秋，大旱。（萬曆《泰興縣志》卷八《祥異》；萬曆《通州志》卷二《機祥》；光緒《通州直隸州志》卷末《祥異》）

夏秋，大旱，五穀不收。（道光《雙鳳里志》卷六《祥異》）

夏秋，水發，諸川盈溢，運河決流，禾稻盡空。民饑，溺死者相望于路。（康熙《香河縣志》卷一〇《災祥》）

秋，大水。（順治《沈丘縣志》卷一三《災祥》）

秋，不雨。（順治《固始縣志》卷九《菑異》）

秋，大水，下地禾稼多被淹没。（萬曆《靈壽縣志》卷九《災祥》）

秋，霪雨，大水，東山多崩墜。（雍正《定襄縣志》卷七《灾祥》）

冬，無冰。（民國《崇明縣志》卷一七《災異》）

三十八年、三十九年、四十三年餘姚旱。（乾隆《紹興府志》卷八〇《祥異》）

嘉靖三十九年（庚申，一五六〇）

正月

庚辰，陝西寧夏衛地震。（《明世宗實錄》卷四八〇，第8020頁）

庚寅，金星晝見三日。（《明世宗實錄》卷四八〇，第8021頁）

雪，後大霜，六安民屋瓦盡成花木鳥獸之形。（康熙《廬州府志》卷三《祥異》）

大旱，自正月至七月不雨，木皆枯死。（光緒《南樂縣志》卷七《祥異》）

大旱，自正月至七月，禾皆枯死。（康熙《南樂縣志》卷九《紀年》）

不雨，至於夏，螽蟓盈野，大無麥，旱。（順治《易水志》卷上《災異》；光緒《定興縣志》卷一九《災祥》）

不雨，至於夏，螽蟓盈野，大旱，無麥。（民國《新城縣志》卷二二《災禍》）

二月

己未，賑永平水災。（民國《盧龍縣志》卷二三《史事》）

雨雹如石。（康熙《撫州府志》卷一《災祥》；光緒《撫州府志》卷八四《祥異》）

二十三日，風霾竟日，道路匍匐以歸，親識相遇不能辨。春夏不雨。（乾隆《淄川縣志》卷三《災祥》）

雨，木冰。南昌府屬水，饑，靖安縣尤甚。免本府留存糧差。（康熙《南昌郡乘》卷五四《祥異》）

三月

至八月不雨，徧地蝗生，升粟至百八十錢，民採草木根葉而食，多餓死者。（同治《清河縣志》卷五《災異》；光緒《清河縣志》卷三《災異》）

不雨，蝗飛蔽天，大饑。（萬曆《廣宗縣志》卷八《雜志》）

雨雹，大如卵，屋瓦俱碎。（隆慶《臨江府志》卷六《農政》；康熙《新喻縣志》卷六《歲眚》）

南昌府屬水，饑，靖安尤甚。（道光《靖安縣志》卷一六《祥異》）

雨雹如石，苗種傷。（同治《崇仁縣志》卷一三《祥異》）

雨雹，大如卵，屋瓦俱碎。（康熙《新淦縣志》卷五《歲眚》）

四月

大水。（同治《宜城縣志》卷一〇《祥異》；光緒《光化縣志》卷八《祥異》）

大水。七月，復大水。（萬曆《襄陽府志》卷三三《災祥》）

春暮即夏四月不雨，至秋七月始雨。八月又不雨，至辛酉夏五月，民間大旱，無禾麥。老弱轉溝壑，壯者散四方。（嘉慶《邢臺縣志》卷一《水利附》）

五月

雨雹，傷禾。（同治《宜昌府志》卷一《祥異》；同治《續修東湖縣志》卷二《天文》；同治《長陽縣志》卷七《災祥》）

三尖山大雨雹。（光緒《光化縣志》卷八《祥異》）

不雨。（同治《江山縣志》卷一二《祥異》）

雨雹，大如桃李。嘉靖四十五年亦如之。（康熙《金華縣志》卷三《祥異》）

大雨雹。（民國《湯溪縣志》卷一《編年》）

不雨。六月，不雨，秋七月，雨。時苗方欲實，自五月終旬不雨至於六月，四境嗷嗷，老幼拜禱入城市。（嘉靖《衢州府志》卷一五《災異》）

夏五月、六月，俱不雨，秋後始雨。（天啟《江山縣志》卷八《災祥》）

郡中雨毛，狀如鵝翎、柳絮，颯颯而下，移時乃止。又雨雹，大風拔木飄瓦，海濱園瓜根荄盡拔。（乾隆《莆田縣志》卷三四《祥異》）

雨雹，大風飄瓦拔木。（乾隆《遷遊縣志》卷五二《祥異》）

雨雹，傷禾麥。（嘉靖《歸州志》卷四《災異》）

大水。夏，滛雨不止，山水内衝，江水外漲，洞庭氾濫如海，傷壞田廬無數。（嘉慶《巴陵縣志》卷二九《事紀》）

滛雨十日，大水。（康熙《臨湘縣志》卷一《祥異》）

大水，郡廬舍漂流甚多。（康熙《邵陽縣志》卷六《祥異》）

大水，漂没沿河民居。（同治《新化縣志》卷一一《政典》）

大水。（乾隆《瀘溪縣志》卷二二《祥異》；同治《沅陵縣志》卷三九《祥異》）

初夏，不雨。五月，大水傷禾稼，沿河衝決。（乾隆《崇陽縣志》卷一二《災祥》）

初五日，大水入城郭，民居多圮。（光緒《靖州直隸州志》卷一二《祥異》）

淫雨，城垣房屋多圮，壞店，民溺死者甚眾。（嘉慶《通道縣志》卷一〇《災异》）

至八月，蝗蝻螟負盤害稼。（乾隆《淄川縣志》卷三《災祥》）

六月

四日夜，星隕如雨，大旱，民流山東，死者過半。（雍正《阜城縣志》卷二一《祥異》）

蝗，旱，西南境尤甚。（民國《無極縣志》卷一八《大事表》）

不雨。（民國《衢縣志》卷一《五行》）

旱、蝗，縣之西南尤甚。（康熙《重修無極志》卷下《事紀》）

旱。（嘉靖《平涼府志·祥異》；乾隆《蒲臺縣志》卷四《災異》）

不雨。（康熙《新修壽昌縣志》卷九《雜志》）

不雨，至八月雨。（康熙《龍游縣志》卷一二《雜識》）

水，浸至冬。（嘉靖《進賢縣志》卷一《災祥》）

至十月不雨，蝗飛蔽天，流移載道，死者相望。（乾隆《柏鄉縣志》卷一〇《祥異》）

七月

己巳，以久旱，上親禱雨於宮中，命有司停刑禁屠。（《明世宗實錄》卷四八六，第8099頁）

丙戌，雨。群臣上表稱賀。（《明世宗實錄》卷四八六，第 8103 頁）

江水溢漂民居，傷禾，至秋大饑。（同治《宜昌府志》卷一《祥異》）

復大水。（同治《宜城縣志》卷一〇《祥異》）

大水，禾苗淊没，官民舍宇牆垣傾圮。冬，雷。（光緒《武昌縣志》卷一〇《祥異》）

江水漲至三山門，秦淮民居有深數尺者。冬，大雪，禽鳥多凍死，大冰如花。（同治《上江兩縣志》卷二下《大事下》）

江水漲至三山門，秦淮民居有深數尺者，至九月始退。冬，大雪，禽鳥戢翼凍死，大冰如花。（道光《上元縣志》卷一《庶徵》）

大旱，蝗至。（民國《續修昔陽縣志》卷一《祥異》）

雨。（民國《衢縣志》卷一《五行》）

飛蝗蔽天，日為之不明，禾稼殆盡。（康熙《懷柔縣新志》卷二《災祥》）

大旱，蝗。至四十年五月方雨，民饑，人相食。（乾隆《樂平縣志》卷二《祥異》；乾隆《平定州志》卷二《機祥》）

（左權縣）大旱，兼蝗虫。（萬曆《山西通志》卷二六《災祥》）

青州蛹來自西北，所過田禾一空，遍滿廬舍。（康熙《青州府志》卷二一《災祥》）

江水漲至三山門，秦淮民居有深數尺者，至九月始退，漫及六合、高淳。冬大雪，禽鳥戢翼凍死，木冰如花。（萬曆《應天府志》卷三《郡紀下》）

天目發洪水，臨安、於潛、新城大水，杭州災傷。（乾隆《杭州府志》卷五六《祥異》）

天目山發洪，水災。（光緒《烏程縣志》卷二七《祥異》）

大雷雨，東門外湖邊有大木倒已六年，一夕復植立。（民國《臨海縣志稿》卷四一《祥異》）

月初，大水浸城，東西二郭外船渡兩月餘，九月始涸。城牆南傾百餘丈。（順治《廬江縣志》卷一〇《災祥》）

大水。（乾隆《江夏縣志》卷一五《祥異》；光緒《荆州府志》卷七六《災異》）

荆州大水，寸金隄潰，水至城下，高近二丈，六門築土填塞，凡一月退。（光緒《江陵縣志》卷六一《祥異》）

大水，夜驟至黄井村，居民有全家漂没者。（乾隆《南靖縣志》卷八《祥異》）

江泛，大水異常，沿江民舍禾稼漂没殆盡。（嘉靖《歸州志》卷四《災異》）

廬江、巢縣大水。（康熙《廬州府志》卷三《祥異》）

初十日，霖雨，至二十日始霽。（乾隆《淄川縣志》卷三《災祥》）

八月

戊申，夜望，月食。（《明世宗實録》卷四八七，第8111頁）

十三都毛氏雨血。（崇禎《太倉州志》卷一五《災祥》）

大水。（嘉慶《龍陽縣志》卷三《事紀》）

大旱。（康熙《長樂縣志》卷七《災祥》；雍正《歸善縣志》卷二《事紀》；光緒《惠州府志》卷一七《郡事》）

不雨，至明年春三月乃雨。（咸豐《興甯縣志》卷一二《外志》）

九月

庚午，以旱蝗免順天、永平、保定、河澗（抱本作“間”）四府税粮有差。（《明世宗實録》卷四八八，第8122頁）

丙子，以旱災免山西太原等府縣税粮有差。（《明世宗實録》卷四八八，第8124頁）

戊寅，以水災、蝗蝻免南京錦衣衛并直隸建陽、泗州等衛所屯粮有差。（《明世宗實録》卷四八八，第8125頁）

丁亥，大風揚塵四塞。（《明世宗實録》卷四八八，第8127頁）

戊子，夜，月掩軒轅左角星。（《明世宗實録》卷四八八，第8127頁）

壬辰，以水灾免湖廣承天、荊州、岳州、衡州、武昌等府所屬州縣，顯陵、沔陽等衛所屯粮各有差。以旱蝗免山東濟南等府稅有差，灾八分以上者減派臨德二倉米，每石二錢。（《明世宗實錄》卷四八八，第 8130 頁）

連日雷震雨雹。歲乃不登。（乾隆《淄川縣志》卷三《災祥》）

夏，旱。秋九月，江水溢，入臨川門，經旬始退。（康熙《宜都縣志》卷一一《災祥》）

十月

癸巳朔，以旱災免陝西延安、慶陽二府所屬州縣并衛所稅粮有差。（《明世宗實錄》卷四八九，第 8133 頁）

初一日，大雷。（順治《攸縣志》卷三《災祥》）

庚申，以水旱蝗蝻免河南彰德、衛輝、懷慶、歸德四府州縣并衛所屯田稅粮各有差。（《明世宗實錄》卷四八九，第 8147 頁）

壬戌，貴州大霜，凝結如花草。（《國榷》卷六三，第 3950 頁）

仁懷大霜，凝結如花草。（道光《遵義府志》卷二一《祥異》）

十一月

丙子，以旱災免陝西、西安二府稅粮有差。（《明世宗實錄》卷四九〇，第 8152 頁）

己卯，以入冬無雪，上親禱于雷宮。（《明世宗實錄》卷四九〇，第 8153 頁）

十二月

丁酉，上以雪未應祈，遣成國公朱希忠、駙馬都尉謝詔、英國公張溶、鎮遠侯顧寰祭告玄極寶殿、宗廟、太社稷、帝社稷，定國公徐延德等補告各宮廟。（《明世宗實錄》卷四九一，第 8167 頁）

甲寅，曉刻，火星犯鈎鈐大星。（《明世宗實錄》卷四九一，第 8173 頁）

丙辰，大雪應祈，羣臣上表賀。大風揚塵四塞。（《明世宗實録》卷四九一，第 8174 頁）

郡城大雪，樹木結冰，彌月不解，即《春秋》所謂"雨，木冰"，《漢書·五行志》亦曰"樹介"。（同治《贛縣志》卷五三《祥異》）

永平甘露降。（光緒《永昌府志》卷三《祥異》）

雷電大作。（康熙《歸安縣志》卷六《災祥》；乾隆《烏程縣志》卷一六《雜記》；同治《湖州府志》卷四四《祥異》）

雨雪，凍折巨木，民多饑死。次正雨雪甚，又饑。（崇禎《開化縣志》卷六《雜志》；乾隆《開化縣志》卷五《祥異》）

大雪（疑當作"雷"）電。（康熙《桐鄉縣志》卷二《災祥》）

雷電。（乾隆《安吉州志》卷一六《雜記》）

境内冰紋儼如花樹。（順治《曲周縣志》卷二《災祥》）

是年

春，歸化大雨雹，田鼠食禾殆盡。（乾隆《汀州府志》卷四五《祥異》）

春，大水。（民國《萬載縣志》卷一《祥異》）

春，潦。秋，旱，飛蝗蔽天，大饑。（康熙《撫寧縣志》卷一《災祥》；光緒《撫寧縣志》卷三《前事》）

春，伊洛泛溢害稼。（乾隆《洛陽縣志》卷一〇《祥異》）

春夏，旱。（雍正《定襄縣志》卷七《灾祥》）

夏，大旱，秋，蝗，民大饑。（乾隆《雞澤縣志》卷一八《災祥》）

夏，旱蝗，民大饑，路死相枕藉。（同治《靈壽縣志》卷三《災祥》）

大水。（萬曆《泰興縣志》卷八《祥異》；萬曆《銅陵縣志》卷一〇《祥異》；萬曆《江浦縣志》卷一《縣紀》；萬曆《池州府志》卷七《祥異》；萬曆《南陽府志》卷二《災祥》；天啟《荆門州志》卷六《祥異》；順治《含山縣志》卷四《祥異》；康熙《安陸府志》卷一《郡紀》；康熙《瀏陽縣志》卷九《災異》；乾隆《无为州志》卷二《灾祥》；乾隆《澧志舉要》卷一《大事記》；乾隆《銅陵縣志》卷一三《祥異》；道光《衡山縣志》卷五三《祥異》；同治《續修永定縣志》卷一〇《祥異》；光緒《盱眙縣志稿》卷一四《祥祲》；光緒《金壇縣志》卷一五《祥異》）

旱饑，巡撫翁大立賑穀。（民國《歙縣志》卷三《振濟》）

詔採珠，次年，颶風。（道光《遂溪縣志》卷二《紀事》）

旱蝗。（民國《任縣志》卷七《紀事》；民國《霸縣新志》卷六《灾異》）

大旱，自正月至七月不雨，草木皆死。（民國《大名縣志》卷二六《祥異》）

大旱。（萬曆《新修館陶縣志》卷三《災祥》；雍正《館陶縣志》卷一二《災祥》；光緒《壽陽縣志》卷一三《祥異》；光緒《永年縣志》卷一九《祥異》；民國《福山縣志稿》卷八《災祥》）

旱。（萬曆《新修餘姚縣志》卷二三《機祥》；民國《成安縣志》卷一五《故事》）

夏秋大雨，高下盡没，歲大祲。（光緒《潛江縣志續》卷二《災祥》）

沙堤舖決。（同治《公安縣志》卷三《祥異》）

大水，舟入市。八月至冬，乃退。（康熙《孝感縣志》卷一四《祥異》；康熙《鼎修德安府全志》卷二《災異》；光緒《孝感縣志》卷七《災祥》）

霪雨，自六月迄重陽。（光緒《靖江縣志》卷八《祲祥》）

水。（康熙《餘干縣志》卷三《災祥》；乾隆《蘄水縣志》卷一四《祥異》；同治《餘干縣志》卷二〇《祥異》）

大旱，民轉徙。（民國《臨清縣志·大事記》）

大旱，無麥穀。（民國《德縣志》卷二《紀事》）

蝗，傷禾稼。（民國《東平縣志》卷一六《災祲》）

旱，有蝗。（道光《東阿縣志》卷二三《祥異》）

大旱，麥穀俱盡。（萬曆《平原縣志》卷上《災祥》；乾隆《平原縣志》卷九《災祥》）

大旱，飛蝗蔽天。（光緒《壽張縣志》卷一〇《雜事》）

荒旱。（雍正《沁源縣志》卷九《災祥》；民國《沁源縣志》卷六《大事考》）

大水，人民漂没，田地成溪者難以數計。（同治《孝豐縣志》卷八《災歉》）

瀏陽、益陽大水。（乾隆《長沙府志》卷三七《災祥》）

大雨雹。（民國《湯溪縣志》卷一《編年》）

秋，大旱，民轉徙。（乾隆《夏津縣志》卷九《災祥》；民國《夏津縣志續編》卷一〇《災祥》）

秋，殞霜三日，自固原至涇，殺禾。（乾隆《涇州志》卷下《祥異》）

冬，南京大雪，鳥多凍死，木冰如花。（光緒《金陵通紀》卷一〇中）

冬，大雪，樹介，禽鳥多凍死。（嘉慶《溧陽縣志》卷一六《雜類》）

冬，樹冰，竹木壓折甚眾。（康熙《寧國府志》卷三《祥異》；嘉慶《寧國府志》卷一《祥異附》）

春，饑。秋，蝗。（康熙《永平府志》卷三《災祥》）

春，潦。秋，旱，蝗。（康熙《遵化州志》卷二《災異》）

春，澇。秋，旱，飛蝗蔽空，害稼。大饑，人食野草。（隆慶《豐潤縣志》卷二《事紀》）

春，雨水。（康熙《萬載縣志》卷一二《災祥》）

春，本府雹雨傷稼。（崇禎《瑞州府志》卷二四《祥異》）

春，旱，歷夏秋猶不雨。（順治《衛輝府志》卷四《建置》）

春，蝗。夏，旱。秋，飛蝗蔽天。（天啟《新泰縣志》卷八《祥異》）

春，大旱。秋，大蝗。（康熙《博平縣志》卷一《機祥》）

灤州春夏不雨。（乾隆《永平府志》卷三《祥異》）

春夏，旱，蝗，野無青草，民多流亡。（乾隆《饒陽縣志》卷下《事紀》）

春夏，旱。八月初四日，夜，星辰散落如雨，詰朝蝗從東方飛來，遮緊天日，食盡禾稼，人多窖蝗充食。（雍正《定襄縣志》卷七《灾祥》）

自春至夏不雨，五穀不及布種。大饑，民間鬻賣男女，價止百錢，有夫

棄其婦、父棄其子者。（雍正《深州志》卷七《事紀》）

自春經夏不雨，大無秋禾。（順治《曲周縣志》卷二《災祥》）

夏，大旱。秋，蝗。民大饑。（乾隆《雞澤縣志》卷一八《災祥》）

夏，大旱，蓬萊為甚。秋淫雨，水溢。（順治《登州府志》卷一《災祥》）

夏，大旱。（民國《萊陽縣志》卷首《大事記》）

夏，大水，衝陷南城，知縣楊貢復城垣，創建譙樓。（道光《辰溪縣志》卷一《城池》）

夏，大雨水，連雨五旬，田禾皆沒，民得秋者僅三之一。（康熙《開平縣志·事紀》）

夏，大雨水，大雨五日，田皆沒，秋苗得蒔者僅三之一。秋，大旱。冬，竹實。（道光《高要縣志》卷一〇《前事畧》）

夏，旱。秋，潦，無秋，饑。（嘉靖《歸州志》卷四《災異》）

夏，長沙、湘潭、湘陰大水，沒城郭。（崇禎《長沙府志》卷七《祥異》）

夏，旱。秋，蝗蝻生。（康熙《陽武縣志》卷八《災祥》）

夏，旱，禾盡槁。（傅汝礪）率寮屬徒步詣郡西白龍潭懇禱，旋靈雨沾足，歲獲大豐。（乾隆《彰德府志》卷一四《宦跡》）

夏，大旱，蝗蝻蔽野，禾稼不登，人相食，父老驚駭，以為凶荒未見有至此極者。（嘉靖《靈壽縣志》卷九《災祥》）

夏，蝗。（康熙《大城縣志》卷八《災祥》）

夏，蝗蝻遍野，禾穗盡食無遺。（康熙《文安縣志》卷八《事異》）

夏，大蝗，飛蝗蔽天，禾穗盡食。（萬曆《任丘志集》卷八《祥異》）

夏，大雨，自六月至重陽。（嘉靖《靖江縣志》卷四《編年》）

大水。（康熙《良鄉縣志》卷七《災異》）

飛蝗蔽天，日為之不明，禾稼殆盡。（康熙《懷柔縣新志》卷二《災祥》）

蝗，大饑。振民災。（民國《順義縣志》卷一六《雜事記》）

蝗，食麥禾殆盡。（乾隆《寶坻縣志》卷一四《機祥》；光緒《寧河縣志》卷一六《機祥》）

縣境大旱，旱地皆赤，蝗蝻又生，園地禾苗亦被其害，穀價騰踊，道殣相望，村民率扶老攜幼流徙河南界乞食，戶口多空，殣餓死之尺也。（民國《晉縣鄉土志》第六章《戶口》）

趙州諸縣大旱、蝗飛蔽天，流移載道。（隆慶《趙州志》卷九《災祥》）

大旱，蝗飛蔽天，流移載道，人多相食。（康熙《贊皇縣志》卷九《祥異》）

旱，飛蝗積地。（康熙《玉田縣志》卷八《祥眚》）

蝗蝻自南來，如水流，越城北行，碍人馬不能行，坑塹皆盈，禾草俱盡。是年，斗米銀二錢五分。（康熙《三河縣志》卷上《災異》）

旱，蝗。（康熙《霸州志》卷一〇《災異》；康熙《平鄉縣志》卷三《前朝》；嘉慶《邢臺縣志》卷九《災祥》）

蝗蝻遍地，殘稼。民大饑，至相食。（民國《清苑縣志》卷六《災祥》）

蝗蝻遍地，殘禾。民大饑，有父子相食者。（康熙《安州志》卷八《祥異》）

蝗，民大饑。（崇禎《蠡縣志》卷八八《祥異》；雍正《高陽縣志》卷六《機祥》）

雨雹。（萬曆《雄乘·災異》）

大蝗，顆粒無遺，至有父子相食者。（雍正《直隸完縣志》卷一〇《災異》）

蝗蝻遍地，禾稼盡為所食。民大饑。（乾隆《滿城縣志》卷八《機祥》）

蝗蔽天，禾穗殆盡。（萬曆《河間府志》卷四《祥異》；乾隆《肅寧縣志》卷一《祥異》）

大旱，居民出境求食。（民國《滄縣志》卷一六《大事年表》）

飛蝗蔽天，食禾殆盡。（光緒《吴橋縣志》卷一〇《雜記》）

大旱，居民流移山東等處求食。（光緒《東光縣志》卷一一《祥異》）

旱，飛蝗蔽天，食禾盡。（民國《獻縣志》卷一九《故實》）

大旱，斗米銀二錢。邑人皆拆房屋，鬻男女易粟為命，就食轉徙河南、山東，就食道路。（乾隆《衡水縣志》卷一一《事紀》）

大旱，居民流移山東等處就食，死者過半。（康熙《重修阜志》卷下《祥異》）

歲無雨，四境赤地，井底涸，寸草不生。民間於三十二年房地器物典賣已盡，故饑死者尤衆，民相食，間有自食其妻子者。（康熙《武强縣新志》卷七《災祥》）

旱，百姓流殍。（同治《武邑縣志》卷一〇《雜事》）

曲周、雞澤、成安、清河旱，蝗，民大饑。（乾隆《廣平府志》卷二二《祥災》）

旱，大蝗。詔賑饑。（康熙《成安縣志》卷四《總紀》）

大旱，蝗飛蔽天，斗粟銀三錢。（光緒《唐山縣志》卷三《祥異》）

旱，蝗。民大飢。（隆慶《任縣志》卷七《祥異》）

飛蝗蔽天，歲大飢，民流移沛。（萬曆《臨城縣志》卷七《事紀》）

風霾作孽，蝗飛蔽天。歲大饑，民食草根樹皮，或剥殍肉，或呻吟氣尚未絕而操刀剥之者，流離四方不可勝紀。（崇禎《内邱縣志》卷六《變紀》）

旱，自春抵秋。米價騰踊。（康熙《陽曲縣志》卷一四《碑記》）

大旱，至四十年春。斗粟價銀五錢，人民逃竄，饑死大半。（康熙《徐溝縣志》卷三《祥異》）

大旱，無秋。人相食，多浮腫尣。（萬曆《榆次縣志》卷八《災祥》）

旱，洊饑。人相食。（民國《太谷縣志》卷一《年紀》）

大旱，蝗，四十年五月方雨，民饑，人相食。（光緒《壽陽縣志》卷一三《祥異》）

州及沁源大旱，民大饑。（乾隆《沁州志》卷九《災異》）

異霧見，城西武亭河崖穴中出白霧，俄然結成人馬形，有乘馬者，有步行者，宛然如生。（康熙《永壽縣志》卷六《災祥》）

蚜蚄食麥，不實。（嘉靖《平涼府志》卷一一《祥異》）

大旱，麥谷全無。饑，人相食。（康熙《德州志》卷一〇《紀事》）

旱，蝗，大無禾。（崇禎《新城縣志》卷一一《災祥》）

大水，河泛至城。（萬曆《即墨志》卷九《祥異》）

螟蝗遍野，田禾殆盡。（康熙《東平州志》卷六《災祥》）

大水，潰諸圩，民皆竄。冬樹冰。（康熙《高淳縣志》卷二〇《祥異》）

積雨浸霪，蘇郡郭外皆成渺瀰，關署不浸者僅尺許。（康熙《滸墅關志》卷一六《街堤》）

泗州、盱眙蝗。（萬曆《帝鄉紀略》卷六《災居》）

天目山發洪水，臨安大水災傷。（民國《臨安縣志補》卷五《祥異》）

大水，人民漂没，田地成溪，難以數計。（康熙《孝豐縣志》卷七《災祥》）

颶風暴作，殿堂祠廡復大壞。（嘉靖《象山縣志》卷六《學校》）

大水，城四門俱行舟。次年，大水如前。（康熙《巢縣志》卷四《祥異》）

大水異常。（萬曆《和州志》卷八《祥異》）

大蝗。（嘉靖《亳州志》卷一《郡代紀》）

大水，（圩堤）壞者十三。（乾隆《廣德州志》卷四四《碑記》）

旱，饑。巡撫翁大立賑穀。（民國《歙縣志》卷三《邮政》）

旱，饑。巡撫都御史翁大立賑。（康熙《休寧縣志》卷三《邮政》）

雨，木冰。（嘉靖《豐乘》卷一《邑紀》；崇禎《瑞州府志》卷二四《祥異》）

雨雹，大風折木，損禾。（順治《沈丘縣志》卷一三《災祥》）

水，舟入市。（同治《黃陂縣志》卷一《祥異》）

漢水大溢，鍾京紅廟一帶堤盡決，漢川苦墊溺。七年相仍。（同治《漢

川縣志》卷一四《祥祲》)

大水，禾苗淹没，官民舍宇垣牆傾圮。冬雷。（康熙《武昌縣志》卷七《災異》)

枝江、松滋、公安、石首堤凡五萬四千餘丈，洪水決堤數十處。（同治《石首縣志》卷一《堤防》)

大水，人畜多溺死。（乾隆《鍾祥縣志》卷一《祥異》)

諸垸隄半決，而支河多塞，民甚苦之。（康熙《潛江縣志》卷一〇《河防》)

江水漲，泛濫河夾州，朝英口決。（康熙《松滋縣志》卷六《水利》)

大水灌城，民舍盡没。（同治《枝江縣志》卷二〇《災異》)

大水。五月，大雨雹于三尖山。（萬曆《襄陽府志》卷三三《災祥》)

霪雨。岳州雨十日，大水。（隆慶《岳州府志》卷八《機祥》)

大水没城郭。（崇禎《長沙府志》卷七《祥異》)

潦，十都民獲一浮屋，聞呻吟聲，啟視之，有美婦據梁上，中浮四笥。詢之，乃荊州某生妻也，合卺甫四月，生入市，家忽被水，漂滅至此，不食已數日矣。（民國《華容縣志》卷一五《志餘》)

大水，九水交浸，死屍逐波。（康熙《安鄉縣志》卷二《災祥》)

大水害稼。（同治《益陽縣志》卷二五《祥異》)

大雨以風，羅浮山崩凡三十餘所。（光緒《惠州府志》卷一七《郡事》)

大水至文廟門。（乾隆《屏山縣志》卷八《輯軼》)

（永勝縣）大水。（隆慶《雲南通志》卷一七《災祥》)

大水，城圮。（嘉靖《洪雅縣志》卷二《建設》)

秋，大旱。（萬曆《南海縣志》卷三《災祥》；康熙《三水縣志》卷一《事紀》；康熙《平樂縣志》卷六《災祥》；嘉慶《永安州志》卷四《祥異》；嘉慶《廣西通志》卷一九八《前事》；嘉慶《三水縣志》卷一三《災祥》；同治《蒼梧縣志》卷一七《記事》；民國《來賓縣志》下篇《機祥》；民國《龍山鄉志》卷二《災祥》)

秋，有蝗。黑眚見。（康熙《定州志》卷五《事紀》）

秋，大水傷稼。（萬曆《黃岡縣志》卷一〇《災祥》）

秋，霪雨洪漲，衝擊橋頹。（雍正《泰順縣志》卷九《祥異》）

秋，蝗蝻生。（隆慶《豐縣志》卷下《祥異》）

秋，蝗生，平地厚寸許，禾稼樹葉俱為一空，入人戶榻，衣服圖籍多殘□焉。（萬曆《汶上縣志》卷七《災祥》）

江漲，冬，大雪。（萬曆《六合縣志》卷二《災祥》）

冬，大雪，樹介，禽鳥多凍死。（隆慶《溧陽縣志》卷一六《瑞異》）

冬，大霜，凝結如花草。（康熙《貴州通志》卷二九《災祥》）

三十九年、四十年大水。（光緒《盱眙縣志稿》卷一四《祥祲》）

三十九年至四十一年，歲大歉，百姓逃竄，在者食樹皮草根，雞彘絕于途，人皆相食，死屍枕藉于路，郊外童男女棄置不顧。（萬曆《太谷縣志》卷八《災異》）

嘉靖四十年（辛酉，一五六一）

正月

戊辰，山西平虜、陽和二衛地震。（《明世宗實錄》卷四九二，第8178頁）

大雪，至於三月，民大饑，殍相枕于道。冬，地震。（光緒《潛江縣志續》卷二《災祥》）

至四月，大旱，有火墜城，化入池。（光緒《光化縣志》卷八《祥異》）

雪雷。（同治《湖州府志》卷四四《祥異》）

雪雷，大水，無禾。（光緒《歸安縣志》卷二七《祥異》）

雷雪。是年，大水無禾。（康熙《德清縣志》卷一〇《災祥》）

雪雷。春夏陰雨，無五日開霽，每雨連日，夜輒先大風雷。（崇禎《吳

縣志》卷一一《祥異》）

雪雷，大水，無禾。疏聞。（崇禎《烏程縣志》卷四《災異》）

春大雪，自正月十八至二月終止。三月，又雪。（康熙《五河縣志》卷一《祥異》）

正月、二月，大雪。（康熙《桐廬縣志》卷四《災異》）

潛江大雪，至于三月。民大饑。冬，地震。（康熙《安陸府志》卷一《郡紀》）

二月

辛卯朔，日食。是日微陰，欽天監官言日食不見。（《明世宗實錄》卷四九三，第8183頁）

己酉，大風揚塵，晝晦。（《明世宗實錄》卷四九三，第8189頁）

丁巳，上諭閣臣曰："今日又大風止，及旬日不可不為慮，昨兵部對言，各邊皆有備，無足為念。"（《明世宗實錄》卷四九三，第8193頁）

朔，日食，大水。（乾隆《銅陵縣志》卷一三《祥異》）

三月

乙亥，以久旱命順天府官禱雨。（《明世宗實錄》卷四九四，第8199頁）

丙子，金星晝見，至二（抱本作"一"）十四日而没。（《明世宗實錄》卷四九四，第8200頁）

甲申，雨，羣臣疏賀。（《明世宗實錄》卷四九四，第8200頁）

又雨雪。（光緒《五河縣志》卷一九《祥異》）

雨土。（乾隆《夏津縣志》卷九《災祥》）

黑風，自西北起，自巳迄未始息。（萬曆《棗强縣志》卷一《災祥》）

七日，雷震，擊碎城西門樓吻獸。（順治《定陶縣志》卷七《雜稽》）

大雨雪。（光緒《江西通志》卷九八《祥異》）

雨雹。（光緒《四會縣志》編一〇《災祥》）

大雨雹，大者如鷄子，小者如桃李。（嘉靖《豐乘》卷一《邑紀》）

數雨土。（康熙《臨清州志》卷三《祥異》）

四月

癸巳，大風雨，黃土，晝晦。上諭禮部曰："旱暵復作，風霾竟夕，其如修省例，分命成國公朱希忠等祭告郊廟、社稷、神祇，齋戒三日，仍行順天府督率僚屬，竭誠禱雨。"（《明世宗實録》卷四九五，第8206~8207頁）

大旱，饑。雷電震北郊刳土，深廣丈許。（宣統《高要縣志》卷二五《紀事》）

大旱，饑。震北郊，雷電交作於教場刳土，深闊丈許。（道光《高要縣志》卷一〇《前事署》）

大雨，十月方霽，歲大侵〔祲〕。（萬曆《嘉定縣志》卷一七《祥異》）

上饒大雹殺菽粟，傷牛馬無算。（同治《廣信府志》卷一《星野》）

風霾，咫尺不辨。（康熙《肥城縣志》卷下《災祥》）

六日，晝晦，赤光南下如電。（民國《夏津縣志續編》卷一〇《災祥》）

六日，未時，有風自西北來，晝晦如夜，既而紅如火。（宣統《恩縣志》卷一〇《災祥》）

六日，晝晦。（康熙《臨清州志》卷三《祥異》）

七日，雨雹。（崇禎《嘉興府志》卷一六《災祥》）

七日，雨雹大如拳，麥盡損，至破廬舍，澉浦尤甚。秋冬大雨水，禾不能刈，爛田中，米薪踊貴。（天啟《海鹽縣圖經》卷一六《雜識》）

大雹，傷菽粟、牛馬甚多。（康熙《上饒縣志》卷一一《祥異》）

雨雹，大如雞卵。（萬曆《杞乘》卷二《今總紀》）

十九日，風雷大作，雨雹，大如鷄卵。（民國《中牟縣志·祥異》）

雹。（康熙《陽武縣志》卷八《災祥》）

大雨雹。（乾隆《偃師縣志》卷二《災異》）

洚水暴漲，濁浪排空，（嘉熙）橋終不勝，塌焉崩頽。（嘉慶《臨桂縣

志》卷一六《關梁》)

雨雹。(嘉慶《崇安縣志》卷一〇《災祥》)

春，雨雪不止。四、五月，霪雨，江湖漲溢，禾苗盡淪，郭門外一白無際，老幼避水，入城者多餓死。(光緒《崑新兩縣續修合志》卷五一《祥異》)

月初雨，至閏五月，苗種淹没，田成巨浸，民大饑。(光緒《嘉善縣志》卷三四《祥眚》)

四、五月，大雨水，苗種淹没。自秋徂冬不止，田成巨浸，草無寸莖，米踊貴，饑寒死者相望于道。(萬曆《錢塘縣志·災祥》)

四、五月，大雨水，苗種淹没。(乾隆《杭州府志》卷五六《祥異》)

大雨，十月方霽。歲大侵〔祲〕。(萬曆《嘉定縣志》卷一七《祥異》)

五月

丁丑，御史唐繼禄以旱霾為災，條上修省十事：一，撫綏流民；二，捍禦邊境；三，亟銷驕縱；四，經畫賦歛；五，痛抑侈靡，六，調停催科；七，權宜賑恤；八，裁革納級；九，量免入覲；十，黜罰奸庸。(《明世宗實錄》卷四九六，第8224頁)

乙丑，湖州大雨水，無禾。(《國榷》卷六三，第3959頁)

大雨徹晝夜，平地水丈餘。秋，大水，田禾淪没殆盡，歲饑。(乾隆《婁縣志》卷一五《祥異》)

風潮。九月，復風潮。(咸豐《靖江縣志稿》卷二《祲祥》；光緒《靖江縣志》卷八《祲祥》)

見日光相盪。(光緒《撫州府志》卷八四《祥異》)

方雨，民饑，人相食。(民國《續修昔陽縣志》卷一《祥異》)

恒雨。(光緒《石門縣志》卷一一《祥異》)

大雨徹晝夜不息，平地水深丈餘。至秋水益潦，田禾淪没殆盡。塘橋居民富守禮家忽雷震異常，門首一漁舟為雷神攝置屋上。至壬戌，復大饑。(崇禎《松江府志》卷四七《災異》)

大雨十日。歲大祲。蠲租。（嘉慶《淞南志》卷二《災祥》）

大水。（嘉慶《績溪縣志》卷一二《祥異》；民國《湯溪縣志》卷一《編年》；民國《英山縣志》卷一四《祥異》；民國《遂安縣志》卷九《災異》）

晦，日赤，虹亙天，赤虹二道自西北直貫東南。（萬曆《廣東通志》卷六《事紀》；萬曆《南海縣志》卷三《災祥》）

晦，赤虹二道自西北直貫東南。（道光《佛岡直隸軍民廳志》卷三《庶徵》）

晦，赤虹貫天。（雍正《平樂府志》卷一四《祥異》；嘉慶《永安州志》卷四《祥異》）

初旬雨。秋穫。（康熙《平山縣志》卷一《事紀》）

夏五、六月，霪雨不止，河湖四溢，禾麥皆没，居民多蕩析遷徙。（光緒《五河縣志》卷一九《祥異》）

恒雨，五月初旬至九月終止，水溢淹禾，民廬多没。歲大饑。（道光《石門縣志》卷二三《祥異》）

風潮，五月、九月兩度。（嘉靖《靖江縣志》卷四《編年》）

閏五月

庚寅，朔，山東萊州府地震。（《明世宗實錄》卷四九七，第8231頁）

丁巳，河南歸德府地震。（《明世宗實錄》卷四九七，第8242頁）

十六日，大水。（乾隆《開化縣志》卷五《祥異》）

（蘇州）時水勢更大於正德五年。冬十月未退，田禾全没。（崇禎《横谿錄》卷五《水患》）

大水。（萬曆《龍游縣志》卷一○《雜識》）

十四日，雷雨傾注，胥口發蛟。（崇禎《吳縣志》卷一一《祥異》）

十六日大水，視十八年尤甚。府大賑，民稍安。次年大饑，斗米一錢五分。（崇禎《開化縣志》卷六《雜志》）

十六日大水，是日蟄龍出，開化諸山，陰崖迸裂，洶湧蔽天，卒時驟

水，莫能防禦，其患慘不忍言。合郡饑溺，視十八年尤甚。（嘉靖《衢州府志》卷一五《災異》）

合肥、舒城、廬江大水，壞民居，自是圩田淹没，民多逃亡。（康熙《廬州府志》卷三《祥異》）

大水暴溢，壞民田廬，禾稼盡傷。（萬曆《舒城縣志》卷一〇《祥異》）

至十月，霪雨不息，大水壞田禾，流離載道，餓莩相枕籍。水勢較正德庚午更漲五寸。（崇禎《嘉興府志》卷一六《災祥》）

至十月，湖州霪雨不息，平地水高數尺，禾沈水底，大饑。（同治《長興縣志》卷九《災祥》）

夏閏五月（疑脱"至"字）十月二日始雨，無麥苗。（萬曆《蒲臺縣志》卷七《災異》）

至十月，嘉、湖霪雨不息，平地水高數尺，禾沉水底。大饑。高滽壩決，五堰之水下注，太湖橫溢，六郡皆灾。（同治《湖州府志》卷四四《祥異》）

霪雨，大水，至十一月，民大饑。（萬曆《秀水縣志》卷一〇《祥異》）

六月

壬申，山西太原、大同等府，陝西榆林、寧夏、固原等處各地震有聲，寧、固尤甚，城垣、墩臺、房屋皆搖塌，地裂湧出黑黄沙水，壓死軍人無算，壞廣武、紅寺等城。（《明世宗實録》卷四九八，第 8244～8245 頁）

壬申，蘭州、莊浪天鼓鳴。（《明世宗實録》卷四九八，第 8245 頁）

癸酉，夜望，月食。（《明世宗實録》卷四九八，第 8245 頁）

地震，大雨雹。（乾隆《偃師縣志》卷二九《祥異》）

不雨，蝗蝻隨生，食稼殆盡，米價昂貴，人食草根樹皮。（光緒《撫寧縣志》卷三《前事》）

不雨，蝗蝻隨生，食稼殆盡，斗米二錢，人食草根樹皮。（康熙《撫寧縣志》卷一《災祥》）

二日，虹晝夜見，日色暈黃，雨至二十八日不輟。（崇禎《吳縣志》卷一一《祥異》）

不雨，蝻隨生，積地數寸，綿亙百里，傷稼殆盡。（隆慶《豐潤縣志》卷二《事紀》）

六日，雨，穀黍未種而生，大熟。（康熙《五臺縣志》卷八《祥異附》）

十日將暮，忽大風，履豐里大槐樹合抱者拔起，深二丈，雨從門隙中灑入東壁，或曰颶母，或曰龍運。（嘉慶《方泰志》卷三《雜綴》）

東南隅有雲氣，列城市、宮殿，狀甚奇。（嘉靖《清河縣志》卷三《災祥》）

大風雨，拔仆縣學廟門及民間房屋。（嘉靖《永嘉縣志》卷九《雜志》）

夏，大水。六月，大水者三，壞民居田禾，餘月陰雨不息。（嘉靖《壽昌縣志》卷九《雜志》）

大雨雹，小者如彈，大者如卵，大樹摧析，鳥獸多擊死。（嘉慶《崇安縣志》卷一〇《災祥》）

七月

己丑，是日，日食一分五秒，例免救護。（《明世宗實錄》卷四九九，第 8255 頁）

壬辰，以旱災免三宮莊田子粒有差。（《明世宗實錄》卷四九九，第 8256 頁）

戊戌，以旱災及虜警免山西大同府所屬州縣及宣府各州縣正官入覲。（《明世宗實錄》卷四九九，第 8260~8261 頁）

大水，河隄決。（嘉慶《高郵州志》卷一二《雜類》）

朔日，方七里許一朝河決，橫流於關中，蕩民室廬百有餘家，其去城池僅五百步，老幼號呼。（嘉靖《河州志》卷四《文籍》）

七日，海一日三潮，或以為張朝瑞登科之祥。（嘉慶《海州直隸州志》卷三一《祥異》）

大水，河堤决。十二月望，日有四暈，內白虹貫之。（隆慶《高郵州志》卷一二《災祥》）

姚安淫雨傷禾。（隆慶《雲南通志》卷一七《災祥》）

十四日又雨，至十九日高低鄉盡没，自插苗、吐花、成粒一切遭害。（崇禎《吳縣志》卷一一《祥異》）

至冬十月，杭州大水，無年。（乾隆《杭州府志》卷五六《祥異》）

至冬十月，大水，無年。（萬曆《錢塘縣志·灾祥》）

八月

辛未，金星晝見。（《明世宗實錄》卷五〇〇，第8268頁）

大雨，民廬舍漂没。（光緒《青浦縣志》卷二九《祥異》）

大雨彌旬，民廬田穀盡被漂没，是歲大侵〔祲〕。是年五月十四日，余山前一起九蛟，水湧丈餘，平地成河。（萬曆《青浦縣志》卷六《祥異》）

九月

辛丑，蘇、松、常、鎮、杭、嘉、湖七府大水，平地水深數尺，累月不退。撫臣以聞，因請破例蠲卹。（《明世宗實錄》卷五〇一，第8283～8284頁）

甲辰，以水災免南京錦衣衛并揚州等衛屯田子粒有差。（《明世宗實錄》卷五〇一，第8285頁）

壬子，以旱災免保定、河間、真定、順德、廣平、大名等府并各衛所稅糧有差。（《明世宗實錄》卷五〇一，第8294頁）

癸丑，刑科上應決罪囚。上曰："五月苦旱，應禱垂霖，秋賜禾祥，玄麻不偶，恩至感焉。今年暫免刑，其繫獄如故。"（《明世宗實錄》卷五〇一，第8294～8295頁）

十七日未時雷鳴，雨又連日，夜四境皆巨浸，城郭公署傾倒幾半，郊外數十里無烟火，流離載道，餓殍相枕，幼稚拋棄津梁，寒儒、貞婦無告刎

繼。又疫痢夭札交幷，水至明年二月始退。（崇禎《吳縣志》卷一一
《祥異》）

十一月

庚寅，上以大祀天寒，出所御服賜都督朱希孝。（《明世宗實錄》卷五
○三，第8312頁）

辛丑（閣本"丑"下有"禮部以深冬無雪，疏請禱"十字），上諭禮
部曰："時届深冬，未見正白，農民切望。朕竭誠躬禱，奏告齋戒如例。"
行會大風，上復諭曰："風變，禱雪兼禳未宜緩也，其亟議行之。"乃遣成
國公朱希忠等分告郊廟、社稷、神祇壇及朝天等六宮廟，停刑禁屠，百官青
衣齋戒。（《明世宗實錄》卷五○三，第8314頁）

十二月

庚午，以水災免湖廣承天等府稅粮有差。（《明世宗實錄》卷五○四，
第8323頁）

辛未，夜望，月食。（《明世宗實錄》卷五○四，第8323頁）

壬申，以冬深無雪，上親禱于凝道雷軒，遣英國公張溶等分祭各宮
廟，百官青衣齋戒，停刑禁屠三日。（《明世宗實錄》卷五○四，第
8324頁）

是年

春，雨雹自夏徂冬，賊寇絡繹往返，劫殺男婦遠徙，雞犬無聲，田鼠食
禾殆盡。（民國《明溪縣志》卷一二《大事》）

春，霪雨，大風拔木。（康熙《咸寧縣志》卷七《災異》；道光《安陸
縣志》卷一四《祥異》；光緒《德安府志》卷二○《祥異》；光緒《咸甯縣
志》卷八《災祥》）

春，宜都雪，平地三尺。（光緒《荆州府志》卷七六《災異》）

春，震雷，大雪。（光緒《武昌縣志》卷一○《祥異》）

春，旱，大饑且疫。夏，大水。（光緒《定興縣志》卷一九《災祥》；民國《新城縣志》卷二二《災禍》）

春，大風。（嘉慶《莒州志》卷一五《記事》）

春，大雪，三尺餘。秋，大水，斗米百錢，饑。（光緒《桐鄉縣志》卷二〇《祥異》）

春夏無雨，民大饑，剝樹皮，掘草根以食。（民國《洪洞縣志》卷一八《祥異》）

春夏無雨，民大饑，掘食草根。（民國《翼城縣志》卷一四《祥異》）

春夏，旱，人多疫。（民國《景縣志》卷一四《故實》）

春夏，旱。（乾隆《龍溪縣志》卷二〇《祥異》）

自春徂夏，淫雨不止。（乾隆《震澤縣志》卷二七《災祥》）

夏，大雨水。（雍正《常山縣志》卷一二《拾遺》；光緒《常山縣志》卷八《祥異》）

夏，大雨雹，禾盡傷，大饑。（康熙《睢寧縣舊志》卷九《災祥》）

夏，雷擊玉山武安塔。（同治《廣信府志》卷一《星野》）

夏，雷擊武安塔。（乾隆《玉山縣志》卷一《祥異》；同治《玉山縣志》卷一〇《祥異》）

大水漂没圩岸，大饑，知府方逢時發廩賑民修復詣圩。（嘉慶《寧國府志》卷一《祥異附》）

大水，泛溢没圩堤，大饑。（民國《南陵縣志》卷四八《祥異》）

大水。（萬曆《鉅野縣志》卷八《災異》；萬曆《如皋縣志》卷二《五行》；康熙《安陸府志》卷一《郡紀》；康熙《孝感縣志》卷一四《祥異》；康熙《巢縣志》卷四《祥異》；乾隆《長興縣志》卷一〇《災祥》；乾隆《盱眙縣志》卷一四《蓄祥》；嘉慶《溧陽縣志》卷一六《雜類》；嘉慶《如皋縣志》卷二三《祥祲》；道光《宣威州志》卷五《祥異》；光緒《盱眙縣志稿》卷一四《祥祲》；光緒《孝感縣志》卷七《災祥》；光緒《霑益州志》卷四《祥異》）

婺源大水入市，深七尺。績溪大雨雪，水嘯。（道光《徽州府志》卷一

六《祥異》）

仁懷旱，三月不雨。（道光《遵義府志》卷二一《祥異》）

旱，民大饑。（光緒《新樂縣志》卷一《災祥》）

縣東王落村大雷雨，有物墜下，偃禾數畝。（光緒《南樂縣志》卷七《祥異》）

縣東王落村雷雨大作，少頃有物自空中墜下，偃禾數畝。（康熙《南樂縣志》卷九《紀年》）

大水，溺死人無算。（康熙《長沙府志》卷八《祥異》；乾隆《長沙府志》卷三七《災祥》）

大水，民居水至半壁，粒米無收，自後水災六年。（光緒《丹徒縣志》卷五八《祥異》）

大水，高底盡没，城郭公署傾倒幾半，疫癘夭札交并。水至明年二月始退。（民國《吳縣志》卷五五《祥異考》）

大水，深及丈，彌望成川，舟行入民居。（乾隆《無錫縣志》卷四〇《祥異》；光緒《無錫金匱縣志》卷三一《祥異》）

賑蘇州等府水災。（光緒《常昭合志稿》卷一二《蠲賑》）

大水，民饑，僵尸滿野，賦稅益多，雙鳳故家大族，堂室一空。（民國《太倉州志》卷二六《祥異》）

大水決河隄。（道光《重修寶應縣志》卷九《災祥》）

螽郡恒雨。（同治《南安府志》卷二九《祥異》）

旱荒。（雍正《定襄縣志》卷七《災祥》）

大旱，斗米錢二百餘。（光緒《壽陽縣志》卷一三《祥異》）

大旱。（民國《重纂興平縣志》卷八《祥異》）

大水，饑。（康熙《江山縣志》卷一〇《災祥》；同治《江山縣志》卷一二《祥異》）

霪雨，大水，禾多渰死。（乾隆《平湖縣志》卷一〇《災祥》；光緒《平湖縣志》卷二五《祥異》）

大水，無禾。（道光《武康縣志》卷一《邑紀》）

秋，大水，饑。（同治《上海縣志》卷三〇《祥異》）

秋，潦。（萬曆《新修餘姚縣志》卷二三《磯祥》；光緒《餘姚縣志》卷七《祥異》）

秋，大水，田禾淹没殆盡。歲饑。（乾隆《華亭縣志》卷一六《祥異》；光緒《重修華亭縣志》卷二三《祥異》）

冬，無雪，麥盡死。（康熙《平陸縣志》卷八《雜記》；乾隆《平陸縣志》卷一一《祥異》）

春，捕蝗。（康熙《昌黎縣志》卷一《祥異》）

春，民饑。（康熙《重修無極志》卷下《事紀》）

春，大饑。瘟疫。夏，大水，民田盡没。（民國《清苑縣志》卷六《災祥》）

春，旱，大饑且疫。夏，大水。（康熙《定興縣志》卷一《磯祥》）

春，旱，大饑疫。夏，大水，無禾。（順治《易水志》卷上《災異》）

春，時方旱，赤地千里，歷夏又不雨，迄秋一禾不登。饑甚，人相食，流移載道。（萬曆《順德府志》卷四《藝文》）

春，旱，大饑，瘟疫大行。秋，大熟。（乾隆《滿城縣志》卷八《災祥》）

春，雨雪不止。夏，淫雨尤甚，兼以江湖之水橫潦漲溢，青苗方蒔，盡沉水底，一白際天，茫無畔岸，老幼俱死溝壑。正德己巳、庚午之變，復見于今，真吴中之大厄也。（康熙《淞南志》卷五《災祥》）

春，陰，飛雪連綿不霽。至四、五月間淫雨尤甚，兼以江湖之水橫潦漲溢，苗方插蒔者盡沉水底，而雨復不歇，遂至民居皆在水中，郭門之外一白際天，茫無畔岸，田郊無復人迹。（萬曆《崑山縣志》卷八《災異》）

春，大水，平地水深數尺，漂没廬舍，害田稼。（嘉慶《揚州府志》卷七〇《事略》）

春，大雪三四尺。秋，大水。斗米百錢，民饑。（康熙《桐鄉縣志》卷二《災祥》）

春，地震，水災相仍。（萬曆《銅陵縣志》卷一〇《祥異》）

春，地震，水灾相仍。（萬曆《池州府志》卷七《祥異》）

春，旱。（道光《汝州全志》卷九《災祥》）

春，震雷，大雪。夏，水害稼。（康熙《武昌縣志》卷七《災異》）

春，雪深三尺。秋大疫，死者過半，溝渠皆殍，人相食。（康熙《宜都縣志》卷一一《災祥》）

春，雪深三尺。秋大疫。（同治《長陽縣志》卷七《災祥》）

春，旱，三月不雨。（康熙《貴州通志》卷二九《災祥》；民國《清鎮縣志稿》卷一二《祥異》）

春，大雨雪。二月十六夜河東橋水嘯。（萬曆《績溪縣志》卷一二《祥異》）

春，地震，水災。（康熙《建德縣志》卷七《祥異》）

春，雨雹。（萬曆《歸化縣志》卷一〇《災祥》）

春夏，大旱。（民國《同安縣志》卷四《山川》）

春夏，旱，人多流離，疫死。（康熙《景州志》卷四《災變》）

春夏，大旱，兼有蝗蝻，米價大貴。（康熙《懷柔縣新志》卷二《災祥》）

春夏，大旱，兼有蝗蝻，米價貴。（雍正《密雲縣志》卷一《災祥》）

春夏，無雨，民大饑，剥樹皮、掘草根以食。（萬曆《洪洞縣志》卷八《祥異》）

春秋，大水，高低盡成巨浸，波濤平野，禾稼大無，流離載道，餓殍相枕藉。水至明年始退，為水災第一。（道光《璜涇志稿》卷七《災祥》）

自春徂夏，淫雨不止，兼以高淳壩決，五堰之水下注太湖，襄陵溢海，六郡全潦，塘市無路，場圃行舟。吳江城崩者半，民廬漂溺，村鎮斷火，枵腸食粥。（乾隆《吳江縣志》卷四〇《災變》）

夏，旱，麥豆桔乾，盜起劫掠，人民相食。（康熙《五臺縣志》卷八《祥異附》）

夏，旱。（康熙《安肅縣志》卷三《災異》；嘉慶《高邑縣志》卷一〇《機祥》）

夏，大饑，人民遷移，疫屍載道。黑風蔽天三次。（康熙《德州志》卷一〇《紀事》）

夏，大雨水，與十八年同。（萬曆《常山縣志》卷一《災祥》）

夏，大旱。（嘉慶《長寧縣志》卷一二《祥異》）

夏，霪雨浹旬。閏五月十二日，州治崩圮，官署民舍多為傾没，今舊州是也。（萬曆《歸州志》卷三《災祥》）

夏，旱，大饑。（民國《沙縣志》卷三《大事》）

是夏，又雨毛。（乾隆《莆田縣志》卷三四《祥異》）

復大旱，民流移。夏，疫。秋，黑風，凡三至，晝瞑。（乾隆《平原縣志》卷九《災祥》）

連歲大饑，人相食。（同治《静海縣志》卷三《災祥》）

蝗，饑。（順治《蔚州志》上卷《災祥》）

旱，蜪生。米價踴貴。（康熙《玉田縣志》卷八《祥眚》；光緒《遵化通志》卷五九《事紀》）

旱，大饑。（康熙《霸州志》卷一〇《災異》；康熙《新樂縣志》卷一九《災祥》；雍正《直隸定州志》卷一〇《祥異》；民國《霸縣新志》卷六《災異》）

疫，大水。（康熙《大城縣志》卷八《災祥》）

蝗。（嘉靖《興濟縣志書》卷上《祥異》）

旱，蝗，雨雹。（萬曆《雄乘·災異》）

蝗飛蔽天，大饑。（乾隆《沙河縣志》卷一《祥異》；光緒《邢臺縣志》卷三《前事》）

蝗飛蔽天，饑。（順治《鉅鹿縣志》卷八《災異》）

大蝗，民饑。（康熙《平鄉縣志》卷三《前朝》）

大旱，蝗為災。（順治《渾源州志》附《恒岳志》卷上）

旱荒。土賊竊發。（雍正《定襄縣志》卷七《災祥》）

大旱，斗米銀二錢五分，餓死者枕藉道左。（光緒《代州志》卷一二《大事記》）

旱甚，粟翔貴，民饑死過半。（萬曆《榆次縣志》卷八《災祥》）

旱，斗米錢二百餘，人相食，殍尸枕藉。（光緒《壽陽縣志》卷一三《祥異》）

蝗飛蔽天，禾有傷者。（嘉靖《全遼志》卷四《祥異》）

連歲大旱，詔以部銀五千兩賑貸。（民國《慶雲縣志》卷三《災異》）

雨雹。（光緒《菏澤縣志》卷一八《災祥》）

水災。（康熙《崇明縣志》卷一一《耆行》）

大水，舟入市。（順治《高淳縣志》卷一《邑紀》）

大水，無禾，流離載道，餓莩枕藉。（萬曆《常熟縣私志》卷四《敘產》）

大水特甚，至來春饑，疫。巡按御史陳瑞設粥、藥於路，民多賴之。（萬曆《宜興縣志》卷一〇《災祥》）

大水，民居水至半壁，粒米無收。自後連水災者六年。（萬曆《重修鎮江府志》卷三四《祥異》；光緒《丹陽縣志》卷三〇《祥異》）

雨雹，大水，大如瓦，水深及丈。（光緒《武進陽湖縣志》卷二九《雜事》）

溧陽大水，平地深及丈，彌望成川。（萬曆《應天府志》卷三《郡紀下》）

水尤甚，低鄉民居水至半壁，籽粒無收。自後連大水者六年。（光緒《金壇縣志》卷一五《祥異》）

大水，湖堤決。（隆慶《寶應縣志》卷一〇《災祥》）

黃河湧西門，城幾潰。（康熙《徐州志》卷三《城池》）

宿潦，自臘春霪徂夏，兼高淳東壩決，太湖驟漲，六郡全淹。秋冬淋潦，塘市無路，場輔行舟，民苦墊溺，村鎮斷火。量水者謂多於正德五年五寸，蓋稀有之變也。（萬曆《嘉善縣志》卷一二《災祥》）

復水，大無年，民大饑。（崇禎《寧志備考》卷四《祥異》）

大水無禾。撫按會奏，較正德五年水大一尺，武康報災九分，成熟一分。（道光《武康縣志》卷一《邑紀》）

大水，圩田盡沒。（乾隆《无为州志》卷二《灾祥》）

水，圩田盡沒。（康熙《廬江縣志》卷二《祥異》）

大水，漂沒圩岸，大饑。（嘉慶《寧國府志》卷一《祥異》）

大水泛溢，沒圩堤，大饑。（嘉慶《南陵縣志》卷一六《祥異》）

水，饑，巡撫方濂賑穀。（道光《徽州府志》卷五《邮政》）

大水，饑。巡撫都御史方濂賑之穀。（康熙《休寧縣志》卷三《邮政》）

大水入市，深七尺。（康熙《婺源縣志》卷一二《機祥》）

大水，拱辰橋圮。（道光《寧都直隸州志》卷二七《祥異》）

螽，郡恒雨。（同治《南安府志》卷二九《祥異》）

蝗，大飢。（乾隆《内黃縣志》卷六《編年》）

大霪雨，蘇實及菽皆陳朽。（康熙《寧陵縣志》卷一二《災祥》）

決深淵堤。（康熙《荊州府志》卷八《隄防》）

城南大水，三星橋毀。（嘉慶《宜章縣志》卷二三《事紀》）

水。（萬曆《鹽城縣志》卷一《祥異》；乾隆《直隸澧州志林》卷一九《祥異》）

山水溺死人無算。（同治《益陽縣志》卷二五《祥異》）

颶風。（康熙《海康縣志》卷上《事紀》；康熙《遂溪縣志》卷一《事紀》；宣統《徐聞縣志》卷一《災祥》）

海寇至朱家巷，大霧，狼目韋綿破之。（雍正《欽州志》卷一《歷年紀》）

開化寺，忽被風雷震塌。（民國《大邑縣志》卷一四《文徵》）

（曲靖）大水。（隆慶《雲南通志》卷一七《災祥》）

自夏未〔末〕至秋半大饑，米價惟倍。自秋徂冬，城鄉大疫，人民困瘁，無可貿易，凡市粥百物，其價倍差。西（原字疑誤）成頗豊，而病民不觝收穫，徒飽於目而饑於腹也。（萬曆《將樂縣志》卷一二《災祥》）

秋，漢水漲溢。（萬曆《襄陽府志》卷四八《文苑》）

秋，大水，饑。明年，復大饑。（光緒《川沙廳志》卷一四《祥異》）

秋，大水，饑。明年壬戌，復大饑。（民國《南匯縣續志》卷二二《祥異》）

四十年、四十一年皆水荒。（萬曆《和州志》卷八《祥異》）

泗州四十年，四十二、三年，俱大水。冬寒，淮冰合，車馬易於通行。（萬曆《帝鄉紀略》卷六《災患》）

嘉靖四十一年（壬戌，一五六二）

正月

壬辰，大風揚塵蔽空。（《明世宗實録》卷五〇五，第8333頁）

己亥，兵部尚書楊博言："今年履端之始，雪澤屢降，第宣蘇（舊校改'蘇'作'薊'）、大同二鎮，逼隣虜境，十室九空，農事方興，牛種不給，恐遷延過時，秋成無望。"（《明世宗實録》卷五〇五，第8334頁）

庚子，真定府天鼓鳴，流星盡隕，有光。（《明世宗實録》卷五〇五，第8334頁）

天雷鳴，晴空震聲如雷，起東北，止西南。是歲大稔，米斗錢二十五文，豆七文。（康熙《定州志》卷五《事紀》）

十一日，南城濠冰上成花卉之像……三日乃消。（順治《定陶縣志》卷七《雜稽》）

至四月，大旱，有火墜城北大池。署縣事襄陽衛經歷劉廷寶步禱，跪日中數日，不雨，取水老龍洞，水至，即大雨。歲熟。（萬曆《襄陽府志》卷三三《災祥》）

二月

乙亥，山東德州大風雨，魚大者數寸，其地為九龍廟。（《明世宗實録》卷五〇六，第8350頁）

不雨，至夏五月。（順治《新鄭縣志》卷五《祥異》；康熙《新鄭縣志》卷四《祥異》；康熙《儀封縣志》卷三五《災祥》）

雷已發聲。（乾隆《潞安府志》卷一一《紀事》）

三月

戊子，四川成都府地震。(《明世宗實錄》卷五○七，第8355頁)

庚寅，以陝西、寧夏地震，邊墻傾圮，發銀二萬二千兩充修築及賑濟費。(《明世宗實錄》卷五○七，第8356頁)

十二日龍見，冰雹。黃白二龍合股自太湖而來，一青龍隨之，自陡門至硤石等鎮入海。(萬曆《嘉善縣志》卷一二《災祥》)

風霾。(康熙《陽武縣志》卷八《災祥》)

四月

丙辰，大風揚塵四塞。(《明世宗實錄》卷五○八，第8371頁)

丙寅，以入夏少雨，上躬禱于禁中，遣官奏告郊廟、社稷、神祇、朝天等六宮廟。(《明世宗實錄》卷五○八，第8372頁)

隕霜殺禾。(乾隆《莊浪志略》卷一九《災祥》)

大風三日，塵霾蔽天，闔户舉火，兵刃為光。(光緒《永年縣志》卷一九《祥異》)

御河決，泛清河。夏四月，大風三日，塵霾蔽天，行者迷，居者怖，闔户舉火，兵刃無光。(光緒《清河縣志》卷三《災異》)

朔，隕霜殺木，雨麻子，雞食而死。(萬曆《杞乘》卷二《今總紀》)

朔，賈霜殺禾，雨麻子，雞食而死。(乾隆《杞縣志》卷二《祥異》)

大雪殺桑，民失蠶，花果不實。(乾隆《潞安府志》卷一一《紀事》；光緒《長治縣志》卷八《大事記》)

大雪殺桑，民失蚕，花果不實。(乾隆《襄垣縣志》卷八《祥異》)

大雪殺桑。(民國《襄垣縣志》卷八《祥異》)

隕霜殺禾。(乾隆《莊浪志略》卷一九《災祥》)

至六月，南昌府屬大水，衝決民田廬，免秋糧。(康熙《南昌郡乘》卷五四《祥異》)

至六月，大水，衝決民居田廬。(康熙《新建縣志》卷二《災祥》)

至六月，大水，城圮百二十丈，決堤二百三十餘丈，大傷稼。（嘉靖《豐乘》卷一《邑紀》）

至六月，大水。（雍正《撫州府志》卷三《災異》）

至六月，大水，衝決民田廬，免稅秋糧。（康熙《進賢縣志》卷一八《災祥》）

大水，平地丈餘。（乾隆《瑞金縣志》卷一《祥異》）

五月

大風。是月正果集及樊家營陡起怪風，大雨雹，拔木無算，壞民廬舍，壓死百餘人。冬，無雪。（民國《淮陽縣志》卷八《災異》）

大水。（天啟《江山縣志》卷八《災祥》；同治《江山縣志》卷一二《祥異》）

江山開化大水。（康熙《衢州府志》卷三〇《五行》）

大水，衝決民居田產。（乾隆《靖安縣志》卷一六《雜志》）

十八夜，山水暴漲，溺死居民二十餘人，田地俱為沙蹟。（民國《英山縣志》卷一四《祥異》）

二十八日，洪水衝塌三華橋，北隅民居水封其戶。（萬曆《將樂縣志》卷一二《災祥》）

雨雹，大如盤，壞禾。歲大饑。（光緒《柘城縣志》卷一〇《災祥》）

又天雨墨，著人衣俱黑。蠣房肉黑，食之殺人。（乾隆《潮州府志》卷一一《災祥》）

大水，前街潰陷。（天啟《封川縣志》卷四《事紀》）

夏，大旱。五月五日，雨，麻子、蕎麥生苗。秋亦實。（順治《偃師縣志》卷二《災祥》）

六月

大水，壞公私廬舍，知府劉春造湘水浮橋。（同治《衡陽縣志》卷二《事紀》）

六合大風拔木，水溢。（光緒《金陵通紀》卷一〇中）

大雨連日，洪水暴漲，城中水高數尺，禾浸没，饑。（光緒《蘭谿縣志》卷八《祥異》）

大雨連日。（嘉慶《蘭谿縣志》卷一八《祥異》）

大風拔木，水溢。（萬曆《六合縣志》卷二《災祥》）

復霜。年大飢。（乾隆《莊浪志略》卷一九《災祥》）

（三日）天晴，忽空中降白物，大小如雪片，晶光映日，以手撲之隨滅，自午至申而止。（乾隆《鄞縣志》卷二六《祥異》）

大雨連日，洪水暴漲，城中水高數尺，禾浸没。饑。（光緒《蘭谿縣志》卷八《祥異》）

十六日，夜，大水驟發，天雨傾盆，陷没城池，官署民舍蕩盡，人溺死不計其數，暫遷治小神集。（順治《徐州志》卷八《災祥》）

二十六日，雷雨陡作，大風拔木。（乾隆《儀封縣志》卷一《祥異》）

自春徂夏不雨。六月二十六日，縣東牛家村有流寓人張約妻不孝，其姑嘗籲諸天，是日本寨人見雲中懸龍下掛，雷雨陡作，大風拔木，共聽張約屋内霹靂憑空而起，屋瓦皆鳴。約婦方炰麥飯未熟，忽徧身皮膚如湯剥而死。少頃，風雷向西行，晴霽如故，所過田禾，偃仆枯死，如遭蹂躪，後約婦復蘇，兩目盡瞽。（乾隆《儀封縣志》卷一《祥異》）

七月

大風，偃禾拔木。（萬曆《汝南志》卷二四《災祥》；康熙《上蔡縣志》卷一二《編年》）

八月

隕霜。（康熙《清水縣志》卷一〇《災祥》）

夏，大水。秋，大水。八月十五，水入市幾尺，西方有聲如雷鳴，白氣布空，成"天公令"三字。（雍正《瑞昌縣志》卷一《祥異》）

九月

乙未，金星晝見。（《明世宗實錄》卷五一三，第 8420 頁）

大旱，無麥苗。（乾隆《蒲臺縣志》卷八《災異》）

十月

癸亥，以直隸廬、鳳、淮、揚四府所屬州縣衛所水災，蠲免秋糧有差。（《明世宗實錄》卷五一四，第 8445 頁）

乙丑，大風揚塵四塞。（《明世宗實錄》卷五一四，第 8445 頁）

乙亥，以水災免江西南昌、瑞州、臨江、袁州、吉安、撫州、建昌、饒州、南康、九江、贛州等府所屬州縣秋糧有差。（《明世宗實錄》卷五一四，第 8448 頁）

不雪，越明年乙丑夏五月始雨，知縣竇文有禱雨詞。（乾隆《莊浪志略》卷一九《災祥》）

十一月

辛丑，日暈生珥，上有抱氣，赤黃色，白虹彌天，日下生戟氣，蒼白色。（《明世宗實錄》卷五一五，第 8464 頁）

庚戌，以陝西西、延、平、臨、鞏、漢六府所屬州縣衛所，寧夏等衛所各城堡旱災，免秋糧有差。（《明世宗實錄》卷五一五，第 8470 頁）

十二月

甲寅，以水災免淮、揚所屬泰、徐等州七州縣馬價有差。（《明世宗實錄》卷五一六，第 8471 頁）

丙辰，以冬深少雪，上親祈於宮中，命定國公徐延德等分告各宮廟。（《明世宗實錄》卷五一六，第 8471 頁）

乙丑，夜望，月食，雲隱不見。（《明世宗實錄》卷五一六，第 8476 頁）

丁卯，雪。百官上表賀。（《明世宗實錄》卷五一六，第 8476 頁）

初一日，城中及野外樹有雪架垂地。次年，禾稼豐登，米三斗銀一錢。（康熙《徐溝縣志》卷三《祥異》）

是年

春，大水。（同治《永新縣志》卷二六《祥異》）

夏，甘露降，二麥大熟。（光緒《海鹽縣志》卷一三《祥異考》）

夏，旱，雨雹傷麥，風沙拔樹損苗。（光緒《壽張縣志》卷一〇《雜事》）

山水暴溢，壞民田廬。（光緒《霍山縣志》卷一五《祥異》）

大水。（萬曆《嘉定縣志》卷一七《祥異》；崇禎《開化縣志》卷六《雜志》；順治《含山縣志》卷四《祥異》；康熙《繁昌縣志》卷二《祥異》；雍正《開化縣志》卷六《雜志》；乾隆《鍾祥縣志》卷一《祥異》；道光《江陰縣志》卷八《祥異》；道光《繁昌縣志書》卷一八《祥異》；民國《中牟縣志·祥異》）

又旱。（康熙《龍溪縣志》卷一二《災祥》；乾隆《龍溪縣志》卷二〇《祥異》）

知府柳希玭、推官楊沛建、邑人杜秉燮記：歲己未旱，庚申大旱，生民轉徙奔命。（光緒《永年縣志》卷六《水利》）

大風拔木。（乾隆《確山縣志》卷四《機祥》；民國《確山縣志》卷二〇《大事記》）

大風，偃禾拔木。（康熙《汝陽縣志》卷五《機祥》）

江陵旱。（光緒《荊州府志》卷七六《災異》）

大旱。（乾隆《亳州志》卷一《災祥》；光緒《孝感縣志》卷七《災祥》）

大水決河隄。（道光《重修寶應縣志》卷九《災祥》）

水。（康熙《大冶縣志》卷四《災異》；康熙《餘干縣志》卷三《災祥》；乾隆《武寧縣志》卷一《祥異》；道光《鄱陽縣志》卷二七《祥異》；

道光《武康縣志》卷一《邑紀》；同治《饒州府志》卷三一《祥異》；同治《餘干縣志》卷二〇《祥異》）

大水，民饑疫。（同治《湖州府志》卷四四《祥異》；光緒《歸安縣志》卷二七《祥異》）

秋，旱。（光緒《武昌縣志》卷一〇《祥異》）

春，旱。夏，無麥，流移載道。秋，大熟。（康熙《平陸縣志》卷八《雜記》）

夏，大旱。冬，饑。（康熙《鹿邑縣志》卷八《災祥》）

夏，大水。（同治《南城縣志》卷一〇《祥異》）

夏，大水，没田禾。（隆慶《高郵州志》卷一二《災祥》；嘉慶《高郵州志》卷一二《雜類》）

夏，水。（崇禎《吳縣志》卷一一《祥異》）

夏，旱。秋，大水。是歲漢川閭里為壑，舟行市上，竹筒河中塞十五里許，張池口亦淤，水多壅塞，鍾景間劉家塌估舟不能通，民甚病之。（同治《漢川縣志》卷一四《祥祲》）

夏，大水，覆没城郭。（崇禎《長沙府志》卷七《祥異》）

夏，大雨不息。（康熙《德州志》卷一〇《紀事》）

夏，不雨，蝗。（順治《易水志》卷上《災異》）

御河泛清河。四月，大風三日，霾，民行者迷，居者怖。（民國《清河縣志》卷一七《祥異》）

蝗蝻黑蟲食田苗，殆盡。（康熙《香河縣志》卷一〇《災祥》）

蝗。（順治《蠡縣志》卷八《祥異》；康熙《興安州志》卷三《災異》；民國《清苑縣志》卷六《災祥》）

蝗，大饑。（民國《新城縣志》卷二二《災禍》）

五官澱黑龍起水中，大雨旬日。（乾隆《任邱縣志》卷一〇《五行》）

河浸城南，古鸛雀樓址岌岌待傾。（光緒《永濟縣志》卷一八《藝文》）

西安等六府旱。（《明史·五行志》，第485頁）

旱。（崇禎《永年縣志》卷二《秩官》；康熙《紫陽縣新志》卷下《祥異》；光緒《江陵縣志》卷六一《祥異》）

橋樑盡廢，河水衝決，淹没居民百十餘家。知州劉卓脩橋築堤。（嘉靖《河州志》卷一《橋梁》）

大水，疫。（光緒《江東志》卷一《祥異》；光緒《寶山縣志》卷一四《祥異》）

大水，米石一兩二錢。（崇禎《江陰縣志》卷二《災祥》）

水災，撫院喻准將通州、如皋等六州縣豆糧抵捕〔補〕本縣漕粮七千石。（萬曆《興化縣新志》卷三《抵補》）

蝗虫害稼。（乾隆《桐廬縣志》卷一六《災異》）

大水。郡侯李遂疏請蠲賑，免雜辦十分之四。（康熙《衢州府志》卷二七《荒政》）

大旱，饑。六安山水暴溢，壞民廬舍。（康熙《廬州府志》卷三《祥異》）

水，荒。（萬曆《和州志》卷八《祥異》）

大旱。饑，斗米百錢。（萬曆《舒城縣志》卷一〇《祥異》）

山水暴溢，壞民廬舍。（乾隆《霍山縣志》卷末《祥異》）

汪王橋，在城隍廟前……嘉靖四十一年被水衝壞。（萬曆《青陽縣志》卷一《橋梁》）

澇。（嘉靖《進賢縣志》卷一《災祥》）

歲旱，給粥賑饑，全活甚眾。（道光《龍巖州志》卷一〇《政績》）

冰雹。（乾隆《衛輝府志》卷四四《藝文》）

大水，雨雹。（順治《淇縣志》卷一〇《災祥》）

大風拔木。（乾隆《確山縣志》卷四《機祥》）

（仙桃）漢水驟發，潛江快船灣隄決，直趨爛泥湖，沔境幾成澤國。（光緒《沔陽州志》卷二《建置》）

久雨，溪水暴漲入城，公私宇舍盡圮。（民國《漵浦縣志》卷二五《災祥》）

大水，市巷行舟。（嘉慶《沅江縣志》卷二二《祥異》）

雷震縣大門，擊死二人。（康熙《文昌縣志》卷九《災祥》）

北條大水霆漲，壞廬舍千餘家。（民國《四川通志》卷一一《五行》）

（鄂州）秋，旱。（康熙《武昌縣志》卷七《災異》）

秋，水大發。（康熙《徐州志》卷三三《藝文》）

秋，蝗入境，不為災，有秋。先是，連歲荒歉，是秋禾將登，俄飛蝗至，自斃，有秋。（萬曆《樂亭志》卷一一《祥異》）

自春徂夏不雨。（乾隆《儀封縣志》卷一《祥異》）

四十年、四十一年，高、寶大水決河堤。（萬曆《揚州府志》卷二二《異攷》）

四十一、二、三年，俱遭淮水。（嘉慶《東臺縣志》卷七《祥異》）

至四十五年冬，祈雪無虛歲。（《明史·五行志》，第460頁）

嘉靖四十二年（癸亥，一五六三）

正月

永平有雷，震自西方，其聲異常，聲聞百里。（隆慶《雲南通志》卷一七《災祥》）

二月

丙子，以水旱災免湖廣麻陽、當陽、醴陵、湘鄉、漵浦、辰溪及德安千戶所，九谿、枝江二衛所田粮有差，仍命所司設法賑濟。（《明世宗實錄》卷五一八，第8500頁）

鄒子大雹。（嘉靖《進賢縣志》卷一《災祥》）

大震電，雨雪。（康熙《寧陵縣志》卷一二《災祥》）

三月

癸卯，河南懷慶府天鼓鳴，有石隕，入地尺許。（《明世宗實錄》卷五

一九，第 8512 頁）

陰寒，稻秧損半。（嘉靖《進賢縣志》卷一《災祥》）

四月

己巳，金星晝見，至壬申始伏。（《明世宗實錄》卷五二〇，第 8523 頁）

初七日，霜。是年，亢旱。（民國《昌黎縣志》卷一二《故事》）

初七日，霜。（光緒《撫寧縣志》卷三《前事》）

大雨，電。（康熙《宿遷縣志》卷九《祥異》）

雨雹如拳，麥半傷，屋瓦多裂。（隆慶《豐縣志》卷下《祥異》）

至七月，霪雨連綿。（乾隆《平陸縣志》卷一一《祥異》）

至秋七月，霪雨連綿，北城外門圮，三汊澗沿濱園圃淤。（康熙《平陸縣志》卷八《雜記》）

五月

庚辰，夜，初昏，月掩木星。（《明世宗實錄》卷五二一，第 8527 ~ 8528 頁）

槐坊店怪風陡起，拔大木，傾房舍，民被壓死者甚眾。（民國《項城縣志》卷三一《祥異》）

旱，自五月不雨，至於秋七月。（民國《龍游縣志》卷一《通紀》）

滹沱水溢，傷禾。（康熙《晉州志》卷一〇《事紀》）

漳河發，漂没南關，溺死無數。（康熙《涉縣志》卷一一《災變》）

不雨，至秋七月雨。（康熙《衢州府志》卷三〇《五行》；康熙《龍游縣志》卷一二《雜識》）

大水，損壞人畜、田廬無算。（乾隆《南靖縣志》卷八《祥異》）

正果集並樊家營陡起怪風，雨雹，拔木無算，推車踰河，激舟上岸，傾民廬舍，壓覆及擊死者百餘人。冬無雪。（康熙《續修陳州志》卷四《災異》）

槐坊店怪風陡起，飛車逾河，激舟上岸，拔木傾廬，民被壓死者甚眾。

· 1769 ·

（順治《項城縣志》卷八《災祥》）

大水。（乾隆《龍川縣志》卷一《災祥》）

六月

壬戌望，夜，月食。（《明世宗實錄》卷五二二，第8544頁）

大水，隄決數處。（道光《高要縣志》卷一〇《前事畧》）

不雨。（天啟《衢州府志》卷六《消禳》；康熙《定興縣志》卷一《機祥》；光緒《定興縣志》卷一九《災祥》）

大風，拔木發屋。（萬曆《杞乘》卷二《今總紀》；乾隆《杞縣志》卷二《祥異》）

不雨。秋，大雨雹，壞民廬，羅村社尤甚。（順治《易水志》卷上《災異》）

初二，盧溪縣公庭老槐自焚，雷雨如注。（乾隆《辰州府志》卷六《機祥》）

二十九日，淫雨，平地水深丈餘，漂民室廬殆盡。（隆慶《任縣志》卷七《祥異》）

大雨雹，時四野懸黄所積不可勝計。（康熙《東鄉縣志》卷四《災祥》）

大水，坡山古勞圍潰。（萬曆《南海縣志》卷三《災祥》）

大水。（天啟《封川縣志》卷四《事紀》；民國《龍山鄉志》卷二《災祥》）

大水，堤決數處，護城漕灣堤將決，知府鄒光祚立堤上，救止之。（道光《高要縣志》卷一〇《前略》）

七月

戊戌，金木土三星聚於井。（《明世宗實錄》卷五二三，第8552頁）

大雷雨，城中水深三尺，壞廬舍無算。（道光《新會縣志》卷一四《祥異》）

初三，夜，迅雷，大雨竟夜，城中水深三尺，學署民房傾塌甚多。（萬

曆《新會縣志》卷一《縣紀》）

初六日，大水，平地深丈餘，溺死甚眾。（順治《雞澤縣志》卷一○《災祥》；乾隆《雞澤縣志》卷一八《災祥》）

實霜。（宣統《楚雄縣志》卷一《祥異》）

龍風大作。（天啟《舟山志》卷二《災祥》）

大風雨，拔木損禾。（乾隆《饒陽縣志》卷下《事紀》）

降霜，殺稼。（道光《靖遠衛志》卷一《祥異》）

大雨，傾官民廬舍萬餘間。（康熙《陽武縣志》卷八《災祥》）

雨，先是霪雨，祈晴，雨止，遂亢旱，視三十九年尤亟……旱不為災。（天啟《衢州府志》卷六《消禳》）

八月

（姚安縣）霖雨浹旬，一泡江水溢，衝没民田。（隆慶《雲南通志》卷一七《災祥》）

霪雨浹旬。（民國《鹽豐縣志》卷一二《祥異》）

九月

辛巳，夜，月掩南斗西第二星。（《明世宗實錄》卷五二五，第8564 頁）

甲午，以水災免徐州及豐縣馬價銀二年。（《明世宗實錄》卷五二五，第 8566 頁）

甲辰，以大水蠲免徐、沛、豐、碭四州縣衛所田糧如例，仍支廣運倉小麥五千石，候冬春之際給賑。（《明世宗實錄》卷五二五，第8569 頁）

十月

甲戌，火星自辛亥起胃宿，至是逆行，抵婁宿之次。（《明世宗實錄》

卷五二六，第 8586 頁）

雷。（天啟《封川縣志》卷四《事紀》）

十一月

甲申，以火星逆行二舍，建禳典于内壇。（《明世宗實錄》卷五二七，第 8595 頁）

乙未，火星順次。（《明世宗實錄》卷五二七，第 8602 頁）

十二月

乙卯，以冬深雪少，上親祈于禁中。（《明世宗實錄》卷五二八，第 8615 頁）

己未，夜，月食。（《明世宗實錄》卷五二八，第 8618 頁）

是年

春，霖雨，止即旱。（同治《江山縣志》卷一二《祥異》）

春，大旱。（民國《重修滑縣志》卷二〇《大事記》）

春夏無雨，饑。（嘉慶《備修天長縣志稿》卷九下《災異》）

夏，大水，高三丈餘，壞田廬，南橋址盡漂没。（乾隆《龍溪縣志》卷二〇《祥異》）

夏，大水，平地深丈餘，漂没廬舍無算。（民國《任縣志》卷七《紀事》）

夏，湘潭大水，没城郭。（乾隆《長沙府志》卷三七《災祥》）

雨雹。（萬曆《休寧縣志》卷八《機祥》；康熙《休寧縣志》卷八《機祥》）

大風拔木。（雍正《阜城縣志》卷二一《祥異》；民國《連縣志》卷二《水旱》）

大水。（崇禎《隆平縣志》卷八《災異》；康熙《三水縣志》卷一《事紀》；乾隆《隆平縣志》卷九《災祥》；嘉慶《邢臺縣志》卷九《災祥》；

民國《邯鄲縣志》卷一《大事》）

大水。（民國《邯鄲縣志》卷一《大事》）

南陽雨粟，豆蕎著地能生，牲畜不食。（康熙《河南通志》卷四《祥異》）

南陽雨粟，豆蕎著地能生，六畜不食。歲半熟。（康熙《南陽縣志》卷一《祥異》）

宜都大旱。（光緒《荆州府志》卷七六《災異》）

雨，木冰。（道光《長清縣志》卷一六《祥異》）

青田大水，屢出，十一、十二等都地方大雨，山裂水漲。（雍正《處州府志》卷一六《雜事》）

春，不雨。（萬曆《棗强縣志》卷二）

春，大旱。蟲食桑葉，無蠶。（民國《大名縣志》卷二六《祥異》）

春，莒州大疫。秋，費縣旱災。（乾隆《沂州府志》卷一五《記事》）

春，霪雨甚，雨止即旱。（天啟《江山縣志》卷八《災祥》）

春，大旱，蟲食桑葉，無蠶。（康熙《滑縣志》卷四《祥異》；康熙《開州志》卷四《災祥》）

春，旱，蟲食桑葉，無蠶。（乾隆《內黃縣志》卷六《編年》）

夏，大水。（乾隆《宜章縣志》卷一三《災祥》）

夏，大水。六月十八日甲子雨也。（康熙《長垣縣志》卷二《災異》）

夏，大風，拔木。（萬曆《汶上縣志》卷七《災祥》）

府屬有蝗，詔免田賦之半。（光緒《保定府志》卷三九《紀事》）

大風數起，飛沙拔樹，折屋。（光緒《東光縣志》卷一一《祥異》）

大風沙，雷雨，自西北而東南，拔木竟日，對面不見人。（康熙《重修阜志》卷下《祥異》）

大水，撼城東門且潰……城樓崩。（崇禎《永年縣志》卷二《秩官》）

漳河泛溢，堤決，善政、廣居門俱壞。（民國《成安縣志》卷一《縣城》）

寧晉、隆平水。（隆慶《趙州志》卷九《災祥》）

復大水逾邑，眾莫能禦。（光緒《新河縣志》卷一四《藝文》）

（城）又衝開百餘丈，生畜器物漂流，人皆升屋而避。（康熙《鄜州志》卷二《河功》）

大雨水，潲没禾稼。（康熙《齊河縣志》卷六《災祥》）

大雨水，害稼。（嘉慶《禹城縣志》卷一一《灾祥》）

旱。（萬曆《和州志》卷八《祥異》；同治《續輯漢陽縣志》卷四《祥異》；光緒《費縣志》卷一六《祥異》）

雨，木冰。（康熙《長清縣志》卷一四《災祥》）

黃霾二日，晝晦見斗。（順治《泗水縣志》卷一一《災祥》）

漆河、洪河泛濫。（民國《東明縣新志》卷一《金堤》）

雪凝梅月狀。（萬曆《六合縣志》卷二《災祥》）

旱，歲歉。（崇禎《吳縣志》卷一一《祥異》）

水灾。撫院馬准將六州縣豆粮七千石抵補本縣漕粮三千五百石。（萬曆《興化縣新志》卷三《抵補》）

大水，壞通濟橋。（同治《南豐縣志》卷一四《祥異》）

遭水，各門俱有倒塌。（同治《贛縣志》卷一〇《城池》）

濟源大水。（乾隆《重修懷慶府志》卷三二《物異》）

大旱，民皆逃散。（康熙《宜都縣志》卷一一《災祥》）

大旱，民皆逃。（同治《長陽縣志》卷七《災祥》）

大饑。斗米三錢，民皆餓莩。（民國《榮經縣志》卷一三《五行》）

夏秋，大旱，無秋。（嘉靖《歸州志》卷四《災異》）

秋，大水，平地深丈餘，漂民室廬殆盡。（康熙《平鄉縣志》卷三《前朝》）

秋，大雨，河水溢，平地高丈餘，城不浸者數版。（光緒《永年縣志》卷一九《祥異》）

（秋）大風雨，堤決，海水泛溢至城外。（乾隆《莆田縣志》卷三四《祥異》）

秋，大水……淫雨浹旬，城中積水如湖，道路不通，四郊下濕處無秋苗。（康熙《考城縣志》卷三《藝文》）

冬，淫雨三日，溪凍不流，魚僵死。（萬曆《將樂縣志》卷一二《災祥》）

冬，無雪。（順治《沈丘縣志》卷一三《災祥》）

泗州四十年，四十二、三年俱大水。冬寒，淮冰合，車馬易於通行。（萬曆《帝鄉紀略》卷六《災患》）

四十一、二、三年俱遭淮水。（嘉慶《東臺縣志》卷七《祥異》）

嘉靖四十三年（甲子，一五六四）

正月

丁丑，是夜大風。上諭兵部曰："此風未為無謂，非四時之正也，上天恩示其慎承之。"次日，又風。（《明世宗實錄》卷五二九，第 8625 頁）

乙酉，初上以風災諭兵部備邊，既而復慮軍餉不充，命內閣傳旨，示戶部尚書高耀（閣本作"燿"）嚴核管粮。（《明世宗實錄》卷五二九，第 8626 頁）

蒙古報警，關城戒嚴，時海冰堅且闊。主事商誥先期督鑿，復凍如初。至是，敵果趨海口潛渡，忽冰解驚退。又攻旱門關甚急，誥躬督將士指授方略，力卻之。（民國《臨榆縣志》卷八《記事》）

徂夏，淋雨不休，漂蕩田屋甚多。（萬曆《永春縣志》卷六《歲眚》）

雨至八月。（康熙《番禺縣志》卷一四《事紀》）

雨，至八月，少晴。（民國《龍山鄉志》卷二《災祥》）

連雨至秋八月。（乾隆《德慶州志》卷二《紀事》）

霪雨，自正月至於秋八月。（光緒《德慶州志》卷一五《紀事》）

閏二月

戊寅，以水災免江西南昌、瑞州、九江三府各屬州縣稅粮有差。（《明世宗實錄》卷五三一，第 8650 頁）

甲申，京師雨雹。（《明世宗實錄》卷五三一，第 8651 頁）

廣寧大風。（嘉靖《全遼志》卷四《祥異》）

三月

己未，以入夏無雨，上親禱於洪應雷宮，遣大臣及順天府官祭告各宮廟，命試御史胡維新、李輔、楊鉁、李文（抱本作"梅"）續、梅惟和、顏應賢實授。（《明世宗實錄》卷五三二，第 8662 頁）

癸亥，上諭禮部曰："旱厄已見，土雨風霾不止，其示所司，以明日致齋，始二十五日告南郊，二十四日告朝天等六宮廟，遣定國公徐延德等各行禮。"是日，天陰雨忽霽，大風揚塵。（《明世宗實錄》卷五三二，第 8664 頁）

甲子，黃霾，雨土。（《國榷》卷六四，第 4001 頁）

大水漲，山崩。（光緒《嘉應州志》卷三〇《災祥》）

三日午時，歸德黑風晝晦，對面不能辨貌，執鎗刀以防不虞，刃頭皆有火光。至次日天明，始復舊。（康熙《河南通志》卷四《祥異》）

雨雹。（康熙《連州志》卷七《變異》）

大雨，水漲山崩。（乾隆《嘉應州志》卷八《災祥》）

大雨水，山崩。烈風雷雨，水漲山崩，程、平皆然。（乾隆《嘉應州志》卷一一《平遠縣》）

四月

乙亥，以水旱（抱本、廣本、閣本、庫本作"災"）蠲順天、廣平、順德、真定、大名、保定、河間七府稅粮有差。（《明世宗實錄》卷五三三，第 8667 頁）

庚辰，雨，羣臣上表賀。上悅，賜祭告各宮廟大臣金幣。（《明世宗實錄》卷五三三，第 8671 頁）

庚寅，雨雹。（《明世宗實錄》卷五三三，第 8673 頁）

庚子，夜，木（閣本作"水"）火土金四星聚於柳。（《明世宗實錄》卷五三三，第 8674～8675 頁）

大雨水。（民國《臨安縣志補》卷五《祥異》）

五月

壬寅朔，日食。（《明世宗實錄》卷五三四，第 8677 頁）

甲寅，金星晝見。（《明世宗實錄》卷五三四，第 8680 頁）

丁巳，金星復晝見。（《明世宗實錄》卷五三四，第 8681 頁）

淫雨不止，大水入郡，城鄉村皆浸，人畜多死。（乾隆《晉江縣志》卷一五《祥異》）

大水没田禾。（嘉慶《高郵州志》卷一二《雜類》）

漳水涉縣南關，民溺死者無筭。（康熙《彰德府志》卷一七《災祥》）

十五日，雨雹，如雞卵。（乾隆《壺關縣志》卷一二《祥異》）

大雨。（嘉慶《惠安縣志》卷三五《祥異》）

十九夜，暴雨，黎明縣前水深丈餘，衝激之聲若雷，民居漂流過半，牛馬畜類漂流塞街而下，不可撈救，男女逃縣後山。須臾間，街之南北不可相通，東城崩壞無餘。垂白之老謂從來不見此水。（康熙《德化縣志》卷一六《祥異》）

大水，人畜多浸死。（康熙《南安縣志》卷二〇《雜志》）

霖雨十二日，大水。（康熙《臨湘縣志》卷一《祥異》）

復州雨雹，大如盤，延袤百里。（嘉靖《全遼志》卷四《祥異》）

六月

大水，没民廬無算。秋旱，歲大歉。（嘉慶《備修天長縣志稿》卷九下《災異》）

初三日，甯波落雪，似黄色。（光緒《慈谿縣志》卷五五《祥異》）

初十日，大雨如注。（康熙《霸州志》卷一〇《災異》）

月中，風雨甚。（天啟《舟山志》卷二《災祥》）

陽武河大水漫溢，田禾、廬舍多傷毀。（光緒《續修嶧縣志·志餘》）

七月

初六日，大水潰城西門。（順治《曲周縣志》卷二《災祥》）

大水。七月二十一日，洛水復漲，新築城崩壞百餘丈，其漂没房宇禾稼，與四十一年同。知州蘇璜補築城垣。（康熙《鄜州志》卷七《災祥》）

八月

壬申，以水災免蘇、松府属正官入覲。（《明世宗實錄》卷五三七，第8709頁）

大水，衝壞城郭田廬，人畜多淹斃者。（民國《永泰縣志》卷二《大事》）

大水，衝壞城郭田廬，人畜淹死無算。（乾隆《永福縣志》卷一〇《災祥》）

大水，山崩。（民國《連江縣志》卷三《大事記》）

十四日，雨雪。（康熙《永壽縣志》卷六《災祥》）

十四日至十八日夜，月圓如望，西滬海溢，三日不汐。（雍正《寧波府志》卷三六《祥異》）

二十日，雷雹傷稼，樹木皆拔。（道光《重修武强縣志》卷一〇《機祥》）

二十日，風雷交作，冰雹如注，殺禾害稼，樹木皆拔。（康熙《武强縣新志》卷七《災祥》）

水，潳鎮靖堡。（萬曆《延綏鎮志》卷三《災異》）

大水，山崩。（嘉慶《連江縣志》卷一〇《灾異》）

大水，衝壞城郭田廬，人畜淹死無算。（乾隆《永福縣志》卷一〇《雜事》）

十月

戊子，金星晝見巳位，至二十二日始没。（《明世宗實錄》卷五三九，第8732頁）

不雪，越明年乙丑夏五月始雨。（乾隆《莊浪志略》卷一九《災祥》）

雷電交作。（乾隆《潮州府志》卷一一《災祥》）

十一月

癸丑，夜，月犯井宿東扇北第二星。（《明世宗實錄》卷五四〇，第8739頁）

十二日，雷震龍見。（萬曆《秀水縣志》卷一〇《祥異》；光緒《嘉善縣志》卷三四《祥眚》）

大雷二次。（康熙《歸安縣志》卷六《災祥》；光緒《歸安縣志》卷二七《祥異》）

十一日戌時，雷電大震，龍見。夜分大霹靂，屋瓦皆震有聲。陰雨十餘日，忽大風大暖……十二月初一日申酉時，雷鳴，是夜大風。初八日，狂風終日，翻屋拔木，黃沙四塞，門戶不可開，池沼湧，舟楫不行。（崇禎《嘉興府志》卷一六《災祥》）

十八日，青天有白气自東南至北斗垣，忽为雷声，不见。（乾隆《无为州志》卷二《灾祥》）

十二日丑、寅時，雨雹，雷長鳴不絕，及明休十口日夜，月明而雷，亦雨雹。（雍正《靈川縣志》卷四《祥異》）

十一日戌時，雷鳴閃電，大霹靂，屋瓦皆震，至十二日寅時方止。陰雨十餘日，忽大風大暖，人皆袒裼如春夏時令。（乾隆《杭州府志》卷五六《祥異》）

大雪。（嘉慶《連江縣志》卷一〇《灾異》）

十二月

乙亥，令順天府官祈雪。（《明世宗實錄》卷五四一，第8754頁）

庚辰，上親祈雪於洪應壇，六日，停刑禁屠，遣公張溶等分告各宮廟。（《明世宗實錄》卷五四一，第8755頁）

朔，雷鳴。夜大風八日，狂風終日，拔木揚沙，舟楫不行。（光緒《嘉興府志》卷三五《祥異》）

朔，雷鳴，大風拔木，揚沙八日，舟楫不行。（光緒《嘉善縣志》卷三

四《祥眚》）

初日申酉，時晴天雷鳴。（乾隆《杭州府志》卷五六《祥異》）

二十九日，夜雪，魚凍浮流，自千秋峽至木馬江，人以手取之。（康熙《桂林府志·祥異》）

是年

春，大水，漂廬舍。（同治《永新縣志》卷二六《祥異》）

春，大雪。（嘉慶《高郵州志》卷一二《雜類》）

春夏，旱，至七月始雨，歲大熟。（同治《靈壽縣志》卷三《災祥》）

夏，霪雨害禾。（光緒《武昌縣志》卷一〇《祥異》）

十二都大雹。（道光《石門縣志》卷二三《祥異》；光緒《石門縣志》卷一一《祥異》）

大寒，淮冰凍合。（光緒《盱眙縣志稿》卷一四《祥祲》）

大水，漂沿河居民房屋無算。（嘉慶《備修天長縣志稿》卷九下《災異》）

歸化大水，南北關俱圮。（乾隆《汀州府志》卷四五《祥異》）

雨雹，地震。（乾隆《潮州府志》卷一一《災祥》）

大水。（崇禎《肇慶府志》卷二《事紀》；康熙《恩平縣志》卷一《事紀》；康熙《興化縣志》卷一《祥異》；民國《恩平縣志》卷一三《紀事》）

大雨雹，殺禾菽。（乾隆《夏津縣志》卷九《災祥》；民國《夏津縣志續編》卷一〇《災祥》）

木稼。（道光《長清縣志》卷一六《祥異》）

大蝗。（乾隆《昌邑縣志》卷七《祥異》）

遂昌大水。（雍正《處州府志》卷一六《雜事》）

秋，大水。（乾隆《沛縣志》卷一《水旱祥異》；民國《大名縣志》卷二六《祥異》；民國《沛縣志》卷二《沿革紀事表》）

旱。冬，無雪。（民國《淮陽縣志》卷八《災異》）

春，大雪。夏，五月大水，沒田禾。（隆慶《高郵州志》卷一二《災祥》）

春，淫雨，去冬十二月起至本年二月始晴，鄉村牲畜凍死三之一，柴價三倍于常。（天啟《封川縣志》卷四《事紀》）

夏，淫雨，城南門以西及北城俱崩陷。（康熙《雷州府志》卷三《建置》）

夏，連雨水害稼。（康熙《武昌縣志》卷七《災異》）

夏，旱。冬，無雪。（順治《沈丘縣志》卷一三《災祥》）

夏，雙洎河溢，害及田疇廬舍城郭。（同治《鄢陵文獻志》卷二三《祥異》）

夏，洪水，仆水門城垣。（萬曆《將樂縣志》卷一二《災祥》）

季夏初，大雨十日，諸苗死。（隆慶《臨江府志》卷六《農政》；康熙《新淦縣志》卷五《歲眚》；康熙《新喻縣志》卷六《歲眚》）

夏，大旱。（萬曆《新修餘姚縣志》卷二三《禨祥》；乾隆《直隸易州志》卷一《祥異》；光緒《餘姚縣志》卷七《祥異》）

夏，不雨。（萬曆《棗強縣志》卷二）

大旱。夏，麥收三分之一。秋，禾收十分之二，公稅不敷。（民國《永和縣志》卷一四《祥異》）

旱，發德州倉米八百石，以其半賑，餘作平糶，納銀二百兩。（雍正《高陽縣志》卷二《賑政》）

大雨雹。（雍正《邱縣志》卷七《災祥》）

暴水驟至，五門俱塞，浮舟於城。（光緒《鉅鹿縣志》卷七《災異》）

冰雹，大如鵝卵，禾麥無存，傷人有至死者。（萬曆《恩縣志》卷五《災祥》）

河決飛雲橋，魚、滕漂沒，運河北徙。（乾隆《兗州府志》卷三〇《災祥》）

河決，飛雲橋漂沒，運河北徙。（道光《滕縣志》卷五《灾祥》）

揚州水災。（宣統《泰興縣志補》卷八《述異》）

大水，橋堰悉壞。（康熙《遂昌縣志》卷一〇《災眚》）

旱。（萬曆《和州志》卷八《祥異》；天啟《新修來安縣志》卷九《祥

異》；康熙《瀏陽縣志》卷九《災異》；康熙《廬州府志》卷三《祥異》）

　　大水，漂沿河居民房屋無算。（康熙《天長縣志》卷一《祥異附》）

　　府屬水，免稅糧有差。（康熙《南昌郡乘》卷五四《祥異》）

　　水，免稅糧有差。（康熙《豐城縣志》卷一《邑志》；康熙《進賢縣志》卷一八《災祥》；康熙《新建縣志》卷二《災祥》）

　　水。（乾隆《武寧縣志》卷一《祥異》）

　　漳州大水。（萬曆《閩大記》卷二《閩記》）

　　井冰。（乾隆《偃師縣志》卷二九《祥異》）

　　雨十二日，大水。（隆慶《岳州府志》卷八《機祥》）

　　水溢，昏夜猝至，人多漂溺。（康熙《衡州府志》卷二二《祥異》）

　　霪雨，自正月至八月少晴。（光緒《九江儒林鄉志》卷二《災祥》）

　　雨雹，地震。（光緒《海陽縣志》卷二四《前事》）

　　旱災。（光緒《永福縣志》卷三《前事》）

　　江川縣大雷雨，地震，晝夜十餘震，浹旬乃止。（隆慶《雲南通志》卷一七《災祥》）

　　旱。大疫。（嘉慶《楚雄府志》卷一《祥異》）

　　秋，旱。（康熙《費縣志》卷五《災異》）

　　秋，復大水，湵死男婦五十餘口，漂没屋舍二百餘區。（乾隆《南靖縣志》卷八《祥異》）

　　水。冬，寒，淮冰合。（乾隆《盱眙縣志》卷一四《蓄祥》）

　　旱，冬，無雪。（康熙《續修陳州志》卷四《災異》）

　　冬，大雪。（順治《固始縣志》卷九《蓄異》）

　　冬，雷電。（同治《南豐縣志》卷一四《祥異》）

　　冬月，河陽雷震。（康熙《澂江府志》卷一六《災祥》）

　　冬，雪深三尺，一月不消。次年大稔。（乾隆《石城縣志》卷七《祥異》）

　　四十三、四、五年，連潦，山石走移，田地有崩殁者。（康熙《桃源縣志》卷一《祥異》）

嘉靖四十四年（乙丑，一五六五）

正月

雷，大雪，木冰。（光緒《靖江縣志》卷八《祲祥》）

雪，雷，木冰。（嘉靖《靖江縣志》卷四《編年》）

雷電交作，木冰。（嘉慶《揚州府志》卷七〇《事略》）

雷雪交作，雨，木冰。（隆慶《儀真縣志》卷一三《祥異》）

大雪，深四五尺。（萬曆《興化府志》卷一二《祥異》）

十二日，通海縣大風，拔木數百株，揭舟入雲，莫知所止。冬，地震，大雨雹。（隆慶《雲南通志》卷一七《災祥》）

二月

不雨，至於七月。（光緒《泗水縣志》卷一四《災祥》）

三月

二十七日，疾風雷雨，方未時忽昏如夜，咫尺不可物色，行人阻駭，至申盡乃稍開霽。（康熙《同安縣志》卷一〇《祥異》）

三、四月，連雨蛟出，水湧平地數尺，漂没粮田廬舍。（康熙《弋陽縣志》卷一《祥異》）

四月

丙戌，不雨，上親禱于洪應壇（庫本作"殿"）。（《明世宗實錄》卷五四五，第 8803 頁）

二十四日，大風拔木。（道光《江陰縣志》卷八《祥異》）

夜，暴水没民居，溺死者眾。（崇禎《長沙府志》卷七《祥異》）

大旱，斗米銀一錢零，民有借穀富室，因而攘之者。（康熙《新安縣

志》卷一一《災異》）

至五月，雨，西北二門城傾四十餘丈。（康熙《潮陽縣志》卷二《城池》）

春大旱。四月，大雹，是月後雨皆雹，秋終乃止，諸禾俱傷。（萬曆《汶上縣志》卷七《災祥》）

至八月不雨，禾菽枯死，蝗生，民多逃亡。（嘉慶《備修天長縣志稿》卷九下《災異》）

五月

初九日，漳平大水，城鄉居民田園半為沙邱。是年，龍巖旱，十月大雪，平地尺餘。（道光《龍巖州志》卷二〇《雜記》）

泗州塔傾，大水。（乾隆《歸善縣志》卷一八《雜記》）

始雨。（乾隆《莊浪志略》卷一九《災祥》）

淮水驟漲，村落陷沒，城內水深五尺餘。（光緒《五河縣志》卷一九《祥異》）

內值淫雨連旬，洪水泛漫，浸泡城腳，以致傾倒。（康熙《德安縣志》卷一《城廓》）

長寧霆雨不止，蛟蜃并出，一夜水高三丈。（乾隆《贛州府志》卷一《機祥》）

九日，洪水汎濫，縣城東北一帶不浸者三版，城內民居淹壞，村落田園化為沙邱。（康熙《漳平縣志》卷九《災祥》）

洪水。（萬曆《將樂縣志》卷一二《災祥》）

決大圍堤。（嘉慶《常德府志》卷一一《隄防》）

大水，淹及府儀門。惠人謂之乙丑水。（光緒《惠州府志》卷一七《郡事》）

雨，大水平地深丈餘，自大靖溪出尤急，東西門城垣皆衝陷。比丙辰年水尤大。（乾隆《潮州府志》卷一一《災祥》）

六月

春，旱。夏，寒。六月，大雨一日夜，積水深五尺餘，没田禾。（嘉慶《高郵州志》卷一二《雜類》）

府屬霪雨，田稻生秧。（乾隆《吉安府志》卷一《機祥》）

滛雨，田中稻生秧，人取焙而食。（乾隆《泰和縣志》卷二八《祥異》）

十日……是日報江水潰城，頃之，報東木堤決，報銀杏堤決，報瓦子灣堤決，四顧皆彌漫矣，溺死者無慮千人，田廬勿論也。（同治《監利縣志》卷一一《藝文》）

二十四日夜，大風拔木。（崇禎《江陰縣志》卷二《災祥》；乾隆《無錫縣志》卷四〇《祥異》；光緒《無錫金匱縣志》卷三一《祥異》）

大水。（光緒《盱眙縣志稿》卷一四《祥祲》）

大雪，木介。夏六月風災，大水。（光緒《武進陽湖縣志》卷二九《雜事》）

春旱，夏寒。六月，大雨一日夜，積水深五尺餘，没田禾。（隆慶《高郵州志》卷一二《災祥》）

七月

丁巳，曉，月犯火星。（《明世宗實錄》卷五四八，第8843頁）

辛亥，徐沛大水，淤連道百餘里。（《國榷》卷六四，第4014頁）

播州大雹雪傷稼。（道光《遵義府志》卷二一《祥異》）

夜，河水暴漲，漂没南關。（道光《清澗縣志》卷一《災祥》）

洛水復漲，入城深五尺，漂没禾稼。（康熙《鄜州志》卷七《災祥》）

河決曹縣。（乾隆《曹州府志》卷五《河防》）

黄河大水異常，淤塞龐家屯，從華山入飛雲橋，分七股奔趨沽沛，自穀亭至境。（康熙《江南通志》卷七〇《藝文》）

蝗。（崇禎《海昌外志·祥異》）

大雨，田禾渰没。十月内，大雨，雷電。（順治《沈丘縣志》卷一三

《災祥》）

播州大雹，雪傷稼。（道光《遵義府志》卷二一《祥異》）

十月

丙子，以水灾（廣本、閣本作"患"）免應天府屬高淳等縣稅粮有差。（《明世宗實錄》卷五五一，第 8876 頁）

丁亥，以旱灾免山東魚台、濟寧、曹州、泗水等十三州縣稅粮有差。（《明世宗實錄》卷五五一，第 8882 頁）

二十九日，夜雪，魚凍浮流，自千秋峽至木馬江，人以手取之。（雍正《靈川縣志》卷四《祥異》）

大雨雪。（乾隆《興安縣志》卷一〇《祥異》）

旱。十月，大雪，平地尺餘。（道光《龍巖州志》卷二〇《災祥》）

十一月

大雪，山谷深四五尺。（嘉慶《連江縣志》卷一〇《灾異》；民國《連江縣志》卷三《氣記》）

初四日，寒甚，雨灑林木盡冰，人稱罕見。（康熙《德化縣志》卷一六《祥異》）

十二月

壬申，夜，火星逆行在井，踰二舍，再旬乃復。（《明世宗實錄》卷五五三，第 8899 頁）

丙子，以冬旱禱雪于雷軒，命公朱希忠、行禮尚書郭朴等祭告玄極寶殿，百官致齋三日，停刑禁屠如例。（《明世宗實錄》卷五五三，第 8902 頁）

丁丑，以火星逆行下詔修省。（《明世宗實錄》卷五五三，第 8903 頁）

丁丑，是日大雪，百官表賀。（《明世宗實錄》卷五五三，第 8903 頁）

初六日，大雪，山村雪厚至三四尺，四五日方消，郡從前少雪，人以為異。（乾隆《晉江縣志》卷一五《祥異》）

初六日，大雪。（嘉慶《惠安縣志》卷三五《祥異》）

雷，麥苗枯。（萬曆《蒲臺縣志》卷七《災異》）

大雪。（康熙《南安縣志》卷二〇《雜志》）

是年

夏，弋陽霪雨，蛟出水湧，平地數尺，漂没田廬。（乾隆《廣信府志》卷一《祥異》）

夏，大暑，人有病暍而死者。（萬曆《洪洞縣志》卷八《祥異》；民國《洪洞縣志》卷一八《祥異》）

夏，旱。（乾隆《洵陽縣志》卷一二《祥異》；嘉慶《白河縣志》卷一四《祥異》；光緒《洵陽縣志》卷一四《祥異》）

績溪水災。（道光《徽州府志》卷一六《祥異》）

德化木冰。（乾隆《永春州志》卷一五《祥異》）

大水，南北關均毀。（民國《明溪縣志》卷一二《大事》）

彗星見，大旱，自五月至七月初二日始雨。（民國《商水縣志》卷二四《雜事》）

大旱，蝗，無禾。（嘉慶《孟津縣志》卷四《災祥附》）

大水。公安大湖淵及雷勝明灣決。（光緒《荆州府志》卷七六《災異》）

大湖淵及雷勝明灣決。（同治《公安縣志》卷三《祥異》）

襄陽雨蕎麥黑豆。（同治《宜城縣志》卷一〇《祥異》）

大水，旱禾俱浸。（康熙《武昌縣志》卷七《災異》；光緒《武昌縣志》卷一〇《祥異》）

大水。（天啓《新修來安縣志》卷九《祥異》；康熙《臨湘縣志》卷一《祥異》；康熙《寶慶府志》卷二二《五行》；乾隆《彌勒州志》卷二四《祥異》；乾隆《長沙府志》卷三七《災祥》；乾隆《陸凉州志》卷五《雜志》；嘉慶《長沙縣志》卷二六《祥異》；咸豐《青州府志》卷六三《祥異》；同治《漢川縣志》卷一四《祥祲》）

徐、蕭、沛、豐大水，民饑。蕭，旱蝗。（同治《徐州府志》卷五下《祥異》）

大河決於此。（嘉慶《蕭縣志》卷一八《祥異》）

黃河泛溢。秋，旱蝗。工部尚書朱衡請旨發賑。（光緒《豐縣志》卷一六《災祥》）

海颶為災。（萬曆《嘉定縣志》卷一七《祥異》）

木稼四十日。（道光《長清縣志》卷一六《祥異》）

旱蝗。（乾隆《平原縣志》卷九《災祥》）

冬，地震，大雨雹。（道光《昆明縣志》卷八《祥異》）

冬，雷震，大雨雪，又下黃土。（乾隆《松陽縣志》卷一二《祥異》；光緒《松陽縣志》卷一二《祥異》）

冬，雷電，大雹。（雍正《處州府志》卷一六《雜事》）

春，大風，害麥。夏四月，大蝗。（嘉慶《昌樂縣志》卷一《總紀》）

春，大風，害麥……大蝗，害民田禾幾半，哭聲徧野。（萬曆《安邱縣志》卷一下《總紀》）

春，大風，害麥。夏，大蝗。（康熙《莒州志》卷二《災異》；康熙《杞紀》卷五《繫年》；民國《濰縣志稿》卷二《通紀》）

春，久雨，東西二門圮。（乾隆《安遠縣志》卷二《城池》）

春至夏，不雨。（萬曆《棗强縣志》卷二）

夏，不雨。秋，生螟。（乾隆《橫州志》卷二《菑祥》）

夏，霪雨連月，水壞民居。知縣林公乘舟問勞，民皆感泣。（雍正《懷遠縣志》卷八《災異》）

滹沱河清，自天宮口至武强縣界止。（雍正《深州志》卷七《事紀》）

旱。（康熙《興安州志》卷三《災異》；乾隆《太平縣志》卷八《祥異》；乾隆《綏德州直隸州志》卷一《歲徵》）

蝗。（民國《紫陽縣志》卷五《災祥》）

木稼四十日。（康熙《長清縣志》卷一四《災祥》）

河決沛縣，上下二百餘里，運道俱淤。（乾隆《臨清直隸州志》卷一

《運河》)

颶風。(光緒《寶山縣志》卷一四《祥異》)

黃水復至城南，泛溢不時，民盡流移。(隆慶《豐縣志》卷下《祥異》)

績溪水災。(道光《徽州府志》卷一六《祥異》)

贛大水，三院疏請發賑，改折如四十二年例，餘縣俱從寬恤。(同治《贛州府志》卷一五《恩恤》)

(城垣)復遭水圮。(同治《贛縣志》卷一〇《城池》)

永豐里雨雹，大如鵝卵，折樹碎瓦，觸傷人畜。(乾隆《南靖縣志》卷八《祥異》)

大水，南北兩關崩。(康熙《歸化縣志》卷一〇《災祥》)

郡大水，堤潰。(乾隆《陳州府志》卷一四《名宦》)

飛蝗蔽日。(乾隆《黃州府志》卷二〇《祥異》)

荆州大水。(光緒《江陵縣志》卷六一《祥異》)

堤決黃師廟、李家埠、何家墙、文家垸、金沙湖諸堤，而大興垸亦大潰。(萬曆《湖廣總志》卷三二《水利》)

岳州、長沙、寶慶、龍陽大水。(乾隆《湖南通志》卷一四二《祥異》)

大圍堤五月決。(同治《武陵縣志》卷四六《藝文》)

大水。南水為災，是年獨甚。(康熙《安鄉縣志》卷二《災祥》)

大水，南門災。冬，雪冰，旬有五日不解。(嘉慶《沅江縣志》卷二二《祥異》)

築新城，穀貴。(康熙《番禺縣志》卷一四《事紀》)

廣寧大水，賑之。(道光《肇慶府志》卷二二《事紀》)

雨潦，城圮。(雍正《廣東通志》卷一四《城池》)

秋，大風，雨蕎麥、黑豆於城北數里，粒極小，種之亦生，不實。(萬曆《襄陽府志》卷三三《災祥》)

秋，大雨雹，秋稼不成。(乾隆《寧州志》卷二《祥異》)

冬，地震，雨雹。(道光《昆明縣志》卷八《祥異》)

冬，大雨雹。（民國《新纂雲南通志》卷一八《氣象》）

冬，雷電，大雨雹。（康熙《遂昌縣志》卷一〇《災眚》）

四十四、五年連遭大水，損壞田廬、橋樑無算。（康熙《平江縣志·災沴》）

嘉靖四十五年（丙寅，一五六六）

正月

己亥，金星晝見。（《明世宗實錄》卷五五四，第8911頁）

戊申，大風揚塵四塞。（《明世宗實錄》卷五五四，第8912頁）

朔，黑風晝晦，大雨雪。（民國《淮陽縣志》卷八《災異》）

朔，黑風晦，抵晚雨雪，七日止，平地深丈餘。（康熙《續修陳州志》卷四《災異》）

大風霾。（順治《易水志》卷上《災異》）

八、九日夜半雷。（乾隆《杭州府志》卷五六《祥異》）

大雨雹。秋大旱，無禾。（乾隆《永春州志》卷三四《祥異》）

十六日，大雨雹。（乾隆《德化縣志》卷一七《五行》）

二月

庚辰夜，蘭谿谷大雨雹。（《國榷》卷六四，第4023頁）

雨雹，大如斗如甕，房屋破壞，人物觸之皆死。（光緒《嘉應州志》卷三〇《災祥》）

大風雨震，報恩寺幾盡。（光緒《金陵通紀》卷一〇中）

大風雨震，報恩寺殿宇皆盡。（同治《上江兩縣志》卷二下《大事下》）

嚴寒傷人。（光緒《靖江縣志》卷八《禩祥》）

十八日夜，蘭谿大雨雹。（萬曆《金華府志》卷二五《祥異》）

寒傷人。（嘉靖《靖江縣志》卷四《編年》）

雨雹。（道光《金華縣志》卷一二《祥異》）

十八日夜，大雨雹。是夜亥時雨雹大如雞卵，十九都尤多，屋無完瓦。（光緒《蘭谿縣志》卷八《祥異》）

雷雨交作，雨雹大如斗、如甕，房屋破壞，人物觸之皆死。（乾隆《程鄉縣志》卷八《災祥》）

疾風，震雨雹。是時雷雨交作，雹大如斗、如甕，屋室破壞，人物觸之皆死。程、平皆然。（康熙《平遠縣志》卷四《災異》）

迅雷，大雨雹，人物觸之立斃。（乾隆《潮州府志》卷一一《災祥》）

大雨雪，雹。（道光《遵義府志》卷二一《祥異》）

至八月，不雨，蝗復生。（嘉慶《備修天長縣志稿》卷九下《災異》）

三月

五日，黑風西來，晝晦。（光緒《懷來縣志》卷四《災祥》）

大雨雹，其雹大者如斗，小者如缶，城西五六十里內屋瓦皆壞，人伏桌下避之，山木盡傷，禽獸有擊死者。（康熙《電白縣志》卷六《邑紀》）

四月

壬戌朔，日有食之。（《明世宗實錄》卷五五七，第8953頁）

己巳，直隸滁州大雨雹。（《明世宗實錄》卷五五七，第8956頁）

大雷電，雨雹。（隆慶《儀真縣志》卷一三《祥異》；嘉慶《揚州府志》卷七〇《事略》）

大風拔木。（康熙《連州志》卷七《變異》）

五月

辛卯朔，木星逆行，留守太微垣左執法。（《明世宗實錄》卷五五八，第8965頁）

二十一日夜，郡城大風雨，如雷響，城樓鋪垛多壞，清軍館前大榕拔

起，田禾多害。（乾隆《晉江縣志》卷一五《祥異》）

二十二日，颶風大發，壞船百艘。（雍正《寧波府志》卷三六《祥異》）

二十二日，夜郡城大風雨，如雷響，城樓鋪垛多壞，清軍館前大榕拔起，田禾多害。（道光《晉江縣志》卷七四《祥異》）

二十四日，颶風大作。（乾隆《象山縣志》卷一二《機祥》）

城東大雨雹。（乾隆《河間縣志》卷一《紀事》）

雨雹如雞鵝卵，屋瓦皆碎，田禾盡摧。（光緒《東光縣志》卷一一《祥異》）

雨雹。（萬曆《杞乘》卷二《今總紀》；康熙《南皮縣志》卷二《災異》）

大雨雹，須臾風雨交作，如拳，如碗，人物多傷，二麥盡覆。（萬曆《任丘志集》卷八《祥異》）

大水。（乾隆《遂安縣志》卷九《災異》）

夏仲，恒雨殺禾。五月朔雨。（康熙《宜黃縣志》卷七《藝文》）

六月

乙亥，雷電雨雹。（《明世宗實錄》卷五五九，第8982頁）

戊寅，以久旱，上親祈雨于凝道雷軒。越三日，大雨。群臣上表稱賀。（《明世宗實錄》卷五五九，第8983頁）

大雨三晝夜。（光緒《靖江縣志》卷八《禖祥》）

城西北冰雹大如鵝卵，禾麥無存，傷人，有至死者。（宣統《恩縣志》卷一○《災祥》）

丙子，旱，（帝）親禱雨於凝道雷軒，越三日雨，群臣表賀。（《明史·世宗紀》，第250頁）

城西北冰雹大如鵝子，禾麥無存，傷人至死。（乾隆《東昌府志》卷三《總紀》）

大雨水傷禾。（萬曆《六合縣志》卷二《災祥》）

大雨。（民國《淮陽縣志》卷八《災異》）

雨四旬，大水，平地行舟，禾稼淹没，廬舍傾毀，城郭亦多圮壞。（康熙《續修陳州志》卷四《災異》）

三十日，龍過西湖，風雨大作，寶叔塔頂墮，湖船翻三四隻，接待寺新建千佛巨閣，平地帶起丈餘者三次，跌為齏粉，無完植者。（民國《杭州府志》卷八四《祥異》）

驟雨三日，通縣皆没。（嘉靖《靖江縣志》卷四《編年》）

夏，淫雨連月，水逼城，約深三丈。至六月二十五日，北城西忽破，水突入城中，宮室衝流殆盡，人畜溺死者無算，南門地高水淺，男婦多藉南城為棲。郡守楊公惟喬集舟筏以拯生，置義塚以瘞死，施藥餌以療病，散金穀以賑饑，人多賴焉。（順治《壽州志》卷四《災祥》）

七月

戊午，貴（抱本、廣本、閣本作“貴”）州都勻府地震。（《明世宗實錄》卷五六〇，第 8993 頁）

水大，至米價騰湧，歲飢。（咸豐《順德縣志》卷三一《前事畧》）

左衛大雨，有物如蠅而四翅，徧于城市，人皆不識。（雍正《朔平府志》卷一一《外志》）

朔，雨，二日大雨。（康熙《宜黃縣志》卷七《藝文》）

初十日午刻，雲暗如昏，大風雨，冰雹如弹，平地盈尺，四山盡白，須臾而消。秋冬大旱，無禾。（乾隆《德化縣志》卷一七《五行》）

潦水大至。米價騰湧，歲饑。（康熙《順德縣志》卷一三《紀異》）

大水。秋冬，饑。（宣統《南海縣志》卷二《前事補》）

潦水大至，米價騰湧。（乾隆《香山縣志》卷八《祥異》）

八月

乙丑，寧夏衛地震。（《明世宗實錄》卷五六一，第 8995 頁）

甲戌，寧夏衛地震有聲。（《明世宗實錄》卷五六一，第 8996 頁）

大水，湖堤决。（隆慶《寶應縣志》卷一〇《災祥》）

九月

壬辰，湖廣襄（廣本、閣本作"勛"）陽等處大霆雨，累晝夜不止，平地水深丈餘，隨壞城垣，漂没廬舍，民溺死無筭。（《明世宗實録》卷五六二，第9004頁）

癸巳，郧陽、襄陽大雨水，壞城舍人畜亡算。（《國榷》卷六四，第4029頁）

大水崩城，瀕河居民死者甚衆。（同治《宜城縣志》卷一〇《祥異》）

禾稼已成，陡作雷雨，其色如墨，一晝夜方止，溝澮皆盈，禾稼盡爛，次年大饑。（民國《洪洞縣志》卷一八《祥異》）

天忽作雷雨，一晝夜，其色如墨，溝澮皆盈，禾稼盡爛。次年，大饑。（民國《翼城縣志》卷一四《祥異》）

陰雪竟月，河流凍合，民多僵斃。（乾隆《蘄水縣志》卷末《祥異》）

九日，（大水）衝决東南門外土堤，城半崩塌，民多漂没。（萬曆《湖廣總志》卷三三《水利》）

大水，屋宇漂流，城市行船渡救之。（萬曆《襄陽府志》卷三三《災祥》）

江溢，直衝迎水洲而下，改徙瀉潼河，新洪逼城五里許。又由使風、龍潭二港衝洗南北城樓。自此水漲徑撼城堤，殆無虚歲。（萬曆《湖廣總志》卷三三《水利》）

十月

戊午朔，以兩淮水災，留運司工本鹽銀二萬兩，賑濟灶丁。（《明世宗實録》卷五六三，第9017頁）

癸酉，夜望，月食。（《明世宗實録》卷五六三，第9021頁）

乙亥，以湖廣水災詔免各府衛屯粮料價有差，仍改折漕粮十四萬石。（《明世宗實録》卷五六三，第9022~9023頁）

丙戌，以水災免遼東都司定遼左等一十九衛所屯粮有差。（《明世宗實録》卷五六三，第9029頁）

丙戌，以水災免遼東都司定遼等一十九衛所屯糧有差。（民國《奉天通

志》卷一八《大事》）

大雷雹。（同治《永新縣志》卷二六《祥異》）

閏十月

癸巳，以水災蠲山東登、萊等府秋粮有差。（《明世宗實錄》卷五六四，第 9036 頁）

癸巳，寧夏衛地震。（《明世宗實錄》卷五六四，第 9036 頁）

十一月

己未，以久旱命有司祈雪。（《明世宗實錄》卷五六五，第 9049 頁）

乙丑，雪，群臣上表稱賀。（《明世宗實錄》卷五六五，第 9051 頁）

十二月

甲午，以鳳揚（舊校改"揚"作"陽"）府壽州水災，停徵四十五年分備用馬價。（《明世宗實錄》卷五六六，第 9062 頁）

大雪兼旬。（光緒《金陵通紀》卷一〇中）

雷鳴。（康熙《郯城縣志》卷九《災祥》）

雨，木冰。（萬曆《江浦縣志》卷一《縣紀》）

大風雪，巢湖冰堅。舒城雪竟月，高數尺餘。（康熙《廬州府志》卷三《祥異》）

大風雪，巢河湖水堅冰，行人凍死者眾。踰月，冰未解。（康熙《巢縣志》卷四《祥異》）

二日，大雪，竟月方止，積高數尺許。（萬曆《舒城縣志》卷一〇《祥異》）

大雪。是年正月，雨雪七日，雪深丈餘。六月，大雨四旬，平地行舟，禾稼潦没，廬舍城郭多圮，民間訛言某日州城當陷，官民多備舟楫，大饑。十二月，大雪七日，深六七尺，至歲除日方霽，是年甘露降。（民國《淮陽縣志》卷八《災異》）

大雪七日，深數尺，至歲除日方霽。是年甘露降。（康熙《續修陳州志》卷四《災異》）

大雨二十餘日，民有凍死者。（民國《首都志》卷一六《大事表》）

大雪二十餘日，民有凍死者。（萬曆《六合縣志》卷二《災祥》）

是年

春，大風霾。（康熙《定興縣志》卷一《機祥》；光緒《定興縣志》卷一九《災祥》）

春，甘露降於典史孫思聰宅內槐樹。未幾，聰卒於官。（民國《項城縣志》卷三一《祥異》）

颶風大作，樹木盡折。（嘉慶《瓊東縣志》卷一〇《紀災》；嘉慶《會同縣志》卷一〇《雜志》）

大水壞民屋，民多溺死，其隣河村店舟入市。（乾隆《新蔡縣志》卷一〇《雜述》）

旱。邑田濱海者，地本斥鹵，為海泥所淤。一月不雨，鹹氣上升，禾苗立槁，內田即有水道，或旱久江涸，海潮氾濫，溝澮皆鹹，桔橰亦無所施，被災較他邑獨烈。（嘉慶《澄海縣志》卷五《災祥》）

鄖西大霪雨，平地水丈餘，壞城垣廬舍，人物溺死無算。（同治《鄖陽府志》卷八《祥異》）

傾洗竹林寺。（同治《公安縣志》卷三《祥異》）

大水沒田。秋，霖，爛禾稼。冬，大雪連月。（光緒《武昌縣志》卷一〇《祥異》）

大雪，民多僵斃。（康熙《孝感縣志》卷一四《祥異》；康熙《鼎修德安府全志》卷三《災異》；光緒《孝感縣志》卷七《災祥》）

徐，大水，饑。碭，大雪傷禾。（同治《徐州府志》卷五下《祥異》）

徐大水，以淮、徐饑，命巡鹽御史以修河道銀賑之。（民國《銅山縣志》卷四《紀事表》）

大水。（隆慶《岳州府志》卷八《機祥》；萬曆《襄陽府志》卷三三

《灾祥》；萬曆《池州府志》卷七《祥異》；雍正《遼州志》卷三《祥異》；乾隆《黄州府志》卷二〇《祥異》；乾隆《辰州府志》卷六《機祥》；乾隆《銅陵縣志》卷一三《祥異》；道光《辰溪縣志》卷三八《祥異》；光緒《盱眙縣志稿》卷一四《祥祲》；光緒《遼州志》卷三下《祥異》）

大水，漂没廬舍人畜無算。（光緒《續修嵩明州志》卷二《災祥》）

諸暨大水，漂民居。（萬曆《紹興府志》卷一三《災祥》）

大水，漂民居。（乾隆《諸暨縣志》卷七《祥異》；光緒《諸暨縣志》卷一八《災異》）

秋，大風雨，城市廬舍多傾壞，坊表石柱皆搖動。（嘉慶《松江府志》卷八〇《祥異》）

秋，大水。（萬曆《沛志》卷一《邑纪》；光緒《光化縣志》卷八《祥異》）

秋，大風雨，壞城市廬舍，牌坊石柱俱為之搖動。（同治《上海縣志》卷三〇《祥異》）

秋，大風雨害稼。（乾隆《青浦縣志》卷三八《祥異》；光緒《青浦縣志》卷二九《祥異》）

大水。公安水，傾洗竹林寺。宜都冬初大雪，踰明年春盡乃止，民有凍死者。（光緒《荆州府志》卷七六《災異》）

冬，大霜如雪。（嘉慶《蘭谿縣志》卷一八《祥異》）

春，大雪，飛霜遍地。秋，大水。（順治《固始縣志》卷九《菑異》）

春，不雨，秋，復不雨，人民遭殁。（崇禎《興寧縣志》卷六《災異》）

春夏，大水害田。秋冬大旱，高田晚禾無收。（萬曆《永春縣志》卷六《歲眚》）

夏，不雨，苗盡槁。（乾隆《横州志》卷二《菑祥》）

夏，大水，禾盡没，民舍漂溺。（天啟《鳳陽新書》卷四《星土》）

秋，旱。（天啟《新修來安縣志》卷九《祥異》）

夏，旱。（康熙《高邑縣志》卷中《災異》）

夏，白龍見西南，旋大雨如注，西方獨霽。（咸豐《大名府志》卷四

《年紀》)

夏，蝗。秋，霜傷稼。(光緒《祁縣志》卷一六《祥異》)

夏，大水。(萬曆《霍邱縣志》卷一〇《災祥》)

大雨雹，屋瓦盡毀。(乾隆《新安縣志》卷七《襪祚》)

余南歸。十二月初三日雪後至獻縣，微風，天濛濛霧，約三時復開霽。則見萬木籠鬙，校條凝結，參差綴下，宛然玉樹……非冰非雪，遠近相同，蓋霧淞也。其兆為豐年……明年為隆慶元年，果大有年。(《賢博編》)

冰雹傷田。夏旱。冬襖，桃杏花。(光緒《富平縣志稿》卷一〇《祥異》)

大蝗。(民國《臨淄縣志》卷一四《災祥》)

河決至鄆，灌城濠而北。(康熙《鄆城縣志》卷七《河患》)

大旱。知縣劉良弼建社倉於各區，貯米以備賑濟。(民國《金壇縣志》卷四《蠲振》)

大水，禾稼盡沒。民饑。(萬曆《鹽城縣志》卷一《祥異》)

大水，有賑。(順治《徐州志》卷八《災祥》)

水，改折漕糧三分。(康熙《杭州府志》卷一二《郵政》)

舒城蝗，旱，禾稼盡枯。(嘉慶《廬州府志》卷四九《祥異》)

大雪傷禾。(崇禎《碭山縣志》卷下《祥異》)

五都地方自七月不雨，至來春三月，井竭人渴，至有二里外乘夜汲水而飲者。(康熙《詔安縣志》卷二《祥異》)

大水，衝壞(橋)二墩。(康熙《永定縣志》卷三《橋渡》)

城池冰生花，大者如松、柏、梅，小者如萱、蒲、蔬。(萬曆《原武縣志》卷上《祥異》)

縣城內澤冰，成花木之狀。(康熙《長垣縣志》卷二《災異》)

大水，河溢者三。(順治《沈丘縣志》卷一三《災祥》)

大水壞民屋，民多溺死，其鄰河村店舟入市。(乾隆《新蔡縣志》卷一〇《雜述》)

水漲入城。(乾隆《江夏縣志》卷一五《祥異》)

積雪，冰柱垂地，行人多僵死。(康熙《大冶縣志》卷四《災異》)

水。冬大雪，民多僵死。（同治《漢川縣志》卷一四《祥祲》）

應山大旱。（民國《湖北通志》卷七五《災異》）

大水没田。秋，霪雨，禾存者亦腐爛，穀騰貴。冬，大雪連月，至次年春連雨，大冷，百物俱傷，人民受困。（康熙《武昌縣志》卷七《災異》）

大水，隄防蕩洗殆盡，民之溺死者不下數十萬。（康熙《荆州府志》卷八《隄防》）

水，傾洗竹林寺。（光緒《荆州府志》卷七六《祥異》）

天雨蟲寸許，色黑，草木盡食。（順治《遠安縣志》卷四《祥異》）

大旱。大雪，逾明年春盡乃止。（康熙《宜都縣志》卷一〇《災祥》）

大旱。大雪，逾年春盡乃止。（同治《長陽縣志》卷七《災祥》）

洪水四溢，郡治及各州縣城俱潰，民漂流以數萬計。（萬曆《湖廣總志》卷三三《水利》）

大風拔樹，迅雷甚作。（萬曆《襄陽府志》卷三三《祥災》）

平江、臨湘大水。二邑四十四年亦有水患，而本年爲甚。蛟水發，山平江衝，塌田廬、橋梁、道路，人畜亦多淹斃。（乾隆《岳州府志》卷二九《事紀》）

安鄉水。（乾隆《直隸澧州志林》卷一九《祥異》）

旱。（嘉慶《潮陽縣志》卷一二《紀事》）

颶風，雨漲。（乾隆《瓊郡志》卷一〇《災祥》）

秋，酷暑，大旱，民疫死者相枕藉。（乾隆《贛州府志》卷一《機祥》）

秋，大水，壞民廬舍，舟行入市，多溺死。（順治《息縣志》卷一〇《災異》）

秋，風雨大作，城市閭舍多傾壞，牌坊石柱俱搖動。（乾隆《上海縣志》卷一二《祥異》）

秋，大水入城。有虎至郊，捕之。（萬曆《襄陽府志》卷三三《災祥》）

秋冬，大旱，無禾。（民國《德化縣志》卷一八《祥異》）

冬，大霜如雪，菜麥樹木多凍死。（嘉慶《蘭谿縣志》卷一八《祥異》）

冬，雨冰。（萬曆《雄乘·災異》）

冬，大雪，積陰自十月至次年正月始霽，平地雪深數丈。（萬曆《合肥縣志·祥異》）

冬，大雪二十餘日，民有凍死者。（乾隆《溫縣志》卷一《災祥》）

冬，雨雪，經月不止。（民國《湖北通志》卷七五《災異》）

冬，凍雪三月，裂足死者無數。（順治《黃梅縣志》卷三《災異》）

冬初，大雪，逾明年春盡乃止，民有凍死者。（光緒《荊州府志》卷七六《災異》）

（通海縣）冬，復地震，大雨雹。（隆慶《雲南通志》卷一七《災祥》）

嘉靖末造，歷隆慶以迄萬曆之六載，淮西之民苦水之為害也久矣，一望沮洳，四野瀰漫，居鮮室廬，無淪土壤矣。蒞茲土者，觸目疚心，手援無策。（民國《泗陽縣志》卷九《河渠》）

穆宗隆慶年間

（一五六七至一五七二）

隆慶元年（丁卯，一五六七）

正月

戊申，是夜京師地震（《明穆宗實錄》卷一，第10頁）

丁卯，停觧湖廣撫按衙門嘉靖四十五年、隆慶元年（各本"年"下有"分"字）贓贖銀兩，發修荊襄等府城堤，以撫按官奏水災衝決故也。（《明穆宗實錄》卷二，第58頁）

癸酉，夜，月犯角宿南星。（《明穆宗實錄》卷三，第71頁）

丁巳，桂陽州藍山縣大水。（《國榷》卷六五，第4044頁）

元日，夜，大風雷震。望日，雷又震。（民國《鹽山新志》卷二九《祥異表》）

雨，木冰。（光緒《孝感縣志》卷七《災祥》）

時雨數次。是年，禾稼倍收。（康熙《徐溝縣志》卷三《祥異》）

雷。（萬曆《蒲臺縣志》卷七《災異》）

朔，大風異常，沍凍，民有墮指者。冬，復大雪，如前年。（萬曆《合肥縣志·祥異》）

二月

十八日清明節。是日，驟寒如窮冬，至晚大風雪，京師城內九門，凡凍死一百七十餘人，崇文門下肩輿中婦人并所抱孩子俱僵死，并輿夫二人亦仆，俄亦僵踞，不復活。（《萬曆野獲編·補遺》卷四）

春，清明日，風雪交作，寒冽異常，民有凍死者。（民國《順義縣志》卷一六《雜事記》）

榆林、保寧、懷遠等堡旗杆戈戟火出有聲。（康熙《陝西通志》卷三〇《祥異》）

大雨雹。（同治《興國縣志》卷三一《祥異》）

三月

戊午，夜，木星逆行，守亢宿。（《明穆宗實録》卷六，第160頁）

癸酉，直隸巡按御史周弘祖言："淮安府所屬十一州縣水災重大，種馬、人户流移未復，請仍以三年為限，將逃户、種馬折價悉與蠲免，俟其歸復，仍舊徵解。"兵部請從其議，并行有司加意招復。上是之。（《明穆宗實録》卷六，第172頁）

崇德鄉甘露降。（光緒《嘉興府志》卷三五《祥異》）

癸亥，黃霧四塞。清明日，京師甚和暖，晚間風雪交作，寒冽異常。次日，九門報：城外凍死者一百七十人，崇文門下乘轎婦人，母子俱死轎中，而轎夫亦死轎下。（光緒《順天府志》卷六九《祥異》）

甘露降。（光緒《石門縣志》卷一一《祥異》）

大雨渰麦。（順治《沈丘縣志》卷一三《災祥》）

甲寅，南鄭雨土。（《明史·五行志》，第512頁）

四月

丙申，黃塵四塞。（《明穆宗實録》卷七，第201頁）

初八日，雨，至五月初一日乃止。（乾隆《晉江縣志》卷一五《祥異》；

嘉慶《惠安縣志》卷三五《祥異》；道光《昌化縣志》卷一五《祥異》）

大水入城，奉溪山崩七處。（光緒《富川縣志》卷一二《雜記》）

初八日，大雨連綿，至五月初一日乃止，四五都岐山崩壞屋，壓死林家九人。（康熙《永春縣志》卷一○《災祥》）

京師黃霧四塞。夏，京師大水。（光緒《順天府志》卷六九《祥異》）

澇，溝鄉雨雹，深尺許，麥禾盡殺。（康熙《郊城縣志》卷九《災祥》）

大水入城。（乾隆《平樂府志》卷一二《雜記》）

井研縣南倒石橋赤光從地起，燭天，經七日不散。（光緒《資州直隸州志》卷三○《祥異》）

五月

甲子，大同大雨雹。（《明穆宗實錄》卷八，第 228 頁）

己巳，是年春汛。（《明穆宗實錄》卷八，第 229 頁）

癸未，修理普濟閘，以河水衝溢也。（《明穆宗實錄》卷八，第 240 頁）

隆慶元（《府志》作"五"）年五月，大水，城東門不沒者僅三尺許，水東，民房沒至四五尺，民人俱依邱陵，棲宿一晝夜。漂流禾苗、六畜、貨物無數。（民國《賀縣志》卷五《災異》）

大水，城東門不沒者，僅三尺許，水東沒至四五尺，民人俱依崗陵棲宿一晝夜，漂流禾苗、六畜、貨物無數。（民國《信都縣志》卷五《災異》）

五日夜，道州出蛟，大水入縣城，至學前漶壞田廬車壩無算。（同治《江華縣志》卷一二《災異》）

大水。（康熙《通州志》卷一一《災異》）

五日，大雨雹，深半尺，傷稼。（雍正《臨汾縣志》卷五《祥異》）

山水驟溢，決新河，壞漕艘。（民國《山東通志》卷一○《通紀》）

旱。（天啟《新修來安縣志》卷九《祥異》）

大水，異鼠害稼。（乾隆《江夏縣志》卷一五《祥異》）

屬境出蛟，大水，漂沒田廬人畜無算。（道光《永州府志》卷一七《事紀畧》）

五日，巨水泛漲，城不浸者三版，漂泊（疑當作"没"）田廬人畜不可勝計。是夜，有蛟出，其聲如笙，兩目似炬，順流而去，眾皆愕異。（光緒《道州志》卷一二《祥異》）

連州大水，平地丈餘。（萬曆《廣東通志》卷六《事紀》）

時夏秋陰雨，城圮幾半。（民國《劍閣縣續志》卷九《藝文》）

至七月雨不止，壞垣牆禾黍。（《明史·五行志》，第475頁）

六月

乙酉，新河鮎魚口等處山水暴決，漂没運船數百艘，人民溺水（各本作"死"）無算。（《明穆宗實錄》卷九，第242頁）

壬辰，兵部侍郎（各本作"郎中"）鄧洪震疏言："臣竊見入夏以来，淋雨弥月不止，此陽制于陰，仁柔不断之象。又京師去冬地震，今春（抱本、廣本、閣本'春'下有'風'字）霾大作，白日無光，占者為（舊校改'為'作'謂'）地震。陰，不静也，主嬖倖，蠱惑女寵漸盛。風霾，兵象也，主夷虜将有窺伺中國（抱本、廣本、閣本'國'下有'者'字）。近日，大同又報雨雹傷人畜，平虜衛地震有聲，以陛下臨御甫及半載，而災異疊見如此，豈無所以致之者耶。"（《明穆宗實錄》卷九，第244~245頁）

乙未，修理河西務馬營道口等處堤岸，以水災衝決也。（《明穆宗實錄》卷九，第247頁）

丙申，以霖雨壞民廬舍，令五城御史以房號錢、巡按御史以贓罰銀分賑之。貧者户給銀五錢，次三錢，仍諭都察院左（嘉本作"右"）都御史王廷等督御史嚴加稽察，務使貧民得沾實惠。（《明穆宗實錄》卷九，第250~251頁）

丁酉，禮科都給事中何起鳴等以邊鎮地方（廣本、武大本、嘉本作"震"）雨雹，京師霪雨不止，請早朝。晏退，詢大臣開言路、遠聲色、戒佚遊、重邊防、節財用，并下所司務修舉實政，以應天心，弭災害，報聞。（《明穆宗實錄》卷九，第251頁）

甲辰，吏部尚書楊博以凡霪雨、地震、冰雹，悉為兵象，疏請申飭邊

備。（《明穆宗實録》卷九，第 259 頁）

丙午，御史劉翾奏："北（抱本、廣本、閣本'北'下有'直'字）隸、武清（武大本、抱本、嘉本'清'下有'縣'字）等處，山東汶上縣等處水災異常，壞漕河是（廣本、嘉本作'堤'）岸橋閘，及民間廬舍、田禾甚眾，請下撫按官查勘蠲賑。"章下所司。（《明穆宗實録》卷九，第 260 頁）

戊申，以霪雨詔免宣府鎮南山一帶衛所屯粮有差。（《明穆宗實録》卷九，第 262 頁）

庚戌，御史王廷瞻以雨災言："三公（武大本、抱本作'宫'）勳戚牧場子粒新增銀兩，及裕府莊田改作乾清宫供用錢粮者，宜賜蠲恤。"上命（抱本、廣本、閣本"命"下有"如"字）詔旨，免十之五。（《明穆宗實録》卷九，第 268～269 頁）

大風海溢，民大饑。（嘉慶《上海縣志》卷一九《祥異》；道光《川沙撫民廳志》卷一二《祥異》；同治《上海縣志》卷三〇《祥異》；光緒《川沙廳志》卷一四《祥異》）

雨雹，大如雞卵，堆成岡阜，三日後乃消。（嘉慶《蕭縣志》卷一八《祥異》）

大水。飢。（康熙《大城縣志》卷八《災祥》）

大水。（康熙《定州志》卷五《事紀》）

大水，民大饑。（順治《易水志》卷上《災異》；康熙《定興縣志》卷一《機祥》；民國《新城縣志》卷二二《災禍》）

大水，大饑。（乾隆《新安縣志》卷七《機祚》）

旱。（萬曆《棗强縣志》卷一《災祥》）

朔，大雨雹，積冰三日不化。淫雨月餘。秋大風，發屋壞禾。（順治《登州府志》卷一《災祥》）

山水暴發，復淤河口。三河口在新河東岸，沙河、薛河、牛溝三水會滕縣諸泉，由此注流昭陽湖。（康熙《兗州府志》卷一七《河渠》）

大水害稼。（同治《興安縣志》卷一二《義士》）

七月

辛酉，金星晝見。（《明穆宗實錄》卷一〇，第 277～278 頁）

丁卯，上諭吏、兵二部："薊鎮邊墻因久雨傾圯〔圮〕，雖已降旨脩築，未知工緒如何，又未知脩築之外，別有禦虜長策否。其亟推才望大臣一人行邊，會同督府（廣本、抱本作'督撫'，武大本作'都督'）等官閱視工程，及講求便益（各本作'宜'）。凡邊臣所不能為之事，所不敢言之情，具實以聞。"於是，尚書楊博等言："兵部侍郎遲鳳翔可。"上即命鳳翔兼都察院右僉都御史，賜勑以行。是日，又諭禮部："秋霖不止，重為民災，朕祗〔祇〕畏天戒，軫念時艱，深用憂惕，內外百官宜各痛加脩省。自十五日始，青衣角帶辦事，仍禁屠五日。順天府祈禱，晴日止。"（《明穆宗實錄》卷一〇，第 280～281 頁）

戊辰，中元節，上以霖雨為災，避殿御皇極門視事。（《明穆宗實錄》卷一〇，第 281 頁）

庚午，免大同鎮陽和、高山二衛屯糧有差，以督撫官奏冰雹傷稼禾（舊校改"稼禾"作"禾稼"）也。（《明穆宗實錄》卷一〇，第 283 頁）

乙亥，夜，月犯畢宿右股北弟（舊校改"弟"作"第"）一星。（《明穆宗實錄》卷一〇，第 288 頁）

辛巳，紫荊關雨雹，秋稼殺七十里（武大本、抱本、嘉本作"殺秋稼七十里"）。（《明穆宗實錄》卷一〇，第 289 頁）

辛巳，刑科給事中王之垣言："河南、山東、川、廣等處流民失業者，乞行所司（各本作'在'）招撫。五年之後，方為起科，其糧長見面，稱收火耗。夫馬折乾廩給扣送諸弊，一切釐革。"戶部覆議，從之。（《明穆宗實錄》卷一〇，第 290 頁）

大雨雹。（崇禎《廣昌縣志·災異》）

紫荊關大雨雹。（乾隆《直隸易州志》卷一《祥異》）

蝗。（萬曆《棗强縣志》卷一《災祥》）

江溢，霜殺禾。（萬曆《階州志》卷一二《災祥》）

甯德大風，拔木摧屋，二都蘇家一石臼刮去丈餘。（乾隆《福寧府志》卷四三《祥異》）

稻始華，蟊賊食稼，登者十之一。（康熙《宜都縣志》卷一一《災祥》；同治《長陽縣志》卷七《災祥》）

黃平大雹，傷稼。（康熙《貴州通志》卷二七《災祥》）

八月

癸未朔，遼東鎮臣奏："自五月来，滛雨不止，壞垣墻禾黎（廣本、抱本作'黍'），物價騰貴，斗米銀二錢，東（抱本、廣本、閣本作'束'）草銀二分，而廣寧軍日支銀每名（各本作'人'）三分，不廷（抱本、廣本、閣本作'足'）以充一為（抱本、廣本、閣本作'馬'）半日之費，乞加給人二分，俟秋熟更議。"上許之。（《明穆宗實録》卷一一，第292頁）

甲申，南京工科給事中張應治等言："近日，三河口之決，以新渠地高，不能受汶、泗、滕、薛諸水，故一遇霖雨，至於潰溢。而工部尚書朱衡故多大言功，不補患，昔既弃彼三沽，而為大河波及之區。今又穴此一溝，而萃全兖合流之水，咎有所歸，宜加罰治。"（《明穆宗實録》卷一一，第293~294頁）

壬寅，以水灾免湖廣荆、漢二府及江陵、公安、石首、監利、均州、襄陽、棗陽、南漳、宜城、穀城、商州、洋縣各正官来朝。（《明穆宗實録》卷一一，第313頁）

甲辰，以水灾免順天、永平二府所属州縣并荣（抱本、廣本、閣本作"營"）州前屯、永清等衛屯粮（武大本、抱本、嘉本"粮"下有"各"字）有差。（《明穆宗實録》卷一一，第316頁）

二日，大風拔木，六晝夜，水暴漲，禾盡秕。（道光《江陰縣志》卷八《祥異》）

初二日，大風，發屋拔木，六晝夜，洪水漲，禾方華，盡秕。免米八萬二千二百六十三石九斗零，漕粮改折銀九千六百三十六兩九錢零。（乾隆《無錫縣志》卷一〇《蠲賑》）

初二日，大風，發屋拔木，凡六晝夜，洪水暴漲．禾方吐華，盡為之秕。（萬曆《武進縣志》卷四《賑貸》）

初二日，大風，發屋拔木，六晝夜，洪水暴漲，靖江縣幾沉，禾方華，盡秕。（萬曆《常州府志》卷七《賑貸》）

九月

甲戌，以水災免湖廣勛陽、襄（抱本、廣本、閣本“襄”作“襄陽”）府屬縣保康、房、南障〔漳〕、穀城、襄陽、宜城秋粮有差。（《明穆宗實錄》卷一二，第340頁）

戊寅，以水災免順天、永平、真定、保定、河澗（舊校改“河澗”作“河間”）秋粮有差。（《明穆宗實錄》卷一二，第344～345頁）

劉家寨忽黑風自地來，風過處失一老嫗，尋三日不獲。（康熙《陝西通志》卷三〇《祥異》）

十月

甲申，夜，金星入南斗。（《明穆宗實錄》卷一三，第348頁）

丁亥，以天氣漸寒，命輟經筵（抱本、廣本、閣本“輟”作“輳”，“筵”下有“日講”二字）。大學士徐階等疏言：“先朝停免經筵日講，各有故事，弘治元年于十二月二十五日始停日講，嘉靖元年于十一月二十五日＜日＞始（疑脫‘停’字）講經筵。即今天道尚未嚴寒，視前日期似為太早，宜以聖學為重，祖宗為法。”六科給事中魏時亮等、十三道御史王好問等（抱本、廣本、閣本“等”下有“各”字）具疏，請如閣臣言。俱以有旨報罷。（《明穆宗實錄》卷一三，第351頁）

庚子，巡按山西御史周詠奏：“陽和、高山二衛雨雹害稼，請蠲免田租。”戶部覆各邊屯田，原無蠲租之詔，宜將二衛災重（“重”應作“輕”，各本同誤）者，每石折銀三錢，稍輕（“輕”應作“重”，各本同誤）者每石折銀二錢五分報可。（《明穆宗實錄》卷一三，第362頁）

京師如盛夏，雷震；次日大寒，夜將半，雷震達旦。（光緒《順天府

志》卷六九《祥異》）

木冰，十日不解。（咸豐《太谷縣志》卷二《年紀》）

十一月

己卯，以久旱命順天府官祈雪。（《明穆宗實録》卷一四，第403頁）

十二月

甲午，辰刻，有流星如盞大，青白色，自中天東行，尾跡有光，長二丈餘。（《明穆宗實録》卷一五，第412頁）

丁酉，夜大風，黃塵四塞。（《明穆宗實録》卷一五，第413頁）

初旬，雨雪，至次年正月，積深四五尺。（光緒《蘭谿縣志》卷八《祥異》）

是年

春，大水。（民國《建寧縣志》卷二七《災異》）

春，霪雨嚴寒，百物俱傷。夏秋，水旱，禾不收。（光緒《武昌縣志》卷一〇《祥異》）

夏，霪雨，損禾稼。（民國《盧龍縣志》卷二三《史事》）

夏，旱蝗。（民國《棗強縣志》卷八《災異》）

大旱。（乾隆《潮州府志》卷一一《災祥》；嘉慶《澄海縣志》卷五《災祥》；嘉慶《潮陽縣志》卷一二《紀事》；光緒《諸暨縣志》卷一八《災異》）

大水。（萬曆《保定府志》卷一五《祥異》；康熙《臨湘縣志》卷一《祥異》；康熙《濟寧州志》卷二《災祥》；康熙《霸州志》卷一〇《災異》；咸豐《金鄉縣志略》卷一一《事紀》；民國《霸縣新志》卷六《災異》；民國《雄縣新志·祥異》）

魏縣大水。（民國《大名縣志》卷二六《祥異》）

滹沱水清累日。（道光《重修武强縣志》卷一〇《機祥》）

大雨潏麥，饑。（民國《淮陽縣志》卷八《災異》）

公安大水，傾洗二聖寺。（光緒《荊州府志》卷七六《災異》）

傾洗二聖寺。（同治《公安縣志》卷三《祥異》）

襄陽水。夏至日，襄陽大雨雹。（同治《宜城縣志》卷一〇《祥異》）

瀏陽雨，大冰。（乾隆《長沙府志》卷三七《災祥》）

大雨連春夏。（光緒《通州直隸州志》卷末《祥異》）

水。（康熙《錢塘縣志》卷一二《災祥》；乾隆《杭州府志》卷五六《祥異》；光緒《安東縣志》卷五《民賦下》）

大雨雹。（民國《洪洞縣志》卷一八《祥異》）

木冰，十日不解。（民國《太谷縣志》卷一《年紀》）

大祲，詔免田租之半。（光緒《榮河縣志》卷一四《祥異》）

嵩明大水，漂没田廬。（康熙《雲南府志》卷二五《菑祥》）

旱。（光緒《雲南縣志》卷一《祥異》）

大雨。（光緒《常山縣志》卷八《祥異》）

大雨水。（雍正《常山縣志》卷一二《拾遺》）

秋，大水。（民國《重修滑縣志》卷二〇《大事記》）

秋，潦，決堤。（嘉慶《長山縣志》卷四《災祥》）

大水，石河流漲，湧入西關廂臥牛橋壞。（康熙《山海關志》卷一《災祥》）

春，有雹。（康熙《增城縣志》卷三《事紀》）

大雨連春夏，許令希孟請禱拜雨中，乃晴。是歲麥三歧。（萬曆《泰興縣志》卷八《祥異》）

夏，霪雨，潦禾稼。（萬曆《樂亭志》卷一一《祥異》）

夏，大旱，田禾不登。（同治《興國縣志》卷一一《天災》）

夏，大雨。（康熙《德州志》卷一〇《紀事》）

大水，淹没民田，廬舍漂蕩，十室九空。（康熙《香河縣志》卷一〇《災祥》）

鄒米堤決，漳水入城。（雍正《肥鄉縣志》卷二《災祥》）

大水，壞廬舍。（康熙《滕縣志》卷三《灾異》）

水災，民飢。（雍正《安東縣志》卷一五《祥異》）

旱而不甚。（乾隆《紹興府志》卷八○《祥異》）

饑。受上年大旱，至是大饑。（民國《德化縣志》卷一八《祥異》）

大雨潦麥，民饑。（康熙《續修陳州志》卷四《災異》）

鍾京堤決，漢川大水。（同治《漢川縣志》卷一四《祥祲》）

築沙洋，夜汉決，其北岸泗港，楊林洲決。（康熙《潛江縣志》卷一○《河防》）

保康麥穗兩岐。鄖陽、鄖西大水。（嘉慶《鄖陽志》卷九《祥異》）

大水。夏至日，大雨雹。（萬曆《襄陽府志》卷三三《災祥》）

旱，斗米一錢。（萬曆《襄陽府志》卷三三《災祥》）

雨，大水。（康熙《瀏陽縣志》卷九《災異》）

藍山山水泛濫，衝岸崩隄，田塘淹没幾盡。（康熙《衡州府志》卷二二《祥異》）

西潦傷稼。（民國《順德縣志》卷二三《前事》）

颶風為虐。（康熙《恩平縣志》卷九《列傳》）

旱，斗米貝二十索。（隆慶《雲南通志》卷一七《災祥》）

嵩明大水，漂溺廬舍人畜。（天啟《滇志》卷三一《災祥》）

秋，大水，漂没民田，西坍樓衝毁。（康熙《開州志》卷四《災祥》）

秋，北風連日大吼，海潮怒湧，溢入于城。（康熙《續定海縣志·機祥》）

秋，大水，漂没官民土田廬舍。（咸豐《大名府志》卷四《年紀》）

秋，大旱，無禾。（萬曆《沃史》卷二《今總紀》）

冬，大雪，平地三尺，禽獸凍死。（順治《泗水縣志》卷一一《災祥》）

元年丁卯及二年，安鄉水。（乾隆《直隸澧州志林》卷一九《祥異》）

元年、二年、三年大水，大饑。（乾隆《鍾祥縣志》卷一《祥異》）

元年、二年、三年，岳州水。（隆慶《岳州府志》卷八《機祥》）

隆慶二年（戊辰，一五六八）

正月

壬子，以水灾詔湖廣江陵、公安、石首、監利、華容五縣南糧俱改折。（《明穆宗實録》卷一六，第 428~429 頁）

甲寅，金星晝見。（《明穆宗實録》卷一六，第 429 頁）

丁丑，大風揚塵四塞。（《明穆宗實録》卷一六，第 449 頁）

元旦，大風，揚沙走石，白晝晦暝，自北畿抵江浙皆同。夏旱，秋苗焦枯。（民國《大名縣志》卷二六《祥異》）

元日，沛、豐大風拔樹。（同治《徐州府志》卷五下《祥異》）

元日，大風，太湖水涸。（光緒《無錫金匱縣志》卷三一《祥異》）

朔，大風，白晝晦冥。（民國《吳縣志》卷五五《祥異考》）

元旦，晝大風，屋廬皆震。（嘉慶《高郵州志》卷一二《雜類》）

元旦，大風拔木。（順治《新修豐縣志》卷九《災祥》）

雷，地震。（光緒《通州直隸州志》卷末《祥異》）

元旦，大風揚沙，白晝晦冥，嗣復大水。（嘉慶《上海縣志》卷一九《祥異》；光緒《川沙廳志》卷一四《祥異》；民國《南匯縣續志》卷二二《祥異補異》）

元旦，大風飛砂，晝晦。（嘉慶《直隸太倉州志》卷五八《祥異》）

元旦，大風飛沙，晝晦。（民國《太倉州志》卷二六《祥異》）

元旦，大風霾，晝晦。（萬曆《常熟縣私志》卷四《敘産》）

朔，風沙，晝晦。（道光《江陰縣志》卷八《祥異》）

元旦，大風，飛沙走石，白晝晦冥。（崇禎《嘉興府志》卷一六《災祥》）

元旦，大風揚沙，白晝晦暝。（光緒《嘉善縣志》卷三四《祥眚》）

元旦，大風，揚沙走石，白晝晦冥，自北畿抵江浙皆同，浙江大旱。（同治《湖州府志》卷四四《祥異》）

元旦，大風，揚沙走石，白晝晦冥，自北畿抵浙江皆同。（民國《德清縣新志》卷一三《雜志》）

朔，山陰、諸暨俱火，山陰縣災，大風，屋瓦為震。（乾隆《紹興府志》卷八〇《祥異》）

元旦，山陰、會稽晝大風。（萬曆《紹興府志》卷一三《災祥》）

元旦，大風，揚沙走石，白晝晦冥，大旱。（同治《長興縣志》卷九《災祥》）

元旦，大風，揚沙走石，白晝晦冥。（乾隆《平原縣志》卷九《災祥》）

元旦，大風，太湖水涸。（乾隆《無錫縣志》卷四〇《祥異》）

十五日，大雨雹，雷電起自西北，冰雹大作，旱，多西南風。（乾隆《諸城縣志》卷二《總紀上》）

元旦，大風。夏螟。（萬曆《沛志》卷一《邑紀》）

朔，暴風。夏旱。（道光《來安縣志》卷四《祥異》）

輪風大揚。（光緒《石門縣志》卷一一《祥異》）

雷。（萬曆《續修泰興縣志》卷八《祥異》）

夜，雨黑水。（順治《黃梅縣志》卷二《災異》）

二月

初十日，雨雹，大風。（乾隆《香山縣志》卷八《祥異》）

二十一日，風霾四塞。（萬曆《汝南志》卷二四《災祥》）

二十三日，雨雹。（萬曆《新會縣志》卷一《縣紀》）

雨雹，大風。（咸豐《順德縣志》卷三一《前事畧》）

大雨雹。（康熙《成安縣志》卷四《總紀》；康熙《長樂縣志》卷七《災祥》）

雷，地震。（光緒《泰興縣志》卷末《述異》）

大雨雹，當午晦如夜，雹大如拳。（雍正《歸善縣志》卷二《事紀》）

大雨雹，當午晦如夜，雹大如拳。博羅雹，破屋壞船。（光緒《惠州府

志》卷一七《郡事》）

壬寅，大雨雹，由武利至萬安東堂，其大如人頭。（崇禎《廉州府志》卷一《歷年紀》；康熙《靈山縣志》卷一《歷年紀》）

三月

甲寅，陝西西寧衛天鼓鳴，漢中府南鄭縣雨土。（《明穆宗實錄》卷一八，第493頁）

己未，大風揚塵四塞。（《明穆宗實錄》卷一八，第497頁）

癸亥，黃霧四塞。（《明穆宗實錄》卷一八，第510頁）

甲戌，薊州遵化縣地震有聲，雷電雨雹，形如雞卵，積地寸餘。（《明穆宗實錄》卷一八，第519頁）

雨雹。（宣統《高要縣志》卷二五《紀事》）

天陰無雨。（咸豐《順德縣志》卷三一《前事畧》）

初五日，漢中南鄭等縣地震，次日卯時雨，沾衣為泥。十五日辰時雨，至申時，凍結成雪。（民國《漢南續修郡志》卷二三《祥異》）

大雷雨，壞民屋，震死民婦薛氏。（康熙《金鄉縣志》卷一六《災祥》）

十七日，有黑雲挾龍，自八都東方起，捲屋裂瓦，火光倏忽，燒爐苗蔬，其有擊移古塚棺柩者，至港口而滅。（崇禎《海澄縣志》卷一四《災祥》）

天陰無雨。（同治《香山縣志》卷二二《祥異》）

四川大旱，三月甲寅，四川地震。（嘉慶《四川通志》卷二〇三《祥異》）

三月、四月，南陽雨雹，麥禾盡傷。（萬曆《南陽府志》卷二《災祥》）

四月

甲申，萬全都司大風雷雨雹，空中有赤黑二雲如鬪。（《明穆宗實錄》卷一九，第524頁）

丙申，以天氣暄熱，詔録刑部、都察院及錦衣衛罪囚，應答者釋免，徒流以下減等發落，重囚情可矜疑及枷號者以名聞。于是，刑部先後奏上釋減徒杖者四十有六人，免枷號者十有四人，宥死罪充軍者十有七人，釋者一人。（《明穆宗實録》卷一九，第531~532頁）

水大，至十三日退，傷苗，早禾半收。（咸豐《順德縣志》卷三一《前事畧》）

霖雨彌月，大水。（民國《淮陽縣志》卷八《災異》）

大水。（同治《醴陵縣志》卷一一《災祥》；宣統《南海縣志》卷二《前事補》）

晝晦，大雨雹。（同治《西寧縣新志》卷一《災祥》；民國《陽原縣志》卷一六《前事》）

大雹。（光緒《石門縣志》卷一一《祥異》）

萬全衛晝晦，大雨雹，牛羊皆死。（乾隆《宣化府志》卷三《災祥》）

五日，大風霾。（乾隆《武城縣志》卷一二《祥異》）

初五日，風霾，晝晦。（康熙《肥城縣志》卷下《災祥》）

霖雨彌月，大水。（康熙《續修陳州志》卷四《災異》）

十二日，潦水至，早禾半收。（同治《香山縣志》卷二二《祥異》）

至六月，不雨。（康熙《東鄉縣志》卷四《灾祥》）

至秋七月，不雨。（乾隆《重修懷慶府志》卷七《水利》）

五月

不雨。（民國《建寧縣志》卷二七《災異》）

大雨雹。（萬曆《襄陽府志》卷三三《災祥》；光緒《光化縣志》卷八《祥異》）

雨雹，禾盡偃。（順治《麟遊縣志》卷一《災祥》；光緒《麟遊縣新志草》卷八《雜記》）

延綏大冰雹。（光緒《綏德直隷州志》卷三《祥異》）

雨雹。（康熙《永壽縣志》卷六《災祥》；光緒《永壽縣志》卷一

○《述異》）

大旱。自五月不雨，至八月。（民國《湯溪縣志》卷一《編年》）

雨雹，如雞卵大，屋瓦皆破，大風拔木。（雍正《深州志》卷七《事紀》）

大冰雹，大旱。（嘉慶《洛川縣志》卷一《祥異》）

夏五、六月，酷暑，田婦多暍死。（萬曆《興化縣新志》卷一○《外紀》；康熙《興化縣志》卷一《祥異》）

夏五月、六月，雨不絕。（乾隆《諸城縣志》卷二《總紀上》）

夏五、六月，大旱。（同治《峽江縣志》卷一○《祥異》）

至八月，不雨。（康熙《金華縣志》卷三《祥異》）

六月

乙未，火星犯太微西垣右執法。（《明穆宗實錄》卷二一，第578頁）

大旱。（乾隆《洵陽縣志》卷一二《祥異》；民國《連江縣志》卷三《大事記》）

大風。（道光《江陰縣志》卷八《祥異》）

龍游縣旱。（康熙《衢州府志》卷三○《五行》）

飛蝗蔽空。（康熙《撫寧縣志》卷一《災祥》；光緒《永平府志》卷三○《紀事》）

又雨雹。（道光《高要縣志》卷一○《前事》）

興縣龍飛，震死人民。（萬曆《山西通志》卷二六《雜志》）

猛風自東而南，拔木，仆城隍廟鐘鼓樓及學宮左右廡，壞民居。（民國《崇安縣志》卷三《大事》）

十二日，大水。（萬曆《南陽府志》卷二《災祥》）

賊林容駕六十艘乘風至澄邁，欲泊白沙，殺賊黨許瑞。是晚大雨，颶風夜作，舟盡覆。（康熙《澄邁縣志》卷八《海寇》）

大水，較嘉靖二十一年低二尺，沿江禾稼大害。（光緒《內江縣志》卷一五《祥異》）

大衝河，在陽宗南五里羅藏山之麓，眾澗之流聚而為河。隆慶二年六月間，霖潦泛漲，崩塌河埂。（康熙《澂江府志》卷五《山川》）

七月

丙子，浙江台州府颶風大作，海潮汎漲，天台諸山水驟合，衝入台州府城，三日迺退，溺死人民三萬餘口，衝決田地一（廣本作"二"）十五萬餘畝，蕩析廬舍五萬餘區。（《明穆宗實錄》卷二二，第 606 頁）

大旱。（同治《醴陵縣志》卷一一《災祥》）

風雨江漲，壞民廬田舍。（光緒《通州直隸州志》卷末《祥異》）

大水，平地深數尺。（民國《壽光縣志》卷一五《大事記》）

二日，益都大水，頃刻，深丈餘，漂没人畜甚多。（康熙《益都縣志》卷一〇《祥異》）

十一日，雨，大水。十九日，復大水，入城五六尺深，房舍傾壞，漂没人畜甚眾，東南圩田淹没。民始逃亡，不聊生焉。（萬曆《舒城縣志》卷一〇《祥異》）

十六日夜，大風暴雨，樹木皆拔，民房覆壞者不可勝數。（萬曆《新修崇明縣志》卷八《災祥》）

大水，田禾漂没，民多飢死。（光緒《仙居志》卷二四《災變》）

二十六日，大雨一晝夜，大水漂民居田園。（光緒《分疆錄》卷一〇《災異》）

大風雨，海溢，漂沿海民居田地無算。次年，又如之。於是，三江大崧前塘及能仁寺塘盡壞。（光緒《樂清縣志》卷一三《災祥》）

二十九日，大風雨。（康熙《臨海縣志》卷一一《災變》）

二十九日，嵊雨。（萬曆《紹興府志》卷一三《災祥》）

二十九日，大水，平地丈餘。（光緒《黃巖縣志》卷三八《變異》）

大水没禾，漂廬舍。（乾隆《諸城縣志》卷二《總紀上》）

霧傷稼，禾貴。鳴里、西榮里等復冰雹，傷稼。（萬曆《榆次縣志》卷八《災祥》）

蝗。（萬曆《蒲臺縣志》卷七《災異》）

風雨江漲。歲大饑。（萬曆《續修泰興縣志》卷八《祥異》）

潮溢。（光緒《泰興縣志》卷末《述異》）

二十六日，大雨如注一晝夜，大水漂田園民居。（康熙《泰順縣志·祥異》）

連旬禾不穗。（同治《崇仁縣志》卷一三《祥異》）

田禾旱傷。（同治《峽江縣志》卷一〇《祥異》）

雨雹如彈。（民國《崇安縣志》卷三《大事》）

大雨三日，城中用水車戽水出城。（順治《祥符縣志》卷一《災祥》）

旱。（乾隆《長沙府志》卷三七《災祥》）

八月

癸卯，以甘肅等虜旱災，命蠲屯粮併發銀賑濟有差，從撫臣奏也。（《明穆宗實錄》卷二三，第 623 頁）

大水。（道光《伊陽縣志》卷六《祥異》）

大風雨三日夜，壞官民廬舍禾稼。碭山大水。（同治《徐州府志》卷五下《祥異》）

大風雨三日夜，壞官民廬舍禾稼。（民國《銅山縣志》卷四《紀事表》；民國《沛縣志》卷二《沿革紀事表》）

初一日，北風大作至夜。（萬曆《紹興府志》卷一三《災祥》）

十六日，大風雨三晝夜不止，壞官署民舍禾稼。（順治《徐州志》卷八《災祥》）

皆大水。（道光《汝州全志》卷九《災祥》）

九月

癸亥，以水災折徵直隸高郵等衛所屯粮有差。（《明穆宗實錄》卷二四，第 656 頁）

十月

戊寅，以旱災免陝西臨洮、鞏昌、慶陽三府夏稅有差。（《明穆宗實錄》

卷二五，第 679~680 頁）

戊寅，総理江北塩屯（廣本作“屯塩”）都御史龐尚鵬言：“大江南北亢旱，淮徐間洪水泛溢，請稍倣富弼在青州之法作粥，以活飢民。”又請止督賦之使，以息催科，留解部（嘉本作“起解”）之金，以備緩急。蠲逋負，以安流移，寬（抱本、廣本、閣本作“弛”）力役，以禁煩擾。增穀價，以招商販（廣本、嘉本“販”下有“詔悉從之”四字）。（《明穆宗實録》卷二五，第 680 頁）

戊寅，以旱澇災免鳳陽、淮安、楊〔揚〕州、徐州、滁州秋粮子粒有差，仍准存留商税備賑。淮徐災重，復准改兌漕粮二萬五千石，淮安所屬二萬石，徐州五千石扵臨清倉粮内虜（抱本、廣本、閣本作“撥”）補。（《明穆宗實録》卷二五，第 680 頁）

庚辰，以山西旱災減免本年應輸（抱本、廣本、閣本“輸”下有“薊鎮”二字）義兵銀一萬五千兩，及明年站粮銀八萬兩。（《明穆宗實録》卷二五，第 681 頁）

壬午，月犯牛（抱本、廣本、閣本“牛”下有“宿”字）大星。（《明穆宗實録》卷二五，第 682 頁）

庚寅，大風揚塵四塞。（《明穆宗實録》卷二五，第 686 頁）

壬辰，月犯畢宿右股中第二星。（《明穆宗實録》卷二五，第 689 頁）

甲午，以山西舊貯漳河橋梁銀三千八百兩有奇，賑濟旱災地方，從撫按官請也。（《明穆宗實録》卷二五，第 691 頁）

夜，雷電。（嘉慶《松江府志》卷八〇《祥異》；光緒《奉賢縣志》卷二〇《灾祥》）

雷電。（乾隆《婁縣志》卷一五《祥異》；乾隆《華亭縣志》卷一六《祥異》；同治《上海縣志》卷三〇《祥異》；光緒《重修華亭縣志》卷二三《祥異》；光緒《川沙廳志》卷一四《祥異》；光緒《南匯縣志》卷二二《祥異》；民國《南匯縣續志》卷二二《祥異》）

大雷電。（光緒《青浦縣志》卷二九《祥異》）

十一月

丁未，山西太原府天鼓鳴，有星隕，如斗大，光芒二丈餘。（《明穆宗實録》卷二六，第699頁）

己酉，以水災免浙江台州府稅粮有差，仍留原派南北直隷等處馬價銀備賑。從巡撫趙孔照奏也（抱本、嘉本"撫"下有"都御史"三字，抱本、廣本、閣本"照"作"昭"）。（《明穆宗實録》卷二六，第699頁）

以蘇、松、常三府水災，詔改折額解禄米倉粮一年。（崇禎《松江府志》卷一三《荒政》）

十二月

壬午，以水災免四川順慶府廣安州、渠縣田租一年，停徵夔州府雲安、大寧二場鹽井鹽課之半，其餘災輕州縣，各免稅粮子粒有差。（《明穆宗實録》卷二七，第716頁）

庚子，礼部類奏："是歲，四方災異比往年特多，而山西天鳴地裂，男子化女，及浙江水旱，尤為異常，宜痛加（抱本、廣本、閣本'加'下有'修'字）省。"上曰："上天示儆，朕夙夜驚（廣本、嘉本作'兢'）惕，不敢怠荒。爾内外臣工，其務實心体国，修舉業職（抱本、廣本、閣本作'職業'），共圖消弭，以仰承仁愛之意。"（《明穆宗實録》卷二七，第731頁）

初三日，大雨詰旦，木冰，損林木，殺宿鳥。（康熙《博平縣志》卷一《機祥》）

是年

夏，大雨，舟入市。（道光《安陸縣志》卷一四《祥異》；光緒《德安府志》卷二〇《祥異》）

夏，大水，舟入市。（光緒《咸甯縣志》卷八《災祥》）

夏，大雨雹，夜見火光。（康熙《龍門縣志》卷二《災祥》）

夏，旱。秋，淫雨，五穀不登，民大饑。（同治《陽城縣志》卷一八

《兵祥》)

　　大饑。夏，不雨。（民國《福山縣志稿》卷八《災祥》）

　　夏，大水。（民國《新昌縣志》卷一八《災異》）

　　大風雨。（崇禎《寧海縣志》卷一二《災祲》）

　　麗水旱，遂昌大水。（雍正《處州府志》卷一六《雜事》）

　　大旱。（萬曆《龍游縣志》卷一○《雜識》；康熙《興安州志》卷三《災異》；康熙《湘鄉縣志》卷一○《兵災附》；乾隆《洵陽縣志》卷一二《祥異》；乾隆《臨潼縣志》卷九《祥異》；乾隆《鳳陽縣志》卷一五《紀事》；乾隆《湘陰縣志》卷一六《祥異》；嘉慶《白河縣志》卷一四《祥異》；嘉慶《四川通志》卷二○三《祥異》；道光《太平縣志》卷一五《祥異》；同治《麗水縣志》卷一四《災祥附》；同治《安化縣志》卷三四《五行》；同治《益陽縣志》卷二五《祥異》；光緒《洵陽縣志》卷一四《祥異》；光緒《白河縣志》卷一三《災祥》；光緒《左雲縣志》卷一《祥異》；光緒《射洪縣志》卷一七《祥異》；光緒《井研志》卷四一《紀年》；民國《漢源縣志》卷一四《祥異》；民國《莆田縣志》卷三《通紀》）

　　知縣梁子琦禱雨於雞冠山，得蜥蜴，人曰龍也。迎至大雄寺，梁力疲，行少却，忽堂隅大雷暴震，屋瓦若解，梁急扶走拜。越明日，雨，民建靈雨亭，至城東半里。（乾隆《諸暨縣志》卷七《祥異》）

　　浙江大旱。（乾隆《杭州府志》卷五六《祥異》）

　　大雪，深丈許。（民國《太和縣志》卷一二《災祥》）

　　淮安、鳳陽大旱。（光緒《盱眙縣志稿》卷一四《祥祲》）

　　大水，沁河水侵城，城幾危，以犯他道，去得免。（民國《邯鄲縣志》卷一《大事》）

　　大水漂没禾稼。（乾隆《裕州志》卷一《祥異》）

　　公安水，艾家堰決。（光緒《荆州府志》卷七六《災異》）

　　艾家堰決。（同治《公安縣志》卷三《祥異》）

　　水旱，稻無收。（光緒《武昌縣志》卷一○《祥異》）

　　闔郡州邑大旱，醴陵大水。（乾隆《長沙府志》卷三七《災祥》）

贛榆大雷雨，平地水深三尺，白黑二龍見。（嘉慶《海州直隸州志》卷三一《祥異》；光緒《贛榆縣志》卷一七《祥異》）

郡大旱，民饑。（光緒《撫州府志》卷八四《祥異》）

旱。（崇禎《處州府志》卷一八《災眚》；康熙《館陶縣志》卷一二《災祥》；乾隆《太平縣志》卷八《祥異》）

大水。（康熙《高淳縣志》卷二〇《祥異》；康熙《沂水縣志》卷五《祥異》；康熙《興化縣志》卷四《田賦》；乾隆《碭山縣志》卷一《祥異》；道光《冠縣志》卷一〇《祲祥》；民國《續修范縣縣志》卷六《災異》）

大水，巨洋溢溢，漂没廬舍，免田租之半。（光緒《臨朐縣志》卷一〇《大事表》）

旱魃為虐，五穀不登，百姓餓死者甚眾。（雍正《朔州志》卷二《祥異》）

旱蝗。（民國《浮山縣志》卷三七《災祥》；民國《翼城縣志》卷一四《祥異》）

大旱，荒。（乾隆《蒲縣志》卷九《祥異》）

渠江大水，淹入城内，人民溺死無算。（民國《渠縣志》卷一一《祥異》）

麗水大水。（光緒《處州府志》卷二五《祥異》）

秋，大風雨，溪流怒溢，壞西城。（同治《嵊縣志》卷二六《祥異》）

旱蝗。冬，大雨雪。（民國《德縣志》卷二《紀事》）

春，風霾四塞。（康熙《上蔡縣志》卷一二《編年》）

春，大雷電以雪。夏大水，旱禾無收。（康熙《武昌府志》卷三《災異》）

春，大雷電以雪。（同治《大冶縣志》卷八《祥異》）

春，大饑。夏，不雨。（光緒《登州府志》卷二三《水旱豐饑》）

夏，旱。秋，蝗。冬，大雨雪，泥没者越三月。（康熙《德州志》卷一〇《紀事》）

夏，大雨，舟入市。（康熙《德安安陸郡縣志》卷八《災異》）

夏，旱。（萬曆《將樂縣志》卷一二《災祥》）

夏，大旱。是年春，多雨。入夏，不雨，禾苗盡枯，粒米無收，民多流移。知府馬文學勸借賑濟，民賴以蘇。（隆慶《臨江府志》卷六《農政》）

夏，大旱。春，多雨。入夏，不雨，粒米無收，民多流移。知府馬文學勸借賑濟，民賴以蘇。（康熙《新喻縣志》卷六《農政》）

（夏）馬營諸堡大雨雹，夜見火光。（乾隆《赤城縣志》卷一《地理》）

河水淹舊城。（乾隆《東鹿縣志》卷二《河道》）

歲值荒旱，百姓嗸嗸。（康熙《晉州志》卷八《藝文》）

洪波突溢，直抵城下，洶湧之勢，駭人心目。當事者遂開蘇、徐二口，分殺水勢，城郭幸無虞，而東南極望，水無涸時。（乾隆《河間府新志》卷二〇《藝文》）

大蝗蝻雖多，不為災。（康熙《重修阜志》卷下《祥異》）

臨汾、太平、岳陽、蒲縣、朔州、潞城、襄垣、黎城旱。陽城、曲沃饑。翼城蝗。（雍正《山西通志》卷一六三《祥異》）

黑眚風，人多被傷。（康熙《陽曲縣志》卷一《祥異》）

風霾蔽日，守埤軍所執刀杖頭有火光。（順治《雲中郡志》卷一二《災祥》）

大旱，自春抵秋不雨。暨九月，遐村僻疃尚獲什之二三，城方各十里畝無升合之入，諸蔬果皆枯縮不堪食。（康熙《黎城縣志》卷二《紀事》）

大旱，無禾。（雍正《臨汾縣志》卷五《祥異》）

大旱，穀不登。公先以義勸邑中素蓄者賑之，民忻然樂輸。（民國《萬泉縣志》卷六《藝文》）

飛蝗蔽天，勢如颭輪，東西亙數里，傷人幾盡。（道光《臨邑縣志》卷一六《紀祥》）

大水，河溢，漂沒東廂民舍數百間。（民國《萊蕪縣志》卷三《災異》）

水災，詔改折額解祿米一年。（乾隆《上海縣志》卷五《救荒》）

不雨。（萬曆《江浦縣志》卷一《縣紀》）

大稔。夏酷暑，田婦多暍死。（嘉慶《東臺縣志》卷七《祥異》）

大水，蛟出，壞田屋。（康熙《遂昌縣志》卷一〇《災眚》）

洪水泛濫，兩河交流，民舍傾圮。冬大雪，深丈許，鳥獸絕跡。（乾隆《阜陽縣志》卷一《郡紀》）

旱澇不時。（光緒《五河縣志》卷一九《祥異》）

諸山蛟發，漂没田廬甚多。（嘉慶《太平縣志》卷八《祥異》）

南昌旱，民饑。巡撫劉光濟奏免秋粮及改折南京倉米。（同治《南昌府志》卷六五《祥異》）

旱，饑。（乾隆《武寧縣志》卷一《祥異》）

旱，傷稼。（民國《南豐縣志》卷一二《祥異》）

大旱，禾苗盡枯，粒米無收，民多流移。知府馬文學勸借賑濟，民賴以蘇。（道光《新淦縣志》卷一〇《祥異》）

水，圮安鄉橋。（康熙《上杭縣志》卷二《津梁》）

開、濮大水，饑。（康熙《濮州志》卷一《災異》）

雨，城半圮。（光緒《黄州府志》卷四《城池》）

白螺磯堤損。（民國《湖北通志》卷四〇《隄防》）

雨雪子如豆，人可食。（萬曆《襄陽府志》卷三三《災祥》）

長沙、湘潭、湘鄉、醴陵、茶陵、益陽大旱。（崇禎《長沙府志》卷七《祥異》）

長沙闔郡大旱，饑。（同治《茶陵州志》卷二四《雜志》）

復水。（康熙《巴陵縣志》卷一四《禨祥》）

新安所大旱，饑，盜多劫掠。（隆慶《雲南通志》卷一七《災祥》）

秋，大水。（萬曆《汶上縣志》卷七《災祥》；民國《新城縣志》卷二二《災禍》）

旱，秋，歉。（萬曆《山西通志》卷二六《災祥》；康熙《重修襄垣縣志》卷九《外紀》；康熙《潞城縣志》卷八《災祥》）

秋，大水，没關、廬舍，市非舟不行。（順治《曲周縣志》卷二《災祥》）

秋雨傷禾。（萬曆《原武縣志》卷上《祥異》）

秋，不雨。（萬曆《六合縣志》卷二《災祥》）

冬，雨雹，牛馬死。（同治《德興縣志》卷一〇《祥異》）

黃河水泛，民舍漂没。冬，大雪。（乾隆《亳州志》卷一《災祥》）

二年、三年，新昌俱大水。（萬曆《紹興府志》卷一三《災祥》；乾隆《紹興府志》卷八〇《祥異》）

泗州二年、三年夏，俱大水。（萬曆《帝鄉紀略》卷六《災患》）

水災，三年亦然。（萬曆《南陽府志》卷二《災祥》）

二年、三年俱大水。（康熙《臨湘縣志》卷一《祥異》）

（碭山縣）二年、四年俱大水，有賑。（順治《徐州志》卷八《災祥》）

隆慶三年（己巳，一五六九）

正月

戊午，直隸真定府趙州空中無雲而雷。（《明穆宗實錄》卷二八，第743頁）

二月

庚辰，蠲陝西西安、鳳翔、慶陽、平凉、延安今年秋粮有差，以地震、旱（抱本、廣本、閣本作“旱”）灾故也。（《明穆宗實錄》卷二九，第757頁）

三月

乙巳朔，陝西西安、鳳翔、慶陽、平凉、延安五郡，旱荒盜起。命發布政司納級銀一萬六千七百餘兩，及州縣倉粟賑之。（《明穆宗實錄》卷三〇，第784頁）

甲子，金星晝見，至二十二（廣本、閣本、抱本“二”下有“日”字）没。（《明穆宗實錄》卷三〇，第798頁）

庚午，土星送（抱本、廣本、閣本作“逆”字）行，犯太微垣東蕃上相星。（《明穆宗實錄》卷三〇，第803頁）

辛未，湖廣平溪衛雨雹，平地水湧三尺，漂没廬舍無數。（《明穆宗實

録》卷三〇，第 804 頁）

晦，雷震大成殿。（乾隆《伏羌縣志》卷一四《祥異》）

朔日，大雪深三尺。（道光《重慶府志》卷九《祥異》）

初一日，遠近大雪，城市深三尺，凍死人畜，壓壞葫麥甚眾。（道光《綦江縣志》卷一〇《祥異》）

朔日，大雪。（光緒《榮昌縣志》卷一九《祥異》）

（玉屏縣）辛未，平溪衛雨雹，平地水湧三尺，漂没廬舍。（《明史·五行志》，第 431 頁）

四月

己丑，湖廣鄖陽府鄖縣雨雹，平地水深二尺。（《明穆宗實錄》卷三一，第 818 頁）

岳州大水。四月夜，雨桂子，狀如正德年間所落。（乾隆《湖南通志》卷一四二《祥異》）

初一日，夜，忽大風拔樹，抵明而止，復（雨黑子）如正德年間所落，皆云是“婆羅子”。（隆慶《永州府志》卷一七《災祥》）

彭水縣天降紅雨，沾衣盡赤。（同治《增修酉陽直隸州總志》卷末《祥異》）

五月

癸丑，延綏口北馬營堡有異雲從西北来，白晝晦冥，風雷雨雹大作，平地水深二尺，殺田稼七十里。（《明穆宗實錄》卷三二，第 834 頁）

丙寅，宣府雨雹殺田稼。（《明穆宗實錄》卷三二，第 852 頁）

癸丑，口北馬營堡雨雹，殺稼七十里。（乾隆《赤城縣志》卷一《災祥》）

大雨。（光緒《嘉善縣志》卷三四《祥眚》）

大風雨，田禾潪没。秋，亢旱。（同治《湖州府志》卷四四《祥異》；光緒《歸安縣志》卷二七《祥異》）

雨中間雪。(道光《石門縣志》卷二三《祥異》)

昌黎雹。(康熙《永平府志》卷三《災祥》)

蝗。(嘉慶《昌樂縣志》卷一《總紀》；萬曆《安邱縣志》卷一下《總紀》)

大水。(萬曆《常熟縣私志》卷四《敘產》；崇禎《嘉興府志》卷一六《災異》)

大風雨，田禾淬没。秋，亢旱，大荒。(崇禎《烏程縣志》卷四《災異》)

六月

甲申，河間府滄州蝗災。(《明穆宗實錄》卷三三，第861頁)

壬午，應州雨雹，殺禾稼，傷人畜。(《國榷》卷六五，第420頁)

大風拔(木)，水傷禾稼。(乾隆《銅陵縣志》卷一三《祥異》)

颶風，大水壞民居。(咸豐《順德縣志》卷三一《前事畧》)

蝗。(民國《大名縣志》卷二六《祥異》)

大水。(乾隆《武安縣志》卷一九《祥異》；同治《欒城縣志》卷三《祥異》；民國《成安縣志》卷一五《故事》)

滹沱溢，平地丈餘。時城新修，不浸者三版。(道光《重修武强縣志》卷一〇《禨祥》)

大雨，水溢。(民國《西華縣續志》卷一《大事記》)

朔，海溢，壞捍海塘，大風從東南起，人畜漂没無數，鹹潮入内地，蝌蚪蟲為害。(嘉慶《松江府志》卷八〇《祥異》)

朔，海溢，大風從東南來，漂没人畜無數。(同治《上海縣志》卷三〇《祥異》)

朔，海溢，大風從東南來，漂没人畜無算。(光緒《川沙廳志》卷一四《祥異》)

海溢，鹹潮入内，蝌蚪為害。(光緒《奉賢縣志》卷二〇《灾祥》)

朔，海溢，大風從東南起，人畜漂没無數，歲祲。(光緒《青浦縣志》卷二九《祥異》)

朔，癸酉，海溢，大風從東南起，人畜漂没無算。(光緒《重修華亭縣

志》卷二三《祥異》）

　　癸酉，海溢。（乾隆《婁縣志》卷一五《祥異》）

　　海溢。（康熙《睢寧縣舊志》卷九《災祥》）

　　海潮漲，東鄉大災。（萬曆《嘉定縣志》卷一七《祥異》）

　　朔，潮漲。（光緒《靖江縣志》卷八《祲祥》）

　　朔，海溢，風從東南來，人畜漂没無數，鹹潮入内，禾稼盡死。蝘蜢蟲為害。（道光《川沙撫民廳志》卷一二《祥異》）

　　朔，颶風大雨，天色黯慘，瓦石飛揚，偃禾拔木。向暮風愈烈，雨愈傾注，終宵弗歇，處處頹垣倒壁……秋收大稔。（崇禎《吳縣志》卷一一《祥異》）

　　旱。（民國《無棣縣志》卷一六《祥異》）

　　蝗飛蔽日，後蝻生徧野，傷禾殆盡。是年冬，無冰。（宣統《恩縣志》卷一〇《災祥》）

　　大風潮，江海溢。（萬曆《錢塘縣志·灾祥》）

　　大雨，雉堞崩毀。（雍正《井陘縣志》卷二《城池》）

　　飛蝗蔽空，分越他境。（隆慶《豐潤縣志》卷二《事紀》）

　　溏沱河水溢，平地深丈餘，城不浸者三版，田廬漂没幾盡。（乾隆《饒陽縣志》卷下《事紀》）

　　蝗不為災。（康熙《南宫縣志》卷五《事異》）

　　六日，雨雹，大者如卵，小者如栗，迅飆折木揚屋。（道光《壽州志》卷三五《祥異》）

　　十一日，雨雹，有大如雞卵者。（乾隆《武城縣志》卷一二《祥異》）

　　二十七日，衛河決，泛清河，廬舍田畝悉為漂没，城不下者三版，水泊舊城北，入古黄河下流去。（康熙《清河縣志》卷一七《災祥》）

　　大雨雹，大風拔木。（萬曆《代州志書》卷一二《災祥》）

　　雨雹，小如雞子，大如砧石。大饑。（乾隆《崞縣志》卷五《祥異》）

　　晡時，有龍起西營生員趙廷桂屋上，廷桂被擊死復甦。（乾隆《保德州志》卷三《祥異》）

東海有大魚，背高如山，目光如電，人皆見之，數日而没。未幾潮漲，花稻淹没。是年，海潮凡三溢。（光緒《月浦志》卷一〇《祥異》）

龍見者累日，白雲中數處垂下，色皜曜，微挾日氣，冉冉動，或覩若有所墜，已乃聞陽城湖中舟攝上，從空下。（隆慶《長洲縣志》卷三《紀異》）

大風壞屋，傷禾稼。（萬曆《續修泰興縣志》卷八《祥異》）

海溢。七月，淮水溢，四望數百里浩淼如大洋，民多饑死。（萬曆《鹽城縣志》卷一《祥異》）

海湧丈餘。（《海昌叢載》卷四《祥異》）

旱，溪潭盡涸。忽一日夜半大雨，水驟至，入城，街衢可行舟，損廬舍禾畜無算。（嘉慶《武義縣志》卷一二《雜記》）

大雨，水入城市。（雍正《懷遠縣志》卷八《災異》）

貴池、銅陵、東流、建德大風拔木，傷稼穡。（乾隆《池州府志》卷二〇《祥異》）

雷風暴作，拔木摧垣，傷人損稼。（萬曆《池州府志》卷七《祥異》）

暴風拔木，傷人損稼。（康熙《建德縣志》卷七《祥異》）

雷震文廟，折梁柱。（康熙《東鄉縣志》卷一《災祥》）

淫雨，至九月終止，平地水深數尺，田禾潲没，且妨播種二麥，蓋前未聞者。（康熙《陽武縣志》卷八《災祥》）

大颶二晝夜，壞民房，海潮漲溢。（乾隆《潮州府志》卷一一《災祥》）

二十九日，颶風，大水壞屋。（同治《香山縣志》卷二二《祥異》）

大風，連七日乃止。（天啟《封川縣志》卷四《事紀》）

閏六月

癸卯，朔，山東旱蝗，繼以水灾。（《明穆宗實錄》卷三四，第871頁）

江潮没瓜步，壞民田廬。（光緒《金陵通紀》卷一〇下）

潮大漲，潮勢如洋，漂民居無算，溺死者萬餘口。（光緒《靖江縣志》卷八《祲祥》）

衛河決館陶，溺死人畜無筭。（萬曆《東昌府志》卷一七《祥異》）

衛河決館陶，溺死人畜無算。（雍正《館陶縣志》卷一二《災祥》）

大霖雨，四旬乃止。漳衛並溢，衝塌大名縣城，一面漂没，廬舍幾盡。秋，復雨，河決壞田舍，大名民苦昏墊，詔賑卹之。（民國《大名縣志》卷二六《祥異》）

六日，雹。秋，潦，暴風，禾稼搖落。（天啟《新修來安縣志》卷九《祥異》）

旱蝗。（民國《增修膠志》卷五三《祥異》）

十四日，風潮，崩塌海塘，房屋萬物漂流，渰死無存。（光緒《慈谿縣志》卷五五《祥異》）

十四日，颶風海溢，傍海諸邑頃刻平地湧水數尺，人畜多死。（嘉慶《方泰志》卷三《雜綴》）

十五日，大風雨，海溢。（天啟《海鹽縣圖經》卷一六《雜識》；道光《乍浦備志》卷一○《祥異》；光緒《平湖縣志》卷二五《祥異》）

十五日，海溢沿海郡縣，水暴長，溺死者甚眾。崇明一城俱没，惟知縣帶吏胥往蘇州參謁得免。先是，東北風大發，海水騰沸數日，遂決入平地，壞田廬無算，至西南風起，水始退。（《賢博編》）

浙江大水，大風，折保叔塔頂。（民國《杭州府志》卷八四《祥異》）

河北大水，自閏六月十六日大雨，至二十一日方止，平地水深數尺。（萬曆《重修磁州志》卷八《祥異》）

滹沱水大溢。是年，霖雨連綿，晝夜不止，幾逾數日，兼以滹沱水溢，城垣將傾。耆民相傳，是郡以來惟此歲為甚。闔境禾稼渰没，居民廬舍衝塌者不下萬家。安平、饒陽、武強并如之。（康熙《晉州志》卷一○《事紀》）

大水，石橋頹圮。邑人徐、賈、趙重修之。（乾隆《衡水縣志》卷一一《襪祥》）

大雨浹旬，漳水挾洺滏之勢，漲溢流注，直抵縣城下，城不没者三版，四關廬舍、四鄉田禾衝決殆盡，號泣之聲達於晝夜。（民國《肥鄉縣志》卷

四二《雜記》）

蝗。（乾隆《歷城縣志》卷二《總紀》）

潮没瓜埠，壞民田廬。（萬曆《應天府志》卷三《郡紀下》）

颶風大作，洪潮丈餘，人多溺死無算。（嘉慶《直隸太倉州志》卷一
〇《名宦》）

七月

壬午，河決沛縣，自考城、虞城、曹、單、豐、沛，抵徐州，俱罹其
害，漂没田廬不可勝數，漕州（抱本、廣本、閣本作“舟”）二千餘皆阻，
邳州不得進。總理河道都御史翁大立以聞，工部尚書朱衡覆奏：“茶城淤
塞，宜俟水退，乃可濬。獨徐、沛灾民流移困苦，宜令户部亟議賑濟，以安
人心。”户部覆如衡言，請以淮揚商税及撫按贓贖備賑倉粮，賑恤貧民，仍
勅河道諸臣設法濬支渠，或置船盤剥，勿令漕舟阻滯。上是之。（《明穆宗
實録》卷三五，第890頁）

丙戌，是夜，月食不見。（《明穆宗實録》卷三五，第896頁）

己亥，總理河道都御史翁大立奏：“洪水為患，在北則廣、大、河間，
在南則淮、揚、徐、沛，在河南則開、歸、彰、衛，在山東則兗、濟、東、
昌，人民嗷嗷，愁苦萬狀，宜令户部轉行漕司，以最後漕粮收貯徐州廣運倉
平價出糶以救灾民，及他州郡咸議蠲恤，則可以活數百萬之命。”時工科
（嘉本“科”下有“都”字）給事中嚴用和亦以為言，户部覆請留漕粮三
萬石賑濟，工部請行河道諸臣，及時繕修堤閘（抱本、廣本、閣本“閘”
下有“塪”字）堰。其茶城西岸，曹、單河堤以屬大立，南直隸淮河口等
處，山東臨清、德州等處，河南虞城、夏邑等處決口，屬各巡撫經理務刻期
竣事，上皆從之。（《明穆宗實録》卷三五，第907頁）

己亥，金星晨見南方。（《明穆宗實録》卷三五，第908頁）

霪雨，大水渰没，禾稼毀民屋宇。（光緒《新樂縣志》卷一《災祥》）

水泛渰城。（乾隆《隆平縣志》卷九《災祥》）

大水。（雍正《邱縣志》卷七《災祥》；嘉慶《昌樂縣志》卷一《總

紀》；嘉慶《長山縣志》卷四《災祥》；嘉慶《淯川縣志》卷八《雜志》；光緒《日照縣志》卷七《祥異》；民國《棗强縣志》卷八《災異》；民國《續修廣饒縣志》卷二六《通紀》）

大水，平地深二尺，衝没民舍殆半，死者千餘人，牲畜不可勝計，哭泣之聲，日夜不絕。（萬曆《安邱縣志》卷一下《總紀》）

大水，平地深三尺，衝没民舍殆半。（康熙《杞紀》卷五《繫年》）

大水，地震。（民國《淮陽縣志》卷八《災異》）

江潮卒湧，平地水高丈餘，沿江洲沙溺死居民不計其數。（光緒《丹徒縣志》卷五八《祥異》）

風雨暴至，海溢，漂没廬舍，溺死者眾。（萬曆《通州志》卷二《機祥》；光緒《通州直隸州志》卷末《祥異》）

黄河決，水不侵城者僅尺許，民多饑死。（康熙《睢寧縣舊志》卷九《災祥》）

山水泛漲，決護城堤，禾稼俱浮，民乃饑。（民國《東平縣志》卷一六《災祲》）

朔，河決，淹稼傾廬，人多死亡。（乾隆《武城縣志》卷一二《祥異》）

東昌大水。（道光《觀城縣志》卷一〇《祥異》）

濰決，漂没禾舍，有蝗，民大饑。（乾隆《昌邑縣志》卷七《祥異》）

十二日，大雨三日，没禾。（乾隆《諸城縣志》卷二《總紀上》）

十二日，大雨，水壞城郭民舍，潙没人畜禾稼。（乾隆《濰縣志》卷六《祥異》）

大雨七晝夜，漂衝禾稼，存無一二。（民國《和順縣志》卷九《祥異》）

江無潮。（萬曆《錢塘縣志·災祥》）

秋，麗水大水。是年七月，青田大水，傷田地五頃餘。縉雲七月大水，潙没廬舍。（光緒《處州府志》卷二五《祥異》）

大水，傷官民田地五頃餘。（光緒《青田縣志》卷一七《災祥》）

蜃發水溢，山阜多崩，禾稼盡没。（康熙《永康縣志》卷一五

《祥異》）

大水，平地丈餘，水落遺沙，不可耕稼，虛糧為累，百姓苦之。（光緒《唐山縣志》卷三《祥異》）

霆雨，河水溢城，不浸者數版。（康熙《利津縣新志》卷九《祥異》）

大風雨，害稼頹垣。（乾隆《蒲臺縣志》卷四《災異》）

十二日，大水，漂没田廬無算。（萬曆《樂安縣志》卷二〇《災異》）

十二日，大雨，北鄉寨漲至十餘丈，漂去民居無數，溺死二十餘人。（民國《沙縣志》卷三《大事》）

大水，漂没田廬無算。（康熙《青州府志》卷二一《災祥》）

十三日，山水泛漲，護城堤決，禾稼往往浮去，民乃饑。（康熙《東平州志》卷六《災祥》）

郯城、莒州、日照大水。（乾隆《沂州府志》卷一五《記事》）

十六日，大水。（康熙《郯城縣志》卷九《災祥》）

大水，漂民廬舍，傷禾稼，沿河盡淹没。（康熙《莒州志》卷二《災異》）

河決沛縣，漫曹、單，壞田廬最多。（乾隆《曹州府志》卷一〇《災祥》）

河復決，沛縣、榮城淤塞，糧艘二千餘，皆阻邳州。（乾隆《臨清直隸州志》卷一《運河》）

江湖卒湧，平地水高丈餘，江洲沙溺死居民不計其數，廬舍漂没殆盡。（康熙《鎮江府志》卷四三《祥異》）

七月、九月大風迭作，樹木皆拔，鄉市茅舍多為捲去，禾稼亦損。（萬曆《合肥縣志·祥異》）

八月

丙午，夜，火星犯鬼宿。（《明穆宗實錄》卷三六，第914頁）

壬子，束鹿縣大水，壞廬舍，溺死人民無數（廣本"民"作"命"，抱本、廣本、閣本"無數"作"甚眾"），巡按御史房楠請發帑銀賑恤，兼助脩城之費，將夏秋二稅、食鹽、絲絹及徭役等銀，悉行停免。戶部覆許動支隆慶三年分應贓罰銀兩，其蠲免錢糧，行撫按酌議，上是之。（《明穆宗實錄》卷三六，第 915~916 頁）

丁巳，以蘇州、松江二府水災，給賑有差。（《明穆宗實錄》卷三六，第 920 頁）

庚申，以洪水為患，命總理河道御史翁大立祭大河、大濟之神，巡撫鳳陽等處侍郎趙孔昭祭大江、大淮之神。（《明穆宗實錄》卷三六，第 921~922 頁）

乙丑，以水災免徵直隸束鹿縣柴夫銀一年。（《明穆宗實錄》卷三六，第 925 頁）

賑南畿水災。冬，免其秋糧。（光緒《金陵通紀》卷一〇下）

嵊縣北風大作，逆溪流入城，水深一丈三尺，怒濤吼衝，西門城及樓俱圮。（乾隆《紹興府志》卷八〇《祥異》）

大水，賑之。（乾隆《歷城縣志》卷二《總紀》）

庚申，以洪水為患，命巡撫鳳陽侍郎趙孔昭祭大淮之神。（光緒《盱眙縣志稿》卷一四《祥祲》）

大風拔木，壞廬舍禾稼。（萬曆《舒城縣志》卷一〇《祥異》）

大雨雷電，傷穀勾萌。（天啟《新修來安縣志》卷九《祥異》）

九月

丙子，時淮水漲溢，自清河縣至通濟（嘉本作“滄倉”）閘及淮安府城西，淤者三十餘里，決方信二壩出海，平地水深丈餘，寶應湖堤往往崩壞。及（抱本、廣本、閣本作“又”）山東莒州、沂州、郯城等處水溢，從沂河、直河出邳州，人民溺死無算。（《明穆宗實錄》卷三七，第 936 頁）

壬午，以蘇、常二府水災，詔許常熟縣漕糧改折十分之五，崑山縣十之二，宜興縣十之三。（《明穆宗實錄》卷三七，第 940 頁）

戊子，以杭州、嘉興、湖州三府水災，改折湖州漕糧六分，杭、嘉三分，南京各衛倉米一年每石六錢，並免三府額徵本省兵備（抱本、廣本、

閣本作"餉"）及工部黃麻等料，又量留撫按贓罰以賑之。從撫臣之請也。（《明穆宗實録》卷三七，第 944 頁）

壬辰，以水災詔南直隸太倉州、崇明、靖江、嘉定、溧陽、吳江、高淳、六合、長洲、丹徒等縣，改折漕粮有差，無漕粮者停徵租一年。（《明穆宗實録》卷三七，第 948 頁）

大風拔木。（雍正《東莞縣志》卷一〇《祥異》；嘉慶《三水縣志》卷一三《災祥》）

大風。（咸豐《順德縣志》卷三一《前事畧》）

八日，暑如盛夏，雷震九日，寒如嚴冬，雷震達旦。（同治《上海縣志》卷三〇《祥異》；光緒《川沙廳志》卷一四《祥異》）

八日，暑如盛夏，雷大震九日，寒如嚴冬。雷震，夜達旦。（光緒《南匯縣志》卷二二《祥異》）

淮水漲溢。是年，高家堰大潰，淮水東趨。（光緒《盱眙縣志稿》卷一四《祥祲》）

大水入市。（萬曆《沛志》卷一《邑紀》）

廣州大風拔木。九月，無颶風，書之志異也。（萬曆《廣東通志》卷六《事紀》）

大風拔木。九月，無颶風，書之志異也。（康熙《南海縣志》卷三《編年》）

十月

辛丑朔，慧星見於天市垣，色蒼白，芒指東北，長二尺餘，至二十日滅。（《明穆宗實録》卷三八，第 953 頁）

丙午，以雹災免宣府前等衛所城堡，延、保、永（嘉本作"定"）寧一（抱本、廣本、閣本作"三"）州縣屯粮有差。（《明穆宗實録》卷三八，第 958 頁）

丙午，以水災免浙江臨海、天台、黃巖、僊仙（抱本、廣本、閣本作"居"）、太平、寧海、上虞、餘姚、諸暨，蕭山、嵊、山陰、會稽、鄞、慈谿、奉化、定海、象山、麗水、青田、龍泉、縉雲、松陽、遂昌、雲和等縣存留錢粮，紹興府南京倉粮俱改折六錢。從巡撫谷中虛奏也。（《明穆宗實錄》卷三八，第958頁）

辛亥，以水災免征鳳陽、淮安、揚州三府及徐州铁麻料價銀一年。（《明穆宗實錄》卷三八，第959頁）

甲寅，以水災免山東沂、莒、膠、濱、武定、寧海、平度、濟寧、東平、臨清、漕（抱本、廣本、閣本作"曹"）、濮、德州、武城、館陶、霑化、利津、費、剡城、益都、壽光諸城，沂水、高密、昌邑、濰、蒲壹（抱本、廣本、閣本作"臺"）、海豐、安丘、臨朐、蒙陰、博興、高苑、即墨、福山、臨淄、樂安、昌樂、日照、青城、魚臺、蓬萊、棲霞、昭（抱本、廣本、閣本作"招"）遠、陽信、鄒平、新城、淄川、濟陽、嶧、鉅野、定陶、單、嘉祥、曲阜、汶上、陽穀、壽張、鄆城、泗水、鄒、范、德平、章丘、長清、肥城、齊河、商河、歷城、長山、臨邑、平原、滋陽、東阿、曹、滕、寧陽、金鄉、武城（抱本、廣本、閣本作"城武"）、平陰、夏津、觀城、披、萊陽、文登、黃縣各存留粮，臨清、濟南、安東三衛，莒州所各屯粮，災十分者改漕粮十之五，減臨德（廣本作"清"）二倉米麥每石銀二錢，災九分者止減二倉糧（抱本、廣本、閣本作"米"），無二倉米者減邊粮如其數。（《明穆宗實錄》卷三八，第960頁）

丙辰，兩淮巡盐御史李學詩以盐場水災，請扣留商人正盐納銀，每引一分及挑河銀二萬兩賑恤竈丁。從之。（《明穆宗實錄》卷三八，第961頁）

乙丑，以水災免河南開封等府所屬州縣，及宣武等衛所屯粮，仍改折漕粮有差。（《明穆宗實錄》卷三八，第965頁）

十一月

庚午朔，以水災免真定、保定（抱本、廣本、閣本"定"下有"大名"二字）、順德、廣平（疑脫"等"字）六府州縣并各衛所屯粮有差，束鹿、大名二縣停帶徵粮一年。（《明穆宗實錄》卷三九，第967頁）

癸巳，吏科給事中戴鳳翔言："頃見京師水冰（廣本作'大水'，嘉本

'水'作'木'），其占為冰（抱本、嘉本無'冰'字）兵，視他異尤烈。"因陳弭盜安民要機六事。（《明穆宗實録》卷三九，第 979 頁）

乙未，以蘇州、松江、常州三府水災，詔改折額禄米倉粮一年。（《明穆宗實録》卷三九，第 980 頁）

丁酉，以水災免薊州、灤州、涿州、昌平州、遵化、豐潤、玉田、武清、東安、永清、保定、香河、大城、固安、房山、良鄉、宛平、大興、文安、潞、寶坻、懷柔等縣，薊州、鎮朔、營州右屯，遵化、忠義中、東勝右、興州前屯、興州左屯、開平中屯、武清、營州前屯，涿鹿、涿鹿中（抱本、廣本、閣本"中"上有"左涿鹿"三字）、興州中屯等衛，寬河所存留屯粮各有差，文安、保定、大城、永清四縣災重者，停帶徵粮一年。（《明穆宗實録》卷三九，第 983 頁）

以水災免廣平屯衛粮有差。（民國《廣平縣志》卷一二《灾異》）

河池皆冰，魚鼈盡死。（順治《攸縣志》卷二《災祥》）

十二月

壬寅，以水災命湖廣歸州公（抱本、廣本、閣本"公"下有"安"字）縣等處，河南鄧州、泌陽縣等處稅粮，俱以分數改徵，折色有差。從撫治鄖陽都御史武金奏也。（《明穆宗實録》卷四〇，第 988 頁）

己酉，夜，月犯畢宿。（《明穆宗實録》卷四〇，第 990 頁）

庚申，以水災改折松江府華亭縣、上海縣漕粮十分之五，存留蠲免亦如之，從撫按（抱本、廣本、閣本"按"下有"官"字）奏也。（《明穆宗實録》卷四〇，第 994 頁）

西樵山大雪，林木皆冰，二日乃解。（萬曆《南海縣志》卷三《編年》）

木冰，五日方解。（康熙《餘干縣志》卷三《災祥》；康熙《東鄉縣志》卷四《灾祥》）

西樵山大雪，林木皆冰，二日乃解。（萬曆《廣東通志》卷六《事紀》）

大雪雹，如雞子大，損屋折樹。（光緒《銅仁府志》卷一《祥異》）

騰越大雪五日。（隆慶《雲南通志》卷一七《災祥》）

初雪，至四年正月初，深四五尺。（嘉慶《蘭谿縣志》卷一八《祥異》）

是年

春，襄陽大水。（同治《宜城縣志》卷一〇《祥異》）

春，淫雨。（康熙《建寧縣志》卷一二《災異》）

春，霪雨。（民國《建寧縣志》卷二七《災異》）

春夏，蝗。（嘉慶《長山縣志》卷四《災祥》；道光《桐城續修縣志》卷二三《祥異》；道光《震澤鎮志》卷三《災祥》）

夏，大水，滹沱河溢。（民國《束鹿縣志》卷九《災祥》）

夏，蝗。秋，大水。（康熙《霸州志》卷一〇《災異》；民國《霸縣新志》卷六《灾異》）

夏，大水。（順治《新修望江縣志》卷九《災異》；康熙《安慶府潛山縣志》卷一《祥異》）

夏，大風拔木。（乾隆《新野縣志》卷八《祥異》）

以水災免諸暨存留錢糧。（乾隆《諸暨縣志》卷七《祥異》）

水為災，改折漕糧六分。（道光《武康縣志》卷一《邑紀》）

颶風海嘯，漂沒人畜無算。（光緒《餘姚縣志》卷七《祥異》）

大水。（萬曆《交河縣志》卷七《災祥》；萬曆《河內縣志》卷一《災祥》；萬曆《南陽府志》卷二《災祥》；順治《光山縣志》卷一二《災祥》；順治《淇縣志》卷一〇《灾祥》；順治《息縣志》卷一〇《災異》；雍正《臨漳縣志》卷一一《災祥》；康熙《延津縣志》卷七《災祥》；康熙《新鄭縣志》卷四《祥異》；康熙《磁州志》卷一八《祥異》；乾隆《濟源縣志》卷一《祥異》；乾隆《東明縣志》卷七《灾祥》；乾隆《衛輝府志》卷四四《藝文》；乾隆《沙河縣志》卷一《祥異》；乾隆《肅寧縣志》卷一《祥異》；嘉慶《中部縣志》卷二《祥異》；道光《崑新兩縣志》卷三九《祥異》；咸豐《邠州志》卷六《民賦下》；同治《武邑縣志》卷一〇《雜事》；光緒《崑新兩縣續修合志》卷五一《祥異》；光緒《臨漳縣志》卷一

《紀事沿革表》；光緒《孝感縣志》卷七《災祥》；光緒《荆州府志》卷七六《災異》；民國《確山縣志》卷二〇《大事記》；民國《光山縣志約稿》卷一《災異》；民國《新昌縣志》卷一八《災異》）

大水，饑。（乾隆《掖縣志》卷五《祥異》；道光《膠州志》卷三五《祥異》）

河決，平地水深丈餘。（民國《德縣志》卷二《紀事》）

冬，大冰，五日方解。（同治《餘干縣志》卷二〇《祥異》）

黄淮水溢，異常災變。（萬曆《興化縣新志》卷一〇《外紀》）

海潮，歲三溢。（民國《太倉州志》卷二六《祥異》）

淮水溢，自清河至淮安城西，淤三十餘里，決禮、信二壩出海。（光緒《淮安府志》卷四〇《雜記》）

河漲，大水。（光緒《安東縣志》卷五《民賦下》）

海溢，河淮並漲，廟灣水災。（民國《阜寧縣新志》卷首《大事記》）

大風拔木，海嘯。（光緒《贛榆縣志》卷一七《祥異》）

大風拔木，海嘯，淮溢，沭水溢涌，民附木棲止，多溺死。（嘉慶《海州直隸州志》卷三一《祥異》）

大水，海溢，高二丈餘，城市中以舟行，溺人無算。（嘉慶《如皋縣志》卷二三《祥祲》）

伊、洛水溢入城，知縣王環三面築堤，由是水不為患。（乾隆《偃師縣志》卷二九《祥異》）

大雨潰城。（民國《林縣志》卷一六《大事表》）

河決，水壞田稼。（康熙《景州志》卷四《災變》民國《景縣志》卷一四《故實》）

大水，城西北各村皆漂没。（光緒《新河縣志》卷二《災祥》；民國《新河縣志》第一册《災異》）

秋，積雨浹七旬，城中無完屋，田無禾，樹木皆半傾仆。冬，木冰。（乾隆《儀封縣志》卷一《祥異》）

秋，大雨，山谷伏蛟盡起，水溢入城，市人作筏以濟，漂溺無算。水退，積屍盈野，耆老朱昱捐資瘞之。案，盛夏雷雨之交，雉卵蟻子，感龍蛇之氣，皆可入地為蛟，伏數十年，遇雷即發，發則決山漫谷，挾水而下，所過為殃。伏蛟之處，其土多不積雪，尋掘可得。故月令伐蛟於冬，誠宗其法，率行之民，可永無水患，是亦王政之一端。（光緒《霍山縣志》卷一五《祥異》）

秋，大水，海潮溢高二丈餘，狂颮大作，浪捲廬舍無孑遺，人畜死者無數，城中行百斛舟，湖隄決十五處。（道光《重修寶應縣志》卷九《災祥》）

秋，淮水大漲，高二丈餘，漂蕩廬舍，溺死人畜，不可勝紀，民無所居食。（嘉慶《高郵州志》卷一二《雜類》）

秋，大水，地震。（民國《淮陽縣志》卷八《災異》）

秋，麗水大水，田禾淹没，青田、縉雲七月大水，傷官民田地五頃餘。（雍正《處州府志》卷一六《雜事》）

秋，淫雨，颶風大作；海嘯，潮水湧溢，由女牆灌入城中。（光緒《鎮海縣志》卷三七《祥異》）

秋，復大水。（康熙《臨海縣志》卷一一《災變》）

秋，霪雨，颶風大作，海嘯，潮水湧溢。（民國《鎮海縣志》卷四三《祥異》）

秋，大水。（康熙《平鄉縣志》卷三《前朝》；同治《麗水縣志》卷一四《災祥附》；民國《麗水縣志》卷一三《災異附》）

秋，大水，田廬多壞，民艱食，免黃巖存留錢糧。（光緒《黃巖縣志》卷三八《變異》）

秋，蜃發水溢，山崩禾盡没。（光緒《仙居志》卷二四《災變》）

秋，復大水，田廬多壞，仙居蜃發山崩。（民國《台州府志》卷一三四《大事略》）

春，大水。（同治《襄陽縣志》卷七《祥異》）

春，下黑雨一夕。冬，微有紅雪。（同治《大冶縣志》卷八《祥異》）

蝗生。（萬曆《汶上縣志》卷七《災祥》）

春至夏，旱。（康熙《惠州府志》卷一三《名宦》）

春夏，蝗。秋，大水。（崇禎《新城縣志》卷一一《災祥》）

夏，大雨雹，禾盡傷。秋，暴雨，諸禾盡傷。（天啟《新泰縣志》卷八《祥異》）

夏，肥城蝗。秋，新泰、肥城霪雨害稼。東平山水泛漲，決護城堤，禾稼俱浮，民仍饑。（乾隆《泰安府志》卷二九《祥異》）

夏，蟲食榆栗葉，化為白蛾，群飛蔽日，不為災。是歲登。（康熙《清河縣志》卷一七《災祥》）

夏，大水，禾稼盡傷，城幾陷。（康熙《安州志》卷八《祥異》）

夏，蝗。秋，水。（萬曆《保定縣志》卷九《附災異》；康熙《大城縣志》卷八《災祥》）

夏，滹水決曹馬口隄，正定大水。（光緒《正定縣志》卷八《災祥》）

夏，大水，滹沱河溢，束鹿城圮。（康熙《保定府志》卷二六《祥異》）

夏，大旱。秋，大雨水，平地行舟。（乾隆《鳳陽縣志》卷一五《紀事》）

夏，大水，害稼。（康熙《宿松縣志》卷三《祥異》）

夏，淫雨。九旬，雙洎河泛溢，城南城北積水無涯，民間田無完廬，禾無登場，邑治、廟學、館廨、樓櫓、墉池罔弗告壞。（同治《鄢陵文獻志》卷二二《祥異》）

夏，霖雨。秋，復雨，至十月迺止，亡麥苗。先五月霖雨，六月復霖雨，壞民廬舍，多壓民死者，壞城。七月復雨，至十月迺止，復大風，拔木盈野，城之內四隅、城之外百里皆塈。秋稼一空，不能種麥苗，民洶洶失望。明年正月始種麥，至期亦熟。是年，大名縣潯没。十月，桃李華。（康熙《長垣縣志》卷二《災異》）

石屏州旱，米價騰踊。（隆慶《雲南通志》卷一七《災祥》）

元謀縣大旱，民逃亡者幾半。（隆慶《雲南通志》卷一七《災祥》）

大旱。（天啟《滇志》卷三一《災祥》）

隆慶、萬曆年來，又大水，每水至，必有漂溺之患。（萬曆《合州志》卷八《災祥》）

地震，大水。（康熙《長沙府志》卷八《祥異》）

大雨傷禾。次年春大饑，知縣高夢弼出粟賑濟。（萬曆《襄陽府志》卷三三《災祥》）

荊州大水，石首饑。（乾隆《石首縣志》卷一《災祥》）

漢川大水，時承天守陵內監督築北岸各決堤，丁公廟、杜公堤、劉公菴、張公菴皆以璫寺主築得名。（同治《漢川縣志》卷一四《祥祲》）

伊、洛水溢入城，知縣王環于城外三面修築堤堰，嗣是水不為患。（順治《河南府志》卷三《災異》）

河決，大水。賑。（萬曆《內黃縣志》卷六《編年》；康熙《清豐縣志》卷二《編年》）

大雨，波澤河流交溢互浸，淹没民田十之九。（光緒《洧川縣鄉土志》卷上《政績》）

旱。（民國《南豐縣志》卷二《祥異》）

大饑。天雨黑子如黍。（康熙《宜黃縣志》卷一《幾祥》）

天雨黑子，如黍。（道光《臨川縣志》卷二七《祥異》；光緒《撫州府志》卷八四《祥異》）

（泗縣）大水。（萬曆《帝鄉紀略》卷六《災患》）

大水，溺死人民甚眾。（乾隆《邳州志》卷四《水旱》）

自先朝隆慶三年至今，無歲不被水，水没鄉落盡，且灌城郭，二十年不一收。（萬曆《鹽城縣志》卷一〇《藝文》）

大風拔木，海嘯，淮溢，沭水橫發，居民附木而棲，溺死者無算。（康熙《沭陽縣志》卷一《祥異》）

河決茶城。（民國《泗陽縣志》卷九《河渠》）

河淮大上，自清河至通濟倉。（咸豐《清河縣志》卷四《川瀆》）

河溢，決淮安。（乾隆《山陽縣志》卷一〇《河防》）

大水，海溢高二丈餘，城市街衢皆以舟行，人民淪死無算。（萬曆《如皋縣志》卷二《五行》）

高、寶、通、泰、興化、如皋、泰興俱大水，海潮大溢，高二丈餘，城

中平地行舟，溺死人民無筭。説者以為自有水患以來，未有若此之甚者。（萬曆《揚州府志》卷二二《異攷》）

龍見北鄉，壞民居……秋，海水三溢，歲祲。（光緒《嘉定縣志》卷五《機祥》）

海潮漲，東鄉大災，歲祲。是年海潮凡三溢。（康熙《嘉定縣志》卷三《祥異》）

雨水傷稼。（康熙《金鄉縣志》卷一六《災祥》）

旱，蝗。秋，霪雨傷稼。（光緒《肥城縣志》卷一〇《祥異》）

大水，民饑。（光緒《高密縣志》卷一〇《雜稽》）

無冰。（乾隆《東昌府志》卷二《總紀》）

河決，平地丈餘，浸城。（康熙《德州志》卷一〇《紀事》）

惠河水溢，溺死居民無數。（雍正《藍田縣志》卷四《紀事》）

交城、代州大雨雹，大風拔木。（萬曆《山西通志》卷二六《雜志》）

水湧溢尤甚，田舍洿池，市肆舟楫，黎老惶惶，流移過半。（光緒《新河縣志》卷一四《藝文》）

霪雨不止，六日始霽，山麓水澈丈餘，平地一望巨津，居民田廬，蕩然一空。（崇禎《内邱縣志》卷六《變紀》）

大水，自任縣至邑境，舟楫相通城下。（光緒《鉅鹿縣志》卷七《災異》）

大水。舊志：是年大水，將灌城，有吕時爰者呼於市曰："速填城門，吾賚若金錢。"畚土者雲集，城内居民得無恙。（民國《柏鄉縣志》卷一〇《史事》）

大水浸城。（乾隆《邢臺縣志》卷八《災祥》）

河決蓮花池。（嘉靖《興濟縣志書》卷上《祥異》）

滹沱泛溢，四關皆水，漂毀民間房屋，城不浸者三版。知縣錢博學修城之力。（康熙《武强縣新志》卷七《災祥》）

大水，獻縣尤甚。（萬曆《河間府志》卷四《祥異》）

大水，溺没民田，廬舍漂蕩，十室九空。（康熙《香河縣志》卷一

○《災祥》）

　　螻蛄食苗盡。（康熙《三河縣志》卷上《災異》）

　　大水，城池官舍坍塌殆盡。（康熙《贊皇縣志》卷九《祥異》）

　　水大溢，又為饒患。（光緒《保定府志》卷二一《河道》）

　　秋，白頭雀羣飛於田野，蝗不為災。（道光《博平縣志》卷一《機祥》）

　　秋，雨連旬，水大漲，衝崩西南一角，毀南門。（萬曆《臨城縣志》卷二《城池》）

　　大水傾城，秋雨連綿，泜水暴漲，衝去城西南一角，禾稼盡淹没。（康熙《臨城縣志》卷八《機祥》）

　　積雨城壞。知縣陳可大增修。（康熙《曲陽縣新志》卷三《建置》）

　　秋，大雨七日，塌毀民舍，淹没民田。（康熙《平山縣志》卷一《事紀》）

　　大旱。秋後，大雨，大水。（同治《霍邱縣志》卷一五《祥異》）

　　秋，雨日久，城中水深尺餘，城週圍傾圮三分之二。（順治《沈丘縣志》卷四《城池》）

　　秋，霖雨，大水，地震。（康熙《續修陳州志》卷四《災異》）

　　秋，霪雨傷稼，郡東南尤甚。（康熙《安陽縣志》卷四《職官》）

　　秋，霪雨，颶風大作，海嘯，潮水湧溢，由女牆灌入，城中居民惶懼。總鎮劉顯、知縣馬有錐躡芒履，向水稽顙，潮始退。時浙東郡縣俱災，圮廬沉稼。（光緒《鎮海縣志》卷三七《祥異》）

　　秋，大水，海溢，潮高二丈餘，舟行城市，溺死人民無算。水患較前最烈，河決高家堰，黃浦口水奔騰，萬姓爭載舟結筏避之，田畝為巨浸。（嘉慶《東臺縣志》卷七《祥異》）

　　秋，大水，河決高家堰，又決黃浦口，奔騰洶湧，萬姓爭載舟結筏避之，溺死無筭。（崇禎《泰州志》卷七《災祥》）

　　秋，淮水北來，海潮東湧，狂飆大作，惡浪排空，田廬漂蕩，無有孑遺，人畜溺死者無數。城中平地行百斛舟，湖堤決十五處。（隆慶《寶應縣

志》卷一〇《災祥》)

　　秋，屬河淮大溢，挾泗水東注，百川決防，以興為壑，廬舍城不浸者弱半。(康熙《興化縣志》卷一二《藝文》)

　　冬，大雪，簷冰長丈餘。(康熙《儀徵縣志》卷七《祥異》)

隆慶四年（庚午，一五七〇）

正月

　　朔，日食。(《明穆宗實錄》卷四一，第 1009 頁)

　　甲申，夜望，月食。(《明穆宗實錄》卷四一，第 1025 頁)

　　十八，夜，天降黑雨。(雍正《寧波府志》卷三六《祥異》)

　　十八日，夜，下黑雨。(光緒《慈谿縣志》卷五五《祥異》)

　　十八日，夕，天降黑雨。(乾隆《象山縣志》卷一二《機祥》)

　　己丑，大風揚塵四塞。(民國《順義縣志》卷一六《雜事記》)

　　不雨，至夏六月始雨，麥苗枯。(乾隆《蒲臺縣志》卷四《災異》)

　　二十五，夜，雷電大作。(乾隆《偃遊縣志》卷五二《祥異》)

　　二十九，雨雹。(同治《香山縣志》卷二二《祥異》)

二月

　　壬寅，以水災免直隸廬州府屬霍山、舒城、六安三州縣秋粮有差。(《明穆宗實錄》卷四二，第 1034 頁)

　　丙寅，以河南水災免開封、歸（廣本、嘉本"歸"下有"德"字）、彰德、衛輝四府春季馬，每疋折銀二十四兩備賑。(《明穆宗實錄》卷四二，第 1062 頁)

　　雨，雹如彈丸。(咸豐《順德縣志》卷三一《前事畧》)

　　日光摩盪，日下復有一日。天雨豆。(萬曆《襄陽府志》卷三三《災祥》)

三月

庚午，以鳳陽府水災量免班軍後至者罰，不為例。（《明穆宗實錄》卷四三，第 1073 頁）

四月

庚子，以鳳陽等處水災，留泗州、淮大等衛班軍防守陵寢，從撫按官奏也。（《明穆宗實錄》卷四四，第 1102 頁）

癸卯，廣東潮州府大埔縣暴雨如注，田間陂塘衝溢成川，民有溺死者。（《明穆宗實錄》卷四四，第 1103 頁）

辛酉，宣府、大同等處雨雹，厚二尺餘，大如卵，禾苗盡傷。（《明穆宗實錄》卷四四，第 1121 頁）

辛酉，宣府雨雹，厚三尺餘，大如卵，禾苗盡傷。（乾隆《宣化府志》卷三《灾祥附》）

辛丑，雨雹厚三尺餘，大如雞卵，禾苗盡傷。（道光《大同縣志》卷二《星野》）

朔，蒙化晝晦，自巳至未方霽。（天啟《滇志》卷三一《災祥》）

五月

辛未，山東膠州、臨朐、夏津等縣雨雹損稼。（《明穆宗實錄》卷四五，第 1126 頁）

己卯，夜，火星順行，犯太微垣右執法。（《明穆宗實錄》卷四五，第 1131 頁）

十八日，天降黑雨。（同治《鄞縣志》卷六九《祥異》）

大水，衝決鹽池，本縣西門漂入解州境。（萬曆《安邑縣志》卷八《祥異》）

河淮水又大發，黃浦決寶、興、高、泰，四望無際。至六、七月，地上

之水與淮河為一。（民國《寶應縣志》卷五《水旱》）

大雨月餘。（順治《溫縣志》卷下《災祥》）

六月

丁酉朔，上諭禮部："天氣亢旱，三時少雨，禾苗漸稿（舊校改'稿'作'槁'），朕甚憂之。其傳示順天府官，竭虔祈禱，自初一日為始十日止，諸司停刑禁屠，不許怠忽。"是夜，遂雨。明日，又雨。又明日，大雨。上喜，命輟壇弛禁。（《明穆宗實錄》卷四六，第 1143 頁）

庚子，以旱災免山西太原、平陽、潞安三府，澤、遼、沁三州嘉靖四十三、四年未完京邊稅粮之半。（《明穆宗實錄》卷四六，第 1143 頁）

癸丑，直隸井陘縣大雨雹。（《明穆宗實錄》卷四六，第 1156 頁）

辛酉，以久雨壞民廬舍，諭都察院京城內外小民疾苦，即今為始，每歲五、六、七月俱免房號錢，給與修理。（《明穆宗實錄》卷四六，第 1167 頁）

大水漂溺民居。（康熙《漳浦縣志》卷四《災祥》）

初六日，烈風暴雨，水漂没民居，不可勝數，郡南橋壞。（乾隆《龍溪縣志》卷二〇《祥異》）

烈風暴雨，洪水漂壞人家，淹流田園四百餘石種。（乾隆《長泰縣志》卷一二《災祥》）

颶風。（道光《遂溪縣志》卷二《紀事》；宣統《徐聞縣志》卷一《災祥》）

大清河溢，壞田廬。（乾隆《蒲臺縣志》卷四《災異》；咸豐《濱州志》卷五《祥異》）

六日，大風，折木壞屋，雨下如注，洪水猝發，湖寮被害更劇。（民國《大埔縣志》卷三七《大事》）

初六日，龍溪、漳浦、長泰、南靖、平和五縣烈風暴雨，洪水漂没民居不可勝數。（康熙《漳州府志》卷三三《災祥》）

初九日，雨雹如斗大，河溢地陷。（雍正《藍田縣志》卷四《紀事》）

十二日，夜初刻，東南西北四河皆大水，其西河坊决，水自南關延慶寺

後溢出，平地高數尺，圮壁沉竈浮鯉漂没房屋，溺死者甚多。（康熙《黎城縣志》卷二《紀事》）

二十一日子時，大雨水漲，衝壞南甕城並民居數百家。（道光《清澗縣志》卷一《災祥》）

二十二日，夜，大雷雨，山水漲發，各河堤潰，水溢入城，南流衝破鹽池禁牆，數年鹽花不結。（乾隆《解州夏縣志》卷一一《祥異》）

河溢數丈，流没人民，浮屍遍野。（萬曆《華陰縣志》卷七《祥異》）

蝗生太多，穀皆食盡。（康熙《諸城縣志》卷九《祥異》）

大水。（康熙《平和縣志》卷一二《災祥》）

颶風。（康熙《遂溪縣志》卷一《事紀》；道光《遂溪縣志》卷二《紀事》；宣統《徐聞縣志》卷一《災祥》）

雨雹，河溢地陷。（光緒《藍田縣志》卷三《紀事沿革表》）

七月

乙未，以災旱（抱本、廣本、閣本作“旱災”）免四川龍安府及蓬、簡、潼、川、綿、漢、巴、劍等州縣（抱本、廣本、閣本無“縣”字），樂、羅江、資陽、金堂、德陽、彰明、中江、安岳、江油、奉節、巫山、雲陽、内江、新都、新寧、建始、太平、通江、南充、西充、梓潼、儀隴、蓬溪、井研（舊校改“研”作“研”）、仁壽、成都、華陽、閬中、廣元、昭化、蒼溪、南江、鹽亭、射洪、南部、營山、資縣、安縣（廣本、抱本無“安縣”二字）等處稅粮有差。（《明穆宗實錄》卷四七，第1192頁）

十一日，雨集一晝夜，河水湧入城中，市皆乘桴往來，田土被決甚多，塔院門賢後坊因漂没焉。（崇禎《慶元縣志》卷七《紀變》）

十六日，龍巖大水，南橋圮，城崩，田廬湮没。（道光《龍巖州志》卷二〇《雜記》）

大水。（民國《建寧縣志》卷二七《災異》）

雨雹如雞卵，傷稼。（光緒《永壽縣志》卷一〇《述異》）

邵、光大水。（萬曆《邵武府志》卷六二《祥異》）

八月

河決於睢寧，行田廬間，故道淤，轉漕路絕。淫雨連旬，水驟至。（乾隆《靈璧縣志略》卷四《災異》）

風雨雷雹大作，雷四面起，房屋皆動，電如火光，天地為赤。八月初七日，雨大作，至九日止，壺公山有蛟起，土崩數丈。（萬曆《興化府志》卷五八《祥異》）

大水，害稼壞屋。（康熙《番禺縣志》卷一四《事紀》）

九月

癸酉，以陝西大水，命州縣發倉廩賑濟，視被災多寡蠲稅有差，仍免臨、鞏二府各州縣正官朝覲。（《明穆宗實錄》卷四九，第1222頁）

壬午，以水災免直隸、保定、大名、廣平、真定、河間秋糧有差。（《明穆宗實錄》卷四九，第1230頁）

乙酉，以水災免徐州、高郵、興化、寶應、山陽、清河、桃源、宿遷、睢寧、東安十州縣正官朝覲。（《明穆宗實錄》卷四九，第1231頁）

十月

庚子，以宣府雨雹及水災，改折各衛屯糧有差。（《明穆宗實錄》卷五〇，第1247頁）

丁未，以水災改折直隸廬州府、淮安衛所屯糧有差。（《明穆宗實錄》卷五〇，第1255頁）

甲戌，河決邳州，自睢甯白浪淺至宿遷小河口，淤百八十里。秋，沛大水入市，睢甯大饑，碭山亦大水。（同治《徐州府志》卷五下《祥異》）

甲戌，河決邳州。（咸豐《邳州志》卷六《民賦下》）

河決邳州王家口，損運舟千計，沒糧四十萬石。（宣統《增修清平縣志》卷三《河渠》）

河決邳州，自睢寧白浪淺至宿遷小河口，淤百八十里。（嘉慶《宿遷縣志》卷一《河渠》）

十一月

辛未，以水災詔免浙江湖州府武康、歸安、烏程三縣秋粮有差，起兌漕粮，暫派成熟鄰邑代運，仍發倉米贖銀賑濟（嘉本、庫本作"之"），從撫臣奏也。命左軍都督府掌府事掌（各本作"彰"）武伯楊炳協同守備南京，仍掌南京後府（抱本、嘉本、庫本"南京後府"作"後軍都督府"）事。（《明穆宗實錄》卷五一，第 1275 頁）

己丑，金星晝見三日。（《明穆宗實錄》卷五一，第 1287 頁）

大水。（道光《武康縣志》卷一《邑紀》）

以水災詔免浙江湖州府武康、歸安、烏程秋糧有差。（雍正《浙江通志》卷七五《蠲恤》）

十二月

壬寅，以冬月無雪，詔順天府官祈禱。（《明穆宗實錄》卷五二，第 1295 頁）

甲辰，月掩畢宿。（《明穆宗實錄》卷五二，第 1296 頁）

是年

春，大雨，傷麥。夏，大旱。（乾隆《光山縣志》卷三二《雜紀》；民國《光山縣志約稿》卷一《災異》）

夏，大水。（康熙《番禺縣志》卷一四《事紀》；民國《臨晉縣志》卷一四《舊聞記》）

湖州水災，發倉米賑之。（同治《長興縣志》卷九《災祥》）

水災。（崇禎《烏程縣志》卷四《災異》；光緒《歸安縣志》卷二七《祥異》）

晝晦，自己至未，方霽。（民國《蒙化縣志稿》卷二《祥異》）

安寧大雨浹旬，没官民廬舍十之三。（康熙《雲南府志》卷二五《菑祥》）

飢，大水。（嘉慶《白河縣志》卷一四《祥異》）

饑，大水。（光緒《洵陽縣志》卷一四《祥異》）

河溢，高數丈。（民國《平民縣志》卷四《災祥》）

大水衝決鹽池。（民國《解縣志》卷一三《舊聞考》）

宿水不涸，居民薦飢。（光緒《安東縣志》卷五《民賦下》）

旱。（康熙《瀏陽縣志》卷九《災異》；康熙《臨湘縣志》卷一《祥異》；光緒《孝感縣志》卷七《災祥》；光緒《開州志》卷四《宦績》）

宜都大水，居民漂没。（光緒《荆州府志》卷七六《災異》）

雨十餘日。（民國《鄖城縣記》第五《大事篇》）

霪雨壞麥。（民國《確山縣志》卷二〇《大事記》）

河決安陵，水壞廬舍，近地半成沙淤。（民國《景縣志》卷一四《故實》）

大旱。是年當寇賊擾攘，田土荒蕪，兼值荒旱，自春入夏不雨，一望赤地，民甚苦之。（雍正《惠來縣志》卷一二《災祥》）

大水。（萬曆《肇慶府志》卷一《郡紀》；崇禎《新城縣志》卷一一《災祥》；順治《徐州志》卷八《災祥》；光緒《四會縣志》編一〇《災祥》）

旱，次年大荒。（光緒《潮陽縣志》卷一三《灾祥》）

大雨壞廬舍。（道光《新會縣志》卷一四《祥異》）

大旱。（民國《全椒縣志》卷一六《祥異》）

以水災免霍山、六安、舒城等處秋糧有差。（光緒《霍山縣志》卷四《蠲賑》）

朋口新泉大水，民居漂蕩，損人口數百，漂没湯背土圍。（民國《連城縣志》卷三《大事》）

復大水，歲祲。知縣王用章請於巡撫海瑞，奏改折漕米萬石。（道光《崑新兩縣志》卷三九《祥異》；光緒《崑新兩縣續修合志》卷五一

《祥異》）

秋，大水，傷稼免稅糧。（民國《大名縣志》卷二六《祥異》）

秋，黃河泛漲，水溢入城，漂没禾稼人畜。（光緒《榮河縣志》卷一四《祥異》）

秋，大水，禾稼盡洿，漂民居室。（道光《榮成縣志》卷一《災祥》）

秋，大水，禾稼盡淹，漂民廬舍。（光緒《文登縣志》卷一四《災異》）

秋，大水入市。（民國《沛縣志》卷二《沿革紀事表》）

冬，無雪。（康熙《武昌府志》卷三《災異》；光緒《武昌縣志》卷一〇《祥異》）

春，不雨，學門前土潤丈餘，掘之，未及尋而得泉，其水清漣，可掬飲之，甚甘。（康熙《重修無極志》卷上《遺跡》）

夏，不雨。秋，大水。（順治《固始縣志》卷九《蓄異》）

夏，旱。秋，大水，無麥。（順治《息縣志》卷一〇《災異》）

夏，大雨，無麥。（萬曆《汝南志》卷二四《災祥》；康熙《汝陽縣志》卷五《磯祥》；康熙《上蔡縣志》卷一二《編年》）

夏，大旱……祈禱。浹旬，驟雨如注者五日，河復決於舊隙。（道光《河内縣志》卷九《山川》）

夏，旱。秋，大水。（乾隆《滿城縣志》卷八《災祥》；光緒《蠡縣志》卷八《災祥》；民國《清苑縣志》卷六《災祥》）

夏，解、澤、臨晉、夏縣、安邑大水，衝決入鹽池；黎城山水隕隉。秋，榮河河溢，蒲州永濟黃河泛漲。（雍正《山西通志》卷一六三《祥異》）

夏，澤州大水，漂没廬舍，人多覆壓。（雍正《澤州府志》卷五〇《祥異》）

夏，大水傷稼，民饑。（崇禎《吳縣志》卷一一《祥異》）

安寧大雨浹旬，没官民廬舍十之三。（天啟《滇志》卷三一《災祥》）

旱，民饑。（康熙《中江縣志》卷一《祥異》）

歲大旱，流離相望。（光緒《新修潼川府志》卷二五《行誼》）

風潮崩堤數處，凡數千丈。（嘉慶《雷州府志》卷二《堤岸》）

大雨水，壞民居。（康熙《開平縣志·事紀》）

颶風霪雨，東南城牆并馬道倒壞四十餘丈。（隆慶《潮陽縣志》卷六《城池》）

峽害苗，自海中飛來，形如蝶而小如蠅，或穀雨、立夏、小滿、芒種羣集田中，旋生子成小蟲，食苗節。故苗雖華不實，惟穀雨後插秧早者，不能為災。（嘉慶《澄海縣志》卷五《災祥》）

大水，浸禾。穀貴。（崇禎《興寧縣志》卷六《災異》）

州縣俱旱。（同治《安福縣志》卷二九《祥異》；同治《直隸澧州志》卷一九《荒歉》）

大水浮于堤。（康熙《龍陽縣志》卷一《隄障》）

石門、慈利旱，蝗。（隆慶《岳州府志》卷八《機祥》）

岳州郡邑旱。（隆慶《岳州府志》卷八《機祥》）

大水，尖山一帶居民飄没。（康熙《宜都縣志》卷一一《災祥》）

水。（光緒《沔陽州志》卷一《祥異》）

以旱災，蠲黃州、德安、荆州、岳州、承天、武昌府今年稅糧有差，其黃陂、孝感、公安、石首、華容、景陵被災最重者，令起運南糧。（康熙《鼎修德安府全志》卷八《賑貸》）

黃河水大溢，傷禾稼。（順治《閿鄉縣志》卷一《星野》）

霪雨四十餘日。（乾隆《臨潁縣續志》卷七《災祥》）

連雨暴漲，（通濟橋）遂大圮。（同治《新喻縣志》卷二《橋梁》）

以水災免秋糧有差。（光緒《續修舒城縣志》卷一五《蠲賑》）

旱，荒。（萬曆《和州志》卷八《祥異》）

海溢。（康熙《嘉興府志》卷九《海塘》）

淳安縣西大旱，草木皆枯。（萬曆《嚴州府志》卷一九《祥異》）

明副使馮敏功《開復邳河記》：隆慶庚午秋九月，河決睢寧之白浪淺、青羊淺，河益分裂潰決，睢寧平地為湖，漂没軍民田廬無筭。正河故道自曹家口至邳之直河九十里胥為平陸，淤運艘九百三十隻，糧四十餘萬石，官民船又數百隻，河身淤淺，不能通舟。（乾隆《邳州志》卷二《河渠》）

旱，蝱賊食禾苗，民饑。（嘉慶《東臺縣志》卷七《祥異》）

淮決高堰，河躡淮後，入射陽湖。（民國《阜寧縣新志》卷九《水工》）

河決桃源、馬廠坡，入淮。（民國《泗陽縣志》卷九《河渠》）

自泰山廟至七里溝，淮河淤淺十餘里，其水從朱家溝瀉出，至清河縣河南鎮，以合於黃河。《山陽志遺》載邑人胡效謨《淮安大水記略》云：淮安自嘉靖庚戌以來，比年大水，至隆慶己巳歲為最大。其年六月，山東諸泉及鳳、泗山水大發，合河與淮水，高丈五六尺，由通濟牐建瓴入。因而河、淮不歸於海，山、安入海故道縮為一綫，海口將閉，高堰遂數。故西橋、通津橋數處水亦涌起，高於街四五尺，懸注以入，凡所經溝渠皆淤為洲，所過街市房廊兩瀉堆沙三四尺，晚閉曉塞，鄉聚屋低者水壓其檐，高者門未没尺許，人皆穴屋棲梁上，或乘桴偃臥出入，稍不戒隨浪旋没。後六月七日甲子立秋，大風雨不止，驚浪動天，覆舟傾屋，人畜流屍相枕。（同治《重修山陽縣志》卷二一《祥祲》）

旱，蝱食禾。饑，賑。（崇禎《泰州志》卷七《災祥》）

黃河決崔鎮，分決白洋河，而河勢遂北，淮大潰高家隄，溢山陽、高郵、寶應、興、鹽諸州縣。（康熙《揚州府志》卷六《河渠》）

《松事叢説》云：呂沃州為蘇松巡按……隆慶四年、五年皆有大水，不至病農，即開吳淞江之力，而實呂之議也。（崇禎《松江府志》卷三二《宦績》）

秋，水，大饑。（康熙《樂安縣志》卷下《補遺》）

利津霾雨，河水溢城，不没者數版。（咸豐《武定府志》卷一四《祥異》）

漕河溢，隄決，大水潲田。（乾隆《平原縣志》卷九《災祥》）

天雨莞豆，俗呼鐵莞豆，食之味苦。（道光《靖遠衛志》卷一《世紀》）

大水，饑。（康熙《興安州志》卷三《災異》）

河溢，高數丈，流殺人民，浮尸盈野，生者攀樹而棲，數日不火食，自大慶關抵縣治三十里不見水端。（萬曆《續朝邑縣志》卷八《紀事》）

黃河泛漲，隄岸盡溢，水入城西門及南北古城門內，士民大恐。自是河徙而西，移大慶關於河東。（光緒《永濟縣志》卷二三《事紀》）

大雨雹。（雍正《石樓縣志》卷三《祥異》；康熙《寧鄉縣志》卷一《災異》）

以水災免廣平秋糧有差。（光緒《廣平府志》卷三三《災異》）

大水，知府丁誠申請撫按發穀賑之。（康熙《青縣志》卷三《賑貸》）

大水，賑恤。（同治《靜海縣志》卷三《災祥》）

大水，潲沒民田，廬舍漂蕩，十室九空。（康熙《香河縣志》卷一〇《災祥》）

夏秋，大水。（康熙《登封縣志》卷九《災祥》）

秋，大風又作。次年春民饑，掘草根而食。（萬曆《合肥縣志·祥異》）

秋，大水。（康熙《安州志》卷八《祥異》）

秋，大風拔木。（萬曆《河間府志》卷四《祥異》）

秋，大風傷禾。（民國《獻縣志》卷一九《故實》）

秋，以旱災，蠲承天今年稅糧有差，其景陵被災最重者，命起運南糧，改折其半，仍發賑贖銀及倉糧賑之。（康熙《安陸府志》卷一《郡紀》）

秋，以旱災蠲本年稅糧有差。（乾隆《鍾祥縣志》卷一五《祥異》）

秋，旱，免稅糧。（康熙《黃安縣志》卷四《蠲賑》）

冬，木介。（光緒《祁縣志》卷一六《祥異》）

隆慶五年（辛未，一五七一）

正月

己巳，以水災量免文安、永清、保定、薊州等州縣存留粮，折徵霸州等衛所屯粮各有差，仍賑濟如例。從撫按官奏也。（《明穆宗實錄》卷五三，

第 1313 頁）

己丑，大風揚塵四塞。（《明穆宗實錄》卷五三，第 1324 頁）

初四日，雨雹，歲大饑。（萬曆《新會縣志》卷一《縣紀》）

二月

月末驚蟄，大雪電，雨雹。（康熙《廬州府志》卷三《祥異》）

三月

丙寅，夜，月犯畢左股第二星。（《明穆宗實錄》卷五五，第 1357 頁）

辛巳，日暈有珥，白虹亘天，左右戟氣，俱蒼白。（《明穆宗實錄》卷五五，第 1369 頁）

雨雹，六月又雹。自夏徂秋雨不止，城市平地水深數尺，東郭之內可以行舟。（萬曆《合肥縣志·祥異》）

雨雹，大水。舊邑志云：雹下閩廣交界，村落尤大，壞房屋，擊禽獸，俗謂"人頭雹"。水平地漲盈丈，小民蕩析離居，不堪其苦。（乾隆《潮州府志》卷一一《災祥》）

四月

甲午，河復決邳州，自曲頭集至王家口，新堤多壞。（《明穆宗實錄》卷五六，第 1380 頁）

庚子，月犯軒轅星。（《明穆宗實錄》卷五六，第 1383 頁）

戊午，京師大雨雹。（《明穆宗實錄》卷五六，第 1393 頁）

甲午，河復決邳州王家口，自雙溝而下，北決三口，南決八口，損漕船運軍千計，沒糧四十萬餘石，匙頭灣以下八十里悉淤。九月六日，水決州城西門，傾屋舍，溺死人民甚多。（同治《徐州府志》卷五下《祥異》）

洪水丈餘，城圮，漂没廬舍。（光緒《龍南縣志》卷一《禨祥》）

旱，知縣李瑱禱雨沂山有應。（光緒《臨朐縣志》卷一〇《大事表》）

大水。（乾隆《曲阜縣志》卷三〇《通編》）

夏旱，自四月至六月不雨。（嘉慶《連江縣志》卷一〇《灾異》）

大水，斗米價八分。（道光《佛岡直隸軍民廳志》卷三《庶徵》）

大水，田禾廬舍傾壞。（乾隆《清遠縣志》卷二《年表》）

大水，自是月至五月水大漲，決壞基圍。（康熙《順德縣志》卷一三《紀異》）

至五月，大水，決壞基圍。（咸豐《順德縣志》卷三一《前事畧》）

五月

丁丑，宣府馬營堡等處大雨雹。（《明穆宗實錄》卷五七，第 1404 頁）

戊寅，宣府常寧堡大雨雹。（《明穆宗實錄》卷五七，第 1406 頁）

戊子，宣府獨石大雨雹。（《明穆宗實錄》卷五七，第 1411 頁）

大水。（康熙《曲江縣志》卷一《災異》；乾隆《歸善縣志》卷一八《雜記》；咸豐《興甯縣志》卷一二《外志》；同治《韶州府志》卷一一《祥異》；光緒《曲江縣志》卷三《祥異》；民國《來賓縣志》下篇《機祥》）

大水衝陷始興田六千餘畝。（道光《直隸南雄州志》卷三四《編年》）

大水，衝陷田六千餘畝。（民國《始興縣志》卷一六《編年》）

大水，河隄決郡西南，高田熟。（嘉慶《高郵州志》卷一二《雜類》）

十二日，雨雹尺餘，麥禾盡傷，樹木折損，鴉鵲死者十之六七。（康熙《德平縣志》卷三《災祥》）

大風雨，壞屋拔木。（乾隆《濟陽縣志》卷一四《祥異》）

十三日，衛河決口。（民國《館陶縣志》卷七《宗教》）

大風雨，壞屋拔木，麥已登場，飄大半。（萬曆《章丘縣志》卷七《災祥》）

大風雨，壞屋拔木。（萬曆《濟陽縣志》卷一〇《災祥》）

大風雨，壞屋拔木，飄麥。（萬曆《齊東縣志》卷九《灾祥》）

初，大水，迄秋不退，田禾盡漕，廬舍被浸，秋作亦廢。近水鄉遍地生禿尾黑怪鼠，若水鳥，生息日蕃，每食禾苗，一穴數十，及麥穀既盡，又食

山茅根……次年春不見。冬，無雪。（康熙《武昌縣志》卷七《災異》）

二十七日，霪雨，至六月初四日水高數丈，淹没廬舍田地，死者無算。瀘溪文廟官廨盡没，辰谿南城崩。（乾隆《辰州府志》卷六《機祥》）

二十七日，霪雨泆旬，至六月初四日止，沅水、武水俱漲，官廨、民舍、文廟、神祠盡没，兩岸百姓移居山坡。（乾隆《瀘溪縣志》卷二二《祥異》）

月終，鎮遠水發，一夕高數十丈，城市皆行舟，沅江兩岸田地衝決，澮没殆半，民居漂泊，死者不可數計。蓋亘古之大變云。（萬曆《桃源縣志》上卷《祥異》）

水。（光緒《惠州府志》卷一七《郡事》）

河水一日夜忽長三丈，衝圮房舍，溺人甚多，有全家覆没者。（乾隆《河源縣志》卷一二《紀事》）

大水，視嘉靖丁酉漲三尺，城内外土屋潰盡，東壩一帶民居漂没無餘，土崩過半，諸鄉山各有全崩者。（乾隆《龍川縣志》卷一《災祥》）

大水，久雨，水暴漲，田疇崩陷者多。秋無禾稻。明年民饑，盜起。（康熙《平遠縣志》卷四《災異》）

水漲，步嘴圍潰。（萬曆《南海縣志》卷三《災祥》）

大水，漂没民居甚多。（乾隆《懷集縣志》卷一〇《編年》）

大水，漂没民舍，太平府城淹頹三百餘丈，及公署民舍；思明府城隍廟淹三尺許，神像皆仆；平樂、賀縣城東門不没者僅三尺許。（嘉慶《廣西通志》卷一九九《前事》）

賀縣大水，城東門不没者僅三尺許，水東没至四五尺，民人俱依丘陵棲宿一晝夜，漂流禾苗、六畜、貨物無數。（雍正《平樂府志》卷一四《祥異》）

六月

甲午，宣府乾莊堡（廣本、嘉本無"堡"字）大雨雹。（《明穆宗實錄》卷五八，第 1416 頁）

雨雹，禾苗盡傷。（乾隆《蒲縣志》卷九《祥異》）

雷震寰丘廣利門，碎之。（《二申野録》）

一畝河泛溢，入郡城，天水橋圮。安州、新安、雄縣大水没禾。撫按屯田察院會疏請賑之。（萬曆《保定府志》卷一五《祥異》）

十四日，天雨傾注，同水瀑湧，一時衝激，橋洞不能泄水，遂至鼓漲傾倒。延歷時月，未有能修復之。（同治《清苑縣志》卷一四《碑記》）

大水。（康熙《定興縣志》卷一《機祥》）

大水没禾。（乾隆《新安縣志》卷七《機祚》）

旱且螣。冬大旱。（萬曆《蒲臺縣志》卷七《災異》）

二十二日夜，（武穴）隄决……其决處於杜家林南三百步。（乾隆《廣濟縣志》卷六《水利》）

連雨至九月，漢水溢，傷稼。（民國《湖北通志》卷七五《災異》）

又大水。（乾隆《懷集縣志》卷一〇《編年》）

閏六月

十八日，大水，堤潰。（乾隆《雞澤縣志》卷一八《災祥》）

二十五日，海潮東泛，半罹衝决，至七月二十六日，淮水北流，盡被淹没，田禾下沈，房屋上浮，人民得舟者濟，無舟者溺。（咸豐《重修興化縣志》卷三《蠲賑》）

七月

乙亥，夜，月食。（《明穆宗實録》卷五九，第 1443 頁）

己丑，提督兩廣右都御史李遷以水災請蠲内府錢粮，予貧民無業者粟。户部覆上供正賦，難以議免。若倉粮不足充賑，當以撫按存留贖鍰，及各守巡寄庫未發者佐之，詔可。（《明穆宗實録》卷五九，第 1452 頁）

夏，雨雹，傷麥。七月，暴風雨，拔樹。是年疫。（光緒《祁縣志》卷一六《祥異》）

水圮東北隅城二十一丈有奇，南城壞敵樓及外濠道，自興文門至太平門

三百餘丈。（康熙《上杭縣志》卷一一《祲祥》）

內鄉雨雹，周圍二十里禾稼傷盡。（萬曆《南陽府志》卷二《災祥》）

八月

丙辰，月犯軒轅大星。（《明穆宗實録》卷六〇，第1472頁）

初七日，汶泛漲，衝澴人口房屋。（民國《重修泰安縣志》卷一四《金石》）

秋，大水。八月，水泛城郭，澴頽城垣計二百餘丈。（萬曆《廣西太平府志》卷二《祥異》）

大風害稼。（天啟《封川縣志》卷四《事紀》）

九月

己卯，月犯井宿西扇北第二星。（《明穆宗實録》卷六一，第1490頁）

辛巳，以北直隸安州、新安等縣，南直隸銅陵等縣水災，許改折起運漕粮，及蠲免存留糧有差。（《明穆宗實録》卷六一，第1491頁）

甲申，夜，月犯軒轅左角星。（《明穆宗實録》卷六一，第1494頁）

甲申，以水災詔許改折湖廣武昌、漢陽、荆州等府漕粮之半。（《明穆宗實録》卷六一，第1494頁）

颶風害稼。（道光《高要縣志》卷一〇《前事》）

雷……河決小河口，損漕船八百餘艘，溺漕卒千餘人，失米二十餘萬石。（同治《宿遷縣志》卷三《紀事沿革表》）

桃李華，牡丹再開，至十月不霜。（康熙《金鄉縣志》卷一六《災祥》）

五日，颶風，盡傷禾稼。大饑。（康熙《新寧縣志》卷二《事略》）

初六日，大水衝決城西門，傾覆房屋，人溺死者無筭。（順治《徐州志》卷八《災祥》）

初六日，大風，倒牆壞屋，拔木揚沙。（康熙《陽春縣志》卷一五《祥異》）

颶風作，水大至。歲饑。（同治《香山縣志》卷二二《祥異》）

颶風，害稼。（道光《高要縣志》卷一〇《前事略》）

颶風，大水傷稼。歲大饑。（康熙《順德縣志》卷一二《紀異》）

十月

癸巳，以水災命改折南京錦衣等衛所及直隸揚州等衛所屯糧有差。（《明穆宗實錄》卷六二，第 1499 頁）

己亥，以河南、山東大水，命工部申飭管河官經理上流河防，以備衝決。（《明穆宗實錄》卷六二，第 1501 頁）

乙巳，以浙江安吉州，孝豐、歸安、武康等縣水災，命改折南京糙糧及蠲免存留糧有差。（《明穆宗實錄》卷六二，第 1504～1505 頁）

丁巳，河南（抱本、嘉本作"東"）巡盐御史俞一貫言："河東歲辦正餘盐共六十二萬引，近因霪雨決堤，盐花鮮結，乞暫寬本年課額，候盐池盛生之年，盡力撈補。"（《明穆宗實錄》卷六二，第 1512 頁）

大水。（乾隆《歷城縣志》卷二《總紀》；民國《增修膠志》卷五三《祥異》）

水。（嘉慶《昌樂縣志》卷一《總紀》）

十一月

初三日，縣西南冰厚一尺許，有虹自東北掀冰而過，直抵西南城垣，長五十餘丈，潤五尺，兩旁擁冰高二尺，見之者悉以為異。（康熙《徐溝縣志》卷三《祥異》）

大水。（乾隆《曲阜縣志》卷三〇《通編》）

十二月

辛丑，詔取太倉（抱本、廣本、閣本"倉"下有"銀"字）馬價銀各十萬兩進內庫用。太僕寺少卿曾省吾奏："本寺銀少，無故不當輕發。"科道官章甫端（廣本作"端甫"）、向程等亦言："今民窮財詘〔絀〕，水旱荐

臻，雖邊境稍寧，宜益廣積貯，以備綏（廣本、抱本作‘緩’）急。”俱報有旨。（《明穆宗實錄》卷六四，第 1537 頁）

晦日，雷震死周氏楓橋湖庄水牛。（隆慶《岳州府志》卷八《機祥》）

是年

春，大旱。自六月至九月，霪潦為災，渾河溢，壞廬舍田禾，歲大饑。（民國《安次縣志》卷一《地理》）

夏，大水。（康熙《三水縣志》卷一《事紀》；嘉慶《三水縣志》卷一三《災祥》；同治《續輯漢陽縣志》卷四《祥異》）

飛蝗傷稼。（乾隆《洵陽縣志》卷一二《祥異》；嘉慶《白河縣志》卷一四《祥異》；光緒《洵陽縣志》卷一四《祥異》）

沭陽大水，壞城郭，平地行舟。（嘉慶《海州直隸州志》卷三一《祥異》）

水。（嘉慶《如皋縣志》卷二三《祥祲》；光緒《盱眙縣志稿》卷一四《祥祲》）

大水，入城市。（民國《華容縣志》卷一三《祥異》）

大水，鼠食稻，色黑尾禿，一穴數十，稻熟，聚食之。（同治《江夏縣志》卷八《雜志》）

大水。（萬曆《興化縣新志》卷一〇《外紀》；萬曆《辰州府志》卷一《災祥》；萬曆《鉅野縣志》卷八《災異》；崇禎《泰州志》卷七《災祥》；崇禎《松江府志》卷三二《宦績》；康熙《玉田縣志》卷八《祥眚》；康熙《安陸府志》卷一《郡紀》；康熙《鼎修德安府全志》卷二《災異》；乾隆《銅陵縣志》卷一三《祥異》；嘉慶《澄海縣志》卷五《災祥》；道光《南寧府志》卷三九《機祥》；光緒《遵化通志》卷五九《事紀》）

大水，漂人，城內居民受害。（康熙《壽寧縣志》卷八《災變》）

秋，水，旬日不退。（光緒《淮安府志》卷四〇《雜記》）

自秋雨，至冬至始晴。（萬曆《紹興府志》卷一三《災祥》）

自秋雨，冬至始晴。（民國《新昌縣志》卷一八《災異》）

冬，雨冰雨，著物為冰，墳起尺餘，樹皮迸裂，鳥獸多凍死。（光緒《清河縣志》卷三《災異》）

冬，德興雨雹，大如雞子，小如棗栗，牛馬死。（同治《饒州府志》卷三一《祥異》）

春，雨蕎麥豆。（康熙《內鄉縣志》卷一〇《災祥》）

春夏霪雨，大水，至十一月方涸，田禾絶粒。（嘉慶《沅江縣志》卷二二《祥異》）

夏，旱。（乾隆《長樂縣志》卷一〇《祥異》）

夏，大水，無禾。（順治《易水志》卷上《災異》）

夏，水。冬，饑。（同治《昌黎縣志》卷一《災沴》）

春夏，大疫。灤州，夏，水。冬，饑。（乾隆《永平府志》卷三《祥異》）

夏，恒雨，河水溢，無禾。（康熙《靈璧縣志略》卷一《祥異》）

夏，旱。知縣陳公春初入境，是日大雨，雷震縣治內棗樹。是歲頗稔。（萬曆《東流縣志》卷八《雜考》）

夏，大水，縣堂深年尺，城外民居俱没，壞廬舍不可勝計。是年饑，米一斗糴銀一錢。（康熙《英德縣志》卷三《祥異》）

雷震臨安東城，碎其旗竿，木屑飛洒官民廬舍。（天啟《滇志》卷三一《災祥》）

興隆恒雨，饑。（康熙《貴州通志》卷二九《災祥》）

大水，城內水高一丈。（康熙《開建縣志》卷九《事紀》）

大雨水。（道光《開平縣志》卷八《事紀》）

大水，苗稿糜爛。（乾隆《潮州府志》卷一一《災祥》）

大水，大荒。（嘉慶《潮陽縣志》卷一二《紀事》）

莞地壖海，土田瘠狹，民食歲僅支什伍，餘皆仰售他郡。辛未，晚禾不登，兼以他郡俱歉，商販少至，米價騰湧。（雍正《東莞縣志》卷一〇《荒政》）

雨雹。（民國《連縣志》卷二《水旱》）

水害稼。冬，復大水。（同治《益陽縣志》卷二五《祥異》）

大水，入安鄉城。（乾隆《直隸澧州志林》卷一九《祥異》）

大水決隄防，民多死。（嘉慶《常德府志》卷一七《災祥》）

蝗，大饑。（嘉慶《桂陽縣志》卷一〇《祥異》）

大水入華容、安鄉城市……雨一月未止，江水極大，稻盡淹没。（隆慶《岳州府志》卷八《磯祥》）

蘄州大雨雹。歲大饑。夏秋，大水，鯽魚化為鼢鼠，食蘆稼殆盡。（光緒《黃州府志》卷四〇《祥異》）

漢水大水，鼠害稼。民大饑。（同治《漢川縣志》卷一四《祥祲》）

大水，異鼠害稼。（乾隆《江夏縣志》卷一五《祥異》）

洪水，（塔下堤）衝塌。（乾隆《贛州府志》卷七《陂塘》）

旱。（雍正《瑞昌縣志》卷一《祥異》）

大雨雹。（康熙《新建縣志》卷二《災祥》；康熙《南昌郡乘》卷五四《祥異》）

大螟，稻初實即槁，延害數歲。（萬曆《寧國府志》卷一《郡紀》；嘉慶《南陵縣志》卷一六《祥異》）

螟，稻初實即槁。（嘉慶《涇縣志》卷二七《災祥》）

泗州五、六年夏，俱大水。（萬曆《帝鄉紀略》卷六《災患》）

土人丁姓者……見海面有黑雲起……風大作，雲霧四塞，見龍從西北來，雲中兩目如炬，一山俱黑，人與牛俱被風掣落外山沙塗中，不復移動，少頃雨霽。（道光《乍浦備志》卷一〇《祥異》）

大水，城廓衝決，平地行舟。（康熙《沭陽縣志》卷一《祥異》）

水災。（萬曆《興化縣新志》卷三《抵補》）

以水災蠲揚州各衛所屯糧。（光緒《通州直隸州志》卷四《蠲邮》）

大水，有秋。（崇禎《吳縣志》卷一一《祥異》）

蝗。（道光《紫陽縣新志》卷七《祥異》）

蝗，多疫。（康熙《興安州志》卷三《災異》）

堤決，陸地舟楫。（萬曆《保定縣志》卷九《附災異》）

大水，潏没民田，廬舍漂蕩，十室九空。（康熙《香河縣志》卷一〇《災祥》）

夏秋，大旱，民饑。（雍正《蒼梧志》卷四《紀事》）

秋，大水。（萬曆《襄陽府志》卷三三《災祥》）

秋，河溢，大水夜至，城幾陷，力禦始免。（民國《沛縣志》卷四《河防》）

秋，水旬日不退。知府陳文燭禱於水神，是夜遂退。建柳將軍廟於西門外。（乾隆《山陽縣志》卷一八《祥祲》）

秋，平陸雨雹。（萬曆《山西通志》卷二六《災祥》）

秋，潦，慶雲縣饑。知府丁誠發府粟三百石濟之。（萬曆《河間府志》卷七《邮政》）

秋，雨傷稼，知府丁誠發粟二百石賑之。（民國《慶雲縣志》卷三《災異》）

冬，異風拔樹仆碑。（萬曆《寧津縣志》卷四《祥異》）

隆慶六年（壬申，一五七二）

正月

庚申，夜，北方有赤氣，如火光，良久漸散。（《明穆宗實錄》卷六五，第1557頁）

戊寅，夜，月犯亢宿。（《明穆宗實錄》卷六五，第1569頁）

朔，雷，大旱，至夏。（康熙《高明縣志》卷一七《紀事》）

朔，雷。夏，大旱，饑。（道光《高要縣志》卷一〇《前事》）

大雨雪，連六七日不止。（萬曆《錢塘縣志·災祥》）

元旦，驟雨，常山縣市可行舟。（康熙《衢州府志》卷三〇《五行》）

元旦，驟雨，街市成渠。（雍正《常山縣志》卷一二《拾遺》）

旱，至七月方雨。（乾隆《淄川縣志》卷三《災祥》）

元日，雪深三尺。（崇禎《新城縣志》卷一一《災祥》）

不雨，夏四月乃雨。（乾隆《新興縣志》卷六《編年》）

二月

大雪。（康熙《福安縣志》卷九《祥變》；光緒《福安縣志》卷三七《祥異》）

雨雹，大如鷄子，屋瓦皆碎。（萬曆《彭澤縣志》卷七《災異》）

雨雹，羾黑咫尺莫辨，大者如升，小者如鵝卵，起蘄霍口，沿梅西鄉，壞民屋千餘間，斃者無數，禽獸池魚亦多死者。（順治《黃梅縣志》卷三《災異》）

二月、三月，恒雨。（萬曆《錢塘縣志·灾祥》）

閏二月

辛酉，夜，月犯畢宿。（《明穆宗實錄》卷六七，第1607頁）

癸酉，遼東邊臺旗竿及馬耳鎗有大（廣本、抱本作"火"）光。（《明穆宗實錄》卷六七，第1615頁）

癸酉，赤風，楊〔揚〕塵蔽天。（《明穆宗實錄》卷六七，第1615頁）

隆慶六年，福安大雪。閏二月晦，守備張奇峰移西郊關帝像于教場之西，廟既拆，將移聖像，像首自搖動，傾城往觀，傳為異事。（乾隆《福寧府志》卷四三《祥異》）

三月

丁亥，真定府南宮等縣隕霜殺麥。（《明穆宗實錄》卷六八，第1626頁）

霜，小麥傷者過半。是月望後，天氣猶凜冽。（康熙《定州志》卷五《事紀》）

雨雹，二麥多損。（雍正《懷遠縣志》卷八《災異》）

風雷忽作，雨雹傷麥。（順治《溫縣志》卷下《災祥》）

雨雪，桃李葉枯。（乾隆《扶溝縣志》卷三〇《祥異》）

雨雹如卵。（萬曆《辰州府志》卷一《災祥》）

四月

丁巳，以亢旱，命順天府禱雨，諸司停刑禁屠十日，越三日乃雨。（《明穆宗實錄》卷六九，第 1657 頁）

壬午，昌平州大風雷雨雹。（《明穆宗實錄》卷六九，第 1672 頁）

江潮復至。自三年七月以後，江潮無波，每日潮候止，暗長水者兩年，至是復至。（萬曆《錢塘縣志·灾祥》）

黑霧，有物蜿蜒如車輪，目光如電，冰雹隨之。（乾隆《杭州府志》卷五六《祥異》）

河決邳州王家口，損運軍千計，没糧四十萬餘石。（乾隆《臨清直隸州志》卷一《運河》）

大雨水，城潰。（萬曆《林縣志》卷八《災祥》）

朔日，綦江縣晝晦，人不相見，時餘始明。（道光《重慶府志》卷九《祥異》）

大旱。（道光《晉寧州志》卷一一《祥異》）

五月

壬辰，河東盐池以雨潦不結，運司懼無（抱本、嘉本“無”下有“以”字）充歲課，課（廣本、抱本作“請”）勸借富商銀，俟産鹽給賞（廣本、抱本作“償”）之事。下巡按御史俞（嘉本作“佘”）一貫議，以邊儲民命輕重相當，取彼益此，徒滋騷擾，商人必不樂從事，遂寢。（《明穆宗實錄》卷七〇，第 1682 頁）

庚子，月食。（《明穆宗實錄》卷七〇，第 1685 頁）

大水，堯山崩。（萬曆《廣西通志》卷四一《災異》；光緒《臨桂縣志》卷一八《前事》）

祁縣風霾，晝晦如夜，地震有聲。（乾隆《太原府志》卷四九《祥異》）

大水，田禾淹没。（萬曆《南陽府志》卷二《災祥》）

碭嘉大水。（隆慶《雲南通志》卷一七《災祥》）

洪水，龍河橋旋壞。（康熙《袁州府志》卷一二《橋梁》）

六月

乙卯朔，日食。（《明神宗實錄》卷二，第 9 頁）

己巳，夜，有蒼白氣見東北方，鮮明如白虹霓狀，良久漸散。（《明神宗實錄》卷二，第 34 頁）

壬午，沠魚沛、南陽、留城等處隄米、河米於各州縣，仍給前築堤開河所占民田價。值又以獨山、微山、呂孟等水櫃，有傷民地，蠲其湖米。（《明神宗實錄》卷二，第 61 頁）

壬午，以山東登州府旱災，蠲其夏税有差。（《明神宗實錄》卷二，第 61 頁）

朔，日食，雨雹，大風拔木。（乾隆《太原府志》卷四九《祥異》）

忽起暴風驟雨，將本工復行衝決。（民國《寶應縣志》卷三《山川》）

龍見於北郊，色黑，鱗甲飛動，大風雨壞民廬舍，溝洫盡涸。（萬曆《嘉定縣志》卷一七《祥異》）

初五，金字嶺忽雲霧四塞，雷雨大作，嶺巔上淒騰而下，土石如瀉，林木合抱者悉仆。（康熙《永州府志》卷二四《災祥》）

十八日、七月初四日，龍風大作，暴雨水漲，城中没深丈餘，衝壞田地四頃有奇。（雍正《處州府志》卷一六《雜事》）

雷擊白塔，擊死五人。（乾隆《富順縣志》卷一七《祥異》）

省城雨桂子。（乾隆《貴州通志》卷一《祥異》）

六月、七月，青田大水，壞田地四頃有奇。（光緒《處州府志》卷二五《祥異》）

至九月，淮安大水三月，人烟斷絶。（天啟《淮安府志》卷二三《祥異》）

七月

甲申朔，初享太廟，上駕及門，雷雨大作，頃雨止，成禮，乃還宮。

（《明神宗實錄》卷三，第 65 頁）

辛丑，郧陽撫臣淩雲翼奏："荆州府江陵、公安、松滋、枝江、宜都、石首、監利等七縣大水，傷禾稼，壞廬舍，漂流人畜，死者不可勝計，請破格蠲恤。"從之。（《明神宗實錄》卷三，第 100 頁）

乙巳，廣東瓊州府萬、強（廣本作"崖"）二州夜大風雨，空中有聲，海水暴漲，合山水衝城郭，壞官衙，民舍漂溺，及壓死居民無算。（《明神宗實錄》卷三，第 106 頁）

水，大至殺稼，歲大飢。（咸豐《順德縣志》卷三一《前事畧》）

黃河暴漲，一夕丈餘，邳、宿、睢被災尤甚。（咸豐《邳州志》卷六《民賦下》）

河漲，大水。（光緒《安東縣志》卷五《民賦下》）

陽河溢。（康熙《撫寧縣志》卷一《災祥》）

蒙陰、剡城大水。（乾隆《沂州府志》卷一五《記事》）

二十七日，黃河驟漲，自徐、碭至淮，一夕丈餘，下流悉成巨浸，郡屬邑尤甚。（乾隆《淮安府志》卷二五《五行》）

廣州大水，害稼壞屋。南海尤甚。（萬曆《廣東通志》卷六《事紀》）

不雨。（崇禎《興寧縣志》卷六《災異》）

大水，害稼壞屋。（萬曆《南海縣志》卷三《災祥》）

大颶風，海水溢，壞州治儒學。時七月二十二日，颶風大作，風中有火星散飛，拔木壞屋，州廳倒塌，壓死十餘人，儒學聖殿、學署盡傾圮，海水漲溢，民溺水死者不可勝數。歲大饑。（康熙《萬州志》卷一《事紀》）

十三日，金勒村田中水湧高丈許，雷聲大震，田忽成潭。今饒灌溉之列，石銀有記。（雍正《呈貢縣志》卷二《災祥》）

水傷。（康熙《香河縣志》卷一〇《災祥》）

八月

乙丑，直隸祁、定二州大雹，豆禾盡傷，擊死者三人。（《明神宗實錄》卷四，第 151 頁）

戊寅，天霽秋清，氣候涼爽。（《明神宗實録》卷四，第 178 頁）

大水。（順治《潁上縣志》卷一一《灾祥》）

蝝。（康熙《天柱縣志》卷下《灾異》；嘉慶《通道縣志》卷一〇《灾異》；光緒《靖州直隷州志》卷一二《祥異》）

九月

乙酉，保定府祁州、真定府定州雨雹，傷田（廣本作"禾"，抱本作"苗"）稼，殺人。（《明神宗實録》卷五，第 187 頁）

戊子，鳳陽撫臣王宗沐奏："淮安、揚州二府及徐州大水，乞蠲折賑濟。"下户部。（《明神宗實録》卷五，第 191 頁）

己丑，夜，電。（《明神宗實録》卷五，第 192 頁）

初六日，容縣大風拔木。是歲饑。（乾隆《梧州府志》卷二四《機祥》）

桃李花。（康熙《潼關衛志》卷上《灾祥》）

十月

癸亥，湖廣撫臣趙賢以荊州水災陳安民四議：一曰折南糧，二曰停舊徵，三曰修堤塍，四曰處賑濟。户部覆請行之。（《明神宗實録》卷六，第 221 頁）

乙丑，以浙江台州府水災異常，免今年税糧之半，其田土衝没者，一應錢糧，酌量未災縣分，均攤補辦。（《明神宗實録》卷六，第 222~223 頁）

辛未，夜，大風。（《明神宗實録》卷六，第 228 頁）

辛未，先十月初三丙辰夜，客星見東北方如彈，凡出閣道旁壁，宿度漸微，芒有光，歷十九日。壬申夜，其星赤黄色，大如盞，光芒四出，占曰是為孛星。日未入時見，占曰亦為晝見。是時，上于宫中見之，儆懼夜露，禱于丹陛。輔臣張居正等言："君臣一體，請行内外諸司痛加修省，仍請奏兩宫聖母宫闈之内，同加修省。"從之。（《明神宗實録》卷六，第 229~230 頁）

十一月

戊戌望，夜，月食，子時陰雲不見。（《明神宗實錄》卷七，第259頁）

己亥，山西撫臣奏："今年秋禾（抱本作'末'）旱災，請行分別蠲賑，及屯田折徵有差。"從之。（《明神宗實錄》卷七，第259頁）

十二月

癸丑朔，命順天府祈雪。（《明神宗實錄》卷八，第277頁）

甲戌，禮部題奏災異，言："皇上至誠事天，純孝法祖，親賢懋學，節用愛人，宜乎和氣致祥，休禎畢集。乃自六月以來，寧夏地震有聲；大名、廣平、順德三府天鼓鳴；祁、定二州雨雹毀豆禾；廣東萬、強（廣本作'儋'）二州狂風暴雨，光焰火（廣本、抱本作'大'）星相交，海水漲湧，折木頹屋，壓漂人民不計其數；山東東昌府天鼓響。十月以來，客星當日，而見光暎（廣本作'曜'）異常。京城遠近，亢陽日久，雪澤不霈（廣本作'降'），揆厥所自，皆臣等不能仰承德意、勉修職業所致。乞嚴行各衙門遵奉明旨，滌慮省愆，講求致變之繇，勉盡修弭之實，尤望皇上仰稽先朝舊章，俯納諸臣，疏請攬威福之柄，嚴邪正之分，慎賞賚之施，防壅蔽之漸，開忠讜之路，崇節儉之風，則上下交儆，災沴可消。"報聞。（《明神宗實錄》卷八，第300~301頁）

雷電。（民國《南豐縣志》卷一二《祥異》）

是年

春，旱。（咸豐《順德縣志》卷三一《前事畧》）

夏，雷雹。（同治《湖州府志》卷四四《祥異》；民國《南潯志》卷二八《災祥》）

夏，大旱，饑。知州楊士中禱雨，獲應，發倉平糶，民賴以蘇。（光緒《德慶州志》卷一五《紀事》）

夏，大水害稼。（乾隆《新野縣志》卷八《祥異》）

久霖，山崩。（光緒《雲南縣志》卷一《祥異》）

大旱，饑，人相食。（康熙《延綏鎮志》卷五《紀事》；嘉慶《中部縣志》卷二《祥異》；嘉慶《延安府志》卷六《大事表》）

淫雨連月不止。（雍正《陽高縣志》卷五《祥異》）

冬，無冰。（民國《洪洞縣志》卷一八《祥異》；民國《翼城縣志》卷一四《祥異》）

河決。（民國《德縣志》卷二《紀事》）

德化、封、郭三洲大水，彭澤大雨雹。（同治《九江府志》卷五三《祥異》）

河溢，人民逃散。（民國《阜寧縣新志》卷首《大事記》）

徐州自三年至六年，皆大水。（民國《銅山縣志》卷四《紀事表》）

水。（嘉慶《如皋縣志》卷二三《祥祲》；光緒《亳州志》卷一九《祥異》）

徐、蕭自三年至六年，皆大水。（同治《徐州府志》卷五下《祥異》）

江陵、松滋大水，蝗。枝江，蝗。（光緒《荊州府志》卷七六《災異》）

大水。（萬曆《帝鄉紀略》卷六《災患》；順治《潁州志》卷一《郡紀》；康熙《續修陳州志》卷四《災異》；宣統《南寧府志》卷三九《機祥》；民國《淮陽縣志》卷八《災異》；民國《鞏縣志》卷五《大事紀》）

河水橫漲，倒樹傾屋，壞堤橋禾稼，不可勝數。（光緒《四會縣志》編一〇《災祥》）

淮黃俱溢。（光緒《盱眙縣志稿》卷一四《祥祲》）

秋，水泛，圮橋梁，没田廬，米價騰貴。（民國《景東縣志稿》卷一《災異》）

冬，雨雪。（道光《新會縣志》卷一四《祥異》）

春，旱。夏，潦。歲大饑。（同治《香山縣志》卷二二《祥異》）

春，漢川大水，雨雹，復有蟲如蠶傷麥。秋，旱。（同治《漢川縣志》卷一四《祥祲》）

春，復值愆陽，稿事不作，萑苻乍驚，米價騰湧，石至千有餘錢，扶攜展轉，乞丐彌路。（董）侯日夕憂惶，齋素躬禱，大雨，遠近饒洽，率事偏種。（雍正《東莞縣志》卷一〇《荒政》）

春夏，民饑，大水。（康熙《三水縣志》卷一《事紀》）

夏，大水，害稼。九月，縣北亂塚梨花盛開。（乾隆《新野縣志》卷八《祥異》）

夏，旱。（萬曆《東流縣志》卷六《惠政》）

夏，不雨。冬，無雪。（萬曆《六合縣志》卷二《災祥》）

夏，大水。（萬曆《冠縣志》卷五《祲祥》；乾隆《東昌府志》卷三《總紀》）

夏，霪雨四十餘日，三豆淹沒，室廬盡圮。（順治《泗水縣志》卷一一《災祥》）

夏，通、潞大旱，烟氣蔽野，月色赤如血。秋七月，運河水溢，害稼。冬，民饑。（康熙《通州志》卷一一《災異》）

夏，大旱，煙氣蔽野，月色如血。（康熙《香河縣志》卷一〇《災祥》）

大雨，（通濟橋）復毀。（同治《新喻縣志》卷二《橋梁》）

雲南縣霖潦，山崩。（隆慶《雲南通志》卷一七《災祥》）

彭水縣天降紅雨，點人盡赤。（萬曆《四川總志》卷二二《灾祥》）

（封川縣）大水。饑。（崇禎《肇慶府志》卷二《事紀》）

大水，漲沒城門。蝗蟲食稼。（康熙《永明縣志》卷一四《災異》）

水壞隄。（同治《宜城縣志》卷二《建置》）

松滋、江陵大蝗，水。（康熙《松滋縣志》卷一七《祥異》）

蝗。（乾隆《湖南通志》卷一四二《祥異》；同治《枝江縣志》卷二〇《災異》；同治《江夏縣志》卷八《祥異》）

地震，城東大水，田禾潎沒，房屋衝決。堡南保丹江泛溢，平地水深丈餘，漂流廬舍。是年大饑。（康熙《內鄉縣志》卷一一《災祥》）

大水，田禾淹沒。（萬曆《南陽府志》卷二《災祥》）

大水，漂溺廬舍。（萬曆《襄城縣志》卷七《災祥》；乾隆《許州志》卷一〇《祥異》；民國《許昌縣志》卷一九《祥異》）

夏，尉氏縣大雨傷禾。（萬曆《開封府志》卷二《機祥》）

河決靈壁栲栳灣北岸。（同治《宿遷縣志》卷一〇《河防》）

旱，民饑。（乾隆《小海場新志》卷一〇《災異》）

潦，民饑。（崇禎《泰州志》卷七《災祥》）

漕河水溢。（道光《濟甯直隸州志》卷一《五行》）

河決四處。（康熙《德州志》卷一〇《紀事》）

大旱，饑，人相食。（嘉慶《中部縣志》卷二《祥異》）

旱，饑，人相食。（嘉慶《洛川縣志》卷一《祥異》；民國《安塞縣志》卷一〇《祥異》）

大旱，斗粟二錢。（道光《清澗縣志》卷一《災祥》）

旱，饑。（乾隆《綏德州直隸州志》卷一《歲徵》；光緒《綏德直隸州志》卷三《祥異》）

大澇兩月，官府令之祈晴，再不能祈雨矣。（順治《雲中郡志》卷一二《仙釋》）

陽河溢，有大樹數百成筏，由義院口入，過湯河至劉家寨入海。（康熙《永平府志》卷三《災祥》）

灤河溢，河中有大木數百。（康熙《遷安縣志》卷二一《軼聞》）

秋，大水，霖潦彌野。（民國《項城縣志》卷一九《麗藻》）

秋，大水泛溢，橋梁盡圮，民居田畝半為衝沒。米價騰貴，百姓苦之。（隆慶《雲南通志》卷一七《災祥》）

秋，大水，城內水深數尺。（乾隆《橫州志》卷二《菑祥》）

秋，大水。（康熙《大冶縣志》卷四《災異》）

秋，霪雨，滹沱溢。（咸豐《平山縣志》卷一《災祥》）

秋初，水發，衝至縣城，人皆登樹相避，數日不止，人墮水中不可勝記，禾稼漂流殆盡。（康熙《武清縣志》卷一一《機祥》）

秋，水衝至城牆，民皆登樹相避，墜入水中不可勝計，禾稼漂沒殆盡。

（康熙《永清縣志》卷一《襪祥》）

冬，雨冰。（民國《雄縣新志·祥異》）

冬，雨雪二月，人民牛羊多凍死者，飛禽走獸奔入民家。（康熙《寧州志》卷一《祥異》）

冬，大雪。（民國《西平縣志》卷二三《人物》）